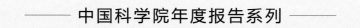

—— 中国科学院年度报告系列 ——

2017
高技术发展报告

High Technology Development Report

中国科学院

科学出版社

北京

图书在版编目(CIP)数据

2017 高技术发展报告/中国科学院编 . —北京：科学出版社，2017.9
（中国科学院年度报告系列）
ISBN 978-7-03-053782-9

Ⅰ.①2… Ⅱ.①中… Ⅲ.①高技术发展－研究报告－中国－2017 Ⅳ.①N12

中国版本图书馆 CIP 数据核字（2017）第 138778 号

责任编辑：侯俊琳　邹　聪　程　凤／责任校对：何艳萍
责任印制：张　倩／封面设计：有道文化
编辑部电话：010-64035853
E-mail：houjunlin@mail. sciencep. com

科学出版社 出版
北京东黄城根北街 16 号
邮政编码：100717
http://www.sciencep.com

三河市骏志印刷有限公司 印刷
科学出版社发行　各地新华书店经销
*
2017 年 9 月第　一　版　开本：787×1092　1/16
2017 年 9 月第一次印刷　印张：24 1/2　插页：2
字数：490 000
定价：88.00 元
（如有印装质量问题，我社负责调换）

科学谋划和加快建设世界科技强国

（代序）
白春礼

在 2016 年 5 月 30 日召开的全国科技创新大会、两院院士大会、中国科学技术协会第九次全国代表大会上，习近平同志发表重要讲话，发出了建设世界科技强国的号召。建设世界科技强国，是党中央立足国家发展全局，在奋力实现"两个一百年"奋斗目标的关键时期、在我国科技创新发展的关键阶段作出的重大战略决策，是我国创新发展的必由之路。建设世界科技强国目标宏伟、任务艰巨，需要全党全社会持续不懈地努力奋斗。

一、 深刻认识建设世界科技强国的重大战略意义

当前，我国已成为世界第二大经济体，单纯靠资源投入和投资驱动，难以从根本上保证经济持续健康发展。而且，从长远来看，预计到 2028 年左右我国人口将达到峰值，老龄人口比例将超过 1/4，老龄化将成为影响我国经济社会发展的一个关键问题，同时能源资源瓶颈制约也会更加凸显。这些都决定了我们只有牢固树立新发展理念，科学谋划和加快建设世界科技强国，将创新作为引领发展的第一动力，不断提升自主创新能力，才能为经济发展注入新动能、创造新动力，真正实现科技强、产业强、经济强、国家强。

从世界科技发展态势来看，随着经济全球化、社会信息化深入发展，各类创新要素充分流动和优化配置，国际科技创新合作更加广泛深入，大大加快了新一轮科技革命和产业变革的步伐。宇宙起源、物质结构、生命起源、脑与认知等一些基本科学问题孕育着革命性突破，先进制造、清洁

能源、人口健康、生态环境等重大创新领域加速发展，深空深海深地深蓝成为各国竞争的焦点，人工智能、大数据、虚拟现实等成为竞相发展的重点。这些领域将持续涌现一批颠覆性技术，有可能从根本上改变现有的技术路径、产品形态、产业模式、生活方式，成为重塑世界格局、创造人类未来的关键变量。当前，发达国家都在深入研究并积极应对未来二三十年内可能出现的这一重大变革。面对世界科技发展的新形势，我们要有全球视野，站在长远发展的战略高度，紧紧把握难得的战略机遇，科学谋划和加快建设世界科技强国，使我国在未来国际科技竞争中赢得先机、占据主动。

二、 准确把握建设世界科技强国面临的新形势

近现代以来，以两次科学革命和三次技术革命为标志，重大科学发现、重大技术突破层出不穷，推动了新兴产业的兴起和发展，催生了以英国、法国、德国、美国、日本等国为代表的科技强国，其主要特征是科技创新综合实力处于全球领先地位，主要产业处于高端水平，劳动生产率位居世界前列。目前，美国的科技创新实力依然处于全面领先地位，德国、日本、英国、法国处于第二方阵并在一些重点领域保持国际领先水平，我国的排名大致在第 20 至 30 位之间。但随着我国在科技创新方面的迅速崛起，这一格局正在发生新变化，东亚在全球科技创新中的竞争力、影响力、吸引力不断提升，北美、欧洲、东亚三足鼎立之势将在未来一个时期重塑全球创新格局。

经过多年的积累和发展，尤其是《国家中长期科学和技术发展规划纲要（2006—2020 年）》实施以来，我国科技创新能力和水平快速提升，产出数量位居世界前列，产出质量大幅提高，已成为具有重要影响力的科技大国，科技创新能力正处于从量的积累向质的飞跃、从点的突破向系统提升转变的重要时期。我国与世界科技强国的差距主要表现为：创新基础比较薄弱、重大原创成果不多、很多高端技术仍然受制于人、中低端产出占比过大、创新体制政策不够健全等。虽然差距明显，但我国的发展潜力不可低估：我国已经形成了持续、高强度的研发投入能力，目前已超过日本、

德国，位居世界第二，这是未来我国科技跨越式发展的重要基础；我国拥有完整的工业体系和创新链条，还有源源不断的人才队伍，这是建设世界科技强国的关键保障；我国经济规模、人口规模为科技创新提供了强劲需求动力；新科技革命的战略机遇为我国在更高起点上实现弯道超车创造了有利条件。

三、 科学确立建设世界科技强国的目标任务和方式路径

习近平同志关于建设世界科技强国的重要讲话，指明了我国科技创新的前进道路和努力方向，赋予广大科技工作者新的使命和任务。中国科学院深入学习贯彻讲话精神，积极发挥国家高端科技智库作用，组织一批科技专家和科技政策与管理专家，对建设世界科技强国的深刻内涵、战略目标、重大任务、发展路径以及重点领域等进行深入研究，进一步深化了对建设世界科技强国的认识。在谋划和建设世界科技强国的过程中，我们既不能急于求成，也不能犹豫不前，需要搞好顶层设计，找准关键问题和薄弱环节，制定分阶段实施的目标任务和路线图。

习近平同志提出的建设世界科技强国"三步走"战略，是立足我国科技发展实际、着眼国家全局和长远发展的战略安排。近中期建设创新型国家的目标，就是要从整体上提升创新能力、提高创新效率、优化创新体制，为建设世界科技强国打下坚实基础。在此基础上，再经过20年的努力，在若干重大创新领域产出一批代表国家水平、在国际上领先的重大成果，培育若干新兴产业，综合科技实力进入世界前列。从现在起，我们就要按照建设世界科技强国的战略目标要求，在全面贯彻落实《国家创新驱动发展战略纲要》基础上，组织动员全国科技专家和相关力量，研究制定面向2030年的科技中长期发展规划，进一步明确细化近中期的目标任务和战略举措。同时，要对2050年我国经济社会发展需求进行深入系统的情景分析，尤其要科学把握新科技革命可能突破的重大方向，组织制定面向2050年的科技发展远景规划，有力指导和加快推进世界科技强国建设。

四、 走出一条中国特色科技强国建设之路

建设世界科技强国，国际上的成功经验可以学习借鉴，但决不能简单

模仿和照搬。我们要发挥自身的优势特色，找准突破口，抓住关键问题，扬长避短、趋利避害，走出一条中国特色科技强国建设之路。为此，要牢牢把握以下几个方面。

1. 坚持集中力量办大事

这是我国独特的制度优势，"两弹一星"工程、载人航天与探月工程等的成功经验充分证明了这一点。坚持集中力量办大事，就是在事关国家全局和长远发展的重大创新领域，集中全国优势科技资源，组织力量开展协同创新和科技攻关，着力解决一批战略性科技问题；按照择优择重的原则，进一步调整科技投入结构和重点方向，创新资源应更多向创新能力强、创新产出高、创新效益好的科研院所、研究团队聚集，做优做强国家战略科技力量。把国家实验室建设作为体制机制改革的突破口，进一步加强政策设计、完善体制机制，充分发挥国家战略科技力量的率先引领和关键核心作用，加快带动我国科技创新实现整体跨越。把北京、上海科技创新中心建设以及合肥综合性国家科学中心建设作为重要抓手，特别是要发挥雄安新区建设这一有利条件，高起点、高标准建设若干具有全球影响力的国家创新高地，有效集聚全球优质创新资源，辐射和带动我国创新能力的整体跃升。

2. 树立重大创新产出导向

过去我们强调"原始创新、集成创新、引进消化吸收再创新"，主要是基于当时我国科技创新水平总体不高、创新能力整体不强的现实。新形势下，我们要按照建设世界科技强国的总目标、总要求，在更高起点上进一步明确与我国科技创新转型发展相适应的创新政策、创新体制、创新文化，引导科技界在思想观念、组织体制和科技评价上实现根本转变，强调增强创新自信，强化重大创新产出导向，在基础和前沿方向上努力取得具有前瞻性的原创成果，在重大创新领域开发有效满足国家战略需求的技术与产品，在产业创新上发展具有颠覆性的引领性关键核心技术，加快推动自主创新能力的整体跃升，推动科技与经济深度融合，大幅提升高端科技供给，从根本上解决低水平重复、低端低效产出过多等问题。

3. 打牢基础、补齐短板、紧抓尖端

从科技创新规律出发，加快建设一批世界一流的科研院所、研究型大学，加强产学研用深度合作，紧密结合国家需求和区域发展战略，进一步优化学科布局，加强专业学科基础建设，构建高效完善的中国特色国家创新体系，筑牢发展的科技根基。抓住发展基础薄弱、需求迫切、关键核心技术受制于人的战略领域（如信息技术、先进制造、医药健康、能源资源等），创新组织管理模式，加快突破，缩小差距，迎头赶上。积极开展重大创新领域发展战略研究，准确研判新一轮科技革命和产业变革可能突破的重大前沿方向（如人工智能、神经科学、量子计算等），及时进行重点布局，力争率先取得新突破、孕育新优势，抢占未来科技竞争的制高点。

4. 加快建设一支高水平创新人才队伍

充分利用全球人才流动的有利机遇，以优化人才结构、提升人才质量为重点，强化需求导向，进一步完善人才政策体系，培养造就一支"高精尖缺"创新人才队伍。建立健全人才竞争择优、有序流动机制，打破围墙、拆除栅栏，激发各类人才创新活力和潜力，逐步提高人才队伍水平。赋予科研院所和科研团队更大的用人自主权，以创新质量、贡献、绩效分类评价各类人才，进一步规范既有效激励又公平合理的分配政策，充分激发科研人员的积极性、主动性和创造性，营造良好的创新环境，实现人尽其才、才尽其用。

（本文刊发于 2017 年 5 月 31 日《人民日报》，收入本书时略作修改）

前　　言

　　2016 年是我国科技和创新发展史上具有里程碑意义的一年。全国科技创新大会、两院院士大会、中国科学技术协会第九次全国代表大会胜利召开，习近平总书记在会上发表重要讲话，向全党和全国各族人民发出建设世界科技强国的号召，吹响了我国建设世界科技强国的号角。《国家创新驱动发展战略纲要》颁布实施，创新驱动发展战略向纵深推进，全社会撸起袖子加油干，取得了 500 米口径球面射电望远镜落成启用、全球首颗量子通信卫星发射成功、"神舟十一号"飞船与"天宫二号"自动交会对接、万米深海科考等一系列重大创新成果，更多科技领域从跟跑转向并跑甚至领跑。

　　《高技术发展报告》是中国科学院面向决策、面向公众的系列年度报告之一，每年聚焦一个主题，四年一个周期。《2017 高技术发展报告》以"生物技术"为主题，共分六章。第一章"2016 年高技术发展综述"，系统回顾 2016 年国内外高技术发展最新进展。第二章"生物技术新进展"，介绍基因组学、蛋白质组学、干细胞与再生医学、合成生物学、基因组编辑技术、转基因生物技术、新型生物农药、纳米生物技术、海洋生物技术、医药生物技术、工业生物技术、环境生物技术、免疫治疗技术等方面的最新进展情况。第三章"生物技术产业化新进展"，介绍新型抗体药物和疫苗、特色创新中药、海洋生物医药、生物种业、工业生物制造、生物质能源等方面技术的产业化进展情况。第四章"医药制造业国际竞争力与创新能力评价"，关注我国医药制造业国际竞争力和创新能力的演化。第五章"高技术与社会"，探讨精准医学、基因编辑、科学同行争议、人工智能、虚拟现实、负责任创新等社会公众普遍关心的热点问题。第六章"专家论坛"，邀请国内知名专家就高新区转型发展、军民融合创新、高技术产业开放发展、生物经济、精准医疗产业等重大问题发表见解和观点。

　　《2017高技术发展报告》是在中国科学院白春礼院长亲自指导和众多两院院士及有关专家的热情参与下完成的。中国科学院发展规划局、学部工作局、科技战略咨询研究院的有关领导和专家对报告的提纲和内容提出了许多宝贵意见，李喜先、高福、薛勇彪、高志前、王昌林、徐飞、胡志坚等专家对报告进行了审阅并提出了宝贵的修改意见，在此一并表示感谢。报告的组织、研究和编撰工作由中国科学院科技战略咨询研究院承担。课题组组长是穆荣平，副组长是樊永刚，成员有张久春、李真真、杜鹏、眭纪刚、王孝炯、曲婉和蔺洁。

中国科学院"高技术发展报告"课题组

2017年7月25日

目　　录

CONTENTS

第一章

2016年高技术
发展综述

Overview of High Technology
Development in 2016

2016 年高技术发展综述

樊永刚　张久春

（中国科学院科技战略咨询研究院）

2016 年，面对新一轮科技革命和产业变革的机遇与挑战，世界主要国家持续强化科技创新投入，围绕新一代信息技术、生命与健康、先进制造、先进材料、能源资源、空天海洋等新兴技术和战略高技术的竞争日趋激烈。美国发起寻找癌症治愈疗法的"登月计划"、"全民联网"的宽带网普及计划及"国家微生物组计划"等，以确保其头号科技强国地位。英国在"脱欧"公投后提出启动"国家生产力投资基金"（NPIF），支持科技创新和基础设施，重点支持机器人、人工智能、生物科技、卫星、先进材料等新兴科技领域。德国发布《新高科技战略——德国创新》，重点发展数字经济与社会、可持续经济和能源、健康生活、智能交通等领域。法国调整"新工业法国"战略，聚焦数字经济、智慧物联网、新型能源、未来交通、未来医药等 9 大领域，并加大投资力度。日本出台《第五期基本计划》，提出加快发展"超智能社会"（"社会 5.0"）。中国发布《国家创新驱动发展战略纲要》，启动实施《中国制造 2025》，高技术在推动产业结构转型升级、培育经济发展新动能中发挥着不可替代的作用，有力地支撑了创新型国家和小康社会建设。

一、信息技术

2016 年，信息技术领域取得多项重大突破。集成电路领域，在利用原子和分子自组装复杂组件、DNA "折纸术"等新制造工艺方面取得突破性进展。超算领域，中国再次夺冠且实现核心部件国产化，日本在绿色超算领域继续保持领先。人工智能领域，因"阿尔法狗"（AlphaGo）事件，人工智能领域受到空前关注，人脑结构图谱绘制、运动转换成语言、识别银行黑客系统、车对车（V2V）网络等进展也值得关注。云计算和大数据方面，五维存储技术、DNA 存储技术、相变存储技术、12U 微型数据中心技术等令人印象深刻。网络与通信领域，太赫兹激光器、实用高性能硅激光器、适用于边远地区的移动宽带新技术都有不同程度进展。量子计算和通信领域，量子叠加延长、一维量子超材料、"薛定谔的猫"同时两地的发现、量子计算机模拟实验、量子光学结构集成到芯片上、超导传输量子自旋信息等成就尤为突出。

1. 集成电路

2016 年 1 月，美国麻省理工学院开发出一种全新的芯片制造技术[1]，可将两种晶格大小非常不一致的材料（二硫化钼和石墨烯）集成在同一芯片层上，得到一个横向的异质结构，从而制造出通用计算机的电路元件芯片。与二硫化钼类似的任何材料都可以和石墨烯集成在同一芯片层上，而此前只有晶格非常匹配的材料才能被整合在同一芯片层。新技术有助于将光学元件整合到计算机芯片内，制备出超低能耗的隧穿晶体管处理器，从而制造出功能更强大的计算机。

2016 年 3 月，美国杨百翰大学研究人员提出一种用于制造芯片的 DNA "折纸术"[2]。DNA 体积非常小，具有碱基配对和自组装的能力，可用于构筑更小规模的芯片。新技术将一条长的 DNA 单链与一系列经过设计的短 DNA 片段进行碱基互补，从而可控地构造出高度复杂的纳米结构。研究人员采用新技术组装了一个三维管状结构，并让它竖立在芯片底层的硅基底上，然后尝试着用额外的短链 DNA 将金纳米粒子等其他材料 "系" 在管子内特定位点上，最终形成了一个电路。传统芯片制造由于生产设施昂贵、生产步骤多，所以成本高。以往获得速度更快、价格更便宜的芯片通常采用削减生产成本或者缩小元件尺寸的方法，而 DNA "折纸术" 可以更快、更便宜地制造出计算机芯片。

2016 年 4 月，德国亥姆霍兹联合会下属卡尔斯鲁厄理工学院（KIT）与其他机构合作，开发出一种创造无线数据传输记录的新技术[3]。新技术在太赫兹频率范围内无线传送信号 20 米的速度是 100 吉比特/秒。以这个速度可以在 2 秒内把一张蓝光光碟的内容传送到另一台设备上，速度是此前的数百倍。该技术下一步将朝低成本和实用化的方向发展，未来可显著提高笔记本电脑和其他移动通信设备无线网的接入速度，也可以在卫星上和不值得安装光导纤维的偏远地区进行数据传输。

2016 年 7 月，荷兰代尔夫特理工大学成功研制出单原子存储芯片[4]。研究者用扫描式隧道显微镜（STM）的针尖推动材料表面的单原子，制作出比特编码字母的信息，最终制造出 "原子级" 存储器，把存储空间缩小到极限。新存储器的存储密度高达 500 太比特/平方英寸① (Tbpsi)，是目前世界上最好硬盘技术的 500 倍，未来可能会大大地推动计算机特别是数据存储器的发展。

2016 年 11 月，德国亥姆霍兹联合会下属德累斯顿罗森多夫实验室和帕德博恩大学在开发遗传物质电路方面，通过加入镀金纳米粒子，首次在单链 DNA 自组装纳米线中检测到电流[5]。传统芯片的制造工艺是把较大尺寸逐步剪切成小尺寸，已达物理

---

① 1 平方英寸＝6.4516 平方厘米。

极限。而利用原子和分子自组装复杂组件可以替代传统芯片的制造工艺，有可能获得比现有最小计算机芯片组件小很多的元件，并用来制造非常小的电路。但 DNA 电线不能很好地导电，新方法将镀金纳米颗粒键合到 DNA 电线上，再利用电子束光刻技术让每条纳米电线通过电极相连，这样 DNA 电线内就能精确地检测到电流。该技术未来将不断改进，以获得更好的导电性。

2. 高性能计算

2016 年 1 月，美国推出一台运算速度达 5340 万亿次/秒的新型超级计算机"夏延"[6]。该计算机的计算能力是目前在美国国家大气研究中心（NCAR）"服役"的超级计算机"黄石"的两倍多，未来将安装在 NCAR 位于怀俄明州的超级计算中心。它将在 GPS 和其他传感器技术的协助下，在极端天气、地磁风暴、地震活动、空气质量及火山等诸多领域发挥作用。此外，它还可以更好地模拟大气变化，为美国政府的政策制定和资源管理提供决策支持。

2016 年 6 月，中国国家并行计算机工程技术研究中心成功研制出"神威·太湖之光"[7]。该计算机以每秒 9.3 亿亿次的浮点运算速度在 2016 年内两次在全球超级计算机 500 强（TOP500）中夺冠，其速度是原冠军中国"天河二号"的近三倍。特别值得强调的是，"神威·太湖之光"实现了包括处理器（核心处理器"申威 26010"）在内的所有核心部件的国产化。

2016 年 6 月，日本理化学研究所（RIKEN）的液浸冷却式超级计算机"菖蒲"（Shoubu）蝉联全球节能超级计算机"Green500"排行榜第一名[8]。"菖蒲"的浮点运算能力为 6673.84MFLOPS/Watt，已连续 3 年在"Green500"排名中位居第一。RIKEN 的超级计算机"皋月"（Satsuki）位列"Green500"排行榜第二名，运算能力为 6195.22 MFLOPS/Watt。这两台超级计算机都采用了英特尔的 Xeon 处理器和 PE-ZY 集团的加速器。中国的"神威·太湖之光"超级计算机位列该排行榜第三位。

2016 年 8 月，英特尔公司宣布其海法团队采用 14 纳米工艺开发出目前公司最先进的 Intel 第七代酷睿处理器 Kaby Lake[9]。Kaby Lake 是处理器 Skylake 的升级，相比后者，其运行速度提高 70% 以上，3D 图形处理性能提高 3.5 倍，电池使用寿命更长，安全性更好。此外，它可满足网络用户对高质量视频、超高清高阶标准、360 度视频格式、虚拟现实和数字体育内容等的需求。采用 Kaby Lake 处理器的计算机不需要安装风扇，仅需搭配小型电池，有助于显著减小计算机的厚度和重量。

3. 人工智能

2016 年 2 月，以色列初创企业 Nexar 推出世界首个 V2V 网络，以检测道路危险情况并防止撞车事故[16]。V2V 网络采用前车防撞预警等实时预警技术,当用户加入网络后,智能手机传感器会分析周围车辆的进行方向、速度、加速度和路况等,然后绘制出交通图,再把信息共享给网络中的用户,以提醒用户躲避危险,防止撞车。至11 月该网络已汇聚超过 5 万名来自旧金山、纽约和特拉维夫用户的数据,利用它可深入了解任何给定时间内的路况。该网络对所有加入网络的用户开放,加入网络的用户越多,发生的交通事故就越少。数据表明,在超过 2000 万英里①的全球驾驶里程内,借助该网络避开的危险驾驶事件超过 50 万起。

2016 年 3 月,由美国艾伦脑科学研究所(Allen Institute for Brain Science)、哈佛医学院(HMS)和弗兰德斯神经电子学研究中心(NERF)组成的国际小组,公布了神经学领域里程碑式的研究成果——当时最大的大脑皮层神经元连接网络[10]。多年来,科学家一直在孤立地研究大脑活动和布线。新成果以前所未有的细节在这两个领域之间架起了桥梁,揭示了大脑中有关网络组织机制的几个关键要素,将神经电活动与它们彼此之间的纳米级突触联系起来。

2016 年 3 月,美国谷歌的人工智能程序"阿尔法狗"以 4∶1 击败了围棋世界冠军李世石,成为机器深度学习领域的最大事件[11]。围棋一向被认为是人工智能领域具有标志性的大挑战。传统的人工智能算法几乎不可能赢得比赛。因此,此次比赛结果表明了人工智能的新飞跃,也给本领域里其他看似难以实现的高级别人类智力项目带来巨大希望。

2016 年 6 月,中国科学院自动化研究所脑网络组研究中心与国内外其他科学家合作,历时 6 年成功绘制出全新人类脑图谱——脑网络组图谱,首次建立了新的脑区亚区尺度上的活体全脑连接图谱[12]。该图谱包括 246 个精细脑区亚区,以及脑区亚区间的多模态连接模式。研究人员突破了传统脑图谱的绘制思想,利用脑结构和功能连接信息对脑区进行了精细划分和脑图谱的绘制,这比传统的布洛德曼图谱精细 4～5 倍。这项研究会加深对人类精神和心理活动的认识,为理解人脑结构和功能开辟新途径,有利于治疗临床神经精神疾病,并为类脑智能系统的设计提供重要的启示。

2016 年 9 月,美国艾伦脑科学研究所在官网上公布了当时最完整的数字版人脑结构图谱[13]。该图谱来自对一位因事故离世的 34 岁健康女性大脑的深入研究,是最清晰的脑部微观解剖学结构图谱。其最突出的特点是将宏观高清人脑成像数据和能解释大脑结构的细胞水平的数据集合在一张图中,可为大脑研究人员开展相关研究进行"导航",帮助他们从大脑的宏观层面进入细胞层面更深刻地认识人类的大脑。

2016 年 11 月,法国国家科学研究中心设计出一套全新系统,可直接将人体主要

---

① 1 英里≈1.609 千米。

语音发音器（舌、颚、口和嘴唇）的运动转换成智能语音[14]。当说话者发言时，语言及嘴部各个部位的位置会被同时记录下来，经过基于人类大脑建模的深层神经网络（DNN）计算模型分析后，将信号转换成语音。这种新系统使脑机接口又向前迈进一步。

2016 年 11 月，以色列 BioCatch 公司开发出可以识别银行黑客的 BioCatch 系统[15]。该系统可通过捕捉到的手眼协调、按压、手颤、导航、滑动页面等 500 多种行为，创建独一无二的用户档案，并在此基础上分析用户的行为，以确定操作者是否为授权用户，从而保护账户的安全。此外，该系统还能进一步辨别出具体的侵权行为类型，如 BOTs、远程控制木马、恶意软件或其他恶意账户。这项技术已投入实际应用，成功阻止了试图转移资金的诈骗行为，识别出在线交易中的远程控制木马，分辨出网络和移动客户端的诈骗行为。

4. 云计算和大数据

2016 年 2 月，英国南安普敦大学发明了一种"五维数据存储"技术，该技术可以存储海量数据，并使存储时间超过百亿年，逼近"永恒"[17]。这项技术利用飞秒激光把数据写入透明的石英介质中。石英介质中有纳米结构点，而这些纳米结构点的空间三维位置、大小和朝向这 5 个性质都能储存信息，因此被称作"五维数据存储"。采用该技术的单个存储介质的数据容量高达 360 太字节，远远高于目前主流硬盘的容量；存储介质在高达 1000℃中依然稳定，在 190℃下可将数据保存 138 亿年，在室温条件下可接近永恒。该技术只需要光学显微镜和偏振镜就可以读取存储其中的数据，但有待进一步完善后才能推向市场。

2016 年 4 月，华盛顿大学和微软公司合作在 DNA 储存数据方面取得新成果[18]。研究者先把 1 和 0 编码转换成腺嘌呤、鸟嘌呤、胞嘧啶和胸腺嘧啶这四种构成 DNA 的核苷酸序列，然后把图片和视频成功储存在 DNA 片段上，并实现了数据的无损读取。与其他数字存储技术相比，DNA 分子将数据存储的密度提高了数百万倍，弥补了未来人类数据存储空间的不足。此外，目前使用的闪存、硬盘、磁盘以及光介质等数据存储设备会在数年后有所损坏，而 DNA 存储可将信息保存数个世纪，且可随机读回原值。该成果或将彻底变革计算机存储数据的方式。眼下这项技术面临一个巨大的挑战，即如何提升新方法的性价比和效率，从而使其能获得大规模的应用。

2016 年 5 月，美国 IBM 公司的苏黎世研发中心在相变存储（PCM）技术领域取得重大突破，首次实现了单个相变存储单元存储 3 个比特的数据[19]。在该存储密度下，PCM 的成本将比动态随机存取存储器（DRAM）低很多，接近闪存；PCM 兼具 DRAM 和闪存的优势，在断电时不会像 DRAM 那样丢失数据；能承受至少 1000 万次的写循环，而闪存仅耐受 3000 次的写循环；PCM 未来可作为快速缓冲储存区，与闪存等存储方式联手。然而，以往的 PCM 由于经济效益远低于现有内存技术，目前尚未在市场上获得蓬勃发展。最新成果则有助于降低 PCM 成本，加快其产业化的步伐，并最终为物联网时代呈指数级增长的数据提供一种简单且快速的存储方式。

2016 年 8 月，澳大利亚模块化微型数据中心厂商 Zellbox 公司推出一款最新的只有 12U 的微型数据中心[20]。该微型数据中心具有自主控制电源、空气质量和温度的功能，安装了全天候监控设备，可提供更高的安全性。在实践中，它适用于在云计算中存储数据，以及将数据保存在本地或更容易转移到临时数据中心。此外，它能满足云计算的弹性、廉价、可管控要求，也有助于解决能耗问题（如散热、供电、成本等）。该微型数据中心是当时世界上最小的数据中心，在体积上优于欧洲施耐德电气公司的 23USmartBunker 及德国威图公司的 15UTheSystem 等同类型产品。

5. 网络与通信

2016 年 1 月，英国曼彻斯特大学利用石墨烯等离子体的独特性能，开发出一款可调谐的太赫兹激光器，从而突破了现有太赫兹激光器只能固定在一个波长的限制[21]。新技术用石墨烯取代原来的金属，先将一系列不同厚度的量子铝砷化镓和砷化镓放置在基板上，接着将黄金制成的波导覆盖在砷化镓上（电子可以在镀金层上的一些狭缝中通过），再在上面放置一层石墨烯，最后用高分子聚合物电解质覆盖住这种类似三明治的结构。新激光器通过悬臂进行调谐。

2016 年 3 月，英国伦敦大学学院、谢菲尔德大学和卡迪夫大学合作，在硅光电子领域取得突破性进展，研制出实用的高性能硅激光器[22]。合作团队在国际上首次直接在硅衬底上利用分子束外延技术生长 III-V 族量子点激光器的方法，将高性能 III-V 族通信波段激光器集成在硅衬底上，制备出可实用的高性能硅激光器，使硅基光电子领域 30 多年来首次有了可实用的硅基光源，为未来大规模硅基光电子集成找到了新的发展方向。新激光器工作在 1310 纳米通信波段，预计使用寿命超过 10 万小时。

2016 年 7 月，韩国电子通信研究院在 5G 核心技术方面取得突破，把传输服务所需时间大幅度缩短至 0.002 秒（2 毫秒），约是 4G 服务的 1/10[23]。传输服务等待时间是指利用智能手机等终端发送的数据经过基站后重新回到终端的时间，而一般人类通过光和声音感知事物的时间大约为 50 毫秒。韩国电子通信研究院表示，除 5G 通信领域外，该技术还有望应用于许多其他高技术服务领域，如智能工厂、无人机控制、机器人实时精细控制、增强现实等方面。

2016 年 8 月，以色列 Celliboost 公司基于独立移动系统，开发出一项可在偏远地区和露天场所使用的移动宽带技术[24]。这项技术由算法支持，并把所有可移动通信技术打包在一起，仅利用普通移动基础设施，就可以安全快速地大量传输质量与陆地线路相当的高清数据资料、音频和视频。它独立于移动通信公司，支持两种操作方式，最多可允许用户同时使用四个移动信道，还可以连接包括卫星和 ADSL 在内的一切通信接口，拥有宽带信道的一切运行操作特性。

6. 量子计算和通信

2016 年 4 月，美国麻省理工学院的科学家在由合成钻石制造的量子设备内用量子的反馈控制来保护量子叠加，将量子叠加的时长增加 1000 多倍[25]。量子计算机依靠量子叠加胜过传统计算机，但量子叠加很脆弱，延长其寿命是研制大型通用量子计算机面临的主要困难之一。利用反馈控制是大多数物理系统保持稳定的最好方法，会涉及测量系统目前状态的过程。测量活动会破坏量子叠加，而量子的反馈控制由于不需要测量，所以可以很好地保护量子叠加，从而延长量子叠加的寿命。新方法使人类向最终研制出可靠的量子计算机迈出了重要一步。

2016 年 5 月，美国劳伦斯伯克利国家实验室和加利福尼亚大学伯克利分校合作，利用光学晶格中的超冷原子与超材料，成功构建出一种具有新奇属性的自然界中没有的一维"量子超材料"[26]。这种超材料由光组成的人造晶体及被捕获的超冷原子构成，在很多方面与晶体类似，但没有天然材料内常见的瑕疵。它可以快速释放光子，并保证光子在原子间以低损耗形式传输，而不会让光子像在传统材料内那样损失能量，因而克服了量子计算和信息处理面临的障碍之一，是量子计算和信息处理的新突破和新发展。

2016 年 5 月，美国耶鲁大学在实验中制造出一种同时存在于两个箱子之中的"薛定谔的猫"[27]。实验中的两个箱子是两个微波超导空腔，"猫"是空腔内由几十个光子组成的驻波。位于两个空腔内的光子虽然频率不同，但跨空腔发生关联，即如同一只"猫"同时存在于两地。"猫"的大小可以测量，控制脉冲可以使它变得更大。这表明科学家已可以操纵复杂的量子态，并在一个大范围内实现量子相干性。这种"猫"有望为量子计算加入量子纠错，同时对其他量子信息技术也会有所帮助，使实用可靠的量子计算机的研制向前又迈出一步。

2016 年 8 月，中国成功发射世界首颗量子科学实验卫星"墨子号"[28]。量子卫星的科学目标是借助卫星平台，进行星地高速量子密钥分发实验，并在此基础上进行广域量子密钥网络实验，以期在空间量子通信实用化方面取得重大突破；在空间尺度进行量子纠缠分发和量子隐形传态实验，开展空间尺度量子力学完备性检验的实验研究。工程由中国科学院国家空间科学中心总负责，中国科学技术大学等单位联合完成，突破了同时瞄准两个地面站的高精度星地光路对准、星地偏振态保持与基矢校正、星载量子纠缠源等工程级关键技术等一系列关键技术。量子卫星的成功发射和在轨运行，将有助于中国在量子通信技术实用化整体水平上保持和扩大国际领先地位，实现国家信息安全和信息技术水平跨越式提升，有望推动中国科学家在量子科学前沿领域取得重大突破，对推动中国空间科学卫星系列可持续发展具有重大意义。

2016 年 6 月，奥地利因斯布鲁克大学利用 4 个"量子比特"组成的量子计算机，实现了第一个高能物理实验的完整模拟[29]。高能物理实验研究的是比原子核更深层次的微观世界中的物质的结构性质，需要在很高的能量下观察和研究物质间相互转化的现象。与传统计算机只用 0 和 1 储存与处理数据不同，量子计算机的量子比特可以是 0 和 1，也可以是两者的叠加状态。量子计算机的处理速度从理论上讲要远远大于传统计算机。在这次模拟实验的真空电磁场中，4 个离子排成一行，每个离子编码为 1 个量子比特，由此组成一台量子计算机。科学家们用激光束操控离子的自旋，诱导离子执行逻辑运算，经过 100 多步计算后，成功证实能量可以转化成物质，并制造出一个电子及其反粒子（一个正电子）。实验模拟的结果让人兴奋，但这种模拟实验要进一步扩展，可能需要做重大的改进。

2016 年 9 月，德国卡尔斯鲁厄工业大学的国际小组，突破了把光子电路运用到光量子计算机的一大限制，首次成功将一个完整的量子光学结构集成到芯片上[30]。用激光照射碳纳米管，碳纳米管会发出许多单光子。但此前由碳纳米管构成的电学组件很难集成到芯片上，因而制约了光量子计算机的发展。新技术采用碳纳米管作为单光子源，探测器作为超导纳米电线，将碳纳米管和两个探测器分别与纳米光子波导相连，制成一种光结构。这种光结构用液氦制冷，再用流经碳纳米管的电流刺激碳纳米管，就可发出可以计数的单个光子。新装置已成功集成到现有芯片上。新成果有助于光量子计算机早日用于数据加密、大数据超快计算及高度复杂系统量子模拟等领域。

2016 年 10 月，美国哈佛大学的科学家在超导材料内成功实现传输电子自旋信息，克服了量子计算的一大主要挑战[31]。不仅电子的电荷能传递信息，而且电子不同的自旋态也携带信息。遵循量子力学原理的电子能够沿着任何方向自旋，如将所有这些自旋方向同时利用，可构建出更强大的新型量子计算机。超导材料因其电子运动不会消耗任何能量，成为研制能耗很少的量子装置的最佳选择；但超导材料内流动的库伯电子对轨道完全对称，两个自旋方向完全相反产生的自旋动量会相互抵消，因此不能传输电子自旋信息。新构建的简单超导装置，以新的方式使超导体材料中流动电子自旋方向不再相反，而是沿不同方向交替自旋，解决了传输电子自旋信息的问题。

2016 年 11 月，加拿大蒙特利尔综合理工学校和法国国家科学研究院合作，成功在半导体材料硒化锌上创造出量子比特[32]。在量子物理学中，单电子或空穴表现出了一个惊人的属性：电子或空穴的取值可以为 0 或 1 或这两种状态的任意叠加态。这就是量子比特。量子比特非常脆弱，需要一个特殊的环境来保护。硒化锌是一种空穴受到限制的晶体半导体，非常适合为量子比特提供所需的安静环境，可以保护量子比特并使量子信息保存的时间更长。研究者利用激光器产生的光子预置了空穴并记录了量子信息，然后用激光激发空穴以收集发射的光子，从而实现了量子信息的快速传递。新方法产生量子比特的速度超过以往的任何方法。新技术有可能在支配纳米尺度物质行为的量子物理学和以光速完成的信息传递之间产生一个界面，为开发出量子通信网络铺平了道路，使我们向利用量子原理来传输信息的时代又走了一步。

二、健康和医药技术

2016 年，健康与医药技术领域进展显著。基因编辑技术取得多项进展，开发出HITI 技术、CRISPR-CasX 和 CRISPR-CasY 等新的基因编辑技术，发现了 CRISPR/Cas9 活性的"关闭开关"，成功将 DNA 编辑技术用于 RNA 等。在重大新药创制和重大疾病治疗方面，开发出新 RNA 疫苗、抑制 HIV 接触传播的药物、携带肿瘤存活的新药，与肿瘤、寨卡病毒、HIV 疾病、跨物种移植相关的疗法取得新进展并建立了癌症研究新模型，成功实施了儿童先天白内障治疗。在医疗器械方面，开发出输送疫苗的细菌胶囊、记录基因关闭的成像技术及智能化胰岛素剂量追踪设备等。

1. 基因与干细胞

2016 年 3 月，美国加利福尼亚大学圣迭戈分校设计并制造出一种在自由生物体中具有最小基因组、最少基因且仍有自我复制能力的细菌[33]。新研究通过剥离丝状支原体的单独染色体 Syn1.0 所携带的不必要基因，把 Syn1.0 的 901 个基因减少到生存和繁殖所必需的 473 个基因，获得了新有机体 Syn3.0。这项成果是生命科学领域的突破性进展，有助于增进人类对生命奥秘的认知，有望应用在生物化学、营养学、农业，以及生产新药物与生物能源等多个领域。下一步的研究将探索 Syn 3.0 中不知功能的149 个基因在生物体中扮演的角色。

2016 年 3 月，美国加利福尼亚大学圣迭戈分校把 DNA 编辑技术 CRISPR-Cas9 首次应用到 RNA 上，实现了高效靶向作用于活细胞中 RNA 的目的[34]。很多疾病不仅和 DNA 有关，也和 RNA 有关。从自闭症到癌症的很多疾病都和 RNA 转运缺陷有关联，因此非常有必要测量 RNA 的运动以开发出治疗这些疾病的方法。此前 CRISPR-Cas9 技术只能操纵 DNA。在新研究中，研究者先设计出一种短的 PAMmer 核酸片段，然后利用它和 gRNA 把 Cas9 引导到 RNA 分子上。这是一种灵活的靶向作用于活细胞中 RNA 的方法，即 RNA 靶向 Cas9 （RNA-targeted Cas9，RCas9）。进一步开发该技术，有助于测量 RNA 的其他特征进而开发出可以校正导致疾病的 RNA 行为的方法。

2016 年 4 月，美国麻省理工学院与波士顿大学、国家标准与技术研究院合作，开发出一种编程语言，能用来设计复杂的 DNA 编码线路，从而赋予活细胞新的功能[35]。这种语言以 Verilog 硬件描述语言为基础，设计了运算单元，如 14 个逻辑门、能编码到细菌 DNA 中的感受器等。感受器能探测各种环境因子，如氧气、葡萄糖、光照、温度、酸度及其他环境状况等。任何人都能用该语言按自己设计的功能编写程序，在此基础上生成的 DNA 序列可以让细菌细胞具备这些功能。此外，用户也可以添加自己设计的感受器。目前已用这种语言编程了 60 种功能线路，以及最大的生物线路。这种编程语言有助于开发更多的应用，如制造出能帮人们消化乳糖的口服菌剂、能探测肿瘤并产生抗癌药物的细菌、能感知植物被病虫攻击并产生杀虫剂的细菌等。

2016 年 4 月，哈尔滨工业大学首次揭示了 CRISPR-Cpf1 识别 crRNA 复合物的机制[36]。CRISPR-Cpf1 是最新的高效 DNA 编辑工具，能够直接改造基因——就像文字编辑软件"修改文档"一样，是有别于 CRISPR-Cas9 的另一条基因"剪切"之路。新研究破译了 CRISPR-Cpf1 的运行机制，为成功改造 CRISPR-Cpf1 系统并使之成为特异高效的全新基因编辑系统奠定了基础。未来有望利用该系统对基因进行手术，以根治癌症、艾滋病等重大疾病。

2016 年 5 月，美国洛克菲勒大学和英国剑桥大学，采用一种过去曾用于培养小鼠胚胎的技术，在培养皿中使人类胚胎进行细胞分裂和自我发育，将人类胚胎体外发育时间提高到 10 天以上，分别达到 10 天和 13 天[37]。人类胚胎发育研究是了解人类早期发育过程、预测人类遗传性疾病的一个重要途径。之前人类胚胎在培养皿中的发育很难超过 7 天。该研究可能导致人类胚胎研究领域实施多年的"14 天规则"面临修订。"14 天规则"是指科学家只能在不满 14 天的胚胎上进行实验，因为 14 天之前的人类胚胎还未分化出神经等结构，不具备人的特征，因而不涉及伦理问题。

2016 年 6 月，美国麻省理工学院博德研究所发现首个以 RNA 而不是 DNA 为目标的基于 CRISPR 系统的新基因编辑工具 C2c2[38]。以 DNA 为目标的基因编辑技术可以永久改变分子的基因组，而以 RNA 为目标的基因编辑技术在改变分子基因组后还可以对其进行调整。新基因编辑工具是天然的 CRISPR 系统，可作为小干扰 RNA 的替代方法，具有新的、可调节的基因"敲除"能力。与现有的 RNA 干预技术相比，新工具更精确，具有更广泛的基因操纵功能（如可为特定 RNA 序列添加模块并改变其功能）。新发现打开了全新的进入 CRISPR 工具前沿领域的大门。

2016 年 7 月，美国麻省总医院（MGH）和博德研究所领导的一个国际团队，开发出最大规模的蛋白质-蛋白质互作网络数据库 InWeb_InBioMap（InWeb_IM）[39]。人体内蛋白质是成群起作用的，并通过蛋白质网络中的物理互作来完成其功能。利用构建的蛋白质互作网络，可以提高对人类细胞中生物过程的理解。而更完整的人类蛋白质物理互作图谱，有助于以一种更高的分辨率来研究受疾病影响的细胞过程。该团队开发出一个计算框架，整合了来自几万篇已发表文章的数据后，构建出一个互作数量超过 625 500 个的大型蛋白质-蛋白质互作网络数据库 InWeb_IM。该数据库可用于分析基因组数据，阐明多种疾病相关基因是如何引起疾病发生和发展的，在未知疾病的患者的诊断中也能起作用。

2016 年 11 月，美国索尔克生物学研究所与日本理化学研究所合作，开发出一种新基因编辑技术——HITI 技术，首次可对非分裂细胞（存在于眼、脑、胰腺或心脏）进行有效操作[40]。现有方法对皮肤或肠道中的分裂细胞很有效，但很难应用于生理上不发生分裂的细胞，即活体内的大部分细胞。HITI 技术采用非同源末端连接的 DNA 修复细胞的路径，把它与 CRISPR-Cas9 系统结合，成功地将新 DNA 插入非分裂细胞的精确位点。实验表明，在人的分裂培养细胞中，新技术使基因插入效率比现有方法高出 10 倍。研究人员利用该技术部分恢复了眼盲啮齿动物的视觉反应，未来有望为研究和治疗视网膜、心脏和神经系统的疾病开辟新途径。

2016 年 12 月，美国马萨诸塞大学医学院与加拿大多伦多大学合作，发现了首批已知的 CRISPR/Cas9 活性的"关闭开关"[41]。CRISPR/Cas9 基因组编辑技术目前还不是非常精确，可能会在基因组中无意地产生过多的或不想要的变化，导致脱靶突变，从而降低了它在治疗应用中的安全性和疗效。新研究成果鉴定出三种自然产生的抑制 Cas9 核酸酶的蛋白，具有阻断 Cas9 切割 DNA 的能力，是 CRISPR/Cas9 技术的"关闭开关"。"关闭开关"可以更好地控制 CRISPR/Cas9 对基因组的编辑，提高 CRISPR/Cas9 基因组编辑技术在治疗中的安全性和疗效。

2016 年 12 月，美国加利福尼亚大学伯克利分校在实验室无法培养的细菌中，发现两种新型 CRISPR 系统——CRISPR-CasX 和 CRISPR-CasY[42]。过去开发 CRISPR 系统主要基于实验室可培养的细菌，而此次是在不可培养的微生物中发现的。这两种 Cas 蛋白非常小，CasX 由 980 个氨基酸组成，CasY 由约 1200 个氨基酸组成，而最常用的 Cas9 共包含 1368 个氨基酸。从基因编辑的角度来看，递送小基因到细胞内要比递送大基因容易得多，这意味着这两种新 CRISPR 系统可能具有更大的应用空间。

2. 个性化诊疗

2016 年 4 月，美国纽约新希望生育中心（New Hope Fertility Center）利用纺锤体核移植（spindle nuclear transfer）技术，治疗由母体线粒体 DNA 缺陷引起的一种罕见遗传性疾病——莱氏综合征，使世界上首位"三亲婴儿"诞生[43]。"三亲婴儿"是混合三人 DNA 的辅助生殖技术的产物。线粒体移植疗法需要先取出患病母亲卵子的细胞核，使之与健康女性捐赠者卵子的细胞质融合，然后让生成的卵细胞与父亲的精子细胞结合，最终生成带有三个人遗传物质的受精卵。由于美国拒绝批准这一实验程序，所以此次治疗是在墨西哥进行的。尽管这件事引发了对"三亲婴儿"在伦理上和医学上的讨论，但这是生殖医学的一个重要进展，是人类第一次一个生命由三个人的遗传物质结合起来。下一步的研究是利用该技术治疗高龄妇女的不孕不育问题。

2016 年 4 月，美国威斯康星医学院利用一种 FDA 批准市售的非生物支架和捐赠者的表皮再生组织基质，成功重建并修复了一名 24 岁男子的全层缺损食道[44]。这位病人食管严重损坏，虽经几次手术但仍无法修复。这次手术先用内窥镜把自膨式金属支架放入体内以保持食管形状，然后再将再生组织基质覆盖在缺陷部位上，让来自病人自身血液中的血浆凝胶来激发细胞生长并吸引干细胞刺激组织的愈合和再生。四年后拆除支架，患者吞咽正常，完全能继续正常饮食并保持体重。目前采用这种再生技术成功治愈人体组织尚属首例，但仍需要进一步的临床试验以确定该技术是否可以复制和用于其他类似的情况。

2016 年 4 月，美国加利福尼亚大学旧金山分校成功把皮肤细胞转化为心肌细胞与脑细胞，为未来利用化学药物修复和再生组织器官奠定了基础[45]。成人心脏产生新细胞的能力极其有限，移植成人心肌细胞或干细胞来治疗受损心脏的效果并不理想。科学家从 89 种能促使细胞重新编程的小分子中，筛选到 9 种可把人类皮肤细胞转化为心肌细胞的化合物。同样，他们重新筛选出 9 种小分子化合物，使小鼠皮肤细胞转化为神经干细胞进而转化为 3 种基本的脑细胞。这些研究成果在动物实验中取得成功，是细胞治疗和体内器官再生领域"全新的突破"。未来患者也许可以通过服用药物，来修复和再生自己的组织器官。

2016 年 10 月，美国哈佛大学利用 3D 打印技术，制备出功能几乎与健康肾中的近端小管完全一致的组织[46]。近端小管在肾小管中最长最粗，是组成肾基本功能单位的最重要结构，原尿中几乎全部葡萄糖、氨基酸和蛋白质，以及大部分水、离子和尿素等物质都在这里被"重吸收"。这次的人工近端小管是利用生物打印技术制造出来的。3D 打印近端小管具有广泛的医学用途，可以从体外帮助肾脏功能受损的患者，也可以用于在药物研发中测试新药的毒性。

2016 年 11 月，瑞士洛桑联邦理工学院（EPFL）开发出一款名为"脑脊柱接口"的神经假体界面，并利用它绕过脊柱受损部分，使一只脊髓损伤的猴子在大脑和脊髓之间重新建立联系，让这只腿部瘫痪的猴子重新获得了对腿部肌肉的神经控制，并在没有经过训练和物理治疗的情况下仍可以正常行走[47]。科学家首先在猴子控制腿部运动的大脑皮层区域植入微电极阵列,以检测大脑皮质神经元的脉冲活动,然后将相关神经信号解码后以无线的方式传输到一个植入式脉冲生成器上,再利用电极激活自然运动期间腿部肌肉的神经通路。这样,这只猴子便重新获得了行走的能力。这是人类首次利用神经科技成功恢复脊髓损伤的灵长类动物的运动功能。未来的神经假体有可能让截瘫患者自由地活动手部或腿部,使患者感到与受伤前无异,甚至都察觉不到神经假体的存在。

3. 重大新药

2016 年 1 月,俄罗斯医学科学院的加马列亚流行病和微生物研究所注册了新研制出的高效埃博拉病毒疫苗[48]。该机构宣称,新疫苗是用弱毒性的病毒输送病原体来刺激免疫反应的,其疗效强于其他药物,可对疾病产生 100% 的免疫反应,能阻断病毒感染的进程,增加患者的存活率。目前,新疫苗已通过相关检测并开始量产。

2016 年 3 月,美国国立卫生研究院(National Institutes of Health,NIH)研制出一种新的高效登革热疫苗[49]。登革病毒有 4 种血清型,感染一种血清型的人在感染第二种血清型后会加重病情。同时,一种仅部分有效的登革热疫苗有可能会使人处于更大、更严重的登革热感染风险之中。因此,医学界一直致力于研制同时对 4 种血清型都有保护能力的疫苗。新研究混合了 4 种毒性弱化的登革病毒毒株,从而研制出减毒活疫苗 TV003。在一项小型人体感染试验中 TV003 对被感染者起到了 100% 的保护效果。新疫苗大大推动了登革热疫苗的研制工作。如果全球 20% 的人口能够接种这种疫苗,登革热病例在 5 年之内将减少 50%。

2016 年 5 月,美国 IBM 公司与新加坡生物工程和纳米技术研究所合作,开发出一种可以附着在病毒上并有望对抗多种类型病毒的高分子[50]。通常的药物和治疗方法主要指向病毒的 RNA 和 DNA,但因各种病毒的 RNA 和 DNA 差异极大且常产生变异而很难成功。病毒需要借助自己表面的糖蛋白以附着在细胞上进而感染细胞,研究者利用这一特点研制出一种对抗病毒的高分子,它采用以下方式对抗病毒。首先,通过静电将病毒吸引以使其无法附着在健康细胞上;其次,中和病毒的酸度以减弱病毒的复制能力;再次,所含的甘露糖可以黏附健康的免疫细胞并使其"接近"并清除病毒。在用包括埃博拉病毒和登革热病毒在内的多种病毒进行的测试中,这种高分子与病毒表面糖蛋白结合,减少了病毒的数量,其中的甘露糖成功阻止了病毒对免疫细胞的感染。新研究有助于研发出一种广谱的抗病毒疗法。然而,要把它用作消毒剂,以及预防和治疗病毒感染的药物还需要进行大量研究。

2016 年 5 月,美国科学家与工业界合作,利用基于结构药理学的合理/精准药物设计方法,成功开发出抗表皮生长因子受体(epidermal growth factor receptor,EG-

FR）耐药性突变肺癌的新型异位抑制剂 EAI045（第四代新药）[51]。这是国际上第一个可以克服 T790M/C797S 耐药突变的抑制剂。筛选 250 万个化合物后发现的抑制剂 EAI045，可以使受体保持一种失活的构象，同时又不影响其与三磷腺苷的结合和正常 EGFR 的功能。实验发现，EAI045 对一系列 EGFR 突变型都具有较强的抑制作用。该新药与西妥昔单抗（cetuximab）联合使用，可以让耐受目前所有疗法的肿瘤缩小。

2016 年 6 月，英国朴次茅斯大学卓越脑肿瘤研究中心与 Innovate Pharmaceuticals 公司合作，发现该公司研制的液态阿司匹林"IP1867B"能够穿过阻止化疗药物攻击脑瘤的血脑屏障[52]。与此前的化疗药物相比，液态阿司匹林"IP1867B"杀死脑癌细胞的效率提高了 10 倍，有望延长脑癌患者的寿命，对未来脑瘤治疗具有深远影响。

2016 年 7 月，美国麻省理工学院研制出一种由信使 RNA 簇构成的新型疫苗[53]。新疫苗将树状 RNA 簇制造成与大多数病毒大小相当的球形，然后把它混在病毒中穿过接合细胞表面的蛋白质进入细胞；再通过定制 RNA 序列，使它诱导宿主细胞产生大量具有特定编码的蛋白质，从而提高免疫反应的效力。新疫苗可对任何病毒、细菌或寄生蛋白进行编码设计，能够诱导机体产生几乎任何种类的蛋白质。采用该方法设计的埃博拉病毒、H1N1 流感病毒及弓形虫（疟疾的致病源）疫苗，在小鼠测试中表现良好。与 DNA 不同，RNA 不会整合到宿主基因组中，因此规避了基因突变的风险，使新疫苗更加安全。此外，新疫苗可在一周内生产出来，大大缩短了疾病爆发后的响应时间。

2016 年 9 月，美国 NIH 的过敏症和传染病研究所支持的一个国际团队开发出一种新的 DNA 寨卡疫苗[54]。寨卡病毒被 WHO 定性为"国际关注的突发公共卫生事件"，急需开发出有效的疫苗或抗病毒药物。DNA 疫苗是研制寨卡疫苗的重要创新。新 DNA 疫苗含有一段来自寨卡病毒的合成 DNA 片段，注射到体内后，会使细胞分泌出很多类似寨卡病毒的小粒子，而这些粒子可以刺激免疫系统产生抗体，从而预防寨卡病毒的感染。在猕猴试验中，接受单剂量注射的猕猴都感染了寨卡病毒，但它们血液中的病毒含量比没接受 DNA 疫苗注射的对照组低；接受双剂量注射的 18 只猕猴中有 17 只没有感染寨卡病毒。这说明，新的 DNA 疫苗可以刺激免疫系统产生抗体反应。该疫苗已经进入人体临床试验阶段，一旦被证明安全有效，将成为第一个商业化的 DNA 疫苗。

2016 年 11 月，以色列希伯来大学开发出一种有望快速大幅减少艾滋病病毒的药物，为艾滋病患者带来新希望[55]。此前艾滋病的治疗仅能让患者延缓身体感染进程，但无法让患者完全摆脱病毒侵害。新药物的有效成分是一种肽（更小的蛋白质），可以让多份药物的 DNA 样本都进入受感染细胞，导致细胞自毁。这样病情就不会复发，因为患者已没有携带病毒的细胞。向十位正在医院接受治疗的艾滋病患者血液的试管中注入这种药物后，试管血样中的艾滋病病毒 8 天内减少了 97%。定期服用这种药物可以有效抑制艾滋病的接触传播。

2016 年 12 月，以色列的 Vascular Biogenics 公司开发出一种新药 VB-111，可以利用"基因引擎"追踪恶性肿瘤血管并阻碍其生长，从而靶向治疗致命性多形胶质细胞瘤等癌症，让患者有望携带恶性肿瘤存活[56]。癌性肿瘤通过血管释放化学信号从而刺激新血管的生成，新血管可以为肿瘤带来在人体内生长所需的营养和氧气。血管生成抑制剂是目前结肠癌、脑癌、肺癌和肝癌等多种癌症的标准治疗方法。而多形性胶质细胞瘤没有治疗方法，新药物可以靶向治疗这种肿瘤，不仅能抑杀肿瘤的血管，而且也能使人体免疫系统识别并抗击肿瘤。

4. 重大疾病治疗

2016 年 2 月，美国国家癌症研究所（National Cancer Institute，NCI）宣布将启用癌症研究新模型[57]。已被世界使用达 25 年的 NCI-60 细胞系将被来自癌症患者捐赠、经小鼠体内培养的新肿瘤样本取代。用于抗癌药物测试的癌细胞样本群 NCI-60 细胞系历经几千代的培养，已经适应与原生环境完全不同的塑料培养皿的环境，细胞的基因组成和行为均发生了改变。为此，NCI 决定使用"人源性肿瘤组织异种移植"（PDX）模型来替代 NCI-60 细胞系，以更好地模拟肿瘤原生的生长环境。

2016 年 3 月，中美科学家合作开发出一种新的再生医学方法，用于治疗婴儿的先天性白内障[58]。之前的治疗方法需大量地移除晶状体中的晶状体上皮干细胞（LECs），而婴儿眼睛中留存下来的少量 LECs 会无序地再生，同时不能产生有用的视力。新方法可以在移除婴儿眼睛中的先天性白内障的同时，让剩余的干细胞再生出功能性晶状体。该方法已在动物和小型人类临床试验中测试，比此前的标准疗法引起的手术并发症更少，且让儿童白内障患者再生出具有极好视觉功能的晶状体。这种新方法将引发白内障手术的变革，有可能在未来给患者提供一种更加安全的治疗方案。

2016 年 3 月，美国天普大学（Temple University）利用 CRISPR/Cas9 基因组编辑技术，移除了人体免疫反应中扮演重要角色的 T 细胞上的 HIV-1 病毒，从而成功阻止了病毒的进一步复制及对其他健康细胞的感染[59]。艾滋病目前还没有找到能完全治愈的方法，暂时以鸡尾酒疗法或服用抗反转录病毒药物来缓解病情，延长患者寿命。而新方法安全且不会带来任何毒性，为治疗艾滋病提供了新的研究方向。

2016 年 4 月，美国 NIH 开发出一种有效的免疫抑制药物疗法，使接受猪心移植的狒狒的最长存活时间超过两年，创造了跨物种心脏移植存活时间的新纪录[60]。器官移植需解决两大困难：一是供体的严重不足；二是致命的排异反应。不同物种间的器官移植在解决移植器官短缺问题上具有极大潜力，主要障碍是排异反应。为了控制人类的近亲——狒狒的免疫系统，研究者对基于抗体和药物的疗法进行了微调，不用猪心替代狒狒的心脏，而是把它连接到狒狒的循环系统中，使狒狒的存活时间最长超过两年。这种"免疫调节治疗"的效果还有待于进一步验证，特别是在转基因猪的心脏完全代替狒狒的心脏之后。

2016 年 4 月，美国普渡大学等机构在 3.8 埃的精度上首次测出了寨卡病毒的三维结构[61]。研究人员在分辨率近似原子的高精度冷冻电子显微镜下对寨卡病毒结构进行观察，测定结果发现：寨卡病毒在结构上总体与黄病毒属的其他病毒很相似；在其蛋白质外壳一些糖基化的位置呈现出独特的向外突出的结构。这样的结构可以说明寨卡病毒能穿过这些障碍并导致新生儿的小头症。该项研究获得的寨卡病毒结构图十分完整，可以显示出病毒上哪些位置可以作为研究目标，为寨卡病毒的预防和治疗策略的设计提供强有力的支撑。

2016 年 5 月，日本东京大学与美国威斯康星大学、英国剑桥大学合作，成功开发出一项可准确预测季节性流感病毒的新技术[62]。制造季节性流感疫苗需要使疫苗株与流行病毒之间的抗原抗体保持一致，否则会大大影响预防效果。而应对季节性流感抗原频繁发生的变异就需要提前半年重新分析和选定疫苗株。新研究利用新开发的人工制造变异性流感病毒的"反向遗传学法"，向流感病毒遗传基因中导入了各种变异，从而构建出具有不同抗原特征的病毒库。利用该技术已先后两次成功预测出实际发生在流感季的抗原变异，使提前准备与病毒抗原特征一致的疫苗株成为可能，并大大降低了经济成本。

2016 年 6 月，美国 NCI 的肿瘤临床蛋白质组学分析联盟成员，基于癌症基因组 Atlas（TCGA）计划的数据，利用高分辨率质谱分析技术，完成了乳腺癌的第一次大规模"蛋白基因组"（proteogenomic）研究，并将 DNA 突变联系到蛋白信号，进而确定了癌症驱动基因[63]。这项研究工作发现了乳腺癌亚型的蛋白标记和信号通路。研究结果表明，通过整合基因组和蛋白组数据获得的更完整的癌症生物学图景，比任何单独的分析都全面。蛋白基因组整合有可能在未来变成一个强大的临床工具，弥补肿瘤基因组学和临床行为之间存在的巨大的知识差距。

2016 年 7 月，德国昌贝克大学生物化学研究所利用 X 射线分析形成寨卡病毒的关键蛋白酶的晶体，成功揭示了该蛋白酶的三维结构[64]。寨卡病毒利用一种蛋白酶进行蛋白质繁殖，以产生新的带病毒颗粒的包膜成分。新研究利用海德堡大学提供的硼酸盐抑制剂，通过抑制寨卡病毒蛋白酶的反应，揭示了寨卡病毒关键蛋白酶的三维结构；同时发现合适的抑制剂可以改变寨卡病毒蛋白酶的特异性。虽然新成果直接用来开发药物还有难度，但它有助于设计一种可切断蚊子传播链的药物，为疫苗的研发和抗病毒疗法提供了重要平台。

2016 年 7 月，英国谢菲尔德大学开发出一种新的对抗"超级细菌"（耐甲氧西林金黄色葡萄球菌，MRSA）的治疗方法，以防止细菌性皮肤感染[65]。细菌性皮肤感染是老年人和慢性疾病（如糖尿病）患者面临的主要问题。紧紧附着在皮肤细胞上的细菌会通过劫持人体细胞上的"黏性补丁"感染人体。而利用一种来自人体细胞的蛋白质 tetraspanins 可以降低这些"补丁"的黏性，使细菌在对人体不造成伤害的情况下被冲走。在人体皮肤模型的试验中，tetraspanins 有效阻止了 MRSA 的感染。这种安全有效的治疗方法是解决抗生素耐药性的一大突破。它不仅减轻了患者和医疗工作者的负担，而且还为对抗耐药细菌，如 MRSA 提供了新思路。

2016 年 7 月，美国华盛顿大学在小鼠中发现能有效阻止寨卡病毒感染的抗体[66]。寨卡病毒对孕妇具有巨大威胁，会引发新生儿小头症。该研究先用寨卡病毒感染一种转基因小鼠并使其产生抗体，然后再从中筛选出两种在细胞与小鼠实验中可同时有效预防和治疗亚洲株、非洲株和南美株的寨卡病毒感染的抗体。此外，新抗体只对寨卡病毒起作用，而对与寨卡病毒同属黄病毒科的其他病毒不产生影响。新抗体还需在灵长类动物中进一步测试其有效性。新研究向开发出寨卡疫苗、更好的诊断测试工具及新的抗体迈出了重要一步。

2016 年 8 月，美国加利福尼亚大学洛杉矶分校 AIDS 研究所和 AIDS 研究中心发现，一种在治疗癌症中效果不错的免疫疗法也可以杀死被 HIV-1 感染的细胞[67]。研究人员在实验中采用了 7 种最近发现的"广泛中和抗体"，这些广泛中和抗体能与多种入侵的 HIV 毒株结合，而较早前分离出的抗体通常只能与少数 HIV 毒株结合。这些广泛中和抗体可以用来生产出一种特定类型的嵌合抗原受体 T 细胞（CAR-T）；利用这种 CAR-T 就可以杀死被 HIV-1 感染的细胞。这种免疫疗法有望在未来得到深入研究和发展。

2016 年 11 月，日本京都大学前沿生命和医药科学研究所利用人的诱导多能干细胞（iPS 细胞）技术，从健康人的血液中提取出增殖能力更强的可杀伤癌细胞的"杀手 T 细胞"（CTL），推动再生免疫细胞疗法向癌症临床治疗迈进一步[68]。癌症患者体内存在的"杀手 T 细胞"量不足，在治疗中需要增加其数量才能达到更好的治疗效果。此前体外培养"杀手 T 细胞"都不太成功，很难大量培养出有效的 T 细胞。实验证明，新方法提取的 T 细胞与此前 T 细胞的效果一样，但具有更强的增殖能力，而且可以避免错误攻击正常细胞。下一步的工作是努力使这种方法早日应用于临床中。

2016 年 12 月，中国科学院动物研究所与首都医科大学宣武医院、北京市脐带血造血干细胞库合作，利用 CRISPR-Cas9 系统对 CAR-T 细胞进行了双基因（TRAC 和 B2M）或三基因（TRAC，B2M 及 PD-1）敲除，敲除基因后的 CAR-T 细胞比普通

CAR-T 细胞具有相当或更强的杀伤肿瘤细胞的能力[69]。CAR-T 已经在 B 细胞恶性肿瘤治疗中取得了很好的效果。目前采用的自体过继细胞治疗昂贵且耗时。在 CAR-T 细胞治疗中，新生儿及老年患者很难获得足量且状态良好的淋巴细胞。因此，利用一个健康献血者的 T 细胞来制备大量的 CAR-T 细胞就显得极为重要。新技术可以极大降低 CAR-T 疗法的成本，以及更好地保证统一制备的细胞质量，使患者在需要时可以马上得到 CAR-T 细胞。敲除基因后的 CAR-T 细胞有望成为临床应用的效应细胞。

5. 医疗器械

2016 年 4 月，中国武汉光电国家实验室（筹）研发的具有完全自主知识产权、适用于人体临床的"全数字正电子发射断层成像"（PET）完成临床试验[70]。"全数字 PET"由 300 多个全数字 PET 探测模块组成，每个探测模块均使用先进的闪烁晶体及新型光电倍增器件。借助全数字采样和信号处理，空间分辨率达到 2.2 毫米，而目前临床最好的 PET 为 4.5 毫米。对患者的全身检查仅需 5 分钟，耗时仅需现有临床设备一半左右。

2016 年 6 月，德国科隆大学医学院等机构合作采用 PET 多种分子探针获取的阿尔茨海默病的神经退行性病变图像，被美国核医学与分子影像学会年会（SNMMI）评为 2016 年度最佳影像（Image of the Year）[71]。分子影像技术的发展除需要先进的成像设备外，还需要高效的分子探针。分子探针是指能精准回答生物医学问题的功能性物质，是实现分子成像的先决条件和核心技术。大脑里的淀粉样蛋白斑和 tau 蛋白质沉淀物对大脑的功能有影响。用 3 种放射性示踪剂探测 tau 沉积物、淀粉样蛋白斑及区域的神经退行性病变，可以为研究阿尔茨海默病的神经退行性特征提供新的洞察力，有助于阐明淀粉样蛋白异常和 tau 蛋白质沉淀物影响脑功能的机制。

2016 年 7 月，美国纽约州立大学布法罗分校利用无害的大肠杆菌，研发出一种可输送疫苗的"细菌胶囊"[72]。大肠杆菌有很多种，大部分是安全的，可移植到健康人的消化道中。"细菌胶囊"的核心就是一种无害的大肠杆菌。大肠杆菌外面缠裹了人工合成聚合物 β 氨基酯，就像穿上了渔网装；渔网装带有正电荷，与大肠杆菌带负电荷的细胞壁结合后形成一种混合胶囊。利用这种胶囊输送疫苗会引发特定的免疫反应，比现有接种疫苗的效率更高，效果更好，成本更低，使用更便利。它也可以作为癌症、病毒性感染及其他疾病的治疗用输送工具。

2016 年 8 月，美国 NIH 开发出一种新的神经成像技术，第一次让人类看到了人脑中基因开关的位置[73]。遗传 DNA 序列可以解释的精神疾病很少，而基因开关在成瘾、阿尔茨海默病等许多疾病中的作用或许更重要；生活中的一些事，如悲伤、创伤等也会改变基因开关的状态。新技术与传统的性能鉴定试验（PET）类似，可以检测到放射性标记物"Martinostat"的正电子。标记物分子通过静脉注射穿过血脑屏障后进入脑内，与脑中的组蛋白去乙酰化酶（HDACs）结合。HDACs可以关闭包括对形成突触和学习记忆功能非常重要的基因。新技术通过检测"Martinostat"让观察者看到了人脑中基因开关的位置，为了解影响精神健康的基因提供了有力工具，向发现脑中基因异常迈出了第一步，未来有望用于检测阿尔茨海默病、精神分裂症或其他脑病的早期迹象。

2016年12月，以色列的Insulog公司开发出配有智能传感器的胰岛素剂量追踪设备[74]。注射胰岛素的糖尿病患者为维持血糖水平稳定需要及时注射适量激素，同时记住上次注射胰岛素时服用的药物及注射的剂量。患者通常难以完全做到这点。这款智能联网的设备能连接大部分一次性胰岛素笔，可以跟踪胰岛素笔的震动次数，记录所注射的剂量，并在再次注射胰岛素前显示患者上次的注射时间和剂量，可能会惠及全球数千万糖尿病患者。

三、新材料技术

2016年，新材料技术的多点突破为其他高技术领域和新兴产业发展注入强大动力。纳米材料方面，开发出可擦写磁荷冰（rewritable magnetic charge ice）、可恢复的均匀纳米棒、高性能纳米陶瓷复合材料、热收缩超材料多种用途材料。石墨烯方面，开发出提纯石墨烯的新方法，成功制备出具有导电性的石墨烯丝织物。金属材料方面，开发出耐氢合金新工艺，通过迅速冷却制备出镁，把非超导材料成功诱导成超导材料，并研制出超轻形状记忆镁钪合金。半导体材料方面，研制出新型二维半导体材料、各种特殊类型的晶体管、高质量的原子级的硒化铟薄膜及可穿戴有机发光二极管（OLED）等。先进储能材料方面，固体储能材料聚合物薄膜、近单晶的二维钙钛矿薄膜、高容量的二次电池的阴极材料、水制氢的新型复合催化剂、光电转换效率高的新型钙钛矿材料等一批先进储能材料开发成功。生物医用材料领域进展显著，开发出可植入人工肾脏、快速人工动脉制造技术、糖尿病电子皮肤。

1. 纳米材料

2016年5月，厦门大学化学化工学院成功制备出钯负载量高达1.5%（质量百分比）的单原子分散钯催化剂[75]。贵金属催化剂应用广泛，但贵金属资源稀缺且价格高，因此急需提高贵金属催化剂的原子利用率和反应活性。该研究合成的钯催化剂在碳碳双键的催化加氢反应中不仅展示出高稳定性，而且活性是钯纳米颗粒的9倍以上。氢气在单原子分散钯催化剂上的异裂活化也极大地提高了催化剂在极性不饱和键

（如碳氧双键）加氢反应中的催化活性（＞55倍）。该研究为亚纳米尺度上研究复杂界面化学过程提供了理想模型体系，架起了均相和非均相催化之间的桥梁，同时高的钯负载量也为单原子分散金属催化剂的工业应用奠定了基础。

2016年5月，美国能源部（DOE）阿贡国家实验室、北伊利诺伊大学、伊利诺伊大学芝加哥分校和诺特丹大学合作，首次成功制造出一种可擦写磁荷冰新材料[76]。利用一种双轴矢量磁铁，可以精准、轻松地把磁荷冰调成8种可能组合中的任一种。磁荷冰材料在室温下具有书写、读取和擦除等多种功能，可广泛应用于数据存储和逻辑设备等方面，有助于开发出更小、更强大的计算机，在量子计算机中也可以起重要作用。

2016年5月，美国宾夕法尼亚州立大学与哈尔滨理工大学合作，通过把氮化硼纳米片添加到一种塑料聚合物原材料上，研制出一种即使破碎多次也能自动恢复所有功能的新型电子材料[77]。氮化硼纳米片是二维材料的绝缘体，适合用在电子设备随着时间推移产生机械变形从而导致设备功能和外观受损的可穿戴设备上，有助于提升可穿戴设备的持久性和耐用性。此前的电子材料在破碎之后只能自动修复一种功能。新材料很坚固，在多次受损后仍能自我修复所有功能（包括机械强度、破坏强度、电阻、导热性以及绝缘性等），且可在潮湿环境下操作。

2016年6月，美国中佛罗里达大学发现不同材质的脆芯被拉断后可以形成长径比固定的均匀短棒[78]。把多种脆性材料的细芯放进聚合物的包层中，先制备出复合材料纤维，再通过可控拉伸，可以使聚合物纤维中的脆芯断裂成尺寸一致的短棒；接着溶解聚合物，就可以大规模制备出均匀的纳米棒。如果对拉伸后的聚合物进行热处理，把拉伸过程中的应力释放出来，纳米棒会重新恢复到之前的状态。制备所用的聚合物包括聚醚砜、聚碳酸酯、聚醚酰亚胺、聚砜等热塑性聚合物，脆芯包括硒化砷玻璃、硅、锗、金、聚苯乙烯等。新材料具有较强的工业化应用前景。

2016年7月，俄罗斯托木斯克国立大学与俄罗斯科学院西伯利亚分院强度物理和材料学研究所合作，开发出具有极高耐磨性、热膨胀系数接近零的纳米陶瓷复合材料[79]。纳米陶瓷中加入钨酸锆后，在足够宽的温度范围内（−100～200℃）受热和冷却后可以保持尺寸不变，并具有在极端条件下的有效工作能力。这种复合材料制备的难点是钨酸锆很难进入陶瓷中。通过确定钨酸锆在陶瓷成分中的最佳含量和有效的烧结方法，可以有效解决这个难题。制备出的新复合材料具有结构强度高、重量轻的优点，用它制造的密封元件的磨损几乎为零。新方法延长了陶瓷材料的使用寿命，减少了石油和天然气管道的维修频率和工作量。

2016年10月，美国劳伦斯·利弗莫尔国家实验室（LLNL）与麻省理工学院、南加利福尼亚大学、加利福尼亚大学洛杉矶分校合作，采用显微立体光刻技术，首次

3D打印出受热收缩的全新超材料[80]。传统大体积材料都表现为热胀冷缩。而用聚酯和另一种掺杂铜的聚酯为原料打印出来的这种超材料具有微晶格结构，会表现出热收缩特性，且在降温后还可恢复到之前的体积，能反复使用。它适用于制作温度变化较大环境中使用的精密操作部件，如微芯片和高精光学仪器等；还可以用于制造高太阳能利用效率器件，以及受太阳强热照射的人造卫星中。

2016年11月，美国代顿空军研究实验室与凯斯西储大学联合，开发出一种类似壁虎脚的新型干性仿生黏结材料[81]。这种材料由碳纳米管组成，可在极端温度下（−196℃）保持超强黏结特性，甚至温度越高黏结越牢固（如在1033℃下是常温的6倍）。其原因是碳纳米管在高温下会"塌陷"成网状结构，从而增加黏结材料与物体的接触面积，提高了"黏结"的力量；在低温下材料表面不会因温度降低而变化。此外，利用这种材料制成的双面胶带，其胶带黏结性在液氮低温环境或在熔融的金属银中也不会下降。这种材料在温度变化达数百摄氏度的太空环境中具有巨大应用前景。

2016年11月，美国加利福尼亚大学伯克利分校与加州理工学院合作，发现一种锯齿结构的贵金属铂（Pt）纳米线具有优异的氧还原催化活性[82]。以Pt纳米颗粒为代表的电催化剂在燃料电池和水裂解等能源领域发挥着非常重要的作用。调控金属纳米颗粒的电子结构可以有效提高电催化剂的催化活性。将表面光滑的纳米线转变为具有锯齿状表面结构的纳米线是新发现的可提高催化活性的方法。这种锯齿结构Pt纳米线因具有丰富的活性位点，从而能够大幅度加速催化反应。与已商业化的铂催化剂相比，它的性能提高了近50倍。此外，这种催化剂在多次循环使用后仍保持了相当的稳定性。采用这种新催化剂可以极大降低燃料电池中铂的用量，大幅度降低电池生产成本。

2. 石墨烯

2016年2月，中国科学院上海微系统与信息技术研究所实现AB堆垛双层石墨烯的快速生长[83]。研究采用铜蒸气辅助，在Cu-Ni合金衬底上实现AB堆垛双层石墨烯（ABBG）的快速生长。铜蒸气的参与降低了Cu-Ni合金衬底表面第一层石墨烯的生长速度，提高了融入衬底的活性炭原子浓度，而融入衬底的碳原子通过等温析出形成了和第一层石墨烯具有严格取向关系的大晶畴ABBG。典型单晶畴尺寸约300微米，生长时间约10分钟，生长速度比现有报道提高约一个数量级。该研究为ABBG的规模制备打通了一条重要的技术路径，为探索AB堆垛双层石墨烯在微电子和光电子器件方向的应用奠定了基础。

2016年5月，俄罗斯莫斯科物理与技术研究院（MIPT）利用石墨烯来提高隧道电流的方法研发出全新的石墨烯晶体管[84]。目前，个人计算机的时钟速度为GHz级别，而该项研究打造的这种双层石墨烯晶体管（Bilayer graphene transistor）把该速度提高到了100GHz的超高频率。研究者们通过构建模型来研究由两层石墨烯黏结在一起形成的双层石墨烯的性能，发现了一些奇怪的能量带和电子的能量范围。双层石墨烯的能量带类似于"墨西哥帽"的形状，而不是大多数半导体产生的抛物线形状。在帽子形状边缘的电子密度趋于无穷大，当一个低电压施加到晶体管的栅极，大量的电子立即穿过隧道，结果导致能量势垒的另一端电流发生瞬间改变。这意味着晶体管需要的能量交换更少，芯片需要的能量更低，因而产生的热量也更少，不再需要强大的冷却系统对多余的热量进行冷却，更不用担心产生的多余热量会破坏芯片，进而时速得到大幅度提高。

2016年10月，俄罗斯、法国、瑞典和希腊科学家合作，开发出一种提纯石墨烯的工业技术，可以使石墨烯变得更加稳定，即使接触臭氧10分钟后性能也不会变[85]。石墨烯在生产过程中需要提纯，去除残留的聚合物等污染物。使用臭氧是最常用的一种提纯方法，具有反应性高的优点，但臭氧同时会在石墨烯内造成缺陷从而弱化其性能。使用高温碳化硅（SiC）的升华物，可以更好地提纯石墨烯，获得拥有稳定电学属性的高质量工业石墨烯。

2016年11月，英国剑桥大学石墨烯中心（CGC）与中国江南大学合作，设计出一种把石墨烯基墨水沉积在棉织品上以制备出导电性织物的方法[86]。利用化学改性后的石墨烯片制成的墨水与棉纤维的黏附效果比未改性石墨烯更强。这种墨水沉积在棉织品后再经过热处理，可以提高改性后的石墨烯的导电性，且经过多次洗涤后导电性不变。之前的相应产品一洗就坏，且不透气。新制备方法具有低价、环境友好、可持续等特点，与棉花有化学相容性，是制备可穿戴柔性电子设备的一条新途径。同时，石墨烯墨水也迎来了商机，有望用于个人健康护理技术、高端运动服、新型军服及可穿戴信息产品等领域。

2016年12月，爱尔兰都柏林三一学院和英国曼彻斯特大学合作，将石墨烯和橡皮泥（聚硅氧烷）混合，得到一种导电性良好的高灵敏传感器[87]。研究发现，注入石墨烯的橡皮泥（G-putty）的电阻对极其轻微的变形或冲击非常敏感。他们将G-putty安装到人类受试者的胸部和颈部，并用它来测量呼吸，脉搏甚至血压。它显示出前所未有的灵敏度，作为应变和压力的传感器，具有比正常传感器高数百倍的灵敏度。G-putty也是一个非常敏感的冲击传感器，能够检测小蜘蛛的脚步声。该研究可能为医学和其他领域提供新型、廉价的诊断设备。

3. 金属材料

2016年3月，美国麻省理工学院成功开发出耐氢合金的制造新工艺，可以通过掺入铬、铌来强化锆合金的抗氢蚀能力[88]。在核反应堆冷却剂中，水分子分裂后释放出的氢元素会进入锆合金并与之发生反应，从而降低了锆合金的延展性，使其提前脆裂并发生故障。氢元素在进入锆合金内部之前，首先会在其表面的氧化层中溶解。氢的溶解度可以通过在氧化层中掺入其他元素进行控制，从而阻止氢元素进入合金内部；掺入元素也可以最大化地为氧化层带来电子，从而以氢气的形式将氢元素再次"驱赶"出来。掺入铬元素可以最小化氢元素的渗透，掺入铌可以最大化释放已渗入的氢元素。这种办法也许可以用于多种合金中，在许多重要领域中提高合金材料的寿命。

2016年7月，澳大利亚联邦科学与工业研究组织（CSIRO）在镁蒸气冷凝实验研究方面取得重大突破，开发出新的镁冶炼技术"镁音速"（MagSonic）[89]。以往在碳热还原镁的冶炼过程中，氧化镁与碳反应后会生成镁蒸气与二氧化碳、一氧化碳等。常用的分离措施会导致镁蒸气与二氧化碳或一氧化碳再次发生氧化反应，因而无法获得纯净的初生原镁。在新技术中，镁蒸气在拉法尔喷嘴喷射的超音速气体的作用下迅速冷却，镁从而被有效分离出来，且镁粉不会发生爆炸。所使用的"超音速喷嘴"是一个类似火箭发动机喷嘴的装置，可使以4倍音速通过的热还原产物——镁蒸气瞬间凝结固化为镁金属。该方法可使金属镁的制备过程节省多达80%的能源，减少多达60%的一氧化碳排放，因而使其成为一种更便宜、更易获得的制造业原材料。

2016年7月，日本东北大学开发出一种超轻形状记忆镁钪合金，其 Mg-Sc 的原子比在4:1左右，密度为2克/厘米^{3}左右，远小于已有材料[90]。形状记忆合金以镍钛诺记忆合金为典型代表，在加热升温后通常会完全消除较低温度下产生的形变；在特定温度下还会发生"超弹性"效应，即具有比一般金属大几倍甚至几十倍的可恢复应变。此前以镁等轻量元素为主体的超轻形状记忆合金还没有被发现。新的超轻镁钪形状记忆合金比以往的形状记忆合金轻70%左右，在零下150℃时会表现出超弹性；如果改变钪的含量还可以改变镁钪合金发生超弹性的操作温度。这种合金有望应用于航空航天等要求轻量化的工业产品领域及扩张支架等医疗器具中。

2016年10月，美国休斯敦大学得克萨斯超导中心利用界面组装技术，诱导非超导材料钙铁砷复合物的界面，从而成功地使其表现出超导性，为发现高温超导体提供了全新的方法[91]。超导材料具有零电阻、完全抗磁性和超导隧道效应等优异的特性，应用领域非常广泛，但其超导性需在低温条件下才能呈现。新研究验证了20世纪70年代提出的"两种不同材料交界处可诱导出超导性"的理论，从而把常见的非超导复合物转变为超导体，有利于开发出各种更便宜高效的超导材料。

4. 半导体材料

2016年2月，美国犹他大学开发出一种新型二维半导体材料氧化锡（SnO）[92]。

目前电子设备内的晶体管和其他元件都是由硅等三维材料制成的。三维材料的劣势是电子会在层内的各个方向弹跳。而二维材料的厚度由一两个原子的一个夹层组成，电子移动因发生在夹层中速度会更快。已开发出的石墨烯、二硫化钼及硼墨烯等多种二维材料只允许带负电荷的电子（N型）运动，而制造电子设备的半导体材料需要同时具有电子和带正电荷的"空穴"（P型）。新开发的氧化锡是第一种稳定的P型二维半导体材料，其厚度为一个原子大小，可用于研制体型更小且运行速度更快的晶体管。此外，由于这种材料内的电子运动发生在二维而非三维，因此产生的摩擦热量更少，使处理器不会像传统计算机芯片那样变得过热。新材料有助于开发必须依靠电池运行的移动设备，特别是包括电子植入设备在内的医疗设备，也有利于制造运行速度更快且能耗更低的计算机及其他移动设备。

2016年3月，瑞士联邦材料科学与技术实验室联合9家企业、6个研究机构，共同开发出可以像报纸一样卷对卷（roll to roll）式生产的柔性照明箔片[93]。它可以大幅度降低OLED的生产和使用成本，为廉价生产太阳能电池及LED照明面板开辟了道路。利用这种技术生产电池将是下一代光源和太阳能电池的发展方向。下一步将探索新方法来发展、检测、扩大生产透明屏蔽箔，以防止氧气和水蒸气接触到有机电子设备，有效延长电子设备的寿命。

2016年4月，美国威斯康星大学麦迪逊分校利用低温处理手段，借助简单且低成本的纳米压印技术，开发出目前处理速度最快的柔性硅基晶体管[94]。在计算机领域，截止频率越高，晶体管的处理速度越快。新柔性硅晶体管的截止频率最高可达110吉赫兹（GHz）。新晶体管还拥有独特的三维电流模式，因此耗能更少且效率更高。这意味着，用户在未来将以更低的价格享受更快的处理速度。此外，它能无线传输数据和能量，有望应用在包括可穿戴电子设备和传感器等在内的诸多领域中。

2016年9月，美国威斯康星大学麦迪逊分校首次成功研制出性能超越硅晶体管和砷化镓晶体管的1英寸碳纳米晶体管[95]。碳纳米管可快速改变流经它的电流方向，达到5倍于硅晶体管的速度或硅晶体管能耗的1/5，是最有前景的下一代晶体管材料。此前因为一些关键技术没有得到解决，碳纳米晶体管的性能远落后于硅晶体管和砷化镓晶体管，无法用在计算机芯片和个人电子产品中。解决去除混在碳纳米管中的金属纳米管、移除制造过程中产生的残渣等多个问题后，研究者最终获得了1英寸①的碳纳米晶体管。新碳纳米晶体管获得的电流是硅晶体管的1.9倍，性能首次超越目前技术水平最高的硅晶体管和砷化镓晶体管。这是碳纳米管发展史上的重大里程碑，有望使碳纳米管在逻辑电路、高速无线通信和其他半导体电子器件等领域起到广泛而巨大

---

① 1英寸=2.54厘米。

的作用。

2016 年 9 月，美国宾夕法尼亚大学采用石墨烯封装方法，首次成功合成出具备优异电子性能和强度的氮化镓（GaN）二维材料[96]。二维材料的制备来自于片层堆积的三维固体，可以用机械、化学或是电化学方法从多层结构中剥离出来。然而，此前一直无法从缺少多层结构的晶体中剥离出二维材料，特别是无法从四面体配位状态的锌矿结构的氮化镓（GaN）中剥离出二维结构。新技术首次成功合成出 GaN 二维材料。石墨烯封装法将成为未来发现二维材料的一个强大的工具。

2016 年 9 月，法国斯特拉斯堡大学、国家科学研究中心与欧洲多国合作，开发出一种柔性、非易失、由有机纳米材料组成的光学存储薄膜晶体管设备[97]。有机纳米材料无法用于产生柔性、非易失、具有实用的读写速度的存储器，因而不能用于可穿戴电子设备中。研究者主要利用"二芳基乙烯"（DAEs）的分子制造成功解决了这个问题。新晶体管设备响应时间极短（纳秒级），适用于现代电子产业。在新技术中，DAEs 在周围环境条件下稳定，特别适合非易失数据的存储；可以精确地控制与光线反应的分子数量，满足提高多级存储中数据密度的关键需求；嵌入半导体聚合物基质中也可以进行切换，是柔性薄膜的理想材料。该设备是可穿戴电子领域的重大突破，但还在实验室原型阶段，下一步需要进行小型化和封装。

2016 年 10 月，美国劳伦斯伯克利国家实验室利用碳纳米管和二硫化钼两种新材料，开发出 1 纳米、全球最小的晶体管，打破了原有的物理极限[98]。目前集成电路已经达到 10 纳米工艺，一般认为 7 纳米工艺是物理极限，一旦被突破，会产生"量子隧穿"效应，给芯片制造带来巨大的挑战。新技术实现了 1 纳米的栅晶体管，突破了之前人们一直认为的"晶体管最小尺寸不可逾越"的障碍。尽管研究结果只是一种理论证明，但也说明通过采用新型半导体材料和适当的器件结构，摩尔定律在一段时间内将继续适用。

2016 年 11 月，英国曼彻斯特大学和诺丁汉大学合作，成功研制出仅有几原子厚的类似石墨烯的硒化铟（InSe）材料[99]。石墨烯只有一个原子厚度，具有无可比拟的电子性能，但因没有能隙，其性质更像金属而非半导体，在晶体管中的应用有限。硒化铟（InSe）类石墨烯，具有超薄的结构，可以缩放到纳米尺寸，让晶体管很容易实现开关；同时与硅类似，具有大的能隙，是一种非常好的半导体。这种材料可以用来制备高速电子器件，是未来制作电子芯片的理想材料。研究人员在氩气中制备出了高质量的原子级的硒化铟薄膜。

2016 年 11 月，韩国科学技术院（KAIST）与 Kolon Glotech 集团合作，开发出可以像衣服一样穿在身上的有机发光二极管（OLED）[100]。自行发光的 OLED 是未来柔性、可折叠和可穿戴设备的显示材料。基板越轻薄，基于塑料基板的显示器越灵活，同时就会带来易撕裂和耐用性差的问题。研究人员采用平坦化工艺解决了这些问题，成功制作出像玻璃板一样的比相同厚度的塑料基材更柔韧的平面型纺织物；在此基础上，利用真空热沉积工艺在纺织物上形成了 OLED。此外，为防止水分和氧气渗透到 OLED 中，新方法采用了"多层薄膜封装技术"。新开发的纺织物 OLED 具有超过 1000 小时的寿命和大于 3500 小时的空闲寿命。

5. 先进储能材料

2016 年 1 月，美国麻省理工学院研制出一种可以实现化学储能的固体材料——透明的聚合物薄膜[101]。长期稳定存储太阳能的关键是以化学变化而非热量的形式存储太阳能。目前建立在化学反应基础上的储能材料只能在液体中使用，还不能制成持久耐用的固态薄膜。新开发的聚合物薄膜是首个固态的聚合物，原材料便宜且制造过程简单。它可以在白天存储太阳能，并在需要时释放热量，可用于窗户玻璃、汽车挡风玻璃或衣服等多种不同物体的表面，还可在寒冷天气中大幅度降低电动汽车加热和融冰耗费的能量。这种新材料未来可能会对整个行业的发展产生巨大的影响，下一步的研究重点是提高其透明度和释放的热量。

2016 年 2 月，美国康奈尔大学在纳米尺度上直接显示了光催化剂的催化活性位[102]。以荧光分子前驱体作为反应物，利用单分子荧光技术，通过控制电极的电势，可以在纳米尺度上将催化剂的氧化（空穴参与）与还原反应（电子参与）位置成像出来。该研究将光电阳极表面光生电子——空穴对的空间分辨率提高到大约 30 纳米的层次。此外，这些科学家还用荧光分子作为探针，利用聚焦激光束获得了光电阳极材料表面不同位置的光电效率，为更好地设计光催化剂体系打开了大门。

2016 年 7 月，美国洛斯阿拉莫斯国家实验室制备出一种接近单晶的二维钙钛矿薄膜，修复了之前二维钙钛矿的缺陷[103]。钙钛矿电池是第三代太阳能电池中最具潜力的薄膜太阳能电池，光电转换效率已突破 22%。目前面临的难题之一就是如何在大气环境下制备电池并保证其稳定性。二维四方共生结构的钙钛矿太阳能电池具有优异的稳定性，但光电转换效率低，主要原因是钙钛矿平面外的电子传输被有机基团阻挡。新技术利用近单晶做出层状钙钛矿，它会形成一个能促进电子传输的阵列式的薄膜太阳能电池板，使电池在没有任何滞后的情况下光电转换效率达到 12.52%，从而解决了上述难题。

2016 年 9 月，美国休斯敦大学与加州理工学院合作，发现一种能高效分解水制氢的新型复合催化剂，可使水制氢效率达到实用水平[104]。此前水制氢最高效的是铂催化剂，但铂太昂贵。现有的低成本水制氢方法效果都不理想，有的甚至还会增加碳排放。新研究将钼硒化硫覆盖在三维多孔硒化镍泡沫上，从而大大提高了水制氢效率。

新催化剂无毒、成本低且性能远超之前同类催化剂。这些优势有助于克服水制氢难题，推动水制氢实用化，同时推动氢燃料电池的发展。

2016年10月，美国斯坦福大学与英国牛津大学合作，通过把铅、铯、碘等几种常用物质混入锡中，制造出新型钙钛矿材料[105]。钙钛矿材料是一种陶瓷氧化物，可用于制造光电转换效率高的太阳能电池。它比目前晶硅太阳能电池材料更薄、柔性更好、成本更低，但利用它制造的电池性能不稳定，易衰减。而用锡混合多种物质制成的钙钛矿太阳能电池不仅有很好的热稳定性和空气稳定性，而且有与市场上的硅基太阳能电池接近的光电转换效率。此外，制造钙钛矿太阳能电池所需的温度条件比硅基低很多，实验室和常温即可。钙钛矿太阳能电池在其可制造性和稳定性得到有效解决后，将为光伏产业带来新的变革。

2016年11月，中国科学院半导体研究所材料科学重点实验室开发出基于SnO_2电子传输层的高效平面异质结钙钛矿太阳能电池[106]。无机稳定的金属氧化物SnO_2比TiO_2导带能级更深、迁移率更高。SnO_2作为钙钛矿电池的电子传输层，可以降低钙钛矿与电子传输层之间的势垒，从而加快电子转移，减少界面电荷的积累。所制备的平面异质结钙钛矿电池基本无"电滞"现象，其光电转换效率高达$19.9\% \pm 0.6\%$。新电池获得了美国光伏论证机构Newport的权威认证，为高效无电滞的钙钛矿太阳能电池提供了新的发展方向和思路，将推进钙钛矿太阳能电池的进一步发展。

6. 生物医用材料

2016年2月，美国范德堡大学医学中心用微芯片滤膜和活的肾脏细胞，创造出一种可植入的人工肾脏，可将身体产生的废物过滤出去[107]。这种人工肾脏包含层层叠起来的15个采用硅纳米技术制造出来的微芯片，可以模拟肾脏清除废物、盐和水。芯片的工艺与计算机微电子行业中的芯片一样，不昂贵却很精密，可作为人工肾脏理想的滤膜。活肾脏细胞在微芯片滤膜上培养后能模仿肾脏的天生行为，且不会引起免疫反应。为保证血液畅通无阻地通过设备，下一步需要用流体力学模型改善设备通道的形状。该技术或许可以使肾病患者彻底摆脱透析。

2016年2月，美国杜克大学普拉特工程学院开发出一种比现有组织工程技术快10倍的人工动脉制造技术[108]。动脉壁有多层细胞，最里面是与血液循环相互作用的内皮细胞，间层是帮助控制血流和血压的平滑肌细胞，这两层之间采用一套化学信号来沟通，以控制血管系统对药物、体育锻炼等外部刺激的反应。以往大部分研究侧重于间层细胞而不是内皮细胞，且不能说明这两层是如何互动的。研究利用一种改造后的快速生成气管的方法，在几小时内就造出只有人类普通动脉1/10大小的包含两层细胞的人工动脉；所造出的动脉两层细胞之间可以沟通并正常发挥功能。这种新动脉也是一种缩小的 3D 微型人造器官平台，对自然和人为刺激的反应表现正常，可用于测试药物疗效和副作用。

2016 年 3 月，韩国科学技术院（KAIST）开发出一种高性能催化剂，能选择性检查人类呼出的与疾病有关的特定气体[109]。人类每天都会呼出一定数量的挥发性有机化合物（VOCs），VOCs 的种类和浓度变化与某些疾病有关。采用这种新催化剂的纳米纤维传感器，通过采集呼吸样本而不是采集血液或拍摄影像，就可以实时分析肺癌、糖尿病等疾病，可以为疾病的早期诊断提供有效信息。这种催化剂可以用在医疗设备上，让体检变得更加实时而有效，也更适合贫困和医疗条件落后地区；还可以用在环境保护上，如诊断有些工厂产生的危险化学物质和有毒气体。

2016 年 3 月，韩国基础科学研究院（KBSI）成功研制出一种无须采血即可有效监测并调节糖尿病患者体内血糖水平的电子皮肤[110]。电子皮肤是一种薄片，很容易贴在皮肤上。新研制的电子皮肤由石墨烯复合体电子传感器和细微药针组成，其血糖传感器检测出高血糖时，内置电热器会自动运转，使降血糖的药物通过皮肤进入血液并发挥作用，以达到自动调节血糖水平的目的，而患者此时不会有任何痛感。未来将对电子皮肤做进一步的实用化改良。该技术如得到普及，就可以极大地减轻糖尿病患者每天采血检测血糖并进行胰岛素注射所带来的负担。

2016 年 3 月，日本产业技术综合研究所（AIST）开发出在近红外线激光照射下高效发热的纳米线圈型新材料，这种材料可杀死 65％的实验室培养的癌细胞，有望用于癌症治疗领域[111]。近年来，利用癌细胞耐热性差的弱点开发的温热癌症疗法备受关注。目前已开发出用于治疗癌症的发热材料碳纳米管、医用涂层材料聚多巴胺（PDA）等。PDA 因其生物适应性强且易实现量产而被视为温热疗法的最佳候选材料，但与其他材料相比也存在发热效果差的问题。有机纳米管（外径约 190 纳米，内径约 70 纳米，长约 800 纳米～4000 纳米）中掺入少量带有负电荷的分子，然后铸模成环形，再加入多巴胺的水溶液就可以制成线圈型纳米 PDA。比较发现，线圈型纳米 PDA 发热的效果是纳米纤维型 PDA 和纳米粒子型 PDA 的 2 倍以上，实验中能杀死约 65％的子宫颈癌细胞。

2016 年 6 月，德国拜罗伊特大学的研究小组通过把从橙皮中提取出的苧烯氧化物与二氧化碳合成在一起，获得了生产工艺简单且环保的聚碳酸酯材料 PLimC[112]。与一般聚碳酸酯不同，PLimC 不含有害物质双酚 A。这种纯天然的绿色材料 PLimC 具有一系列特殊性能，有特别的工业应用价值和广泛的用途。它特别适合作为原料，因具有双键可以通过定向合成开发出许多有特性的功能材料，如基于 PLimC 的抗微生物聚合物，可用于开发防止人体大肠杆菌积累的新药等。它也是亲水性聚合物原料，可以相对快速地被微生物分解；还可以作为海水处理材料，分解海水中的有害成分；

利用这种材料制成塑料容器，可大大降低海洋中非可溶性塑料颗粒带来的污染。PLimC 还因具有耐热、透明、强度高的特点而特别适合作为涂料。

2016 年 12 月，美国加利福尼亚大学河滨分校与科罗拉多大学博尔德分校等联合，开发出一种具有智能化自愈能力的透明、高延展性的导离子材料[113]。科学家一直致力于研发集多种优越性能于一身的材料。之前研制的离子导体，虽然可以为人造肌肉供能并可制成透明扬声器，但出现机械故障后不能自愈。利用离子偶极作用，使带电离子与极性分子之间耦合，就可以大大提高离子导体的稳定性，研制出具有多种优越性能的新型自愈材料。新研究首次将自愈性材料与离子导体"合二为一"。新材料应用领域广泛，成本低、易生产。它可赋予机器人发生机械故障后的自愈能力，延长电动汽车及锂离子电池的使用寿命，以及改善医学和环境监控领域中生物传感器的性能等。此外，利用新材料还开发出了能像人类二头肌一样运动的新型人造肌肉。新型人造肌肉断裂后，其性能不依靠任何外来刺激就可以恢复。

2016 年 12 月，以色列 Bonus BioGroup 公司首次造出人工骨头移植物[114]。新技术首先利用抽脂法从患者身上抽出脂肪活细胞，然后把它在实验室中培养为成熟的骨细胞，再重新注入病人日益恶化的骨骼中，避免了现有骨骼置换和植入面临的组织排异和手术失败的风险。这种骨再生方法是治疗各种骨骼和关节疾病的强大工具，将显著改变骨科疾病治疗和骨修复的方式；进一步的开发有望用于关节置换手术，有助于更多的老年人恢复已丧失的行动自由。

四、先进制造技术

2016 年，先进制造领域数字化、网络化、智能化发展步伐加快，涌现出一系列重大突破。3D 打印领域继续保持极具活力的发展态势，打印技术、材料、设备等均取得积极进展，应用领域不断拓展。工业机器人、服务机器人产品不断推陈出新，涌现出"柔性机械手"、清除工业废水中的污染物和重金属的微型机器人等创新产品。以智能感知、智能控制、自动化柔性化生产为特征的数字工厂进展显著，开发出面向工业 4.0 的智能工厂解决方案。在高端装备制造、生物制造等领域，也涌现出比自然光合作用效率高 10 倍的人工仿生叶技术、藻类大规模制氢等重大突破。

1. 增材制造

2016 年 1 月，美国 HRL 实验室开发出 3D 打印陶瓷耐 1700℃ 高温的新技术[115]。HRL 实验室研究人员发明了一种由硅、氮和氧组成的树脂配方，在一台 3D 打印机内用一束紫外线照射这种树脂，会使其变硬。这种被称为陶瓷前体的树脂能被 3D 打印成各种形状和大小的零件，打印出来的材料过火后会转化为一种高强度、完全致密的陶瓷。HRL 实验室的研究人员表示，新方法的效率是以前 3D 陶瓷打印技术的 100 到 1000 倍，强度为同类材料的 10 倍。这种超强、耐高温的陶瓷有望用于制造喷气发动机和极超音速飞机上的大型零件、微机电系统（如微型传感器）内的复杂部件等诸多领域。

2016 年 2 月，美国维克森林大学医学院研制出能打印有一定机械强度的人体组织生物打印机[116]。研究人员把细胞和可生物降解的聚合物材料一起打印，聚合物材料在新形成的组织成熟之前，提供了机械强度，解决了组织的强度问题；借助微通道技术，养分和氧气可被输送到人工组织任何部位的细胞中，克服了尺寸的限制，打印出了足够大的组织，解决了临床应用的障碍。实验中，研究人员还测试了如何按不同患者的个体需求定制打印不同形状的构建体。他们使用临床成像技术生成缺损组织的三维电脑模型，以此引导打印机的喷嘴对细胞进行分配。这项研究扫清了个性化组织定制和器官移植的多个技术障碍，为后续研究奠定了基础。

2016 年 9 月，法国 Poietis 公司开发的激光辅助 3D 生物打印技术，可以极高的细胞分辨率和细胞活力构建三维结构的生物组织[117]。Poietis 开发了生理学 3D 模型并成为制药及化妆品企业的合作伙伴，这些组织模型使得用于化妆品和候选药物的新成分的毒性和效果，能够在体外评估时被更好地预测。这归功于激光辅助生物打印技术在设计、开发和制造生物组织时显微级的精确度和分辨率。这项生物打印技术通过激光束快速扫描，逐层连续累积"细胞墨水"微滴来实现。被创造的具有活性的生物组织需 3 周左右的成熟时间，才可以用于之后的测试。这项技术与欧莱雅的毛发生物学专业的结合，将使创造能够生长毛发的功能性毛囊成为可能。

2016 年 11 月，美国通用电气公司（GE）通过 3D 打印制造的涡轮发动机关键零件通过测试[118]。GE 的研发人员成功使用 3D 打印技术为其涡轮发动机生产一种名为"柔性端口"的关键零件。GE 在南卡罗莱纳州的格林维尔市成立了一所名为"先进制造工程"的研发中心，目的是在 3D 打印、新材料、自动化、软件平台等先进制造技术领域重塑产品的设计与生产。"柔性端口"就是此研发中心成立 6 个月之后的成果之一。该零件打印过程全程 60 小时，打印成品有 95％可以达到测试标准。

2016 年 11 月，法国赛峰集团与澳大利亚 3D 打印公司 Amaero Engineering 合作，利用 3D 打印技术制造多种航空零部件，包括用于航空喷气发动机的燃气涡轮[119]。3D 打印喷气式发动机是在法国赛峰集团一台辅助动力的燃气涡轮发动机基础上设计的，通过对原有发动机部件进行扫描和建模完成了对发动机的重新设计和金属 3D 打印。Amaero Engineering 公司将负责在法国赛峰集团内部建立一个新的增材制造工厂，配有选择性激光熔化 3D 打印机，还会把两台专为 3D 打印喷气式发动机定制的

3D 打印设备迁移至新的工厂中。赛峰集团将负责对 3D 打印的发动机进行测试和验证，此后将进入到发动机的正式批量生产阶段。

2016 年 11 月，俄罗斯托木斯克理工大学高科技物理研究所等 4 家单位联合研制出首台太空 3D 打印机，能够在失重条件下为宇航员打印零部件[120]。宇航员在与地面通信联络时可收到某个零部件的数字化三维模型，将该模型输入后期处理软件，生成所需产品的各个横截面数据和打印控制代码后，即可执行"打印"操作。但在如何避免操作过程中生成的废气飘散到空间站内，以及将打印过程中多余的粉末吸走并过滤等细节上，还需要对 3D 打印机进行针对性的改造。俄专家认为，未来的太空 3D 打印机必须具备小规模工业化生产各种工具、零部件和日常用品的能力，才能成为载人月球和火星任务中的标配装备。

2. 机器人

2016 年 1 月，美国哈佛大学等机构的研究人员设计出首个用于深海生物采样的"柔性机械手"，并在红海地区 200 米深度处的珊瑚礁区域成功进行了试验[121]。研究人员设计的这种装载在水下机器人之上的柔性机械手可通过液压系统操控举起约 20 千克重的物体，可进行 180 度旋转，能够在水下 800 米工作。这种柔性机械手能够模仿人类手掌轻柔而灵活地碰触样本，拾取不同尺寸和形状的物体，以减少对海底生物样本的破坏。软机器人技术可提升未开发区域样本采集的能力，包括对海底生物的精确采集和现场观测。在海底进行这项工作，可以较少地受压力、温度、光的变化对海底生物样本的影响，减少对珊瑚礁系统产生的干扰。

2016 年 1 月，美国国防部高级研究计划局启动"神经工程系统设计"（NESD）项目[122]。该项目初期将重点研究人类的感觉皮层神经系统，并最终开发出一个模块化、可扩展的接口系统，这个系统能够支持多种应用来监测和调节中枢神经系统的大量活动。项目还计划提高相关的算法设计水平以便更好地识别神经元、神经回路，以及表示和编码具体感官刺激的群体编码活动模式，并支持神经编码信息和数字与电子编码信息之间的相互转换。除了军事应用，该系统还可用于新型健康医疗，如通过向大脑反馈电子听觉或视觉信息来弥补听力或视力缺陷等。

2016 年 4 月，德国马普研究所开发出一种微型机器人，能迅速清除工业废水中的污染物和重金属，经回收处理后还能循环利用[123]。这种微型机器人是使用石墨烯氧化物制造的，能够在 1 小时内将工业废水中的铅含量降低为原来的 1/20。石墨烯氧化物和铂之间是一层镍，这使得研究人员能够从外部控制微型机器人的运动和方向。除了清除重金属污染物，研究人员还研究了能够分解有机污染物的自推进微型机器人。这些微型机器人可以在使用后恢复到原来的状态，并且可以持续使用 5 周。

2016 年 4 月,日立公司发布代号为 EMIEW3 的新款"机器人服务生"[124]。它具有应对多语种、跌倒爬起、主动提供帮助等功能,可承担导购、接待等任务。EMIEW3 身高 90 厘米,重约 15 千克。虽然身材小巧,但能和人保持协调步调行走,最大移动速度为每小时 6 千米,跌倒后还可以自行站立起来。这款机器人的声音、画面和语言等功能并不由其内部程序处理,而是通过外部智能系统进行联网处理,这提高了机器人的智能水平和服务水平。它能够在杂音中识别特定的声音,可以在嘈杂环境中和客人交流,还能自己发现看起来需要帮助的客人并主动提供服务,此外,不同地点的多个机器人之间还可以联网共享信息。日立计划在 2018 年正式将其投放市场,以应对日益增加的外国游客。

3. 微纳加工和数字工厂

2016 年 1 月,中国科学院沈阳自动化研究所与德国 SAP 公司共同发布面向工业 4.0 的智能工厂解决方案,同时启动基于该方案搭建的工业 4.0 示范生产线[125]。该智能制造示范生产线涵盖从软件到硬件,从消费者下单到生产交付全过程,充分体现了高度个性化定制、生产线自主重构、生产装备预测性维护等智能工厂的优势特点。示范生产线是一个 8 米×8 米的模拟生产车间,由五台机械臂、两台自动导引车、100 台 WIA-FA 无线设备等装置组成。该生产线以模型车的组装为背景,模拟从消费者下单到制造商生产交付的全过程,装配过程全程采用机器人操作,可根据不同需求,在一条生产线上实现多种个性化产品的混线生产。此外,该生产线构建了完整的全无线工业物联网技术与产品体系,实现设备状态信息、生产过程等信息的全无线采集,进行设备的故障诊断和生命周期预测,以便提前发现并解决问题。

2016 年 3 月,美国加利福尼亚大学伯克利分校和劳伦斯伯克利国家实验室联合研发出制作纳米线材和纳米激光器的新方法,借助一种简单的化学浸渍溶剂工艺,让材料"自我组合"成纳米晶体、板材和线材[126]。研究人员把一种含铅薄膜浸入含有铯、溴和氯的甲醇溶剂,再将溶剂加热至 50℃,所形成的含铯、铅和溴的晶体结构线材直径为 200～2300 纳米,长度为 2～40 微米。在激光实验中,纳米线材作为激光发生器被置于一块石英基底上,在另外一个激光发生器激发下发出光线。研究人员确认,接受单个脉冲持续时间极短(仅为 1 秒钟的 10 万万亿分之一)的可见紫色激光脉冲激发后,纳米级激光发生器发出的光线超过 10 亿个周期,显示出极为稳定的性能。纳米级激光发生器所使用的这类纳米新材料,在开发新一代高效太阳能电池进程中同样显现出应用前景。

2016 年 5 月,美国数字制造与设计创新研究所宣布投资 1200 万美元支持 7 个应用研究、开发与示范项目[127]。这些数字化制造与设计项目主题包括:借助增强现实可穿戴与移动设备进行制造工作指引、通过专家示范制作增强现实工作指引说明、用于工厂车间的实时和数据驱动型虚拟决策支持系统、弹性云制造、标准化企业通信平台、自动化可制造性分析软件、集成式制造变化管理。这些项目将由一个牵头机构负责协调，来自企业、政府和学术界的机构协同展开，通过加强多方交流合作，寻求问题的最佳解决方案。

2016 年 8 月，美国波士顿大学科学家首次开发出能在可见光波段内操作的纳米无线光学通信系统，将大大缩小计算机芯片的尺寸[128]。新系统的核心技术是一种纳米天线，能让光子成群移动并高精度控制光子与表面等离子体间的相互转换。系统中纳米等离子天线之间能通过光子相互通信，两个天线间的信息传输能耗降低了 50％，大大提高了无线通信效率。研究人员已经证明新纳米系统在性能上完全超越硅基光学波导技术。硅基光学波导内的光散射会降低数据传输速度，而纳米天线内不仅光子能保持光速传播，表面等离子体也能以 90％～95％ 的光速传播。这个新系统有望成为制造更快硅基光学电器和更高效通信设备的有力工具。

2016 年 11 月，以色列 APERIO 公司宣布开发出网络行业首款能够在黑客试图人为操纵数据破坏水电网络等关键基础设施时，发现问题、发出警报并采取实时纠正措施的技术[129]。该技术针对电厂发电机温度、制药厂、食品制造厂及炼油厂的气体流量等所有工业控制系统的服务器，运用算法巡查这些系统，监控设备，并通过对比历史表现找出与现实矛盾之处，提醒用户伪造情况的存在；一旦发现信息不匹配，便会发出警报并精确找出受攻击的设备及伪造的流程数据。识别伪造信息后，该技术把复杂的物理学知识和先进的机器学习技术结合起来，重构被伪造的操作数据的实际值并将其恢复至实时原始状态，即建立运维弹性。

4. 高端装备制造

2016 年 2 月，美国国防部高级研究计划局启动支持研制一种速度超快的轻量级无人机技术[130]。该项目将重点研发一种新型算法，帮助小型无人机在无须和外部操纵人员及传感器通信、不依赖 GPS 的情况下，通过自带的高分辨率相机、激光雷达、声呐及惯性测量传感器，在复杂的室内环境中以最高 20 米/秒（72 千米/小时）的速度实现躲避各种障碍物的自主飞行，并可用于不同平台的小型无人机。该项目的主要挑战是高速处理传感器信息，为飞行器控制及更高层次的任务提供实时飞行器位置及其状态的信息。由于小型旋翼飞行器只能携带几克的载荷（包括电池在内），上述任务必须以极小的重量和功率来完成。

2016 年 7 月，日本本田公司宣布与大同特殊钢公司联合设计出无须使用重稀土材料的混合动力车电动机，计划在本田公司新款混合动力车上使用[131]。混合动力车等电动车的电动机使用拥有最强磁力的钕磁铁材料（钕为轻稀土元素），为了确保耐热性，需要向钕磁铁中添加镝、铽等重稀土材料。随着混合动力车的普及，相关材料的需求也在不断增加，本田公司和大同特殊钢公司通过改进钕磁铁的热成型技术，在完全不使用重稀土元素的情况下，研发出具有高耐热性和高磁力的钕磁铁，并且设计出采用这种钕磁铁的新型电动机。

2016年7月，美国国家航空航天局（NASA）宣布利用其最新的超压气球携带伽马射线望远镜进行了为期46天的天文观测，成为NASA开发超压气球以替代卫星进行低成本探测的里程碑[132]。与传统"零压"探空气球相比，超压气球飞行更稳定、浮空时间更长，可用于热点区域监控、目标识别、大气监测、天文观测等，比卫星更快捷方便、经济实用，还可对卫星载荷进行发射前的验证，具有十分广阔的应用前景。目前利用平流层探空气球进行科学观测仍具有一定限制，例如需要进一步提高可靠性等。尽管如此，NASA仍将能够在恒定高度保持长时间漂浮的探空气球作为临近空间环境探测的重要的低成本手段之一。

2016年12月，美国白宫宣布将新增投资1.1亿美元培育小卫星技术开发和应用创新[133]。白宫科技政策办公室（OSTP）将与NASA、国防部（DOD）、商务部（DOC）及其他联邦机构合作，鼓励并支持政府和私人将小卫星用于遥感、通信、科学和空间探索等活动。美国空军将在未来5年提供1亿美元资助，NASA将提供总额1000万美元的经费支持。除此之外，美国联邦航空管理局（FAA）商业空间运输办公室将与其他相关联邦机构合作，确定占用较少的空间轨道，使小卫星可以安全快速地开展空间验证。FAA还将对专门用于美国国内小型运载火箭和小卫星的发射场地进行评估，通过精简发射审批流程为小卫星提供负担得起的、按需提供的发射服务。

5. 生物制造

2016年6月，德国马普学会分子植物生理学研究所发现一种从烟草中提取青蒿素的方法——COSTREL，从而可以大批量廉价生产抗疟疾药物[134]。抗疟疾药物的主要成分是青蒿素，此前需要从天然植物青蒿中提取，获得的青蒿素不仅量少且价格昂贵，无法满足全球对抗疟疾药物的巨大需求。COSTREL先把青蒿素合成中关键酶的基因转移到烟草植物的叶绿体遗传细胞中，以改变叶绿体基因，从而种植出叶绿体转化烟草；然后在筛选出的最佳叶绿体转化烟草中，把另一组可调节烟草物质代谢途径并提高青蒿素含量的基因注入植物细胞核内，从而实现从烟草叶绿体中低成本大批量提取青蒿素。

2016年6月，美国哈佛大学开发出比自然光合作用效率高10倍的人工仿生叶技术，能利用二氧化碳产出生物乙醇[135]。该装置能够利用太阳能电池板所提供的电力，把水分解为氢气和氧气，而系统内的微生物以氢为食，能把空气中的二氧化碳转化为生物燃料。升级版的仿生叶使用的是钴磷合金催化剂，其生产乙醇的效率较之前提高了10%以上，每千瓦时的电能约需消化130克的二氧化碳，产出60克的异丙醇燃料。通过消耗空气中的二氧化碳来产生燃料，新的生物反应器技术不但能帮助缓解全球变暖问题，还能产生更清洁的能源，解决能源短缺问题。

2016年7月，法国绿色化学公司Carbios设计出新的一步法制造聚乳酸（PLA）的工艺，大大降低了制备成本，聚乳酸目前普遍用于3D打印材料[136]。Carbios公司宣布它已在将乳酸变成一种PLA的高分子量均聚物的体内酶的聚合工艺方面取得突破。这一工艺可以提供一种更具竞争力、更加经济的方法制造PLA。在Carbios开发的创新工艺中，一种新的代谢方式适用于合成PLA的微生物，而该微生物的使用使得整个制造过程更简单、更快捷、更生态。

2016年10月，以色列特拉维夫大学发现有望使藻类大规模制氢的新方法[137]。研究人员发现，藻类通过氢化酶生产氢气，氢化酶在无氧状态下不分解，藻类将持续产氢。基于这一发现，该团队利用基因工程使藻类制氢量增加了400%。这一发现表明，氢在未来可成为能满足世界能源需求的可靠途径，该团队已将目标设定为找到能够提高微藻产氢量的合成酶，届时或许能实现微藻制氢的工业化生产。

五、能源和环保技术

2016年，能源和环保技术领域围绕低碳、清洁、高效、安全等发展目标取得多项突破。可再生能源领域在可再生燃料制备和海上风能利用领域取得突破，特别是制氢工艺取得多项重大进展。传统能源清洁高效利用领域，从煤灰中提取稀土元素的方法和工艺受到广泛关注。核技术领域，中国建设的全球首座四代核电站反应堆压力容器吊装成功，美国在受控核聚变研究方面取得积极进展。先进储能领域，复合金属锂电极、纳米电池、超级电容、太阳能电池等领域均取得突破。大规模海水淡化、高效发动机等技术的发展对节能减排作出重要贡献。

1. 可再生能源

2016年2月，美国得克萨斯大学阿灵顿分校开发出可把二氧化碳和水直接变成液态烃燃料的新型可再生燃料技术[138]。该研究团队证明，在光热化学流体反应器中，180~200℃和6个标准大气压条件下，二氧化碳和水可以一步转化为液态烃和氧气，而且反应中的许多烃类产品正是目前汽车、卡车和飞机中所用的，无须改变现有的燃料系统。按研究人员设想，可用抛物镜将阳光集中于催化剂床上，为反应提供热量和光激发，多余的热还可以用来带动相关太阳能燃料设施运行，包括产物分离、水净化等。

2016年3月，俄罗斯科尔科沃科技学院同美国得克萨斯大学奥斯汀分校、麻省理工学院合作，研发出可大幅提高碱性溶液电解水分解效率的催化剂，该技术是生产氢能源的关键步骤之一[139]。研究小组合成了一系列钙钛矿型（钙钛矿是稀土矿的一种——钛酸钙）镧钴氧化物，可通过用锶替代部分镧的方式来控制其性质。科研人员使用透射电子显微镜研究了晶体表面和内部的材料结构，应用上述数据对水在碱性溶液中的电解反应过程进行数学模拟，并在此基础上得到了确定催化剂特性的两个重要指标：钴-氧共价结合的程度和氧空位的浓度。基于这两个指标，将氧与不足量的锶钴氧化物的混合物 $SrCoO_{2.7}$ 作为催化剂的基体，其电解水活性要比现有最好的工业用催化剂二氧化铱（IrO_2）强20倍，但成本却大大降低。目前该研究团队已经制取了改进的碱性电解水催化剂的原型。

2016年6月，法国多家公司和研究所合作，研发可低成本精确量化海上风电能量的海洋天气观测浮筒"BLIDAR"，有望取代目前广泛采用的海底打桩固定式观测站[140]。BLIDAR 的设计研发主要由 EOLFI、Nke Instrumentation、Ifremer、IR-SEEM 等共同承担，主要任务是准确测量全球近海风电场在各种状况下的风量，其设计包含了一个通用的核心可变部件，可将各种海况下的浮标运动降到最低。除了测量风，BLIDAR 还可提供波浪、气流和环境的数据。

2016年8月，法国风电企业 Nenuphar 推出可浮动海上垂直式风电机[141]。海上浮动平台承载两个涡轮发电机，带动其工作的两个转轴按相反方向旋转，合计发电功率可达5兆瓦，这种设计可以突破50米水深的区域限制，由于可在港口生产安装，并由拖船带到指定位置，可大大简化安装程序，节约时间和费用。此外，这种风机不需要根据风向变化调向，有助于简化设计，减少维护成本；在组成阵列时，两个垂直式风机反向旋转可降低对风的扰动，整体效率较传统风电机更高。目前，垂直式浮动风电的成本有望控制在110～130欧元/（兆瓦·时）。

2016年9月，美国佐治亚理工学院开发出能同时捕获太阳能和风能的新布料，有助于开发出能给手机和导航系统等移动设备充电的服装[142]。试验结果表明，当天气晴朗、汽车开动时，一块5厘米×5厘米的布料能在1分钟内产生2伏的电量。布料用超轻聚合物纤维构建的太阳能电池和静电纳米发电机纤维织成，将光电极设计成电线形状缝在其他纤维内，布料就可捕获太阳能，而纳米发电机纤维能将旋转、滑动和振动等机械运动的能量转化成少量电能。生产布料的聚合物材料成本低且对环境友好，电极的生产成本也较低，适于大规模商业生产。

2. 传统能源清洁高效利用

2016年1月，中国科学技术大学研制出将CO_2高效清洁转化为液体燃料的新型钴基电催化剂[143]。二氧化碳在常温常压下电还原为清洁能源碳氢燃料，是一种潜在的可替代化石原料的策略，也可以降低二氧化碳的排放进而消除对气候的负面影响。实现二氧化碳电催化还原的关键是开发出高效的催化剂。科学家发现，四原子厚的钴金属层和钴金属/氧化钴杂化层的催化效果要高于块体的这种材料的催化效果；在此基础上开发出了一种新型钴基电催化剂，其催化活性超过此前报道的同类研究结果。

2016年2月，英国宣布依托拉夫堡大学建立燃气涡轮发动机燃烧空气动力学国家卓越中心，研发新一代低排放燃气涡轮发动机燃烧系统[144]。产业界合作伙伴包括欧洲最大的航空发动机制造商罗尔斯·罗伊斯公司。该中心将在拉夫堡大学和罗尔斯·罗伊斯公司共建的大学技术中心基础上扩建，预计将在2018年年初完工并投入使用。

2016年3月，美国能源部（DOE）资助的10个从煤炭及其副产品中提取稀土元素的项目正式启动[145]。该项目用于开发实验室规模和中试规模技术，以经济高效地从煤炭及其副产品（包括煤炭利用过程中产生的固体和液体）中分离、提取和浓缩混合稀土元素。该项目第一阶段研究包括：①煤炭相关原料的取样与表征，以确定适合回收稀土元素的原料；②技术经济可行性研究；③提取的稀土元素回收技术系统设计。第一阶段结束后，国家能源技术实验室（NETL）将评估每个项目的研究成果，以确定是否资助第二阶段研究，即对第一阶段设计进行具体技术开发和试验。拟资助最多两个实验室规模项目和两个中试规模项目进入第二阶段。

2016年6月，美国DOE宣布确定新一批能源研发项目，专门支持小企业开展化石能源研究及技术转移，以推动美国在更大范围内高效利用化石能源资源[146]。该批项目由美国能源部"小企业创新研究"（SBIR）和"小企业技术转移"（STTR）计划共同资助，为2016财年资助计划所确定的第二批研发项目。该批项目共包括10个项目，涉及清洁煤与碳管理及油气技术两大领域，研发总投资为1000万美元（平均每个项目约为100万美元）。

3. 核能及安全

2016年1月，韩国新古里核电站140万千瓦级3号机组并网发电[147]。该机组采用韩国自主设计的APR-1400新型压水反应堆，是韩国目前装机容量最大的核电机组。该机组于2015年11月3日首次装载核燃料后顺利通过试运行测试，并获得原子能安全委员会的运行许可。新古里3号机组抗震能力增至现有机组的1.5倍，安全设施大幅扩充。该机组汲取日本福岛核事故的经验教训，在发生设计震级以上的地震时将自动停运。为应对停电等情况还安排了移动式发电装置，多重设防。

2016 年 3 月，中国华能山东石岛湾核电厂全球首座四代核电站反应堆压力容器吊装成功[148]。华能山东石岛湾核电厂规划建设一台 20 万千瓦高温气冷堆核电机组，是中国拥有自主知识产权的第一座高温气冷堆示范电站，也是世界上第一座具有第四代核能系统安全特性的高温气冷堆商用规模示范电站。反应堆压力容器是核电站的核心部件之一，是保证反应堆安全运行的重要屏障。本次吊装的压力容器高约 25 米，重约 610 吨，是目前世界上制造难度最大、尺寸最大、重量最重的核电站压力容器。据悉，高温气冷堆示范工程于 2012 年年底开工建设，计划于 2017 年年底投产发电。

2016 年 10 月，美国麻省理工学院在阿尔卡特 C-Mod 托卡马克聚变反应堆实验中创造新的世界纪录，等离子体压强首次超过两个大气压[149]。阿尔卡特 C-Mod 是世界唯一的紧凑型强磁场核聚变托卡马克装置，此次实验中装置的等离子体压强达到 2.05 个大气压，其中等离子体每秒发生 300 万亿次聚变反应，对应的温度达到 3500 万℃，约是太阳核心温度的两倍。虽然该装置即将关闭，但此次实验的关键技术在于高强度磁场，其最后的表现仍然可以证明高强度磁场核聚变领域发展的强劲势头。

2016 年 11 月，美国 DOE 下属桑迪亚国家实验室在其世界最强辐射源"Z 机"装置内开启了氘-氚受控核聚变实验[150]。研究团队将氘—氚混合物加注到设备燃料中，在加入氚之后，"Z 机"会激发出更大的能量，产生中子数上限将大幅提升，当燃料与强电磁场融合时，中子数会提高 60～90 倍，新混合燃料产生的能量也将是原来的500 倍。不过，氚分子体积太小容易渗透到设备的任何部位，使用时需在设施控制以及辐射防护方面达到相当高的要求，团队也将在可控的情况下逐渐增加燃料投放比例。

2016 年 11 月，俄罗斯国家原子能公司 Rosatom 宣布别洛亚尔斯克核电站 4 号机组开始商业运行，该机组是全球功率最大的 BN-800 型钠热载体快中子反应堆[151]。该公司称，监管机构已经对机组进行了全面的检查，并颁发了"设计文档、技术法规和监管法律法规，包括能源效率需求的合格证书"。BN-800 的电功率是 789 兆瓦，燃料是铀钚氧化物的混合物，它燃烧时会产生新的燃料。它的装机容量超过世界上第二大功率的快中子反应堆——电功率 560 兆瓦的 BN-600。

4. 先进储能

2016 年 1 月，美国斯坦福大学在金属锂电极的实际应用研发方面取得重大突破[152]。该研究团队对材料表面特殊浸润性进行深入研究后，首次提出"亲锂性"概念，并利用表面"亲锂化"处理的碳质主体材料，通过建立"亲锂"的界面材料体系，将金属锂融化之后，利用毛细作用吸入碳纤维网络的空隙中，成功制备出含有支撑框架的复合金属锂电极。复合金属锂电极在碳酸盐电解液体系的循环过程中具有较小的尺寸变化、极高的比容量和良好的循环及倍率性能，其电压曲线也相对平滑，突破了当前制约金属锂电池大规模商业化的主要问题。复合金属锂电极由 10% 体积比的碳纤维和金属锂材料组成。碳纤维网络具有良好的导电性、超高的机械强度和电化学稳定性，是用作金属锂主体框架材料的绝佳选择。

2016 年 1 月，美国宾夕法尼亚州立大学开发出一种具有快速自发热功能的锂离子电池[153]。研究人员在电池中加入了通电后能发出热量的镍箔。经过特殊设计，只要环境温度低于 0℃，电池中一部分电流就会改变流向，流过镍箔，产生热量，像一片能反复利用的"暖宝宝"一样为电池保暖，保证了电池可在 0℃ 下高效运行；而一旦电池内部温度超过 0℃，流向"暖宝宝"的电流就会被切断，让电池恢复到普通工作状态。由于只有一小部分能量用于自身加热，除普通的消费电子产品外，这种新型电池结构未来还有望在电动汽车、极地与太空探索中获得应用。

2016 年 5 月，美国加利福尼亚大学研制出以纳米线为材料可反复充放电数万次的新型纳米电池[154]。纳米线直径只有头发丝的几千分之一，但导电性极强，而且具有很大的表面积来储存和传输电子。纳米线极其脆弱，难以承受反复充放电和卷绕。在传统锂离子电池中，它们会发生膨胀并最终断裂。研究人员先为纳米线罩上一层二氧化锰外壳，然后将其卷绕在一起，置入用类似树脂玻璃材料构成的电解质中。研究人员在 3 个月内将实验电池装置反复充放电 20 万次，没有出现电池储电能力下降或纳米线折断的情况。该项研究成果使研发寿命极长的电池成为现实。

2016 年 8 月，德国埃尔朗根-纽伦堡大学开发出一种使用寿命长、光电转换率高、成本低的有机太阳能电池[155]。研究人员通过选择无定型的主体聚合物，可以提供高效的电荷分离，同时引入结晶聚合物，提供非常有效的电荷传输，来克服电荷复合。这个精巧设计的三元共混有机太阳能电池，载流子复合降低且填充因子可高达 77%。研究人员用微结构完全不同的三元组分来提高器件性能，超越了传统的光吸收方法，未来拥有巨大应用潜力。

2016 年 9 月，韩国蔚山科学技术研究所（UNIST）开发出二次电池的阴极材料，成功把现有电池的容量提高了 45%，使电动汽车的运行距离从当前的 200 多千米提高到 300 千米以上[156]。在石墨分子之间注入 20 纳米的硅粒子可以制成一种石墨——硅复合材料的电极，用它替代原来的石墨电极后，电池的容量增加了 45%，充放电速度比现有电池快 30% 以上。新电池的批量生产将变得非常容易，且具有明显的价格优势。

2016 年 8 月，美国 DOE 下属劳伦斯·伯克利国家实验室和斯坦福大学等机构的研究人员合作，开发出可观察锂离子电池充放电时内部粒子运动的新型 X 射线显微镜技术（STXM）[157]。该技术可细致地观察锂离子电池充放电过程中的粒子活动情况。研究人员利用伯克利实验室的先进光源，专门设计制造了一个"液体电化学射线显微镜纳米成像平台"，可一次对 30 个粒子进行成像。研究发现，粒子表面的充电过程并不均匀，会随着时间的推移越来越差。新技术平台可以实时解析粒子化学成分和电流密度的变化情况，研究电池的充放电过程，并对单个电池粒子内部电化学反应进行成像，这对更好地理解电池的充电机制和优化电池性能很有帮助。

2016 年 10 月，美国斯坦福大学改进了通过分解水分子储存太阳能的方法，使储能效率达到 30%[158]。他们使用的三结太阳能电池由 3 种不常见半导体材料制成，可以依次吸收太阳光中的蓝光、绿光和红光，将太阳的光能转化为电能的效率提高至39%，而常规硅基太阳能电池的光电转化效率仅为 20% 左右。研究人员着重改进了用以分解水分子的催化剂，大幅提高了催化效率。此外，他们将两个相同的电解装置合并起来同时反应，制备出两倍的氢气，而此前这类方法通常只采用一个电解装置。实验表明，改进后的方法使储能效率达到 30%，超过了 24.4% 的行业同类方法最高纪录。

5. 节能环保技术

2016 年 2 月，美国伊利诺伊大学研制出类似电池的海水淡化装置，能实现约80% 的淡化率[159]。常规电池中的盐离子会从正极扩散到负极，这限制了析盐的数量，因此研究人员在两个电极之间加入一层膜，可阻止盐离子进入淡化水的一边，从而保持其淡化状态。模拟研究显示，不考虑其他污染物，该设备淡化海水的效率可达到80%。与反渗透法相比，新方法电池装置可大可小，可在不同地方应用，而传统海水淡化厂规模大且成本高。新方法中，水泵所需通过的压力要小得多，消耗的能量也更少。此外，与其他需要更为复杂管道的海水淡化技术相比，水流通过装置的速度要更易调整。

2016 年 8 月，德国卡尔斯鲁厄理工学院和波恩大学合作，仿照水生蕨类植物结构合成了一种人工聚合物薄膜"纳米皮草"[160]。研究人员重点关注槐叶苹科水生蕨类植物，这类植物长着毛茸茸的叶子，其毛状体尾部形状决定了油/空气接触面的大小，能使吸油效果最大化并保留长期的吸附能力。研究团队仿照这类植物研发出一种称为"纳米皮草"的毛绒面合成板。这种"纳米皮草"由热压厚板制成聚合物薄膜，当钢板回缩时，聚合物表面融化，微纳米尺度的毛发从表面拔出。"纳米皮草"像水生蕨类一样具有超级疏水和亲油性，可以选择性地吸油而不吸水，有望为清理水中油污提供一种新手段。

2016年9月，俄罗斯科学院西伯利亚分院化学动力学与燃烧研究所研制出有毒纳米颗粒快速检测仪——扩散式光谱仪[161]。该仪器可测定直径为3～200纳米的气溶胶颗粒的浓度和尺寸，这些超细小的纳米颗粒在每立方厘米空间内的数量可累积达到几十万个。虽然这些纳米颗粒不会向远离气溶胶源的方向扩散，但却可轻易进入血液和肺部。纳米颗粒由空气中的气体杂质构成，因所处地点不同，杂质成分各异。通常情况下，人眼看不见的大量有毒排放物，来自于高速公路或工业设施。这款检测仪可在几分钟内测定空气中是否存在特定的纳米气溶胶颗粒。如果确认发现了上述组分，则要扩大研究规模并确定污染源。该检测仪已通过俄罗斯国家测量仪器注册认证，并在俄罗斯一些地区的科研和商业机构中得到应用。

2016年10月，以色列Aquarius Engines公司研制出一款二氧化碳排放量低但功率重量比高的高效发动机[162]。其技术原理是将内燃机多活塞往复式运动精简为单活塞"边对边"运动，整个发动机只有不到20个零件并且只进行一个动作。安装此款发动机的汽车每箱汽油的行驶距离可超过1600千米，是其他相同能耗汽车行驶距离的两倍以上。这款发动机能够助其与日益普及的电动汽车展开竞争。

2016年10月，以色列OpGal公司开发出一款高效的污染物排放检测系统[163]。该公司提出，为控制污染物排放应重点检查天然气、石油和化学药品运输管道的连接口。为此，该公司开发出带有灵敏红外摄像头和高清彩色摄像头的EyeCGas FX系统，这种系统能够迅速检测乙烯、甲烷、丁烷、丙烷等各类烃气的排放或泄漏，随后通过颜色显示自动向工作人员发送提醒和警告消息。该系统可安装在石化、石油和天然气加工厂及海上石油平台和钻井架上。

六、航空航天和海洋技术

2016年，空天海洋领域蓬勃发展，涌现出多项重大技术创新成果。航空领域，在发动机、无人机和先进客机等方面取得多项进展。航天领域，美国完成人类对木星的首次近距离观测，在运载火箭重复利用方面取得重大进展；欧洲空间局和俄罗斯启动火星探测，欧洲"伽利略"（Galileo）全球卫星导航系统投入初始运行；中国成功完成载人交会对接，"长征五号""长征七号"等新一代运载火箭成功首飞，暗物质粒子探测卫星、"高分三号"卫星等新一代卫星发射成功。海洋领域，深海探测与开发、深海导航定位、水下机器人等装备不断推陈出新，先进船舶性能和发展水平显著提升。

1. 先进飞机

2016年5月，美国空军发布2016～2036年小型无人机系统（SUAS）飞行计划[164]。飞行计划建议美国空军利用远程驾驶飞机的已有成果,并充分发挥商业SUAS的技术创新,快速发展一个与远程驾驶飞机能力相当、布局紧凑、成本节约、有效运行并专注于传统空军角色和使命的SUAS家族。该计划提出SUAS应具备16项关键系统特性,包括:可负担性,互操作性和模块化,通信系统、频谱和恢复能力,安全性,加密,持久恢复能力,自主性和认知行为,导航定位授时系统,推进与动力系统,有效载荷,人机界面,满足冷却要求的大小、重量和功耗,速度、范围和持久性,材料,连通性,处理、加工和分发。未来几年,SUAS相关新技术有望高速发展,但同时也必须应对技术开发周期越来越短的难题,同时考虑互操作性、安全性、导航定位授时、武器装备等其他因素。该飞行计划还对运行环境、后勤与保障、训练等问题进行了讨论。

2016年6月,美国通用电气公司和普惠公司获得美国空军"自适应发动机技术转化项目(Adaptive Engine Transition Program)合同"[165]。自适应发动机通过改变发动机一些部件的几何形状、尺寸或位置来改变其涵道比、总压比等循环参数,自动适应飞行过程中各种任务对动力装置的要求,可显著提升推力性能、降低耗油率,进而提高飞机航程和留空时间,大大提升飞机的作战能力,并可支持高功率航电设备和定向能武器的应用。此次通用电气公司和普惠公司分别获得美国空军9.2亿和8.7亿美元的合同,设计和测试45000磅①推力的新一代自适应涡扇发动机,并计划在2021年9月30前交付美国空军。

2016年7月,中国航空工业集团公司研制的国产大型灭火/水上救援水陆两栖飞机AG600总装下线[166]。AG600是当今世界在研的最大一款水陆两栖飞机,研制过程中攻克了气水动融合布局设计与试验技术、高抗浪船体设计与试验技术、复杂机构高支柱起落架设计制造技术、海洋环境下腐蚀防护与控制设计技术、气水密铆接制造技术、机翼薄壁高筋整体壁板喷丸成型技术、多曲变截面船体结构装配制造技术等多项技术难关,形成了具有自主知识产权的水陆两栖飞机设计研发技术体系。飞机采用单船身、悬臂上单翼和前三点可收放式起落架布局,选装4台国产涡桨-6发动机,最大起飞重量53.5吨,最大巡航速度500千米/小时,最大航时12小时,最大航程4500千米,20秒内可一次汲水12吨,单次投水救火面积可达4000余平方米,具备执行森林灭火、水上救援等多项特种任务能力。

2016年8月,南京航空航天大学推出中国首款固定翼船载无人机"鸿雁"HY30[167]。由于汽油易燃易爆,所以能上舰的舰载无人机绝对不能使用汽油。"鸿雁"采用南航自主研发、以航空煤油和轻质柴油为燃料的新型重油发动机,除了满足国

---

① 1磅≈0.454千克。

标、军标对于安全的要求，还比汽油发动机更省油，续航时间可长达 12～20 小时。"鸿雁"摈弃了常规的圆筒状机身设计，通过对机身侧面形状进行全新设计，配合飞行控制系统，最大程度优化了飞行的品质，从而大大提升了抗风能力。此外，"鸿雁"还采用了气动短轨弹射起飞技术、垂绳精确拦阻回收技术，可以实现舰载无人机的精确定点起降。

2016 年 11 月，欧洲飞机制造商空中客车公司宣布空客 A350-1000 飞机在法国西南部首次试飞成功[168]。A350-1000 是空客 A350-900 型飞机的扩展版本，可容纳 366 名乘客。该机型装配由罗尔斯·罗伊斯公司（Rolls-Royce）设计制造的遄达 XWB-97 发动机，是空客公司目前最大且动力最为强劲的双发宽体飞机。首架测试飞机主要测试飞机的飞行包线、操纵品质、载荷和刹车系统等。另两架测试飞机也将在一年内完成所有测试和取证工作，其中第二架测试飞机主要开展刹车系统、发动机、机上系统和自动驾驶系统的性能评估测试，第三架测试飞机将配备完整客舱，用于进行客舱和空调系统测试，以及早期远程飞行测试和航路验证测试。A350-1000 飞机预计将在一年内完成测试和取证工作，于 2017 年下半年交付用户。

2. 空间探测

2016 年 3 月，欧洲空间局和俄罗斯航天局合作的"火星生命-2016"（ExoMars-2016）探测器成功发射升空[169]。该项目的任务目标是观测火星环境、寻找火星现在或过去的生命痕迹，并为未来的火星探测任务验证一系列关键技术。项目包括 2016 年和 2018 年两次火星探测任务，其中 2016 年发射的探测器包括"微量气体轨道器"（TGO）和名为"斯基亚帕雷利"（Schiaparelli）的着陆器，后者主要测试和验证火星进入、下降和着陆技术。10 月 19 日，轨道器成功进入火星椭圆轨道，不幸的是其携带的着陆器在着陆时发生故障，导致着陆器坠落损毁。

2016 年 5 月，世界首个充气式太空舱在"国际空间站"成功展开[170]。名为"毕格罗充气式试验舱"（BEAM）的充气式太空舱于 4 月 8 日搭载美国太空探索技术公司（SpaceX）的"龙"货运飞船发射升空。5 月 28 日，经过 7 个多小时的工作，充气式太空舱在第二次充气尝试中成功展开。完全展开后，充气仓长度达到 4 米、直径约 3 米。这种充气式太空舱由柔软织物制成，重量轻，在运载火箭内占用空间小，膨胀后可供利用的空间大，对于人类未来到月球、小行星、火星乃至其他太空目标的旅行具有重要意义。

2016 年 7 月，美国"朱诺"木星探测器历经近 5 年飞行，成功进入木星椭圆轨道并发回首批木星图像[171]。"朱诺"是人类历史上最接近木星的探测器，其绕木星轨道距离木星云层顶端最近处约 4100 千米。进入木星轨道后，"朱诺"将在木星大椭圆及轨道上工作约 20 个月，围绕木星飞行 37 圈，用搭载的 9 台探测设备分别探测木星内部结构、大气成分、大气对流状况、磁场等。"朱诺"于 2011 年 8 月 5 日由卡纳维拉尔角发射，是自 2003 年欧洲"伽利略"探测器结束木星探测任务后首个进入木星环绕轨道的探测器，首次以更近距离获取迄今分辨率最高的木星云层高清晰图像，并首次获得木星南北极图像，也是首个在距离太阳遥远距离处采用太阳电池能源的空间探测器。

2016 年 9 月，美国 NASA 成功发射 OSIRIS-Rex 小行星采样返回探测器[172]。该探测器是美国首个小行星采样返回探测器，将首次对原始的 C 类小行星贝努（Bennu）进行采样返回探测，旨在获得太阳系形成初期的物质基本构造，揭示生命起源等更多的科学认知，研究小行星撞击地球的防御机制，评估小天体非引力效应对其轨道的影响，以及该效应对小行星与地球发生碰撞概率的影响。OSIRIS-Rex 预计将于 2018 年 8 月飞抵小行星贝努，用两年时间对小行星表面进行测绘，寻找可能存在的矿物质并挑选采样地点；2020 年 7 月伸出机械臂从小行星表面采集至少 60 克样本；2023 年把样本送回地球。

2016 年 9 月，欧洲空间局"罗塞塔"（Rosetta）探测器结束探测任务受控撞向"67P/丘留莫夫-格拉西缅科"彗星表面[173]。"罗塞塔"于 2004 年 3 月发射升空，经过长达 10 年的太空飞行之后，于 2014 年 1 月 20 日被成功从休眠状态中唤醒，并于 8 月 6 日顺利进入预定彗星轨道。11 月 12 日，罗塞塔探测器成功释放所携带的"菲莱"登陆器成功降落在 67P 彗星表面。2016 年 9 月 30 日，"罗塞塔"按照地面指令，以 3 千米/小时的速度缓慢撞向 67P 彗星表面，并向地球传回彗星表面高清晰图像。在环绕 67P 彗星运行的 2 年多时间里，"罗塞塔"拍摄并传回超过 10 万幅图像，完成迄今最成功的彗星探测任务。

2016 年 10 月，中国"神舟十一号"载人飞船与"天宫二号"空间实验室成功实现自动交会对接[174]。在"神舟十一号"与"天宫二号"成功实现自动交会对接后，航天员景海鹏、陈冬先后进入"天宫二号"空间实验室，在舱内按计划开展相关空间科学实验和技术试验。11 月 18 日，"神舟十一号"飞船返回舱在预定区域安全着陆，航天员出舱后状态良好，任务取得圆满成功。此次任务突破了航天员中期驻留、地面长时间任务支持和保障等一系列重要技术，标志着中国空间实验室阶段任务取得具有决定性意义的重要成果，为未来的中国空间站建造、运营和航天员长期驻留奠定了坚实的基础。

3. 运载技术

2016 年 1 月，美国蓝色起源公司（Blue Origin）实现了火箭重复利用[175]。蓝色起源公司在美国得克萨斯州发射名为"新谢泼德"（New Shepard）的可重复利用火箭，该箭在去年 11 月发射升空后成功实现软着陆。此次发射所用的硬件设备与 11 月发射时基本相同，最高升空高度为 101.7 千米（刚刚越过"卡门线"①）。达到预定高度后，太空舱与火箭推进器分离，前者搭载降落伞徐徐降落，后者则垂直返回地面，成功实现有动力返回着陆。

2016 年 4 月，美国太空探索技术公司（SpaceX）猎鹰-9 火箭成功完成第一级海上回收试验[176]。这是在经历 4 次失败后，该公司首次实现在海上平台回收第一级火箭。猎鹰-9 火箭第一级海上回收试验的成功，标志着 SpaceX 突破了火箭高精度导航控制技术、大范围变推力重复使用发动机技术、轻质可展开着陆支撑技术、海上浮动平台稳定控制等多项关键技术。5～8 月，猎鹰-9 火箭又成功完成 4 次海上回收、1 次陆上回收。相比陆上回收，海上回收的优势在于海上回收平台可部署在第一级飞行落区，第一级返回过程中无须大范围横向机动，可减少对箭上回收预留推进剂的需求量，对运载能力影响较小，可有效降低发射成本。

2016 年 5 月，印度空间研究组织开展首次"可重复使用运载器技术验证器"（RLV-TD）飞行试验[177]。试验中，RLV-TD 与运载火箭在 56 千米高空分离，爬升到 65 千米高空后，以 5 马赫速度再入大气层，开始受控滑翔飞行，最终降落到孟加拉湾预定海域，整个飞行过程共持续 770 秒。试验成功验证了自主导航、制导与控制、热防护和飞行任务管理系统。8 月，印度空间研究组织成功完成首次超燃冲压发动机带飞点火试验，超燃冲压发动机自动点火并持续工作 5 秒，初步验证相关技术，实现既定目标。这两次试验都是印度为其未来空天运输系统事先规划的研究试验，试验成功为印度未来可重复使用空天运输系统发展奠定重要技术基础。

2016 年 6 月，中国新一代运载火箭"长征七号"首飞成功[178]。"长征七号"运载火箭是为中国空间站工程研制的新一代运载火箭，主要用于发射近地轨道和太阳同步轨道有效载荷，具备近地轨道 13.5 吨，700 千米太阳同步轨道 5.5 吨的运载能力。该火箭具有多项先进特性。一是以液氧、煤油为推进剂，具有成本低、绿色环保的特点，实现了中国火箭动力从常规有毒到绿色无毒的跨越；二是采用高压补燃循环系统，有效提高发动机性能；三是具备推力和混合比可调等特点，能有效降低火箭飞行中的加速度，在载人航天飞行中提高航天员的舒适度；四是具有多次工作的能力，能够在地面重复试车，还可以发展重复使用的运载火箭发动机，实现天地往返重复飞行。

2016 年 11 月，中国最大推力新一代运载火箭"长征五号"首次发射成功[179]。"长征五号"是无毒无污染绿色环保型新一代运载火箭的基本型，火箭采用 5 米直径

① "卡门线"是国际航空联合会定义的大气层和外太空的界线，高度为 100 千米。

芯级，捆绑 4 枚 3.35 米直径助推器，全长约 57 米，起飞重量约 870 吨，起飞推力超过 1000 吨。"长征五号"首次采用芯一级两台 50 吨级氢氧发动机与 4 枚助推器各两台 120 吨级液氧煤油发动机的组合起飞方案，10 台发动机同时点火，实现了中国异型发动机起飞技术的重大突破。"长征五号"运载火箭工程实现了中国液体运载火箭直径由 3.35 米至 5 米的跨越，填补了中国大推力、无毒无污染液体火箭发动机的空白，代表了中国运载火箭科技创新的最高水平，为中国新一代运载火箭系列化、型谱化发展奠定了坚实的技术基础，是实现未来探月工程三期、载人空间站、首次火星探测任务等国家重大科技专项和重大工程的重要基础和前提保障。

4. 人造地球卫星

2016 年 1 月，欧洲数据中继系统（EDRS）项目首颗卫星 EDRS-A 成功发射至地球同步轨道[180]。EDRS-A 载荷配置一套激光收发器和一套 Ka 波段微波收发器。星载激光收发器可以提供双工激光通信链路，能够在相距 45 000 千米的在轨航天器之间提供 1.8 吉比特/秒的高速率数据中继服务。Ka 波段微波收发器可提供 300 兆比特/秒的星间及星地数据中继服务。激光通信链路的整个捕获、对准和建立连接过程可在 55 秒内完成，并能够在 7.8 千米/秒的相对速度下保持连接，跟踪精度约为 2 微弧。6 月，哨兵-1A 卫星通过激光通信，以 600 兆比特/秒的速度将图像数据传送至地球同步轨道的 EDRS-A 节点。EDRS-A 激光通信载荷的成功部署，标志星间激光通信技术开始进入实用化阶段。

2016 年 3 月，中国首颗暗物质粒子探测卫星"悟空"圆满完成三个月的在轨测试任务后顺利交付用户单位[181]。暗物质粒子探测卫星是中国科学院空间科学战略性先导专项空间科学卫星首发星，由中国科学院微小卫星创新研究院抓总研制，中国科学院国家空间科学中心负责卫星工程的总体及地面支撑系统工作，中国科学院紫金山天文台负责科学应用系统研制、建设、运行，西安卫星测控中心负责卫星测控系统任务。经过三个月的在轨测试，塑闪阵列探测器、硅阵列探测器、BGO 量能器和中子探测器四大科学载荷功能性能稳定，上注至卫星的全部指令均正确执行，星地链路通畅，完成了所有既定的测试项目，卫星各项技术指标达到或超过了预期。卫星在轨飞行 92 天，共探测到 4.6 亿个高能粒子，完成了 2/3 天区的扫描。卫星预计在轨工作 3 年，前两年主要进行巡天观测，后一年根据前两年的观测结果，进行定点扫描探测。

2016 年 8 月，中国首颗米级分辨率 C 频段多极化合成孔径雷达成像卫星——"高分三号"卫星成功发射[182]。"高分三号"卫星是中国国家科技重大专项"高分辨率对地观测系统重大专项"的研制工程项目之一，具有高分辨率、大成像幅宽、多成像模式、长寿命运行等特点，能够全天候和全天时实现全球海洋和陆地信息的监视监测，并通过左右姿态机动扩大对地观测范围、提升快速响应能力，将为有关部门提供高质量和高精度的稳定观测数据，有力支撑了海洋权益维护、灾害风险预警预报、水资源评价与管理、灾害天气和气候变化预测预报等应用，有效改变了中国高分辨率 SAR 图像依赖进口的现状。

2016 年 11 月，美国成功发射首颗新一代地球静止轨道环境业务卫星（GOES-R）[183]。GOES 系列共有 4 颗卫星，分别是 GOES-R、GOES-S、GOES-T、GOES-U 卫星，由 NASA 负责探测仪器和运载火箭，NOAA 负责系统运行，洛·马公司作为承包商研制。作为 GOES 卫星的新一代卫星，GOES-R 搭载先进基线成像仪（ABI）、地球静止轨道闪电测绘仪（GLM）、太阳风暴监测仪等 6 种仪器，将提供视觉和红外成像、闪电分布测量、空间天气监测和太阳成像等方面的数据，并显著提升数据的质量、数量和及时性。

2016 年 12 月，欧盟委员会与欧洲空间局共同宣布"伽利略"（Galileo）全球卫星导航系统投入初始运行[184]。伽利略系统初始服务提供三种类型的服务：开放服务（OS）针对大众市场，与 GPS 完全互操作，形成组合覆盖，可为用户提供更准确和可靠的服务；授权服务（PRS）是加密的、更具鲁棒性的服务，向政府授权的用户，如民防、消防和警察等部门提供服务；搜索与救援（SAR）服务利用伽利略系统和其他基于 GNSS 的 SAR 服务，提供海上或在旷野中发生紧急事件的救援定位服务。截至 2016 年年底，伽利略系统在轨卫星达到 18 颗，其中提供导航服务的卫星 11 颗，试运行卫星 4 颗，在轨测试卫星 2 颗，停止工作卫星 1 颗。欧洲空间局计划到 2020 年，"伽利略"系统将达到在轨卫星 30 颗，届时系统将全面运行。

5. 海洋探测与开发

2016 年 3 月，中国科学院沈阳自动化研究所联合有关单位研发的水下机器人"潜龙二号"，成功对西南印度洋脊上的热液活动区开展了试验性应用探测[185]。在这种被称为"海底黑烟囱"的复杂地带，"潜龙二号"通过测深侧扫声呐水下实时信号处理技术，实现了深海近海底高精细地形地貌快速成图；通过热液活动区热液异常探测和近底光学探测，"潜龙二号"成功发现多处热液异常点，并获得了洋中脊近海底高分辨率照片 300 多张，取得中国大洋热液探测的重大突破，为中国硫化物矿区的评估、进一步探测及科学研究提供了重要依据。"潜龙二号"西南印度洋试验性应用的成功，填补了中国深海硫化物热液区自主探测技术装备的空白。

2016 年 5 月，美国国防高级研究计划局（DARPA）委托 BAE 系统公司，开展"深海导航定位系统"（POSYDON）的样机系统开发和技术演示验证[186]。"深海导航定位系统"是一种类似 GPS 星座的无源导航定位系统，由固定部署在海底的大量水声传感器组成。每个传感器作为声源,持续发出包含自身坐标信息等的水声信号。水下作战平台通过接收并处理多个水声传感器发出的信号测算出自身位置信息。"深海导航定位系统"将使潜艇等长航时水下作战平台克服对惯性导航装置和GPS导航系统的依赖,无须上浮即可实现高精度定位和导航,有望大幅提高水下作战平台的隐蔽作战能力。

2016年8月,中国科学院自主研发的潜水器及装备成功进行万米深海科考并取得多项重大突破[187]。"探索一号"科考船于6月22日至8月12日在马里亚纳海沟挑战者深渊开展了中国首次综合性万米深渊科考。中国自主研制的"海斗号"无人潜水器成功进行了一次8000米级、两次9000米级和两次万米级下潜应用,最大潜深达10 767米,创造了中国无人潜水器的最大下潜及作业深度纪录,使中国成为继日本、美国两国之后第三个拥有研制万米级无人潜水器能力的国家。"探索一号"是中国4500米载人潜水器母船及具备通用深水科考、海洋工程应用能力的科考船舶。此次深渊科考历时52天,完成作业任务84项。除了"海斗号"无人潜水器两次下潜超过万米,中国自主研制的"海角号"和"天涯号"深渊着陆器、"原位实验号"深渊升降器还进行了17次大深度下潜,其中"天涯号"和"原位实验号"三次突破万米深度,在海底停留作业皆超过12小时。

2016年9月,中国采用自主研发钻探平台"探海一号"实施的大陆架科学钻探-2井(CSDP-2)创造了全球海洋科学钻探全取芯的最高纪录[188]。中国东部海区大陆架科学钻探项目由中国地质调查局主导,青岛海洋地质研究所负责实施,山东省第三地质矿产勘查院承担海上施工任务。经过530余天的施工,CSDP-2井终孔孔深2843.18米,创造了海洋地球科学钻探全取芯孔深全球最高纪录,而且在施工过程中发现了南黄海中-古生界海相地层油气资源。支撑海上施工的"探海1号"海上钻探平台,由山东省第三地质矿产勘查院自主研发生产,可在水深30米以浅陆架区作业,抗风14级,成本仅为类似石油钻井平台的1/10。大陆架是全球海陆相互作用最为活跃的地区之一,作为连接陆地与海洋的桥梁,一直是国际地学领域关注的热点地区。CSDP-2井是南黄海中部隆起全取芯钻探第一井,对建立南黄海中-古生界标准层序地层格架,恢复南黄海沉积和构造环境,揭示南黄海油气地质工程具有重要意义。

6. 先进船舶技术

2016年3月,韩国大宇造船海洋株式会社(简称大宇造船,DSME)建成世界首艘浮式液化天然气装置(FLNG)[189]。该船被命名为"PFLNG-1",于2014年1月在大宇造船正式开工建造,客户是马来西亚国家石油公司(Petronas)。该船具备从深海开采天然气,并进行天然气液化、生产、卸载和加工能力,年产能120万吨液化天然气。PFLNG-1 长 364 米、宽 60 米、高 33 米、重 4.6 万吨，船体部分最多可以储存 17.7 万立方米液化天然气。建成后，PFLNG-1 将被部署在马来西亚 Kanowit 气田。

2016 年 6 月，俄罗斯首艘 22220 型 "北极号" 核动力破冰船在圣彼得堡波罗的海造船厂下水[190]。这艘由波罗的海造船厂与俄罗斯联邦原子能机构共同开发的破冰船长 173 米、宽 34 米、排水量为 33 540 吨，载重量可达 10 万吨，配备两个功率为 175 兆瓦的 RITM-200 核反应堆，是世界上体积最大、马力最大的破冰船。据报道，该破冰船可在北极任何海域航行并执行任务，航行时可破冰层厚度达 3 米左右。

2016 年 12 月，中国广船国际有限公司建造的中国最大、全球第二大半潜船 "新光华号" 在广州命名交付[191]。"新光华号" 为中国首次建造的 10 万吨级半潜船，于 2015 年 3 月开工，建造过程历时 20 个月。该船载重量为 9.8 万吨，服务航速为 14.5 节，甲板面积达 1.35 万平方米，与两个标准足球场面积相当。该船采用全电力推进，全船电缆长度达到 420 千米。"新光华号" 的自动化程度较高，船上设置了 9000 多个自动化控制点，船上任何设备出现故障时操作人员都能第一时间发现并进行远程处理。该船可通过下潜、上浮或码头滚装等方式装卸不可分割的大型物体，主要用于运输特大件货物，也可应用于救助打捞。

2016 年 12 月，中国首艘自主建造的极地科学考察破冰船正式开工建设[192]。新船建造工程由国家海洋局下属的中国极地研究中心组织开展，江南造船（集团）有限公司承担建造。船长 122.5 米，宽 22.3 米，设计吃水 7.85 米，设计吃水排水量约 13 990 吨，航速 12～15 节，续航力 2 万海里，载员 90 人，能以 2～3 节的航速连续破冰。该船采用国际先进的双向破冰船型设计，船首船尾均可破冰，并具备全回转电力推进功能和冲撞破冰能力，可实现极区原地 360 度范围内自由转动，满足全球无限航区航行需求。该船计划于 2019 年年初交船，交付后将与 "雪龙号" 组成极地考察船队，极大提升中国在极地海洋区域的综合考察能力。

参考文献

[1] Hardesty L. New Chip Fabrication Approach: Depositing Different Materials Within a Single Chip Layer Could Lead to More Efficient Computers. http://news. mit. edu/2016/new-chip-fabrication-approach-0127[2017-04-30].

[2] ACS. DNA 'Origami' Could Help Build Faster, Cheaper Computer Chips. https://www.acs. org/content/acs/en/pressroom/newsreleases/2016/march/dna-origami. html[2017-04-28].

[3] Helmholtz Association. The Fastest Wireless Data Transmission. https://www. helmholtz. de/en/technology/the-fastest-wireless-data-transmission-5644[2017-04-20].

[4] phys. org. Smallest Hard Disk to Date Writes Information Atom by Atom. https://phys. org/news/2016-07-smallest-hard-disk-date-atom. html[2016-07-18].

［5］ GlobalSMT. DNA Strands Enable Self-Assembling Nanowire. http：//globalsmt. net/industry_ news/dna-strands-enable-self-assembling-nanowire［2017-03-20］.

［6］ UCAR. Ncar Announces Powerful New Supercomputer For Scientific Discovery. https：// www2. ucar. edu/atmosnews/news/18751/ncar-announces-powerful-new-supercomputer-for-sci- entific-discovery［2016-01-11］.

［7］ 新华网. 中国"神威·太湖之光"再次问鼎世界超算冠军. http：//news. xinhuanet. com/tech/2016-11/ 14/c_129363588. htm［2016-11-14］.

［8］ insideHPC. Riken's Shoubu Supercomputer Leads Green500 List. http：//insidehpc. com/2016/ 08/rikens-shoubu-again-captures-top-spot-on-green500-list［2016-08-08］.

［9］ 以色列时报. 英特尔以色列研发中心打造最快处理器. http：//cn. timesofisrael. com/英特尔海法 研发中心打造迄今最快处理器［2016-08-31］.

［10］ Internet Medicine Digital Healthcare. Research on Largest Network of Cortical Neurons to Date Published in Nature. http：//internetmedicine. com/2016/03/31/48855［2016-03-31］.

［11］ Moyer C. How Google's AlphaGo Beat a Go World Champion：Inside a Man-Versus-Machine Showdown. https：//www. theatlantic. com/technology/archive/2016/03/the-invisible-opponent/ 475611［2016-03-28］.

［12］ Fan L，Li H，Zhuo J，et al. The Human Brainnetome Atlas：A New Brain Atlas Based on Con- nectional Architecture. https：//academic. oup. com/cercor/article/26/8/3508/2429104/The-Hu- man-Brainnetome-Atlas-A-New-Brain-Atlas［2016-7-25］.

［13］ The Allen Institute for Brain Science. Allen Institute Publishes Highest Resolution Map of the Entire Human Brain to Date. http：//www. alleninstitute. org/what-we-do/brain-science/news-press/press-re- leases/allen-institute-publishes-highest-resolution-map-entire-human-brain-date［2016-09-15］.

［14］ Bocquelet F，Hueber T，Girin L,et al. Real-Time Control of an Articulatory-Based Speech Synthesizer for Brain Computational Interfaces. PLoS Computational Biology. 2016，12(11)：e1005119.

［15］ 以色列时报. 以色列 BioCatch 新技术助银行识别黑客. http：//cn. timesofisrael. com/以色列 biocatch 新技术助银行识别黑客［2016-11-22］.

［16］ 以色列时报. 以色列研制首个车对车网络减少交通事故. http：//cn. timesofisrael. com/以色列 研制首个车对车网络减少交通事故［2016-11-16］.

［17］ University of Southampton. Eternal 5D Data Storage Could Record the History of Humankind. http：//www. southampton. ac. uk/news/2016/02/5d-data-storage-update. page［2016-02-18］.

［18］ University of Washington. Scientists Store Digital Images in DNA，and Retrieves Them Perfect- ly. https：//www. sciencedaily. com/releases/2016/04/160407121455. htm［2016-04-07］.

［19］ phys. org. IBM Scientists Achieve Storage Memory Breakthrough. https：//phys. org/news/2016-05- ibm-scientists-storage-memory-breakthrough. html［2016-05-17］.

［20］ Moss S. Zellabox Reveals' World's Smallest' Micro Data Center. http：//www. datacenterdynamics. com/ content-tracks/design-build/zellabox-reveals-worlds-smallest-micro-data-center/96747. fullarticle

〔2016-08-09〕.

［21］ Bush S. Updated：Graphene Tunes THz Laser for the First Time. https：//www. electronicsweek-ly. com/news/research-news/updated-graphene-tunes-thz-laser-for-the-first-time-2016-01〔2016-01-21〕.

［22］ phys. org. Creation of First Practical Silicon-Based Laser：Researchers Take Giant Step Towards' holy grail' of silicon photonics. https：//phys. org/news/2016-03-creation-silicon-based-laser-gi-ant-holy. html〔2016-03-07〕.

［23］ Cho J. ETRI, SKT Develops 5G Technology for Shortening Transit Delay to 0. 002 Seconds. ht-tp：//www. businesskorea. co. kr/english/news/ict/15109-core-tech-5g-etri-skt-develops-5g-tech-nology-shortening-transit-delay-0002-seconds〔2016-07-04〕.

［24］ 以色列时报. 移动宽带技术实现山区通信无障碍. http：//cn. timesofisrael. com/移动宽带技术实现山区通信无障碍〔2016-08-03〕.

［25］ phys. org. Feedback Technique Used on Diamond' Qubits' Could Make Quantum Computing More Prac-tical. https：//phys. org/news/2016-04-feedback-technique-diamond-qubits-quantum. html 〔 2016-04-06〕.

［26］ phys. org. Toward' Perfect' Quantum Metamaterial：Study Uses Trapped Atoms in an Artificial Crystal of Light. https：//phys. org/news/2016-05-quantum-metamaterial-atoms-artificial-crys-tal. html〔2016-05-11〕.

［27］ Conover E. Schrö dinger's Cat Now Dead and Alive in Two Boxes at Once：Feline-Mimicking Mi-crowaves Offer Benefits for Quantum Computing. https：//www. sciencenews. org/article/schrö-dinger's-cat-now-dead-and-alive-two-boxes-once〔2016-05-26〕.

［28］ 中国科学院. 世界首颗量子科学实验卫星发射成功. http：//www. cas. ac. cn/yw/201608/t20160816_4571260. shtml〔 2016-08-16〕.

［29］ Castelvecchi D. Quantum Computer Makes First High-Energy Physics Simulation. http：//www. nature. com/news/quantum-computer-makes-first-high-energy-physics-simulation-1. 20136〔2016-06-22〕.

［30］ AZoQuantum. Scientists Succeed in Placing Quantum Optical Structure on Scalable Chip. http：//www. azoquantum. com/News. aspx? newsID＝4945〔2016-09-28〕.

［31］ Burrows L. A new Spin on Superconductivity：Harvard Physicists Pass Spin Information Through a Su-perconductor. http：//www. seas. harvard. edu/news/2016/10/new-spin-on-superconductivity〔2016-10-14〕.

［32］ phys. org. Breakthrough in the Quantum Transfer of Information Between Matter and Light. ht-tps：//phys. org/news/2016-11-breakthrough-quantum. html〔2016-11-11〕.

［33］ Robert F. Synthetic Microbe Lives with Fewer than 500 Genes. http：//www. sciencemag. org/news/2016/03/synthetic-microbe-lives-less-500-genes〔2016-03-24〕.

［34］ Nelles D A，Fang M Y，O'Connell M，et al. Programmable RNA Tracking in Live Cells with CRISPR/Cas9. Cell，2016，165(2)：488-496.

［35］ Trafton A. A Programming Language for Living Cells. https：//phys. org/news/2016-03-language-cells. html[2016-03-31].

[36] Dong D, Ren K, Qiu X, et al. The crystal structure of Cpf1 in complex with CRISPR RNA. Nature. 2016, 532: 522-526.

[37] Hyun I, Wilkerson A, Johnston J. Embryology policy: Revisit the 14-day rule. Nature, 2016, 533: 169-171.

[38] Abudayyeh O, Gootenberg JS, Konermann S, et al. C2c2 is a single-component programmable RNA-guided RNA-targeting CRISPR effector. Science, 2016: aaf5573.

[39] Li T, Wernersson R, Hansen R B, et al. A Scored Human Protein-Protein Interaction Network to Catalyze Genomic Interpretation. http://biorxiv. org/content/biorxiv/early/2016/07/19/064535. full. pdf[2017-03-20].

[40] SALK Institute. New Gene-Editing Technology Partially Restores Vision in Blind Animals. https://www. eurekalert. org/pub_releases/2016-11/si-ngt111416. php[2016-11-16].

[41] Pawluk A, Amrani N, Zhang Y, et al. Naturally Occurring Off-Switches for CRISPR-Cas9. Cell, 2016, 167(7): 1829-1838.

[42] Burstein D, Harrington L B, Strutt S C, et al. New CRISPR-Cas systems from uncultivated microbes. Nature, 2016, 542: 237-241.

[43] New Scientist. Exclusive: World's First Baby Born with New "3 Parent" Technique. https://www. newscientist. com/article/2107219-exclusive-worlds-first-baby-born-with-new-3-parent-technique[2016-09-27].

[44] Kelly J C. Esophagus Regeneration Successful in Human Patient. http://www. medscape. com/viewarticle/861715[2016-04-08].

[45] Medical Xpress. Scientists Turn Skin Cells into Heart Cells and Brain Cells Using Drugs. https://medicalxpress. com/news/2016-04-scientists-skin-cells-heart-brain. html[2016-04-28].

[46] Benedict. Harvard Scientists 3D Print' Living' Kidney Model, a Step Forward in Building Functional Human Tissues. http://www. 3ders. org/articles/20161012-harvard-scientists-3d-print-living-kidney-model-a-step-forward-in-building-functional-human-tissues. html[2016-10-12].

[47] Capogrosso M, Milekovic T, Borton D, et al. A Brain-Spine Interface Alleviating Gait Deficits after Spinal Cord Injury in Primates. Nature, 2016, 539: 284-288.

[48] RT. Almost 100% Effective, No Side Effects: Russian Ebola Vaccine Presented to WHO. https://www. rt. com/news/332532-ebola-vaccine-russia-who[2016-02-16].

[49] Reuters. US-Made Dengue Vaccine 100 Percent Effective in Small Study. http://www. foxnews. com/health/2016/03/17/us-made-dengue-vaccine-100-percent-effective-in-small-study. html[2016-03-17].

[50] Maldarelli C. IBM Creates A Molecule That Could Destroy All Viruses. http://www. popsci. com/macromolecule-developed-by-ibm-could-fight-multiple-viruses-at-once[2016-05-14].

[51] Jia Y, Yun C, Park E, et al. Overcoming EGFR(T790M) and EGFR(C797S) resistance with mutant-selective allosteric inhibitors. Nature, 2016,534: 129-132.

[52] UoP. Breakthrough in Brain Tumour Research. http://uopnews. port. ac. uk/2016/06/28/break-

through-in-brain-tumour-research[2016-06-28].

[53] Trafton A. Engineers Design Programmable RNA Vaccines：Tests in Mice Show the Vaccines Work Against Ebola，Influenza，and a Common Parasite. http：//news. mit. edu/2016/programmable-rna-vaccines-0704[2016-07-04].

[54] Dowd K A，Ko S Y，Morabito K M，et al. Rapid Development of a DNA Vaccine for Zika Virus. http：//science. sciencemag. org/content/early/2016/09/22/science. aai9137. full[2016-09-22].

[55] 以色列时报. 以色列科学家取得艾滋病治疗新突破. http：//cn. timesofisrael. com/以色列科学家取得艾滋病治疗新突破[2016-11-07].

[56] 以色列时报. 以色列新型抗癌药物有望彻底阻断肿瘤血管生长. http：//cn. timesofisrael. com/以色列新型抗癌药物有望彻底阻断肿瘤血管生长[2016-12-01].

[57] Ledford H. US Cancer Institute to Overhaul Tumour Cell Lines：Veteran Cells to be Retired in Favour of Fresh Tumour Samples Grown in Mice. http：//www. nature. com/news/us-cancer-institute-to-overhaul-tumour-cell-lines-1. 19364[2016-02-17].

[58] Lin H，Ouyang H，Zhu J，et al. Lens regeneration using endogenous stem cells with gain of visual function. Nature，2016，531：323-328.

[59] Feller S. Scientists Remove HIV-1 from Genome of Human Immune Cells. http：//www. upi. com/Health_News/2016/03/21/Scientists-remove-HIV-1-from-genome-of-human-immune-cells/1511458583664[2016-03-21].

[60] NIH. Long-Lived Pig-to-Primate Heart Transplants. https：//www. nih. gov/news-events/nih-research-matters/long-lived-pig-primate-heart-transplants[2016-04-19].

[61] Sirohi D，Chen Z，Sun L，et al. The 3. 8 Å Resolution Cryo-EM Structure of Zika Virus. http：//science. sciencemag. org/content/early/2016/03/30/science. aaf5316. ull[2016-03-31].

[62] Devitt T. New Strategy Could Yield More Precise Seasonal Flu Vaccine. http：//news. wisc. edu/new-strategy-could-yield-more-precise-seasonal-flu-vaccine[2016-05-23].

[63] Nature jobs. Proteogenomic Signatures for Improved Prognosis of Locally Recurring Breast Cancer. http：//lifescienceevents. com/postdoc-in-proteogenomic-bioinformatics[2016-06-01].

[64] DZIF. Three Dimensional Structure of Zika Virus Protease Clarified. http：//www. dzif. de/en/news_media_centre/news_press_releases/view/detail/artikel/three_dimensional_structure_of_zika_virus_protease_clarified[2016-08-08].

[65] University of Sheffield. Scientists Make Breakthrough in Fight Against Antibiotic Resistance. http：// www. sheffield. ac. uk/news/nr/skin-infections-treatment-antibiotic-resistance-superbug-1. 594339[2016-07-29].

[66] Bhandari T. Antibodies Identified that Thwart Zika Virus Infection：Could Lead to Vaccines，Diagnostic Tests and Therapies. https：//source. wustl. edu/2016/07/antibodies-identified-thwart-zika-virus-infection[2016-07-27].

[67] Ali A，Kitchen S G，Chen S Y，et al. HIV-1-specific chimeric antigen receptors based on broadly neutralizing antibodies. Journal of Virology，2016，90(15)：6999-7006.

［68］Mainichi. High-Quality Cancer-Killing Cells Created from iPS Cells：Researchers. https：//www. mainichi. jp/english/articles/20161122/p2a/00m/0na/009000c［2016-11-22］.

［69］Liu X，Zhang Y，Cheng C，et al. CRISPR-Cas9-Mediated Multiplex Gene Editing in CAR-T Cells. http：//www. nature. com/cr/journal/v27/n1/full/cr2016142a. html［2016-12-02］.

［70］新华网. 临床"全数字 PET"在武汉研制成功. http：//news. xinhuanet. com/2016-04/27/c_1118755285. htm［2016-04-27］.

［71］Medical Xpress. SNMMI Image of the Year：Novel PET Imaging Shows Tau Buildup Link to Neuro-Degeneration. https：//medicalxpress. com/news/2016-06-snmmi-image-year-pet-imaging. html［2016-06-15］.

［72］University of Buffalo. The Ideal Transport for Next-Gen Vaccines. https：//www. eurekalert. org/pub_releases/2016-07/uab-ect063016. php［2016-07-01］.

［73］Wey H Y，Gilbert T M，Zürcher1 N R，et al. Insights into neuroepigenetics through human histone deacetylase PET imaging. Science Translational Medicine，2016，8(351)：351ra106.

［74］以色列时报. 以色列胰岛素剂量追踪器助糖尿病患者安全注射. http：//cn. timesofisrael. com/以色列胰岛素剂量智能追踪器助糖尿病患者安全注/［2016-12-12］.

［75］Liu P，Zhao Y，Qin R，et al. Photochemical route for synthesizing atomically dispersed palladium catalysts. Science，2016，352(6287)：797-800.

［76］Wang Y，Xiao Z，Snezhko A，et al. Rewritable artificial magnetic charge ice. Science，2016，253(6288)：962-966.

［77］Jackson L. Self-Healing，Flexible Electronic Material Restores Functions after Many Breaks. https：//phys. org/news/2016-05-self-healing-flexible-electronic-material-functions. html［2016-05-16］.

［78］Shabahang S，Tao G，Kaufman J J，et al. Controlled fragmentation of multimaterial fibres and films via polymer cold-drawing. Nature，2016，534(7608)：529-533.

［79］Kulkov S，Dedova E，Shadrin V. Complex Oxides with Negative Thermal Expansion for CMC and MMC with Invar Effect. https：//www. omicsonline. org/proceedings/complex-oxides-with-negative-thermal-expansion-for-cmc-and-mmc-with-invar-effect-47918. html［2017-03-20］.

［80］Thomas J. 3 D Printed Metamaterial Shrinks When Heated. https：//phys. org/news/2016-10-d-metamaterial. html［2017-3-20］.

［81］phys. org. Dry Adhesive Holds in Extreme Cold，Strengthens in Extreme Heat. https：//phys. org/news/2016-11-adhesive-extreme-cold. html［2016-11-16］.

［82］Chin M. Changing Fuel Cell Catalyst Shape Would Dramatically Increase Efficiency，Lower Cost. http：//newsroom. ucla. edu/releases/changing-fuel-cell-catalyst-shape-would-dramatically-increase-efficiency-lower-cost［2016-11-17］.

［83］Yang C，Wu T，Zhang G，et al. Copper-Vapor-Assisted Rapid Synthesis of Large AB-Stacked Bilayer Graphene Domains on Cu-Ni Alloy. Small，2016，12：2009-2013.

［84］MIPT. "Mexican Hat" in Bilayer Graphene Enables Ultralow-Power Operation of Future Nano-electronic Chips. https：//mipt. ru/english/news/new_type_of_graphene_based_transistor_will_ increase_the_clock_speed_of_processors[2016-05-20].

[85] Graphene-Info. Russian Team Makes Graphene with High Stability Under Ozonation，with Great Potential for Nanoelectronics. https://www. graphene-info. com/russian-team-makes-graphene-high-stability-under-ozonation-great-potential-nanoelectronics[2016-10-20].

[86] Ren J. Environmentally-Friendly Graphene Textiles Could Enable Wearable Electronics. https://phys. org/news/2016-11-environmentally-friendly-graphene-textiles-enable-wearable. html［2016-11-25].

[87] Boland C S，Khan U，Ryan G，et al. Sensitive Electromechanical Sensors Using Viscoelastic Graphene-Polymer Nanocomposites. Science，2016，354(6317)：1257-1260.

[88] Chandler D L. How to Make Metal Alloys that Stand Up to Hydrogen：New Approach to Preventing Embrittlement Could be Useful in Nuclear Reactors. http://news. mit. edu/2016/metal-alloys-stand-hydrogen-nuclear-reactors-0329[2016-03-29].

[89] Lawson K. Supersonic Magnesium. https://blog. csiro. au/supersonic-magnesium-2[2016-07-20].

[90] phys. org. New Lightweight Shape-Shifting Alloy Shows Potential for a Variety of Applications. https://phys. org/news/2016-07-lightweight-shape-shifting-alloy-potential-variety. html[2016-07-25].

[91] phys. org. Physicists Induce Superconductivity in Non-Superconducting Materials. https://phys. org/news/2016-10-physicists-superconductivity-non-superconducting-materials. html［2016-10-31].

[92] University of Utah. Engineering Material Magic. https://www. eurekalert. org/pub_releases/2016-02/uou-emm021216. php[2016-02-15].

[93] Klose R. Breakthrough for Cheaper Lighting and Flexible Solar Cells. https://www. empa. ch/web/s604/treasores-oled-results[2016-03-04].

[94] Meiller R. With Simple Process，Engineers Fabricate Fastest Flexible Silicon Transistor. http://news. wisc. edu/with-simple-process-engineers-fabricate-fastest-flexible-silicon-transistor/［2016-04-20].

[95] Malecek A. For First Time，Carbon Nanotube Transistors Outperform Silicon. https://phys. org/news/2016-09-carbon-nanotube-transistors-outperform-silicon. html[2016-09-02].

[96] Al Balushi Z Y，Wang K，Ghosh R K，et al. Two-Dimensional Gallium Nitride Realized Via Graphene Encapsulation. Nature Materials,2016，(15)：1166-1171.

[97] Leydecker T，Herder M，Pavlica E，et al. Flexible non-volatile optical memory thin-film transistor device with over 256 distinct levels based on an organic bicomponent blend. Nature Nanotechnology,2016，(11)：769-775.

[98] Timmer J. Transistor with a 1nm Gate Size is the World's Smallest. https://arstechnica. com/science/2016/10/nanotubes-atomically-thin-material-smallest-transistor-ever[2016-10-11].

[99] Bandurin D A，Tyurnina A V，Yu G L，et al. High electron mobility，quantum hall effect and anomalous optical response in atomically thin InSe. Nature Nanotechnology. 2017，12：223-227.

［100］Herh M. Korean Researchers Develops Oled on Fabrics via Truly Wearable Display Tech. http://www. businesskorea. co. kr/english/news/sciencetech/16567-truly-wearable-korean-researchers-develops-oled-fabrics-truly-wearable［2016-11-23］.

［101］Chandler D L. A New Way to Store Solar Heat：Material Could Harvest Sunlight by Day，Release Heat on Demand Hours or Days Later. http：//news. mit. edu/2016/store-solar-heat-0107［2016-01-07］.

［102］Sambur J B，Chen T Y，Choudhary E，et al. Sub-particle reaction and photocurrent mapping to optimize catalyst-modified photoanodes. Nature，2016，530：77-80.

［103］Tsai H，Nie W，Blancon J C，et al. High-efficiency two-dimensional Ruddlesden-Popper perovskite solar cells. Nature，2016，536：312-316.

［104］Zhou H，Yu F，Huang Y，et al. Efficient Hydrogen Evolution by Ternary Molybdenum Sulfoselenide Particles on Self-Standing Porous Nickel Diselenide Foam. https：//www. nature. com/articles/ncomms12765［2016-09-16］.

［105］Tech Xplore. New Perovskite Solar Cell Design Could Outperform Existing Commercial Technologies. https：//techxplore. com/news/2016-10-perovskite-solar-cell-outperform-commercial. html［2016-10-20］.

［106］Jiang Q，Zhang L，Wang H，et al. Enhanced Electron Extraction Using SnO_2 for High-Efficiency Planar-Structure HC（NH_2）$2PbI_3$-Based Perovskite Solar Cells. Nature Energy，2016：16177.

［107］Wolf A. VU Inside：Dr. William Fissell's Artificial Kidney. https：//news. vanderbilt. edu/2016/02/12/vu-inside-dr-william-fissells-artificial-kidney［2016-02-12］.

［108］Duke University. Rapidly Building Arteries that Produce Biochemical Signals. https：//www. eurekalert. org/pub_releases/2016-02/du-rba021816. php［2016-02-18］.

［109］phys. org. Sensitive Electronic Biosniffers Diagnose Diseases Via Biomarkers in Breath. https：//phys. org/news/2016-03-sensitive-electronic-biosniffers-diseases-biomarkers. html［2016-03-23］.

［110］Lee H，Choi T K，Lee Y B，et al. A Graphene-Based Electrochemical Device with Thermoresponsive Microneedles for Diabetes Monitoring and Therapy. Nature Nanotechnology，2016，11：566-572.

［111］遠藤るりこ. 光照射で効率的に発熱する新素材「ナノコイル状 PDA」を開発―産総研 . http://www. qlifepro. com/news/20160311/develop-nanocoil-like-pdf-that-generates-heat-efficiently-in-the-light-irradiation. html［2016-03-11］.

［112］Grolms M. Plastic Made from Orange Peel and CO_2. http://www. advancedsciencenews. com/plastic-made-orange-peel-co2［2016-06-22］.

［113］Nealon S. A Wolverine Inspired Material：Self-Healing，Transparent，Highly Stretchable Material can be Electrically Activated. https：//phys. org/news/2016-12-wolverine-material-self-healing-transparent-highly. html［2016-12-25］.

［114］以色列时报. 以色列技术首次实现人工培植骨组织植入人体 . http://cn. timesofisrael. com/以

色列技术首次实现人工培植骨组织植入人体/[2016-12-07].

[115] HRL Laboratories. Breakthrough Achieved In Ceramics 3d Printing Technology. http：//www. hrl. com/news/2016/0101[2016-01-01].

[116] Kang H W，Lee S J，et al. A 3D bioprinting system to produce human-scale tissue constructs with structural integrity. Nature Biotechnology，2016，34：312-319.

[117] L'Oréal. L'Oréal And Poietis Sign An Exclusive Research Partnership To Develop Bioprinting Of Hair. http：//www. loreal. com/media/press-releases/2016/sep/loreal-and-poietis-sign-an-exclusive-research-partnership-to-develop-bioprinting-of-hair[2016-09-28].

[118] 科技部. 美国企业利用 3D 打印制造涡轮机关键零件. http：//www. most. gov. cn/gnwkjdt/201611/t20161110_128797. htm[2016-11-11].

[119] Safran. Safran Power Units，Amaero Engineering and Monash University announce a strategic partnership to deliver 3D printing aerospace components. https：//www. safran-power-units. com [2016-11-09].

[120] 新华社. 俄罗斯制成该国首台太空 3D 打印样机. http：//news. xinhuanet. com/world/2016-11/11/c_1119894405. htm[2016-11-11].

[121] Galloway K C，Becker K P，Phillips B，et al. Soft Robotic Grippers for biological sampling on deep reefs. Soft Robotics，2016. doi：10. 1089/soro. 2015.

[122] DARPA. Neural Engineering System Design . http：//www. darpa. mil/program/neural-engineering-system-design[2016-02-03].

[123] Max-Planck-Institutes. Winzige Mikroroboter，die Wasser reinigen können. http：//www. is. mpg. de/16019712/sanchez-microbots[2016-04-29].

[124] Hitachi. Humanoid Robot "EMIEW3" and Robotics IT Platform for Customer Services. http：//www. hitachi. com/New/cnews/month/2016/04/160408. html[2016-04-08].

[125] 中国科学院沈阳自动化研究所. 沈阳启动面向工业 4.0 的智能工厂示范生产线. http：//www. sia. cn/xwzx/mtjj/201601/t20160129_4527481. html[2016-01-28].

[126] Eaton SW，Lai M，et al. Lasing in Robust Cesium Lead Halide Perovskite Nanowires. Proceedings of the National Academy of Sciences of the United States of America，2016，113：1993-1998.

[127] The Digital Manufacturing and Design Innovation Institute（DMDII）. DMDII Announces ＄12 Million in Applied R&D Awards，Including First Projects in Augmented Reality for Industry. http：//dmdii. uilabs. org/press-releases/dmdii-announces-xx-million-in-research-awards-including-first-projects-in-augmented-reality-for-industry[2016-05-13].

[128] 科技日报. 纳米天线首次实现可见光波段内通信. http：//digitalpaper. stdaily. com/http_www. kjrb. com/kjrb/html/2016/08/30/content_348374. htm? div=-1[2016-08-29].

[129] 以色列时报. 以色列人工智能技术保护基础设施免遭黑客入侵. http：//cn. timesofisrael. com/以色列人工智能技术保护基础设施免遭黑客入侵[2016-11-16].

[130] DARPA. FLA Program Takes Flight. http：//www. darpa. mil/news-events/2016-02-12[2016-02-12].

［131］大同特殊钢. 重希土类完全フリー磁石をハイブリッド車用モーターに世界で初めて採用. ht-tp：//www. daido. co. jp/about/release/2016/0712_freemag_hevmotor. html［2016-07-12］.

［132］Monahan P. Titanic balloon sets record and tantalizes scientists. Science，2016，353（6295）：108-109.

［133］Whitehouse. Investing Big in Small Satellites. https：//www. whitehouse. gov/blog/2016/12/22/investing-big-small-satellites［2016-12-22］.

［134］ELIFE. New Plant Engineering Method Could Help Fill Demand for Crucial Malaria Drug. ht-tps：//www. eurekalert. org/pub_releases/2016-06/e-npe061316. php［2016-06-14］.

［135］Reuell P. Bionic Leaf Turns Sunlight into Liquid Fuel-New System Surpasses Efficiency of Photosynthesis. http：//news. harvard. edu/gazette/story/2016/06/bionic-leaf-turns-sunlight-into-liquid-fuel/［2016-06-02］.

［136］Carbios. Carbios Ouvre Une Nouvelle Voie Biologique De Production De Pla DirectementÀ Partir D'Acide Lactique. https：//carbios. fr/carbios-ouvre-une-nouvelle-voie-biologique-de-production-de-pla-directement-a-partir-dacide-lactique［2016-07-06］.

［137］以色列时报. 特拉维夫大学：微藻大规模制氢有望成未来清洁能源. http：//cn. timesofisrael. com/特拉维夫大学：微藻大规模制氢有望成未来清洁能［2016-10-18］.

［138］University of Texas. UTA Researchers Devise One-Step Process to Convert Carbon Dioxide and Water Directly into Renewable Liquid Hydrocarbon Fuels. http：//www. uta. edu/news/releases/2016/02/MacDonnell-Dennis-Fuels-PNAS. php［2016-02-22］.

［139］Mefford J T，Rong X，Abakumov A M，et al. Water electrolysis on La1-xSrxCoO3-δ perovskite electrocatalysts. Nature Communications 7. doi：10. 1038/ncomms11053.

［140］Eolfi. Blidar，Weather and Oceanic Data Measurement Buoy. https：//www. eolfi. com/en/eolfi-research-development/blidar［2016-06-30］.

［141］Nenuphar Wind. Test Campaign on Contra Rotative Design. http：//www. Nenuphar-wind. com/en/30-actualite-test-campaign-on-contra-rotative-design. html［2016-08-12］.

［142］Georgia Institute of Technology. New Fabric Uses Sun and Wind to Power Devices. http：//www. news. gatech. edu/2016/09/13/new-fabric-uses-sun-and-wind-power-devices［2016-09-13］.

［143］Gao S，Lin Y，Jiao X，et al. Partially oxidized atomic cobalt layers for carbon dioxide electrore-duction to liquid fuel. Nature，2016，529：68-71.

［144］UK Department for Business. Government Boost for Jet Engines with £10 Million Investment for Next Generation Technology. https：//www. gov. uk/government/news/government-boost-for-jet-engines-with-10-million-investment-for-next-generation-technology［2016-02-05］.

［145］DOE. DOE Selects Projects To Enhance Its Research into Recovery of Rare Earth Elements from Coal and Coal Byproducts. http：//energy. gov/fe/articles/doe-selects-projects-enhance-its-re-search-recovery-rare-earth-elements-coal-and-coal［2017-06-18］.

［146］DOE. DOE Awards ＄10 Million to Small Businesses for Fossil Energy Research and Technology

Transfer. http://energy. gov/fe/articles/doe-awards-10-million-small-businesses-fossil-energy-research-and-technology-transfer[2016-06-23].

[147] Korea Hydro & Nuclear Power. Shin-Kori ♯ 3 Started to Produce Power. http://www. microsofttranslator. com[2016-01-19].

[148] 中国华能. 全球首座高温堆示范工程华能石岛湾核电站建设取得重大进展. http://www. hsnpc. com. cn/ShowNews. aspx? Nid=1250[2016-03-20].

[149] Plasma Science and Fusion Center. New Record for Fusion-Alcator C-Mod Tokamak Nuclear Fusion Reactor Sets World Record on Final Day of Operation. http://news. mit. edu/2016/alcator-c-mod-tokamak-nuclear-fusion-world-record-1014[2016-10-14].

[150] Gibbs W W. With a Touch of Thermonuclear Bomb Fuel, 'Z Machine' Could Provide Fusion Energy of the Future. http://www. sciencemag. org/news/2016/11/touch-thermonuclear-bomb-fuel-z-machine-could-provide-fusion-energy-future[2016-11-09].

[151] Rosatom. Top Plant: Beloyarsk Nuclear Power Plant Unit 4, Sverdlovsk Oblast, Russia. http://www. rosatom. ru/en/press-centre/industry-in-media/top-plant-beloyarsk-nuclear-power-plant-unit-4-sverdlovsk-oblast-russia/? sphrase_id=101979[2016-11-02].

[152] Liang Z, Lin D, Zhao J, et al. Composite lithium metal anode by melt infusion of lithium into a 3D conducting scaffold with lithiophilic coating. Proceedings of the National Academy of Sciences of the United States of America. 2016, 113(11): 2862-2867.

[153] Wang C Y, Zhang G, Ge S, et al. Lithium-ion battery structure that self-heats at low temperatures. Nature, 2016, 529: 515-518.

[154] Bell B, Irvine U C. Making Better Batteries a Reality. https://www. universityofcalifornia. edu/news/battery-you-can-charge-hundreds-thousands-times[2016-05-16].

[155] Gasparini N, Jiao X, Heumueller T, et al. Designing ternary blend bulk heterojunction solar cells with reduced carrier recombination and a fill factor of 77%. Nature Energy, 2016, 1: 16118.

[156] Heo J H. New Anode Material Set to Boost Lithium-ion Battery Capacity. http://www. researchsea. com[2016-09-18].

[157] Lim J, Li Y, Alsem D H, et al. Origin and hysteresis of lithium compositional spatiodynamics within battery primary particles. Science, 2016. 353(6299): 566-571.

[158] Jia J, Seitz L C, Benck J D, et al. Solar water splitting by photovoltaic-electrolysis with a solar-to-hydrogen efficiency over 30%. Nature Communications, 2016, 7: 13237.

[159] Ahlberg L. Battery Technology Could Charge Up Water Desalination. http://mechanical. illinois. edu/news/battery-technology-could-charge-water-desalination[2016-02-02].

[160] Karlsruhe Institute of Technology. Nanofur for Oil Spill Cleanup. http://www. kit. edu/kit/english/pi_2016_115_nanofur-for-oil-spill-cleanup. php[2016-08-18].

[161] Valiulin S V, Baklanov A M, Dubtsov S N, et al. Influence of the nanoaerosol fraction of industrial coal dust on the combustion of methane-air mixtures. Combustion, Explosion, and Shock

Waves,2016,52(4): 405-417.

[162] Agence France-Presse. Israel Firm Wants Super-Efficient Engine to Power Car Revolution. http://www. dailymail. co. uk/wires/afp/article-3880984/Israel-firm-wants-super-efficient-engine-power-car-revolution. html[2016-10-28].

[163] OPGAL. OPGAL Eyecgas-Fx. https://www. opgal. com/products/opgal-eyecgas-fx/[2016-10-30].

[164] U. S. Air Force. Small Unmanned Aircraft Systems (SUAS) Flight Plan: 2016-2036. http://www. airforcemag. com/DocumentFile/Documents/2016/Small% 20UAS% 20Flight% 20Plan% 202016-2036. pdf[2016-05-26].

[165] AIN Publications. GE, Pratt & Whitney Win Contracts for Next-Generation Engine. http://www. ainonline. com/aviation-news/defense/2016-07-01/ge-pratt-whitney-win-contracts-next-generation-engine[2016-07-01].

[166] 中国航空工业集团公司. 我国自主研制的大型水陆两栖飞机 AG600 实现总装下线. http://www. avic. com/cn/xwzx/jqyw/634130. shtml[2016-07-26].

[167] 南京航空航天大学. 中国首款固定翼船载无人机"南航造"有望打入国际市场. http://news-web. nuaa. edu. cn/2016/1010/c745a26636/page. htm[2016-10-10].

[168] Airbus. First A350-1000 Successfully Completes First Flight. http://www. airbus. com/press-centre/pressreleases/press-release-detail/detail/first-a350-1000-successfully-completes-first-flight[2016-11-30].

[169] ESA. The ExoMars Programme 2016-2020. http://exploration. esa. int/mars/46048-programme-overview/[2016-10-16].

[170] NASA. BEAM Fully Expanded and Pressurized. https://blogs. nasa. gov/spacestation/2016/05/28/beam-fully-expanded-and-pressurized/[2016-05-28].

[171] NASA. NASA's Juno Spacecraft in Orbit Around Mighty Jupiter. https://www. nasa. gov/press-release/nasas-juno-spacecraft-in-orbit-around-mighty-jupiter[2016-07-05].

[172] NASA. OSIRIS-REx Mission: Origins, Spectral Interpretation, Resource Identification, Security-Regolith Explorer. https://www. nasa. gov/osiris-rex[2016-09-30].

[173] ESA. Mission Complete: Rosetta's Journey Ends in Daring Descent to Comet. http://www. esa. int/Our_Activities/Space_Science/Rosetta/Mission_complete_Rosetta_s_journey_ends_in_daring_descent_to_comet[2016-09-30].

[174] 国家国防科技工业局. 神舟十一号与天宫二号成功对接 航天员进入天宫二号. http://www. sastind. gov. cn/n254046/n421284/n421339/c6721079/content. html[2016- 10-19].

[175] Blue Origin. Launch. Land. Repeat. . https://www. blueorigin. com/news/blog/launch-land-repeat[2016-01-22].

[176] SpaceX. First Successful Landing of Falcon 9 First Stage on Droneship. http://www. spacex. com/falcon9[2016-04-08].

[177] Indian Space Research Organisation. RLV-TD. http://isro. gov. in/launcher/rlv-td[2016-05-30].

［178］国务院国有资产监督管理委员会．我国新一代运载火箭长征七号首飞成功．http://www. sasac. gov. cn/n85881/n1989763/c2381642/content. html［2016-06-25］.

［179］国防科工局．我国最大推力新一代运载火箭长征五号首飞获得圆满成功．http://www. sastind. gov. cn/n152/n6727317/n6727324/c6742042/content. html［2016-11-03］.

［180］ESA. First Space Data Highway Laser Relay in Orbit. http://www. esa. int/Our_Activities/Telecommunications_Integrated_Applications/EDRS/First_SpaceDataHighway_laser_relay_in_orbit［2016-01-30］.

［181］中国科学院．暗物质粒子探测卫星在轨交付仪式在京举行．http://www. cas. cn/zt/kjzt/aw-zlztcwxgc/awztcwxzxjz/201603/t20160321_4550028. shtml［2016-03-21］.

［182］新华网．高分专项工程高分三号卫星成功发射为我国首颗 1 米分辨率 C 频段多极化合成孔径雷达成像卫星．http://news. xinhuanet. com/mil/2016/08/10/c_129218217. htm［2016-08-10］.

［183］NOAA. GOES-R Heads to Orbit，will Improve Weather Forecasting. http://www. noaa. gov/media-release/goes-r-heads-to-orbit-will-improve-weather-forecasting［2016-11-19］.

［184］ESA. Galileo Begins Serving the Globe. http://www. esa. int/Our_Activities/Navigation/Galileo_begins_serving_the_globe［2016-12-15］.

［185］中国科学院沈阳自动化研究所．"潜龙二号"取得我国大洋热液探测重大突破．http://www. sia. cn/xwzx/kydt/201603/t20160322_4568784. html［2016-03-22］.

［186］DARPA. Positioning System for Deep Ocean Navigation. http://www. darpa. mil/program/positioning-system-for-deep-ocean-navigation［2016-05-30］.

［187］中国科学院．中科院自主研发潜水器及装备成功进行万米深海科考．http://www. cas. cn/zt/kjzt/tsyh/zxdt/201608/t20160826_4572477. shtml［2016-08-24］.

［188］山东省第三地质矿产勘查院．大海里的世界纪录——中国东部海区大陆架科钻最深钻孔施工记．http://www. sddksd. com/? p=7964［2016-10-19］.

［189］Korea. net. Shipbuilder successfully constructs first-ever floating LNG ship. http://www. korea. net/NewsFocus/Business/view? articleId=133651［2016-03-10］.

［190］Ship-technology. Arctic，Project 22220 LK-60 Nuclear Icebreaker，Russia. http://www. ship-technology. com/projects/arctic-project-22220-lk-60-nuclear-icebreaker［2016-06-30］.

［191］中国船舶工业集团公司．董强出席广船国际造中国最大半潜船命名交付仪式．http://www. cssc. net. cn/component_news/news_detail. php? id=24443［2016-12-09］.

［192］中国船舶工业集团公司．江南造船开建新一代极地科考船．http://www. cssc. net. cn/component_news/news_detail. php? id=24537［2016-12-23］.

Overview of High Technology Development in 2016

Fan Yonggang , *Zhang Jiuchun*

(Institutes of Science and Development, CAS)

In 2016, faced with the opportunities and challenges of a new round of technological revolution and industrial transformation, major countries continued to strengthen their investment in science, technology and innovation. Competition among major countries was increasingly fierce focusing on emerging technologies and strategic high technologies, such as information technology, life and health, advanced manufacturing, advanced materials, energy resources, etc. The United States launched the Cancer Moonshot Initiative to accelerate cancer research, Connect ALL Initiative to help Americans get online and have the tools to take full advantage of the Internet, and National Microbiome Initiative to advance understanding of microbiomes in order to aid in the development of useful applications. The UK launched the National Productivity Investment Fund (NPIF) after the Brexit to support innovation and infrastructure, focusing on emerging technologies such as robots, artificial intelligence, biotechnology, satellites, and advanced materials, etc. Germany released its New High-Tech Strategy-Innovations for Germany, which focusing on the development of digital economy and society such as sustainable economy and energy, healthy living and intelligent transportation. France adjusted its New Industrial France Initiative, focusing on 9 fields including digital economy, intelligent things networking, new energy, future traffic, future medicine, etc. Japan released the Fifth Science and Technology Basic Plan, which proposed to accelerate the development of Society 5.0. China issued the "Outline for National Innovation Driven Development Strategy" and "Made in China 2025". High technology played an irreplaceable role in promoting the transformation and upgrading of industrial structure and cultivating new economic engines, which effectively supports the innovation driven country and well-off society construction.

The 2016 High Technology Development Report summarizes and presents the major achievements and progress of high technologies in both China and the world in 2016 from the following 6 aspects.

Information technologies（IT）. Several major breakthroughs had been achieved in ICT sector. In the field of integrated circuit，DNA strands enabled self-assembling nanowire，and DNA "origami" was developed to help build faster，cheaper computer chips. In the field of high performance computing，China topped the fastest supercomputer and achieved self-supply of core components，and Japan stayed leading position on the Supercomputer Green500 List. Artificial intelligence attracted unprecedented attention along with the AlphaGo event. Progress such as the highest resolution map of the entire human brain，articulatory-based speech synthesizer for brain computer interfaces，BioCatch to catch cyber crooks，V2V networks，were also worth mentioning. In the field of cloud computing and big data，five-dimensional storage technology，DNA storage technology，phase-change storage，12U micro-data center technology was impressive. In the field of network and communications，terahertz lasers，practical high-performance silicon lasers，mobile broadband new technologies for remote areas had made concrete progresses. In the field of quantum computing and communication，achievements such as feedback-control system for maintaining quantum superposition，quantum metamaterial，feline-mimicking microwaves，quantum computer simulation experiments，quantum optical structure integrated into a chip，transmission quantum spin information through a superconductor were particularly prominent.

Health care and biotech. Significant progress had been made in the field of health care and biotech field in 2016. New gene editing technologies were developed，such as HITI technology，CRISPR-CasX and CRISPR-CasY；naturally occurring off-switches for CRISPR-Cas9 was found；and DNA editing technology had been successful used on RNA. In the field of new drugs and major diseases research，new RNA vaccines，new drug for inhibition of HIV exposure to the spread，new drug which could block tumor vascular growth were developed；cancer，card virus，HIV，cross-species transplant-related therapy made new progress；a new model of cancer research had been established；lens regeneration operation had been successfully conducted using endogenous stem cells to cure children with congenital cataract. In the field of medical device，bacteria capsule for next-gen vaccines transport, neuroepigenetics through human histone deacetylase PET imaging and intelligent insulin dose tracking equipment had been developed.

New material technologies. In 2016, major breakthroughs of new material technologies were powerful driving forces for the development of high-tech industries. In the field of nano-materials, a variety of materials, such as rewritable magnetic charge ice, self-healing and flexible electronic material, high-performance nano-ceramic composite materials with negative thermal expansion, 3D printed metamaterial shrinking when heated had been developed. In the field of graphene, a new method for the purification of graphene and conductive graphene silk fabric was developed. In the field of metal materials, a new hydrogen-resistant alloy was found; a non-superconducting material was successfully induced into a superconducting material; and an ultra-light shape memory magnesium scandium alloy was created. In the field of advanced energy storage materials, solid energy storage materials polymer film, near single crystal two-dimensional perovskite film, high-capacity secondary battery cathode material, water hydrogen new composite catalyst and a number of other advanced energy storage materials were successfully developed. In the field of biomedical materials, significant progress had been made such as the development of implantable artificial kidney, rapid artificial artery manufacturing technology, etc.

Advanced manufacturing technologies. The advanced manufacturing technologies field is characterized by the development of digitalization, networking and intelligent. 3D printing technologies maintained a very dynamic development trend, with significant progress on printing technology, materials and equipment, as well as application areas. A batch of innovative industrial robots and service robot products were developed such as soft robotic grippers, and micro-robot which could remove industrial waste water and heavy metals. Intelligent factory, which was characterized by intelligent perception, intelligent control, and automated flexible production, had made significant progress; and intelligent factory solutions for industrial 4.0 had been launched. In the fields of high-end equipment manufacturing and biological manufacturing, the emergence of artificial bionic leaf technology with photosynthesis efficiency 10 times higher than natural one, and large-scale hydrogen production with algae are witnessed.

Energy and environmental technologies. The innovative development of this field was featured by low carbon, clean, efficiency and security. The renewable energy sector had made significant breakthroughs in terms of renewable fuel preparation and offshore wind energy utilization, particularly in the hydrogen production process. In the field of clean and efficient use of traditional energy, the method and process of extraction rare earth elements from the coal ash attracted wide attention. In the field of nuclear technology, the pressure vessel of the first four generations nuclear power plant reactor was hoisted successful in China, and the United States made positive progress in the controlled nuclear fusion research. In the field of advanced energy storage, major breakthroughs, such as the development of composite metal lithium electrode, nano batteries, super capacitors, and solar cells were achieved. progress of mega-scale desalination of sea water and high efficiency engine technologies made great contribution to energy saving and emission reduction.

Aeronautics, space and marine technologies. In the field of aeronautics, major breakthroughs in aero engine, unmanned aerial vehicles and advanced aircraft had been witnessed. In the field of space exploration, the United States conducted the first close observation of Jupiter in human history, and made significant progress in the reuse of launch vehicles; ESA and Russia launched Mars exploration program; the European Galileo global satellite navigation system put into initial operation; China achieved the success of manned rendezvous and docking, and the first flight of Long March 5 and Long March 7 rockets; dark matter particle detection satellite, high resolution satellites were also successfully launched into outer space. In the field of marine technology, major breakthroughs concerning deep-sea exploration and development, deep-sea navigation and positioning, underwater robots were developed, and the performance and development level of advanced ship improved significantly in 2016.

第二章

生物技术
新进展

Progress in Biotechnology

2.1 基因组学技术新进展

冯 旗 黄 涛 韩 斌[*]

（中国科学院上海生命科学研究院植物生理生态研究所，
中国科学院国家基因研究中心）

基因组学技术是利用分子生物学技术、生物信息学分析方法，结合光电学、化学及材料科学等，来帮助人们解析基因的结构和功能的技术。近年来，不断涌现并快速发展的第二代高通量测序技术和第三代单分子测序技术，把基因组科学研究推向新的高度，其研究成果广泛应用于生物医学、疾病管理、健康管理、农业育种等相关领域，对科技进步和社会发展产生了巨大影响。下面将重点介绍该技术的最新进展，并展望其未来。

一、国际重大研究进展

基因组学技术主要涉及两方面的内容：一是以 DNA 测序为核心的大规模数据获取技术，二是以生物信息学分析为主的数据处理技术。近年来，基于大规模平行测序的 DNA 测序技术在数据产生方面以对数级的方式快速增长，因此进行大规模数据处理和分析的计算机技术也迎来了更大的挑战。

1. 第二代高通量测序技术的最新进展

第二代高通量测序技术（next generation sequencing，NGS）自 2005 年问世以来，经历了多次变革，主要是测序通量的增加和数据准确率的提高。目前市场上主流设备包括 Illumina、Thermo Fisher Scientific 及罗氏（Roche）等公司的测序分析系统，一度形成了"三足鼎立"的局面。随着功能基因组学研究的不断深入，人们对测序成本和速度，全新基因组组装的准确性和完整性都提出了更高的要求，从第二代高通量测序技术衍生出来的文库制备、便携式测序系统、单分子测序系统，逐渐发展出第三代单分子测序技术（表 1）。

---

* 中国科学院院士。

表1　几种主要高通量测序平台的参数性能比较[1]

测序公司	测序平台	最大读长/bp	最高通量	最大读序	运行时间	错误率来源	设备价格/千美元	测序成本/(美元/Gb)
Roche	454 GS Junior+	1 000 (SE, PE)	70Mb	～0.1M	18h	1%，插入缺失	—	40 000
	454 GS FLX Titanjun XLR70	600 (SE, PE)	452Mb	～1M	10h	1%，插入缺失		15 000
	454 GS FLX Titanjun XL+	1 000 (SE, PE)	700Mb	～1M	23h	1%，插入缺失	450	9 500
Thermo Fisher Scientific	Ion PGM 318	400 (SE)	2Gb	5.5M	7.3h	1%，插入缺失	49	450～800
	Ion Proton	200 (SE)	10Gb	80M	4h	1%，插入缺失	224	80
	Ion S5 530	400 (SE)	8Gb	20M	4h	1%，插入缺失	65	475
	Ion S5 540	200 (SE)	15Gb	80M	2.5h	1%，插入缺失	65	300
Illumina	MiniSeq High output	150 (PE)	7.5Gb	50M	24h	<1%，置换	50	200～300
	MiSeq v3	300 (PE)	15Gb	50M	56h	0.1%，置换	99	110
	NextSeq 500/550 High output	150 (PE)	120Gb	800M	29h	<1%，置换	250	33
	HiSeq 2 500 v4	125 (PE)	500Gb	4B	6d	0.1%，置换	690	30
	HiSeq 2 500/4 000	150 (PE)	750Gb	2.5B	3.5d	0.1%，置换	740/900	22
	HiSeq X	150 (PE)	900Gb/Fc	3B	<3d	0.1%，置换	1000/单台	7.0
	NovaSeq 6 000S4	150 (PE)	6Tb	20B	2d	0.1%，置换	780	1.5
深圳华大基因	BGISEQ 500 FCS	100 (PE)	40Gb	—	24h	≤0.1%，AT偏好	250	
	BGISEQ 500 FCL	100 (PE)	200Gb	—	24h	≤0.1%，AT偏好	250	
Pacific Biosciences	PacBio RS II	20Kb	1Gb	55 000	4h	～13%，插入缺失	695	1 000
	PacBio Sequel	18Kb	7Gb，2018年～150Gb	35 000	6h	—	350	—
Oxford Nanopore Technologies	MK 1 MinIon	200Kb	1.5Gb	>100 000	48h	～12%，插入缺失	1	750
	GridIon X5	200Kb	100Gb	>100 000	48h	～12%，插入缺失		
	PromethIon	200Kb	6.2～12.4Tb	>100 000	24h	～12%，插入缺失		
	SmidgIon	—	—	—	—			

注：SE——single end，单端；PE——paired end，双端；Kb——kilo base，千碱基；Mb——million base，百万碱基；Gb——giga base，十亿碱基；M——million，百万；B——billion，十亿

（1）NGS 技术中读长最长的 Roche 454 测序技术。2005 年，美国 Roche 公司推出了世界上首台二代测序仪——GS20 系统。该系统基于大规模平行焦磷酸测序技术[2]，依靠固定的喷雾装置把 DNA 片段固定到微小的 DNA 捕获玻璃珠上，通过油包水的乳胶系统进行 PCR（polymerase chain reaction，聚合酶链反应）扩增，以实现大规模平行测序。2014 年，454 GSFLX Titanium XL＋的测序数据平均读长为 700 碱基对（bp），有些序列最长可达 1000bp。遗憾的是，454 测序虽然读长有优势，但高昂的测序成本和低通量的数据产出，使其缺乏市场竞争力，该公司已于 2013 年宣布淘汰 GS Junior 和 GS FLX＋系统，同时与 Pacific Biosciences 合作，开展基于第三代单分子测序技术的基因诊断产品的开发。

（2）Thermo Fisher Scientific 公司不断改进的 Ion PGM 和 Ion S5 系统。美国 Thermo Fisher 公司收购了 Life Technologies 公司后，旗下先后推出了 Ion Torrent、Ion PGM、Ion Proton 和 Ion S5 等系统，这套系统是目前上市的唯一一个利用电化学原理进行序列分析的测序系统，它不同于传统的基于光学技术的测序仪，不需要进行烦琐的光学分析或多重核苷酸标记，其测序反应在集成了数以亿计的电化学传感器的半导体芯片上完成[3]，测序速度快，测序读长也已达到 200～400bp。2015 年上市的 Ion S5 540 系统，单端测序读长为 200bp，5 小时可获得 100 亿～150 亿碱基对[4,1]。该系统主要用于基于学术探究、转化医学和临床研究的靶向测序。

（3）二代测序技术和市场的领先者——Illumina 系统。2007 年，Illumina 公司发布的 Genome Analyzer（GA）测序仪标志着基因组测序的真正变革，实现了真正的高通量。这项技术是基于可逆终止子的测序方法，采用边合成边测序的技术，DNA 分子首先与附着在芯片上的引物结合，然后通过桥式扩增信号，加入四种可逆终止子碱基，再以 DNA 分子为模板，逐个合成与 DNA 链互补的核苷酸。目前 Illumina 测序平台包括 MiniSeq、MiSeq、NextSeq、HiSeq2000/2500、HiSeq3000/4000、HiSeqX 等，其中 HiSeq3000/4000、HiSeq X 由于成本低、通量大，在测序市场占有主导地位。2017 年 1 月，Illumina 公司又推出迄今最强大的测序仪 NovaSeq 系列，该平台通量超高、灵活性大、兼容性强。据公司内部透露，其 NovaSeq6000 S4 在双端测序 150bp 读长（2×150bp）时，测序通量将达到每天 3 万亿碱基对（3Tb），即每小时可以完成人基因组 30 亿碱基对（3Gb）的全基因组的高覆盖（40 倍）测序。NovaSeq 系列的推出预示着 100 美元基因组时代的到来。

2. 第三代单分子测序技术的最新进展

由于二代测序平台仍然存在 PCR 扩增反应的偏差和测序读长的不足，第三代测序技术应运而生。目前市场上有代表性的是美国 Pacific Biosciences 公司研发的 PacBio RS（单分子实时测序）系统和 Sequel 系统、美国生物科学公司（BioScience

Corporation）（已于 2012 年申请破产）的 Heliscope 单分子测序仪和英国 Oxford Nanopore Technologies（ONT）公司的 MinIon USB 便携式的测序系统[1]。

（1）PacBio RS 系统。美国 Pacific Biosciences 公司的 Korlach 与 Turner 等[5] 于 2009 年 2 月在《科学》期刊上发表了一篇介绍 PacBio 单分子 DNA 测序技术的文章，并革命性地推出了单分子实时（single molecule real time，SMRT）DNA 测序技术 PacBio RS，在测序历史上首次实现了人类观测单个 DNA 聚合酶合成过程的梦想。2015 年 10 月，公司又推出一款新的测序仪 Sequel 系统[1,6]。2017 年 1 月，该系统新版本试剂和软件可以实现平均读长达到 10~18Kb，近半数读序长度达到 20Kb 以上，每个芯片通量增加至 5~8Gb，每轮次可运行 16 张芯片，数据通量达到 100Gb。据公司介绍，在未来一年的时间内，该平台有望在数据通量方面再提升至目前的 30 倍，达到每张芯片 150Gb，将会对目前的龙头老大 Illumina 平台形成冲击。

（2）Oxford Nanopore（纳米孔测序技术）。纳米孔测序技术与传统测序技术有着本质区别，它基于纳米孔的结构，不需要光学检测，借助纳米级的电泳装置，通过电泳驱动单个分子在溶液中穿过一个纳米孔来实现检测和测序分析。2014 年年初，英国 ONT 公司宣布启动 MinIon™ 测序仪的早期试用计划。这款便携式的测序系统只有 U 盘大小，定价 900 美元。2016 年，ONT 公司推出 PromethIon 测序仪，该系统在 48 小时内产生 6.2Tb 数据，将来会进一步增加至 12.4Tb。近日，ONT 公司推出一款新的桌面式纳米孔测序仪 GridIon X5 系统，通量介于 MinIon 和 PromethIon 平台之间，能在 48 小时内产生 100Gb 的测序数据，并计划在 2017 年 5 月投放第一批仪器。另外，该公司计划在 2017 年开发连接智能手机的传感器，并推出一款新型纳米孔仪器 SmidgIon，预计在 2017 年年末投入使用。目前 Oxford Nanopore 的 MinIon 和 GridIon 平台测序读长可达 200Kb，但错误率仍然偏高（~12%），这在一定程度上限制了该设备的推广和使用[1,7]。

3. 基因组学衍生技术进展

新一代测序技术的发展，直接带动了相关领域技术和产品的不断推陈出新。基于二代、三代测序技术的衍生基因组学技术，为人们提供了基因组学研究的新方案。

（1）BioNano 单分子光学基因图谱系统——Irys™。2012 年 7 月，美国科学家报道了通过纳米通道阵列技术绘制基因组图谱并检测序列的结构变异[8]，2013 年，基于这一技术的 Irys 单分子基因组结构成像系统产生，该技术可检测长达几百 Kb 甚至上千 Kb 的单链 DNA 分子，从而克服重复序列对短读长的影响。

（2）10X Genomics 公司的 GemCode 平台。2015 年，10X Genomics 公司推出的

GemCode 平台是一套带有分子条形码和分析系统的测序文库制备系统，其原理是通过在传统文库构建的操作中加入 Barcode 标签，利用标签来识别相同的 DNA 模板链。该平台可以构建更大插入片段的测序文库，但仍依赖于 Illumina 测序平台进行序列读取。有了 10X Genomics 平台提供的更大插入片段文库的测序数据，该技术可以用于延伸基因组组装的重叠群（contig）或填补相邻重叠群之间的缺口（gap），从而更好地搭建基因组框架。

（3）Hi-C 高通量染色体构象捕获技术。该方法可以无偏向性的鉴定全基因组范围内染色质的相互作用。Jay Shendure[9]等于 2013 年发布了基于染色质相互作用的原理实现染色体规模的全新基因组组装的方法，他们利用 Hi-C 数据对人类、老鼠、果蝇等全新基因组组装的结果进行了优化，大大提高了基因组框架图的准确性。

4. 基因组学信息技术

如何有效地存储、快速地处理和分析急剧堆积的生物和医疗大数据，并从中获得有助于解析生命现象和辅助疾病医疗、精准育种等的重要信息，成为人们关注的另一重大课题。高通量基因组学技术应用于各个不同领域，对生物信息学分析方法和计算机技术有着不同的要求，不同的处理软件也需要配套开发。在现代计算机架构中，如何把并行和分布式计算应用在消耗大量运算时间的 NGS 算法中的重要性日益凸显。

（1）用于高通量测序数据处理的大数据技术。大数据技术俨然已成为生命科学研究领域的普遍战略，为了应对生物大数据的分析处理需求，针对二代测序数据处理的最基本的任务是计算序列间的相似性，如在基因组短读序之间、序列与参考基因组之间等进行联配（alignment），RNA-Seq 读序中处理可变剪接或找寻异构体，全新基因组组装（De Novo assembly），短读序纠错，K-mer 计算及宏基因组分析等。这就要求具有各种不同功能的分析算法，常规的处理算法有索引（Indexing）、抽样（Sampling）、流处理（Streaming）、并行（Parallel）[10]。研究者们可以根据数据量大小和现有的计算机 CPU 和集群的资源，选取合适的方式进行数据处理和分析。

（2）高性能计算机系统（HPC，High Performance Computing）。不同的 HPC 应用程序采用了各具特点的技术，如分布式云计算、集群计算、图形处理器（Graphics Processing Units，GPUs），以及现场可编程门阵列（Field Programmable Gate Arrays，FPGAs）等。整体上来讲，FGPAs 和 GPUs 相对快速，但要求更高的编程技巧，而且对于这些计算架构，内存是有限的[10]。分布式云计算是一种基于互联网服务的共享架构，以动态存储的方式将需要处理和分析的数据提交到互联网服务器，分配计算任务到云端系统，不需要自身过高的计算机资源。云端的服务器通常会采用 Hadoop 框架和 MapReduce 编程模型。云计算设施也可以建设在本地以提高网络传输速度。集群计算使用 OpenMP 或 MPI 编程模型，在计算节点内或节点间开发并行应用程序，可以对代码做更精细的并行优化，优化后的并行计算程序比分布式计算要快很多。GPU 在巨大量细粒度的计算中能比 CPU 快一个数量级，不同于分子动力学和物理仿真中的计算密集型浮点运算，NGS 数据处理是数据密集型的整数运算，因此高效地使用 GPU 并行则需要更仔细的设计优化算法，当然这需要耗费大量的时间来理解 GPU 的硬件架构。FPGAs 是由可配置的逻辑门和存储模块组成的可编程的硬件芯片，利用 FPGA 技术进行数据分析，促进了算法的改进。近期，有报道称，基于 FPGA 技术的处理软件可以在大约一天时间内，高灵敏度地完成遗传疾病的全基因组或全外显子组分析[11]。

在实际应用中，面对生物大数据，人们可能更多地依赖于多样化的处理模式，而不是简单的大数据算法。整合大数据和高性能计算机技术的云计算、GPU 甚至 FPGA 技术等，将是未来基因组学乃至整个生命领域大数据分析的重要发展方向。

二、国内研发现状

从 20 世纪 90 年代至今，中国科学家参加了多领域的国际基因组研究计划，包括国际人类基因组计划、国际水稻基因组测序计划、人类基因组单倍体型图计划、千人基因组计划、万种微生物基因组计划等，取得了令人瞩目的研究成果，为后基因组时代的基因功能挖掘和遗传疾病治疗提供了丰富的数据资源。尽管如此，在以 DNA 测序为基础的基因组学技术研发方面，特别是高精密测序设备的研发方面，却很少有突破性、原创性的成果。究其原因，我国在基因组学技术研发方面投入少，研究基础薄弱，基因组学技术是一个需要多领域协同作战的研究课题，涉及生命科学、光电学、化学、材料科学等多学科的交叉与分工，研发周期长，短期内难见效果，更需要研究人员的潜心投入和相互合作。

近些年，我国已加大在基因组学技术研究领域的资金投入，也已取得了初步成果。例如，深圳华大基因通过收购 CG（Complete Genomics）公司，经过优化和创新，2015 年连续发布"超级测序仪——Revolocity™"和 BGISEQ-500，形成了自主研发品牌的新型桌面化测序系统；2016 年又再次推出 BGISEQ-50 测序平台。2015 年 8 月，由中国科学院北京基因组研究所和吉林中科紫鑫科技有限公司合作开发的"BI-GIS 测序仪"，一度让人们看到了国产品牌测序仪的曙光，期望下一步能在降低设备和试剂成本方面有所突破。另外还有科技部重大科研计划支持的一些项目也在进行当中。国产化基因组学技术平台的推出，可以在一定程度上打破国外该领域的技术和市场垄断，提供一个竞争机制，以便降低科研、检测服务的成本，利国利民。

三、发展趋势及未来展望

从以上介绍的内容可以看出基因组学技术的未来发展趋势，以及我国基因组学技术的发展前景。

1. 基因组学技术发展趋势

基因组学技术的不断改进，为人们提供了更多的开展基础研究或临床试验的选择方案。根据不同的研究目标，采用组合的基因组学技术来开展基因组学研究将成为主选方式。2015 年，Matthew 等[12]将 Illumina 测序结果、PacBio 测序数据及 BioNano 的基因组作图结果相结合，对人类基因组的 HapMap 样品 NA12878 进行了高质量的组装，组装结果使重叠群得到了改善。2016 年，Mostovoy 等[13]结合 Illumina 数据、10X Genomics 数据及 BioNano 数据进行人类基因组的从头组装，使 NA12878 组装结果的 N50 相对于原始的 Illumina 数据组装结果精度又提高了 57 倍。2016 年，美国科学家 Bickhart 等展示了他们利用 Pacbio ＋ BioNano ＋ Hi-C ＋ Illumina 数据全新组装山羊的基因组，几乎达到一个完整的重叠群覆盖一整条染色体的水平[14]。2017 年 2 月，David[15]等报道利用类似的组合方式完成藜麦基因组的测序和组装，取得了理想的效果。随着研究的深入，科学家们对基因组测序的要求越来越高，选择组合的基因组学技术路线开展工作将是未来的一个主流趋势。此外，未来的单分子测序技术将会在测序长度、高通量和准确度方面有大的突破，基因组大数据存储和分析技术也会有大的提高。

2. 我国基因组学技术发展的未来展望

2016 年"两会"期间，在国家发改委公布的《中华人民共和国国民经济和社会发展第十三个五年规划纲要》中，体现中国国家战略的百大工程项目把"加速推动基因组学等生物技术大规模应用"项目列入其中，彰显了国家对原创性基因组学技术开发的重视程度，推动基因组学技术在人类疾病、医疗健康、农业生态等领域的广泛应用。基因组学技术的发展，个性化诊疗技术的应用，有利于更早地进行疾病预防和控制；同时也带动着临床基因组学、肿瘤基因组学、分子设计育种等相关领域的科研、产业的发展。

尽管基因组学技术的研究发展非朝夕之功，但还是要鼓励和支持研究机构开展原创性的研发，加大政府在基因组学技术领域的科研投入力度，以产生规模化的效应，来推动基因组学技术的高速发展，在未来 10～20 年的时间里需要建立集基因组学大数据、人工智能平台、计算机科学、临床医学于一体的综合性数据库，以实现对人类疾病精准预防和控制，为全民健康谋福祉。

参考文献

［1］Goodwin S,McPherson J D,McCombie W R，et al. Coming of age：Ten years of next-generation sequencing technologies. Nature Reviews Genetics. 2016,17(6):333-351.

［2］Rothberg J M,Leamon J H. The development and impact of 454 sequencing. Nature Biotechnology, 2008,26(10):1117-1124.

［3］Rothberg J M, Hinz W,Rearick T M,et al. An integrated semiconductor device enabling nonoptical genome sequencing. Nature,2011,475 (7356):348-352.

［4］Heger M. Thermo Fisher Launches New Systems to Focus on Plug and Play Targeted Sequencing. https://www. genomeweb. com/sequencing-technology/thermo-fisher-launches-new-systems-focus-plug-and-play-targeted-sequencing［2015-09-01］.

［5］Eid J,Fehr A,Gray J,et al. Real-time DNA sequencing from single polymerase molecules. Science, 2009,323(5910):133-138.

［6］Heger M. PacBio Launches Higher-Throughput,Lower-Cost Single-Molecule Sequencing System. https://www. genomeweb. com/business-news/pacbio-launches-higher-throughput-lower-cost-singlemolecule-sequencing-system［2015-09-01］.

［7］Ip C L, Loose M ,Tyson J R, et al. MinION Analysis and Reference Consortium：Phase 1 Data Release and Analysis. 1075. https://f1000research. com/articles/4-1075/v1［2017-02-20］.

［8］Lam E T, Hastie A,Lin C,et al. Genome mapping on nanochannel arrays for structural variation and sequence assembly. Nature Biotechnology,2012,30(8):771-776.

［9］Burton J H,Adey A,Patwardhan R P,et al. Chromosome-scale scaffolding of de novo genome assemblies based on chromatin interactions. Nature Biotechnology,2013,31(12):1119-1126.

［10］Schmidt B,Hidebrandt A. Next-Generation Sequencing：Big Data Meets High Performance Computing. Drug Discovery Today. http://doi. org/10. 1016/j. drudis［2017-01-14］.

［11］Miller N A,Farrow E G,Gibson M,et al. A 26-hour system of highly sensitive whole genome sequencing for emergency management of genetic diseases. Genome Medicine,2015,7(1):100.

［12］Pendleton M,Sebra R,Pang A W C, et al. Assembly and diploid architecture of an individual human genome via single-molecule technologies. Nature. Methods,2015,12(8):780-786.

［13］Mostovoy Y, Levy-Sakin M,Lam J,et al. A hybrid approach for denovo human genome sequence assembly and phasing. Nature Methods,2016,13(7):587-590.

［14］Bickhart D M,Rosen B D,Koren S ,et al. Single-molecule sequencing and chromatin conformation capture enable de novo reference assembly of the domestic goat genome. Nature Genetics,2017, 49:643-650.

［15］David E,Ho Y S,Lightfoot D J,et al. The genome of Chenopodium quinoa. Nature,2017,542 (7641):307-312.

Genomics Technology

Feng Qi , Huang Tao , Han Bin

(National Center for Gene Research, CAS & Institute of
Plant Physiology and Ecology, SIBS, CAS)

Genomics technology is a discipline which focuses on the studies of life biology, medicine and modern agriculture. Its development has greatly accelerated the people on the interpretation of gene structure and function. It integrates with information science, chemistry and materials science, and drives the development of a large number of emerging high technology industries.

In recent decade, genome sequencing technology, which is the core of genomics technology, has made rapid progress especially in the next generation sequencing and the third single molecular sequencing technologies. This article will brief introduce the advancement of these new genomics technologies around the world. It will also prospect its future development, as well as the opportunity and challenge related to the genome sequencing technology in China.

With the sequencing throughput increased exponentially and data quality improvement significantly, the genome sequencing technology will become convenient and be benefited for all the people. This will pave the way for individual medical treatment and open an unprecedented era for precise and translational medicine.

Although genomics technologies grow fast in the globe, the development of original and innovative genomics technology is still slow in China. It is proposed that a long-term planning and support for the development of genomics technologies is very necessary. Our government should launch more projects related to the studies of genomics technologies, and encourage enthusiastic companies and scientists devote themselves to them, so as to establish a large data set of genomics serve for the clinical medicine and precision treatment of human disease.

2.2 蛋白质组学技术新进展

赵 群 张丽华 张玉奎[*]
（中国科学院大连化学物理研究所）

蛋白质组学是研究细胞、组织、器官等中蛋白质的表达、翻译后修饰和相互作用等的科学，是后基因时代生命科学领域最重要的研究方向之一。目前，液相色谱-串联质谱联用技术（LC-MS/MS）已经成为蛋白质组定量分析常用的工具。精准医学和生命科学研究的不断深入，对蛋白质组学技术提出了越来越高的要求。近年来，蛋白质组学技术取得了一系列突破性进展，如在 2001 年 Yates 等[1]需要花费 68 小时才能定性 1483 种蛋白质，如今诸多实验室均在 1 小时内就可以完成 4000 种以上蛋白质的分析，或者在 24 小时内完成 8000 种以上蛋白质的分析[2-4]。这些成就极大地推动了生命科学的研究。下面将简要介绍 2013 年以来蛋白质组学研究的有关技术的新进展，并展望其未来。

一、国际重大进展

近年来，蛋白质组分析新技术取得了重要的新进展，极大地加快了蛋白质组学研究的进程。

1. 人类蛋白质组草图

2003 年 4 月，历时 13 年的"人类基因组计划"宣告完成。然而，只有对其编码产物——蛋白质组进行系统深入的研究，才能更好地完成疾病的诊断和治疗。

2014 年 5 月 29 日，来自约翰霍普金斯大学的 Akhilesh Pandey 团队[5]和德国慕尼黑工业大学的 Bernhard Kuster 团队[6]在 *Nature* 上公布了各自绘制的人类蛋白质组的第一张草图，鉴定了大部分非患病者的人体组织和器官中表达的 85% 以上的蛋白质。Pandey 团队鉴定了 17 294 个蛋白编码基因；同时利用表达分析提供了组织和细胞中蛋白存在的证据，并在此基础上构建了相应的数据集①。Kuster 团队则验证了 18 097

---

[*] 中国科学院院士。

① http://www.humanproteomemap.org.

个基因对应的蛋白质①，并将该数据用于识别数百个翻译的 IincRNAs、药物敏感人群分型，以及分析 mRNA 与组织中蛋白水平之间的相关性等。

2015 年 1 月，Mathias Uhlén 领导[7]的人类蛋白质图谱（The Human Protein Atlas，HPA）团队在 *Science* 上发布了"基于组织的人类蛋白质组图谱"。他们利用基因组学、转录组学、蛋白质组学的知识，详细分析了大约 20 000 个目前确定的基因编码蛋白质。结果表明，大约 15% 的编码基因蛋白质仅在少数一个或几个特定的组织或器官表达。以上研究绘制的人类蛋白质组图谱对深入开展生命科学、医学等领域的研究具有重要的指导意义。

2. 蛋白质翻译后修饰

蛋白质翻译后修饰虽然并不直接由基因决定，但在生命体活动中却具有极其重要的生理作用。目前，修饰蛋白质组学的研究已成为蛋白质组学分析的重要组成部分。然而，修饰蛋白质分析面临着修饰种类繁多、结构复杂及丰度低等问题，急需发展高选择性富集与高灵敏度分析的方法。

蛋白质的磷酸化分析是目前最成熟的。华盛顿大学的 Judit Villén 团队[8]对所有收录的磷酸化位点进行合并，并对 9 万多个高可信度磷酸化位点进行分析，构建了最大规模的人源磷酸化位点的数据集。在此基础上，他们利用靶向蛋白质定量技术对其中感兴趣的磷酸化位点进行了定量分析，为蛋白质信号传导通路的研究提供了有效的工具。

同时，美国哈佛大学的 Steven Carr 团队[9]结合多种翻译后修饰的富集技术，实现了同一生物样品中蛋白质磷酸化、泛素化和乙酰化修饰多肽的顺序富集。这项研究成果具有很好的技术兼容性，实现了翻译后修饰的全面、深度解析，为生命科学的研究提供了技术支撑。

3. 蛋白质-蛋白质相互作用研究

蛋白质是通过与其他蛋白质之间的相互作用发挥特定功能的。因此，蛋白质-蛋白质相互作用分析已成为蛋白质组学研究的新焦点。

在蛋白质复合物规模化分析方面，加拿大多伦多大学 Andrew Emili 团队[10]结合蛋白质色谱分离和串联质谱鉴定成分的方法，分析并识别了来自人类等九个物种的蛋白复合物；在此基础上，结合基因组测序的信息，预测了 122 种真核生物中超过 100 万个的蛋白质相互作用。

---

① http：//www.proteomicsdb.org。

在靶向的蛋白质相互作用研究方面，英国剑桥大学的 Alice Ting 团队[11]利用近程标记技术，通过对靶点蛋白引入生物素连接酶标签，实现了蛋白质复合物的体内原位生物素的标记，并把它用于体内弱相互作用力蛋白质复合物的分析，这是对 IP-MS 技术的有力补充。

利用化学交联-质谱分析技术，不仅可以增加蛋白质复合物的结构稳定性，也可以获得蛋白质-蛋白质相互作用的界面信息。荷兰乌得勒支大学的 Albert Heck 团队[12]利用质谱气相可碎裂型交联试剂，实现了人源细胞蛋白质-蛋白质相互作用的规模化分析，同时避免了规模化蛋白质交联质谱数据分析中存在的空间巨大的问题。

二、国内研究进展

经过十年的追赶，我国蛋白质组学技术取得飞速发展，在很多方面已处于国际领先水平。国家已经有意识地在相关领域培育了一定的力量，并通过引进、吸收和集成创新取得了若干原创性成果。目前，我国致力于蛋白质组学技术研发的机构主要有国家蛋白质科学中心（北京）、中国科学院大连化学物理研究所、复旦大学、国家蛋白质科学中心（上海）、暨南大学等，这些机构的团队在蛋白质组学技术方面取得了突破性成果。

1. 蛋白质高效样品预处理技术

高度复杂的生物样品分析，向蛋白质组分析提出了严峻挑战。高效的样品预处理方法可以显著降低生物样品的复杂程度，为实现蛋白质组的深度覆盖分析提供重要技术支撑。

在疏水性膜蛋白质方面，张丽华团队[13]在国际上率先筛选出溶解能力强、酶活和质谱兼容性好的离子液体（C12Im-Cl），并将其用于辅助增容的膜蛋白质样品预处理方法中，所鉴定到的 IMPs 和跨膜肽段分别提高了 40% 和 250%；同时，该团队[14]将质膜蛋白质的糖基化修饰与磷脂双分子层的脂筏效应相结合，同时实现了细胞膜表面糖基化和非糖基化修饰的质膜蛋白的高效富集。在特殊蛋白质的富集方面，秦钧团队[15]开发了基于转录因子的 DNA 结合序列阵列串联的亲和试剂，并将其用于转录因子的高效富集，最终从 11 种人源细胞中鉴定到 878 个转录因子，涵盖了细胞内近 1/2 的基因组编码的转录因子产物，初步实现了转录因子的高覆盖鉴定。在蛋白质快速酶解方面，钱小红团队[16]通过纳米磁球上接枝聚合物刷的酶反应器，将常规蛋白质酶解时间从 12 小时缩短为 1 分钟；张丽华团队[17]利用基于微波辅助的膜上蛋白质酶解策略，将酶解时间进一步缩短到 30 秒，这有利于实现蛋白质组学的高通量分析。在微量蛋白质分析方面，张祥民团队[18]构建了活细胞在线裂解—酶解—分离鉴定系统，可从 100 个细胞中分离鉴定出 800 多个蛋白质；叶明亮团队[19]建立了一种细胞裂解—蛋白质提取—酶解的集成化系统，完成整个过程只需 25 分钟，可从 10^5 HeLa 细胞样品中鉴定到近 3000 个磷酸化位点。上述技术对实现临床样本的快速、高灵敏度检测，以及发现疾病标志物继而寻找药物靶标具有重要意义。

在磷酸化分析方面，邹汉法团队[20]开发了磷酸酯钛固定金属离子亲和色谱材料，使其富集特异性达到 98％以上，并将其用于人源肝癌样品中磷酸化蛋白质组规模化分析，构建了最大的单个组织磷酸位点数据（22 446 个磷酸化位点）；该团队[21]进一步发展了 SH2 超亲体-IMAC 结合的酪氨酸磷酸化富集策略，使酪氨酸磷酸化蛋白质组学的研究达到了前所未有的深度和广度。在泛素化修饰方面，徐平团队[22]利用基因工程技术构建了串联杂合泛素结合结构域，将人源肝癌细胞中泛素化蛋白的鉴定数目提高 5 倍以上。在糖基化分析方面，邹汉法团队[23]利用基于亲水麦芽糖修饰的材料，从人肝中鉴定到近 4800 个位点，将人类糖蛋白组数据进一步提高了 1.58 倍。上述技术对实现蛋白质翻译后修饰样品的高灵敏度、高覆盖分析，以及发现疾病标志物和开展相关的生物学研究具有极其重要的意义。

2. 高准确度高覆盖的蛋白质定性与定量分析技术

随着上述样品预处理技术和质谱技术的快速发展，蛋白质组学正由定性分析朝高精准与高覆盖定量分析的方向发展。在蛋白质组深度覆盖分析方面，虽然已建立人类蛋白质草图，然而受到蛋白质的丰度低和疏水性强的限制，仍有 15％的基因编码蛋白质难以检测到。王通团队[24]采用多组分构成的蛋白质提取液进行溶解、酶解等技术分析，鉴定到 23 个漏检蛋白质（missing protein）；徐平团队[25]利用凝胶电泳去除高丰度的高分子量蛋白质，并结合低分子量蛋白、膜蛋白、磷酸化蛋白及泛素化蛋白等蛋白质的靶向富集策略，鉴定到 79 种漏检蛋白质。上述新技术与新方法的建立和发展提高了人类蛋白质组分析的覆盖度，其产生的大数据将全景式地揭示人体蛋白质组成及其调控规律，辅助解读人类基因组"天书"。

随着蛋白质组学的不断发展，如何实现蛋白质定量的准确度和精密度已成为当前蛋白质科学亟待解决的关键问题之一。高精度生物质谱技术的发展和基于生物信息学的海量数据处理技术的进步，使基于生物质谱的蛋白质组定量方法成为定量蛋白质组的主流技术。张丽华团队[26]提出了基于二级质谱特征碎片离子定量的准等重二甲基化标记策略，使蛋白质组定量分析的动态范围达到 4 个数量级，定量准确性高达 99％。

在蛋白质组定量分析软件方面，贺思敏团队[27]发展了通用蛋白质定量软件 pQuant，与国际知名蛋白质组定量软件 MaxQuant 相比，pQuant 在多组评测数据集上显示出明显优势；朱云平团队[28]则通过发展新的定量可靠性过滤指标和进行打分，保证了定量准确性和灵敏性，并在此基础上针对稳定同位素标记的数据设计，开发了自动化定量软件 SILVER。上述方法有效提高了蛋白质定量的精准度，对于疾病标志物的发现继而寻找药物靶标具有重要意义。

3. 蛋白质相互作用组分析技术

酵母双杂交、串联亲和纯化、免疫共沉淀等传统方法可以揭示蛋白质间的直接相互作用，但无法提供蛋白质作用的位点信息，且其分析通量低。化学交联结合质谱技术具有分析速度快、通量高、对蛋白质各方面性状要求低等优势，已成为近年来的科研热点，且热度持续增长。目前，该技术还存在着交联产物形式复杂、交联肽段丰度低和交联肽段的数据解析复杂等众多具有挑战性的问题。

董梦秋团队[29]开发的 Leiker 交联剂，具有可亲和纯化交联肽段，能在进入质谱前为被切除的生物素贴上标签，实现了大肠杆菌中 3130 对交联肽的高效鉴定。针对交联肽段的数据检索空间随着肽段数目的增加呈平方级增长的问题，贺思敏团队[30]开发的 pLink 软件，可同时对两条肽段的碎片离子进行匹配打分，并采取粗打分和细打分相结合的开放式搜索流程，实现对复杂样品的交联数据鉴定。

从化学交联结合质谱技术的现状来看，该技术在纯化的蛋白或蛋白复合物中已比较成熟，但在解决样品复杂度高的问题上仍需展开更深入的研究。目前，我国这方面的研究处在起步阶段，相信随着交联剂设计和合成技术的不断进步，不久的将来必将取得新的进展。

三、结论与展望

近年来随着质谱技术的快速发展，蛋白质组学技术取得了飞速的突破，已广泛用于生命科学领域的基础研究及临床医学等应用研究中，并且起着至关重要的作用。未来蛋白质组学技术将面临新的发展困境：①目前"鸟枪"法仍是蛋白质组学分析的主流技术，该技术虽能实现蛋白质的规模化分析，但其序列覆盖度偏低，易导致蛋白质鉴定的假阳性，故如何实现蛋白质的全序列解析成为蛋白质组学精准分析的关键；②蛋白质-蛋白质相互作用对于蛋白质功能具有重要的调控作用，蛋白质复合物的时空动态表征与蛋白精细结构解析相结合，必将成为日益关注的焦点；③翻译后修饰对于蛋白质的功能具有精细调控作用，并且存在高度动态变化，如何实现其动态的高效表征是蛋白质功能调控研究面临的新挑战；④蛋白质组学与其他学科的交叉研究也日显重要，尤其是蛋白质组学与基因组学、代谢组学、表观遗传学、生物信息学等领域的交叉，极大地推动了系统生物学研究的进展。随着上述技术的进一步发展，蛋白质组学研究必将发挥更加重要的作用，成为未来生命研究领域中最令人激动的科学前沿。

参考文献

［1］ Wolters D A,Washburn M P,Yates J R Ⅲ. An automated multidimensional protein identification technology for shotgun proteomics. Analytical Chemistry,2001,73(23):5683-5690.

［2］ Hebert A S,Richards A L,Bailey D J,et al. The one hour yeast proteome. Molecular & Cellular Proteomics,2014,13(1):339-347.

［3］ Kelstrup C D,Jersie-Christensen R R,Batth T S,et al. Rapid and deep proteomes by faster sequencing on a benchtop quadrupole ultra-high-field orbitrap mass spectrometer. Journal of Proteome Research,2014,13(12):6187-6195.

［4］ Ding C,Jiang J,Wei J,et al. A fast workflow for identification and quantification of proteomes. Molecular & Cellular Proteomics,2013,12(8):2370-2380.

［5］ Kim M S,Pinto S M,Getnet D,et al. A draft map of the human proteome. Nature,2014,509(7502):575-581.

［6］ Wilhelm M,Schlegl J,Hahne H,et al. Mass-spectrometry-based draft of the human proteome. Nature,2014,509(7502):582-587.

［7］ Uhlén M,Fagerberg L,Hallströem B M,et al. Tissue-based map of the human proteome. Science,2015,347(6220):394-353.

［8］ Lawrence R T,Searle B C,Llovet A,et al. Plug-and-play analysis of the human phosphoproteome by targeted high-resolution mass spectrometry. Nature. Methods,2016,13(5):431-434.

［9］ Mertins P,Qiao J W,Patel J,et al. Integrated proteomic analysis of post-translational modifications by serial enrichment. Nature. Methods,2013,10(7):634-637.

［10］ Wan C,Borgeson B,Phanse S,et al. Panorama of ancient metazoan macromolecular complexes. Nature,2015,525(7569):339-356.

［11］ Huttlin E L,Ting L,Bruckner R J,et al. The bioplex network:A systematic exploration of the human interactome. Cell,2015,162(2):425-440.

［12］ Liu F,Rijkers D T S,Post H,et al. R. Proteome-wide profiling of protein assemblies by cross-linking mass spectrometry. Nature Methods,2015,12(12):1179-1187.

[13] Zhao Q,Fang F,Liang Y,et al. 1-Dodecyl-3-methylimidazolium chloride-assisted sample preparation method for efficient integral membrane proteome analysis. Analytical Chemistry,2014,86(15):7544-7550.

[14] Fang F,Zhao Q,Sui Z,et al. Glycan moieties as bait to fish plasma membrane proteins. Analytical Chemistry,2016,88(10):5065-5071.

[15] Ding C,Chan D W,Liu W,et al. Proteome-wide profiling of activated transcription factors with a concatenated tandem array of transcription factor response elements. Proceedings of the National Academy of Sciences of the United States of America,2013,110(17):6771-6776.

[16] Fan C,Shi Z,Pan Y,et al. Dual matrix-based immobilized trypsin for complementary proteolytic digestion and fast proteomics analysis with higher protein sequence coverage. Analytical Chemistry,2014,86(3):1452-1458.

[17] Zhao Q,Fang F,Wu C,et al. imFASP:An integrated approach combining in-situ filter-aided sample pretreatment with microwave-assisted protein digestion for fast and efficient proteome sample preparation. Analytical Chimica Acta,2016,912:58-64.

[18] Chen Q,Yan G,Gao M,et al. Ultrasensitive proteome profiling for 100 living cells by direct cell injection,online digestion and nano-LC-MS/MS analysis. Analytical Chemistry,2015,87(13):6674-6680.

[19] Liu F,Ye M,Pan Y,et al. Integration of cell lysis,protein extraction,and digestion into one step for ultrafast sample preparation for phosphoproteome analysis. Analytical Chemistry,2014,86(14):6786-6791.

[20] Bian Y Y,Song C X,Cheng K,et al. An enzyme assisted RP-RPLC approach for in-depth human liver phosphoproteome analysis. J Proteomics,2013,96(2): 253-262.

[21] Bian Y,Li L,Dong M,et al. Ultra-deep tyrosine phosphoproteomics enabled by a phosphotyrosine superbinder. Nature Chemical Biology,2016,12(11):959-966.

[22] Gao Y,Li Y,Zhang C,et al. Enhanced purification of ubiquitinated proteins by engineered tandem hybrid ubiquitin-binding domains (ThUBDs). Molecular & Cellular Proteomics,2016,15(4):1381-1396.

[23] Zhu J,Sun Z,Cheng K,et al. Comprehensive mapping of protein N-glycosylation in human liver by combining hydrophilic interaction chromatography and hydrazide chemistry. Journal of Proteome Research,2014,13(3):1713-1721.

[24] Chen Y,Li Y,Zhong J,et al. Identification of missing proteins defined by chromosome-centric proteome project in the cytoplasmic detergent-insoluble proteins. Journal of Proteome Research,2015,14(9):3693-3709.

[25] Chen L,Zhai L,Li Y,et al. Development of gel-filter method for high enrichment of low-molecular weight proteins from serum. PLoS One,2015,10(2):e0115862.

[26] Zhou Y,Shan Y,Wu Q,et al. Mass defect-based pseudo-isobaric dimethyl labeling for proteome quantification. Analytical Chemistry,2013,85(22):10658-10663.

[27] Liu C,Song C Q,Yuan Z F,et al. pQuant improves quantitation by keeping out interfering signals

and evaluating the accuracy of calculated ratios. Analytical Chemistry,2014,86(11):5286-5294.

[28] Chang C,Zhang J,Han M,et al. SILVER:an efficient tool for stable isotope labeling LC-MS data quantitative analysis with quality control methods. Bioinformatics,2014,30(4):586-587.

[29] Tan D,Li Q,Zhang M J,et al. Trifunctional cross-linker for mapping protein-protein interaction networks and comparing protein conformational states. Elife,2016,5:e12509.

[30] Fan S B,Meng J M,Lu S,et al. Using pLink to analyze cross-linked peptides. Current Protocols in Bioinformatics,2015,49:8. 21. 1-19.

Proteomics

Zhao Qun,*Zhang Lihua*,*Zhang Yükui*

(Dalian Institute of Chemical Physics,CAS)

Proteomics,as one of the foremost branches of science in the post-genome era, is mainly focused on the expression,translational modification and interaction of proteins in cells,tissues and organs. With the rapid advancement of precision medicine and life science,higher and higher requirements have been put forward for the development of analytical methods for proteomics. Herein,we summarized the new technologies for proteome research since 2013 and prospected the future of new technics and methods for protein research.

2.3　干细胞与再生医学技术新进展

周　琪[*]

（中国科学院动物研究所）

干细胞是一类具有自我更新、高度增殖和多向分化潜能的细胞群体，可以进一步分化成为各种不同的组织细胞，从而构成机体各种复杂的组织和器官。基于干细胞的

---

　* 中国科学院院士。

修复与再生能力的再生医学，有望解决人类面临的重大医学难题，为有效治疗心血管疾病、糖尿病、神经退行性疾病、严重烧伤、脊髓损伤等难治愈疾病提供新的途径。干细胞与再生医学有望成为继药物治疗、手术治疗后的第三种疾病治疗途径，已成为新医学革命的核心。下面介绍近年来国内外干细胞与再生医学研究的新进展并展望其未来。

一、国际重大进展

鉴于干细胞治疗的巨大应用前景，世界各国对干细胞与再生医学领域都给予了高度关注并加大了投入，推动了该领域的快速发展。近年来，美国、日本、英国等均将该领域或作为科研规划的重点给予支持，或作为专门规划的专项给予资助。

1. 在体组织器官修复

年龄相关性黄斑变性（AMD）是导致老年人出现不可逆失明最常见的因素之一，目前尚无有效的治疗方法。美国已于 2015 年完成了利用胚胎干细胞分化的视网膜色素上皮（RPE）细胞治疗 AMD 的临床Ⅰ期和Ⅱ期研究，获得了令人鼓舞的结果[1]。2017 年年初，日本科学家首次证明了诱导多能干细胞（iPSCs）分化的 RPE 在人体内应用是安全有效的，成功阻止了疾病的发展[2]。

脑卒中是我国首要的致死和致残疾病。中枢神经系统由于内源性修复能力欠缺，很难依靠传统手段实现结构与功能的修复。美国 2016 年的一项研究表明，向 18 名脑卒中患者大脑中注射间充质干细胞，能够明显地提高其讲话能力、身体强度及行动力，甚至能使其中一些患者重新行走[3]。同年发表的另一项用人神经干细胞进行的研究也证明，细胞移植是安全有效的，可在一定程度上改善患者的神经功能[4]。

2014 年，美国和加拿大的科学家分别将干细胞在体外诱导成可分泌胰岛素的 β 细胞，β 细胞的数量足以满足临床患者的治疗需求。这是糖尿病治疗领域的一大进步，也是干细胞应用研究的里程碑[5,6]。

2. 体外三维培养人体类器官

干细胞强大的再生和分化能力，使它成为体外类器官培养的最佳种子细胞。2013年以来，科学家利用干细胞直接在培养皿中已培养出胃、肺、胰腺、甲状腺等多种类器官。例如，2013 年，奥地利的科学家用人类多能干细胞在体外培养出大脑类器官，这类器官拥有人类大脑的某些特征（包括皮层中的脑叶结构）[7]。同年，日本与美国的科学家用多能干细胞培养出有功能的微型肝脏，这是首次用多能干细胞培育出功能性人类器官[8]。2014 年，英国科学家利用细胞重编程技术首次在动物体内培育出完整的活体胸腺[9]。2015 年，澳大利亚昆士兰大学由多能干细胞培养出微型肾脏类器官，这种类器官包含肾单位、间质组织和血管，并能在体外模拟肾脏功能[10]。虽然类器官在体积和结构上与体内器官还有很大差距，但可以作为人类疾病模型用于致病机制研究和药物筛选；待培养技术成熟后，有望为移植器官提供新的来源。

3. 组织工程

组织工程是利用种子细胞和生物材料构建出组织和器官的方法。目前，基于干细胞的组织工程技术已经广泛应用于骨骼、神经、心脏、肝脏等多种组织器官中，并取得了一系列突破性进展。2013 年，美国麻省总医院的科学家把老化的肾脏去细胞后制成支架，再把它与大鼠的肾脏细胞和血管细胞结合，成功在体外构建出具有功能的肾脏[11]。2015 年，该团队将大鼠脱细胞支架与干细胞结合，成功构建出具有血管和肌肉组织的人造大鼠前肢，使人工生物肢体再造和移植向前迈出了第一步[12]。

4. 生物 3D 打印

生物 3D 打印是近几年兴起的一项技术，主要是先将细胞、细胞外基质等材料混合在一起制成"生物墨水"，然后按照计算机设计的模型，打印出具有一定外形和生物功能的人体活组织。2014 年，美国科学家打印出心脏瓣膜和小血管结构，并证实它们在小鼠等动物体内可以正常工作，未来将打印出完整的、可用于人类移植的心脏[13]。2015 年，美国科学家构建出结构稳定且具备功能的人耳、骨骼和肌肉组织。这些组织中含有微通道结构，能够促进营养物质的扩散[14]。目前，利用生物 3D 打印技术还可以初步构建出肝脏、肾脏、视网膜等复杂器官。

二、国内研发现状

干细胞与再生医学已经成为中国的战略优先发展领域，获得了来自国家层面的大力支持，取得了一系列国际领先的成就。

（1）开展了首批国家备案的干细胞临床研究。2016 年 10 月，国家卫生和计划生育委员会同国家食品药品监督管理总局公告了首批 30 家干细胞临床研究备案机构的名单。2017 年年初，8 个干细胞临床研究项目完成了首批备案，这标志着我国干细胞临床研究走上正轨。在这 8 个项目中，"人胚胎干细胞来源的神经前体细胞治疗帕金森病"和"人胚胎干细胞来源的视网膜色素上皮细胞治疗干性年龄相关性黄斑变性"是世界首批基于公共干细胞库和细胞配型进行的胚胎干细胞临床研究。这批研究的开展，将为国家开展规范化和标准化的干细胞临床研究起到重要的引领示范作用。

（2）获得我国首例子宫内膜修复产生的健康婴儿。子宫内膜粘连和瘢痕化造成的不孕不育是生殖医学上的不治之症。中国科学院再生医学团队研发出能够引导子宫内膜再生的胶原生物材料，2013 年开始自体骨髓干细胞结合材料修复子宫内膜的临床研究，成功引导患者的子宫内膜再生。至今已诞生 13 名健康婴儿。该成果在社会上引起了巨大的反响，中央电视台《新闻联播》等栏目已对该项目的研究成果进行了深入报道。

（3）打开了利用生物材料修复脊髓损伤临床研究的大门。中国科学院研发出能引导脊髓再生的胶原蛋白支架材料，可为受损的神经元再生提供支撑和引导。2015 年 1 月开始神经再生胶原支架移植治疗急性和陈旧性全横断脊髓损伤的临床研究，至今已完成 46 例陈旧性完全脊髓损伤和 10 例急性脊髓损伤患者的治疗；结果显示，急性脊髓损伤受试者的运动功能明显恢复，陈旧性损伤部分受试者的感觉、运动神经功能得到改善。初步结果令人兴奋。这类研究将为临床上无法治愈的瘫痪病人提供可能的治疗方案。

（4）完成我国首例基于人源性细胞来源的生物人工肝临床试验。中国科学院团队在成人纤维细胞分化为功能肝（hiHep）细胞的基础上，利用微载体培养法突破了细胞规模化扩增的瓶颈，制备出第三代生物人工肝。2016 年年初，第一例基于第三代生物人工肝的临床治疗试验完成，成功救治了一位有 40 多年乙肝病史、近期出现肝功能衰竭的患者。患者接受治疗后，度过了危险期，肝功能各项指标良好。这是生物人工器官在临床应用中迈出的坚实有力的一步。

（5）开展世界首例临床级干细胞分化的视网膜色素上皮细胞治疗出血性老年黄斑变性和中国首例青少年性黄斑变性的临床研究。我国目前大约有 700 万盲人，视网膜变性疾病（如老年性黄斑变性、视网膜色素变性）是最常见的致盲原因，目前全球尚无有效的治疗方法。中国科学院研究团队进行了世界首例临床级干细胞分化的 RPE 细胞治疗出血性老年黄斑变性和中国首例青少年性黄斑变性的临床移植研究。首位出血性老年黄斑变性患者在接受细胞移植后，视功能得到稳步提高。截至 2015 年 12 月，已顺利完成 3 例出血性双眼老年黄斑变性和 5 例青少年性黄斑变性的手术，所有患者的视物遮挡感均消失，3 位接受移植的患者的视力有所提高。

（6）国际上首次利用干细胞在人体内实现晶状体原位再生。中山大学研究团队利用内源性干细胞原位再生出晶状体，并用于临床治疗先天性白内障。12 名先天性白内障患儿接受治疗后再生出功能性晶状体，后发障的发生率大幅降低，证实了新疗法治疗先天性白内障的安全性和有效性。这是世界上首次利用干细胞在人体内实现了具有生理功能的实体组织器官的原位再生，不仅为白内障治疗提供了新策略，也为其他组织器官的修复提供了一个新范式。

（7）我国首个生物 3D 打印产品问世。2014 年，我国首个生物 3D 打印产品——人工硬脑膜获得国家食品药品监督管理总局批准上市。清华大学的科研人员在 2015 年研发的可用于活细胞 3D 打印的 DNA 水凝胶材料，能够同时满足活细胞 3D 打印的多项需求，为未来 3D 打印器官的活体移植创造了条件。

三、发展趋势及展望

干细胞与再生医学的研究已经成为衡量一个国家生命科学与医学发展水平的重要指标，世界大部分发达国家已经将其列为国家重大科技发展方向。干细胞与再生医学不仅具有重大的科学理论研究价值，还孕育了广阔的产业发展和市场前景。以干细胞研究和组织工程技术为代表的再生医学将是 21 世纪具有巨大潜力的高技术战略性产业。未来干细胞与再生医学技术的发展将表现出如下的趋势。

1. 世界各国加大投入，竞争日益激烈

鉴于干细胞与再生医学技术在保障国民健康与经济社会发展方面具有的重要意义，世界各国的政府、科技界、企业界都给予高度关注并加大了投入，使它的发展表现出空前激烈的竞争。例如，美国国立卫生研究院（NIH）数据库信息显示，近 5 年来，NIH、美国食品药品监督管理局（FDA）和美国疾病控制与预防中心在干细胞领域的资助项目达近 7000 项，总金额超过百亿美元。从监管和审批角度，日本、韩国、美国等相继修改相关法规，为干细胞与再生医学技术的审批开辟快速通道，分别推动了一批成体干细胞产品上市和诱导多能性干细胞的临床研究。目前，世界范围内已成立多个干细胞与再生医学研究机构，有代表性的包括美国的哈佛干细胞研究所（HSCI）、加州再生医学研究所（CIRM）及日本京都大学 iPS 细胞研究与应用中心（CiRA）等，研究方向涵盖了干细胞与再生医学技术的多个领域。与此同时，作为干细胞产业转化研发主体的大型医药企业，都已针对干细胞与再生医学技术的发展趋势作出投资和布局的调整。目前，全球有超过 700 家公司正在开展干细胞与再生医学技术相关的研究，竞争日趋白热化。干细胞与再生医学技术是跨学科、跨领域的综合集成研究，随着各国研究投入的持续加大，未来将进一步表现出规模和定向衔接的大科学研究发展态势。

2. 临床应用加速，细胞治疗的转化应用正成为最受关注的发展方向

近年来，随着研发投入的不断加大，全球干细胞与再生医学领域实现了惊人发展，干细胞多能性机制逐步清楚，重编程技术大幅改进，定向分化方案不断优化，临床转化持续加速。随着研究成果的不断涌现，以细胞治疗为代表的转化应用正成为本领域最受关注的方向。截至 2016 年，在细胞治疗相关产品方面，全球在研的产品约有 700 余种，正在开展的临床试验约有 6600 余项。这些产品涉及多种疾病的治疗，包括肿瘤、心血管疾病、眼病、创伤、自体免疫疾病和脊髓损伤等。然而，细胞治疗目前的个体模式，包括自体细胞直接回输或经过存储后再使用的库存模式，由于应用

对象的局限性，不能满足社会对于细胞治疗日益增加的需求。通过改变生产模式，在符合标准的细胞制备中心，制备不同批次、不同类型的干细胞，使每一批次的细胞可用于治疗数量众多的病人才是细胞治疗应该遵循的模式。药物研发和生物制品方面，产业化生产和市场化推广为细胞制品的广泛应用奠定了一定的基础。但由于细胞类型的多样性、作用途径的复杂性，以及应用方式的特殊性，细胞制品在世界上尚无可借鉴的标准与规范。作为一种处于存活状态的单元，如何对其进行标准化的生产、定标、定型、包装、存储和运输及应用亟须进一步系统布局及重点攻关。

在该技术的上述新进展及其未来发展趋势判断的基础上，世界多个国家都建立了干细胞与再生医学研究的国家级机构，负责系统布局该技术的发展，并通过专项给予支持。与世界干细胞研究强国相比，我国在资金投入方面显得相对不足。建议稳步实施干细胞研究重大研发计划，以进一步加强科研投入，夯实基础；同时积极推进社会资本对干细胞基础与应用研究的投入，为我国人口健康和生物产业的发展提供保障。此外，在发展干细胞临床转化、产业化的过程中，需要进一步完善政府与市场、科研机构、医疗机构与生物技术企业的关系，进一步明确政府的职能定位；在相应的宗教伦理问题、应用风险、医疗保险与费用设定、保障机制、市场和公众监督等方面，需要做好公众讨论与管理预案，加强监管，以形成良性机制，有步骤地推进干细胞临床应用和相应产业的发展。

参考文献

[1] Schwartz S D, Regillo C D, Lam B L, et al. Human embryonic stem cell-derived retinal pigment epithelium in patients with age-related macular degeneration and Stargardt's macular dystrophy: Follow-up of two open-label phase 1/2 studies. Lancet, 2015, 385(9967): 509-516.

[2] Mandai M, Watanabe A, Kurimoto Y, et al. Autologous induced stem-cell-derived retinal cells for macular degeneration. The New England Journal of Medicine, 2017, 376(11): 1038-1046.

[3] Steinberg G K, Kondziolka D, Wechsler L R, et al. Clinical outcomes of transplanted modified bone marrow-derived mesenchymal stem cells in stroke: A phase 1/2a Study. Stroke, 2016, 47(7): 1817-1824.

[4] Kalladka D, Sinden J, Pollock K, et al. Human neural stem cells in patients with chronic ischaemic stroke (PISCES): A phase 1, first-in-man study. Lancet, 2016, 388(10046): 787-796.

[5] Pagliuca F W, Millman J R, Gürtler M, et al. Generation of functional human pancreatic β cells in vitro. Cell, 2014, 159(2): 428-439.

[6] Rezania A, Bruin J E, Arora P, et al. Reversal of diabetes with insulin-producing cells derived in vitro from human pluripotent stem cells. Nature Biotechnology, 2014, 32(11): 1121-1133.

[7] Lancaster M A, Renner M, Martin C A, et al. Cerebral organoids model human brain development

and microcephaly. Nature,2013,501(7467):373-379.

［8］Takebe T,Sekine K,Enomura M,et al. Vascularized and functional human liver from an iPSC-derived organ bud transplant. Nature,2013,499(7459):481-484.

［9］Bredenkamp N,Ulyanchenko S,O'Neill K E,et al. An organized and functional thymus generated from FOXN1-reprogrammed fibroblasts. Nature Cell Biology,2014,16(9):902-908.

［10］Takasato M,Er P X,Chiu H S,et al. Kidney organoids from human iPS cells contain multiple lineages and model human nephrogenesis. Nature,2015,526(7574):564-568.

［11］Song J J,Guyette J P,Gilpin S E,et al. Regeneration and experimental orthotopic transplantation of a bioengineered kidney. Nature Medicine,2013,19(5):646-651.

［12］Jank B J,Xiong L,Moser P T,et al. Engineered composite tissue as a bioartificial limb graft. Biomaterials,2015,61:246-256.

［13］Duan B,Kapetanovic E,Hockaday L A, et al. Three-dimensional printed trileaflet valve conduits using biological hydrogels and human valve interstitial cells. Acta Biomaterialia,2014,10(5):1836-1846.

［14］Kang H W,Lee S J,Ko I K,et al. A 3D bioprinting system to produce human-scale tissue constructs with structural integrity. Nature Biotechnology,2016,34(3):312-319.

Stem Cell and Regenerative Medicine

Zhou Qi

（Institute of Zoology，CAS）

Stem cells are a class of pluripotent cells that are able to differentiate into specialized cells under certain conditions. Thus，they have great therapeutic potential as a regenerative source to replace damaged cells and cure diseases. Based on their cell repair and regeneration abilities，stem cells are expected to solve the major medical problems such as cardiovascular diseases，diabetes，neurodegenerative diseases，serious burns，spinal cord injury and so on. Regenerative medicine using stem cells holds the potential to become next-generation treatment after medicine treatment and surgical treatment. This review mainly focuses on the research progress in stem cell and regenerative medicine，and its future developmental trend.

2.4 合成生物学技术新进展

刘 晓[1] 熊 燕[1] 王 勇[2]

(1. 中国科学院上海生命科学信息中心；

2. 中国科学院植物生理生态研究所，中国科学院合成生物学重点实验室)

合成生物学技术是会聚生命科学、工程学、信息科学等学科，有目的地设计、改造，乃至重新合成、创建新生命体系的工程化生物技术。它采用基因合成、编辑、网络调控等新技术，通过"从创造到理解"的方式，颠覆了传统生命科学研究从整体到局部的"还原论"策略，是继 DNA 双螺旋结构发现和人类基因组测序之后的"第三次生物科学革命"，被认为是将改变世界的颠覆性技术。合成生物学技术不仅会在学科交叉和技术整合的基础上孕育更大的技术创新，还有可能引发工业、农业、能源、资源、环境、医疗健康等领域的产业革命。

一、国际重大进展

自 2000 年真正创建以来，合成生物学发展迅速，并从 2008 年开始进入快速发展阶段。科学家相继开发出控制转录、翻译、蛋白调控及信号识别等生命活动的基因线路，实现了对基因表达、蛋白质功能、细胞代谢等的有效调控；开发出多种基因（组）合成技术、计算机建模技术等；基因组合成的尺度和复杂度不断提升，基因组编辑等领域新进展涌现。自 2013 年以来，随着人工生命密码子、非天然氨基酸实现了人工设计与合成，合成生物学正在从模仿生命走向设计生命。同时，工程学观念的普及，元件库和底盘细胞范围的拓展，模块、线路设计能力，以及基因编辑与合成能力的提升，使合成生物学开始迈入生命科学和生物技术全面提升的阶段。合成生物学在线路工程、代谢工程、合成基因组，以及核心技术的研发和医疗、工业等应用领域取得一系列重要突破（图 1）。

（一）合成生物学的使能技术

近年来，基因组合成、生物计算模拟、标准化生物元器件构建、基因组编辑等使能技术（enabling technology）的突破，使得设计合成出可预测、可再造和可调控的人工生物体系成为可能。基因组合成与基因组编辑，是合成生物学的核心技术[1]，同

图1　2013～2017年合成生物学研究的代表性进展

时，对复杂的生命体系进行工程化设计，获得特定的生物器件或人工生命系统，既是合成生物学的核心科学问题，也是复杂的技术问题。

1. 基因组合成技术

随着 DNA 测序、编辑、合成等相关技术和功能基因组学等相关知识的日益成熟，基因组合成技术在 21 世纪迎来了重要的发展契机。2010 年，J. Craig Venter 研究所的 Gibson 等利用人工合成的、长达 1.08 Mb 的蕈状支原体（*Mycoplasma mycoides*）基因组支持 JCVI-syn1.0 的存活，成功创造出第一个完全由合成基因组构成的原核生物[2]；2016 年，Venter 研究所设计并合成出一个最小的细菌基因组，并获得了最小合成细胞 JCVI-syn3.0[3]，它仅含有维持生命所需的 473 个基因。从 2011 年开始，来自世界多个国家的研究人员开始实施第一个真核生物基因组合成计划——合成酵母基因组计划（Sc2.0）；2014 年，研究人员利用计算机辅助设计技术，成功构造了酵母染色体Ⅲ，尽管合成的仅仅是酿酒酵母 16 条染色体中最小的一条，但这是通往合成一个完整的真核细胞基因组的关键一步[4]；2017 年 3 月，研究人员完成了 2 号、5 号、6 号、10 号和 12 号染色体的合成与组装，中国学者在其中 4 条染色体的工作中作出了贡献，*Science* 以封面故事进行了报道[5]。

2. 基因组编辑技术

近几年来，CRISPR/Cas9 技术给生物技术领域带来了巨大的冲击。2012 年，加利福尼亚大学伯克利分校的 Jinek 等报道，利用 RNA 介导 CRISPR/Cas 系统可实现基因组编辑[6]，证实 CRISPR/Cas 系统可作为基因组编辑工具。哈佛医学院的 Church 团队发现，细菌的 CRISPR/Cas 系统也可以作为细菌和酵母的基因组编辑工具，可以利用 RNA 介导的 DNA 裂解选出细胞，选出的细胞基因组的靶序列已通过同源重组替换为共转化 DNA 序列[7]。2013 年，来自麻省理工学院和哈佛大学的研究团队首次证明了 CRISPR/Cas9 系统能用于哺乳动物细胞基因组的编辑。目前，利用 CRISPR/Cas9 技术，科学家们能够高效、精确地对 DNA 序列进行修剪、替换或添加，可以快速地实现微生物基因组编辑、动植物的品种优化、动物模型构建，甚至推动疾病治疗的颠覆性革命。2016 年，美国 Salk 研究所的研究人员首次证实，基于 CRIPSR 的技术能够将 DNA 插入非分裂细胞（non-dividing cells）的靶向位置[8]，这项突破对于编辑成年活有机体的基因组来说具有革命性意义，将使新技术成为医学研究领域非常有前景的工具。

3. 设计与模拟技术

合成生物学中从分子到细胞再到有机体等不同层次的研究都涉及计算模型、设计方法和工具。研究人员致力于"通用语言"和标准的开发。2014 年，华盛顿大学、波士顿大学等利用"合成生物学开放性语言"（SBOL），通过多机构、多学科合作，设计、构建和测试了一种基因开关，以探讨信息共享和设计结果的可重复性[9]。近年来，计算机建模专家不仅已经超越了自然的限制，设计出人工蛋白[10]，已开始模拟细胞的发展历程，开展全细胞计算模型的开发研究，以实现预测和理性设计[11]。

（二）合成生物学技术的产业应用

利用合成生物学技术，有可能解决长期困扰基因治疗和生物治疗的一系列技术难题，为癌症、糖尿病等复杂疾病开发出更多有效的药物和治疗手段；也有可能突破生物燃料发展的技术瓶颈，模拟乃至设计出更加简单高效的生物过程，生产出更复杂的天然产品，合成出更多的有机化工产品。

2013 年，Keasling 的研究小组成功合成出具有抗疟药性的半合成青蒿素[12]，同年，在前期工作基础上，阿米瑞斯有限公司（Amyris Inc.）以酿酒酵母为宿主细胞，构建了一条将青蒿酸转化为青蒿素的化学途径，成功实现了青蒿素的半合成，并授权赛诺菲（Sanofi）公司生产。这将为疟疾流行地区或国家提供一个稳定的、低成本的供应药源，对于挽救更多患者生命意义重大，也是合成生物学应用于实践的一个重要标志。2015 年，美国斯坦福大学 Smolke 团队在酵母中实现了阿片类药物的全合成[13]，为阿片类药物未来低成本的稳定供给奠定了基础。该研究构建的阿片类药物生物合成途径涉及 20 多个基因，是目前在微生物中构建的最长代谢途径，足以成为天然产物微生物合成的里程碑。

在生物燃料领域，一项备受瞩目的研究是以大肠杆菌为材料，改变其氨基酸生物合成途径，成功产出异丁醇、脂肪酸类生物柴油、汽油，以及生物塑料 1,4-丁二醇。例如，Anesiadis 等利用合成拨动开关和群体感应系统，协调生物量扩张和乙醇生产。Keasling 实验室成功设计并构建了生产生物柴油的大肠杆菌，并实现了多功能模块的集成；通过在大肠杆菌中引入外源酶，赋予大肠杆菌进行新的生化反应的能力，使其同时具有了合成脂肪酯、脂肪醇及蜡，并利用简单五碳糖为底物的多种功能，开辟了微生物工程化炼制能源的新途径[14,15]。2015 年，美国伊利诺伊大学 Alexander Mankin 领导的团队，成功改造了可以支持大肠杆菌细胞生长的核糖体[16]；利用这个改造的核糖体，可以让大肠杆菌细胞做很多的事情，比如深入研究核糖体的机制，研究抗生素和核糖体的相互作用；如果进一步扩展细胞的遗传编码方式，可以用这些工程改造的核糖体来合成新的多聚物，还可能将细胞转化成多用途的"细胞化工厂"，开启合成生物学研究的新篇章。

近几年来，在各国加强合成生物学研究投入的同时，各企业也加快了合成生物学的应用开发步伐，形成了一系列的产品。伍德罗·威尔逊国际学者中心统计显示，全球范围内至少已有 565 家研发机构进入该领域，共开发出 116 个合成生物技术相关产品，其中有 22 个医药产品、18 个化学品、14 个生物燃料产品，医药、化工和能源产品约占 47% （表 1[17]）。

表 1 合成生物学技术相关研发产品（医药、化工和能源产品）

产品类型	产品	企业/机构	状态
化学品	Susterra®1,3-丙二醇	Tate & Lyle BioProducts、DuPont	已上市（或接近上市）
	丁二酸	Myriant、Royal DSM、BioAmber	
	青蒿酸	Amyris	
	法尼烯	Amyris	
	脂肪酸（利用 CO_2 和 H 生产）	OPX Biotechnologies	
	D（-）乳酸	Myriant	
	琥珀酸	Bioamber、Myriant、Royal DSM	
	己二酸	Verdezyne、Rennovia、BioAmber	
	1,4-丁二醇	BioAmber	市场开发中
	丙烯酸	Metabolix、Myriant、OPX Biotechnologies、Novozymes、Cargill	
	糊精酸	Myriant	
	沙比酸	Verdezyne	
	癸二酸	Verdezyne	
	十二烷二酸	Verdezyne	
	1,3-丁二烯（以 CO 和 H_2 为底物，厌氧发酵产丁二醇）	LanzaTech、Invista	
	扁桃酸	MONAD Nanotech、Birla College	
	己二胺	Rennovia	
	异丁烯	Global Bioenergies	
能源产品	异丁醇	Gevo	已上市（或接近上市）
	纤维素乙醇和动物饲料加工用酵母	Mascoma	
	超清洁柴油	LS9	
	SoladieselBD©和 SoladieselRD©（藻类生物柴油）	Solazyme	市场开发中
	Solajet™（藻类喷气燃料）	Solazyme	
	纤维素乙醇	Qteros、Logen、BP、Proterro、Royal DSM	
	气体制乙醇	LanzaTech	
	纤维素乙醇	Mascoma	
	生物丁醇	Green Biologics、Microvi、BP	
	生物丁醇	Butamax	
	聚丁二酸丁二醇酯（PBS）	Myriant、BioAmber	
	蓝细菌生产的燃料	Joule	
	绿色原油	Sapphire Energy、Algenol Biofuels	
	硫化氢硫化燃料	Ginkgo BioWorks	

续表

产品类型	产品	企业/机构	状态
	头孢氨苄	Royal DSM	已上市 （或接近上市）
	EV-035（细菌拓扑异构酶Ⅱ抑制剂，2-吡啶酮类化合物）	Evolva	
	EV-077（抑制前列腺素和异前列腺素活性的新型化合物）	Evolva	
	Pomecins™（抑菌化合物）	Evolva	
	噬菌体治疗（抑制 SOS 网络）	哈佛大学、霍华德·休斯医学研究所、波士顿大学、麻省理工学院	
	DNA 纳米机器人	Wyss 研究所	
	rHuA1AT（重组人 α1-抗胰蛋白酶（A1AT））（用于遗传性肺气肿等 A1AT 缺乏症治疗）	Halozyme、Intrexon	
	合成单克隆抗体	Synthetic Biologics、Intrexon	
医药产品	SYN-PAH-001（用于肺动脉高血压治疗，利用转基因在体内细胞产生前列腺素合成酶）	Synthetic Biologics、Intrexon	市场开发中
	核苷酸活疫苗	Synthorx、斯克里普斯研究所	
	合成紫杉醇	斯克里普斯研究所	
	工程化昆虫菌株	Oxitec	
	用于疫苗生产的减毒病毒	J. Craig Venter 研究所、Novartis、Synthetic Genomics	
	砷全细胞生物传感器	iGEM	
	EnLact 益生菌	ViThera Pharmaceuticals	
	西他列汀	Codexis	
	工程肠道细菌预防霍乱	康奈尔大学	
	人性化的猪器官	Synthetic Genomics、Lung Biotechnology	
	工程沙门氏菌提供疫苗	Prokarium	
	针对系统性真菌感染的候选药物 BSG005	Biosergen AS	
	生物合成羊毛硫抗生素	格罗宁根大学	
	DNA 治疗癌症	Ziopharm	

二、国内研发现状

科技部主要通过 973 计划和 863 计划，以及与制造业"工业生物技术"相关的研发项目，对"合成生物学"进行支持，重点以容易改造的微生物为研究对象，同时，也开始支持以哺乳动物细胞为对象，以及植物领域的合成生物学。

近年来，我国合成生物学研究进步明显。不仅发表的论文量已于 2012 年超过英国，跃居世界第二，而且还做出了一些开创性的工作。例如，酵母基因组合成、复杂基因调控回路与光遗传学基因元器件设计等成就已到达世界领先水平，丁二酸、5-氨基丙酸等化学品的人工合成代谢在国际上率先取得突破，天然化合物药物合成的生物器件、医学合成生物学、固氮与抗逆线路等领域也取得一批创新成果。2017 年 3 月，来自天津大学、清华大学、华大基因的科学家在真核生物基因组设计与化学合成方面取得重大突破，完成了 4 条真核生物酿酒酵母染色体的从头设计与化学合成，开启了"设计生命、再造生命和重塑生命"的进程。

在基础研究和使能技术研发方面，已经形成若干具有实力的交叉研究队伍及相应的文化氛围。清华大学利用 TALE 转录抑制子，模块化构建出哺乳动物基因线路[18]；提出了利用极端微生物调控基因的重要科学思想[19]。中国科学院微生物研究所揭示了青蒿素类过氧桥键的生物合成机制[20]。中国科学院上海有机化学研究所揭示了以硫醇化学为核心的林可霉素的生物合成机制[21]。中国科学院深圳先进技术研究院发现了细菌细胞周期控制规律[22]。中国科学技术大学成功建立一种蛋白全序列从头设计的新途径[23]。中国科学院合成生物学重点实验室开发出大片段 DNA 体内或体外拼接新技术[24]。北京大学等研究人员开发了一种新型的 CRISPR/Cas9 sgRNA 文库[25]；深圳大学利用 CRISPR-Cas9 系统构建出逻辑"与"门基因遗传线路[26]。

在应用研究方面，在化工前体与天然化合物的微生物底盘细胞合成等方面所取得的成果十分明显。例如，中国科学院天津工业生物技术研究所在以丁二酸为代表的几个大宗化学品的生物法生产（细胞工厂）方面达到国际领先水平，实现了利用 CO_2 生物合成酮、醇和酸等典型化学品[27]。中国科学院合成生物学重点实验室在稀有人参皂苷 CK、甜菊糖苷等重要药用食用萜类化合物的器件挖掘、集成及异源合成方面取得突破[28,29]；上海交通大学利用合成途径快速优化体系，在短时间内极大提高了萜类化合物法尼烯、番茄红素、胡萝卜素和虾青素等的产量，体现了该方法的巨大应用潜力[30,31]。清华大学建立了嗜盐微生物的合成生物学研究体系，通过合成生物学手段，构建了制造各种化学品的平台[32]等。

三、发展趋势及展望

随着合成生物技术的快速发展，不仅会进一步深化对"人造生命"理论的理解，还将由此催生一次科学、文化、技术与产业的革命，具有巨大的应用前景和市场潜力。人类已成功全合成支原体染色体 DNA[33]，并在此基础上创建"新物种"，证明人工合成生命的可行性；合成自然界中不存在的 XNA[34] 和 XNA 酶[35]，证明 DNA 不再是唯一的生命密码载体，"人造生命"正帮助我们接近生命起源和进化的真相。另外，随着基因合成、组装及全基因组设计与合成技术的发展，合成生物学研究的对象已从病毒、细菌发展到微藻、酵母等真核生物，从单细胞逐渐过渡到多细胞的复杂体系，其目的也逐渐从最初的概念证实和使能技术的发展，转向复杂生命体系的活动机理研究，向人工遗传线路和底盘生物定量、可控设计构建，以及人工细胞设计调控层次化、功能多样化的发展。另外，人工智能技术的快速发展及其在人造生命领域的广泛应用，使合成生物学技术有更大的发展空间与机会。据美国联合市场研究 2016 年 1 月发布的《全球合成生物学市场——机遇与预测 2014～2020》显示，全球合成生物学市场产值 2015 年达 52.46 亿美元，2020 年将达到387 亿美元，预测期内的复合年均增长率（CAGR）为 23％（图 2）[36]。而据 CB Insights 统计，2012～2016 年合成生物初创公司累计获得近 40 亿美元风险投资，2016 年投资交易额达 13 亿美元。

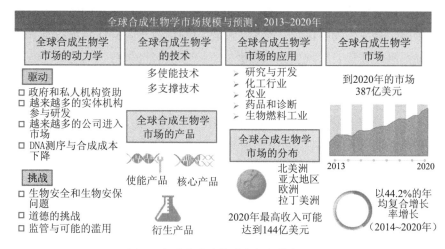

图 2　全球合成生物学市场规模与预测

近年来，合成生物技术发展日新月异，合成生物的应用范围也日益扩大，可能引发伦理、安全及知识产权问题，有可能为社会带来安全隐患。如何保障合成生物的生物安全性、防止技术的滥用及防止生物伦理方面的冲突已成为极其重要并且亟待解决的关键问题。美国国防部在 2016 年要求美国科学院开展为期 21 个月（2017年1月~2018年5月）的合成生物学时代的生物防御评估研究，希望提出评估潜在安全风险的战略评估框架，并能按此框架评估合成生物学导致的风险因素[37]。

现阶段，合成生物技术还处于初始阶段，其生物安全性也是一个逐步认识完善的过程[38]。因此，应密切跟踪合成生物学发展所带来的新的生物安全、伦理问题，重视相关的风险评估[39]，研究新特征、新变化，适时对相关监管政策和指南进行补充、修改，通过注册、登记、备案等措施，加强政府的监督和治理；还应提高研究人员的安全意识，并重视公众的参与和对公众的宣传，促进自我监管；同时，更应利用合成生物学的研究成果，发展生物安全防范技术，使合成生物学这一新技术得以可持续发展，并为大众和社会造福。

综上所述，合成生物学经过十多年的发展，已从最初的概念性验证阶段，开始全面影响生命科学、医药、农业、环境、能源、食品等诸多领域，其在国民经济发展、国家核心竞争力及人类的可持续发展的过程中所发挥的颠覆性作用越来越清晰。在工业4.0的背景下，合成生物学有望与人工智能、生物制造业相结合，发挥其重要作用。中国在合成生物学研究中起步较早，已有了较好的前期积累，在该领域发表的有影响力论文已居全球第二，但产业布局发展较慢。在一些已突破的领域里，如染色体的合成与装配、合成生物学医疗、珍稀天然产物的制造等，应注意继续加大投入，结合产业布局，巩固优势，实现引领式发展。

参考文献

[1] 张先恩. 2017合成生物学专刊序言. 生物工程学报,2017,33(3):311-314.

[2] Gibson D G,Glass J I,Lartigue C,et al. Creation of a bacterial cell controlled by a chemically synthesized genome. Science,2010,329(5987):52-56.

[3] Hutchison III C A,Chuang R-Y,Noskov V N,et al. Design and synthesis of a minimal bacterial genome. Science,2016,351(6280):aad6253.

[4] Annaluru N,Muller H,Mitchell L A,et al. Total synthesis of a functional designer eukaryotic chromosome. Science,2014,344(6179):55-58.

[5] Mercy G,Mozziconacci J,Scolari V F,et al. 3D organization of synthetic and scrambled chromosomes. Science,2017,355(6329):eaaf4597.

[6] Jinek M,Chylinski K,Fonfara I. A programmable dual-RNA-guided DNA endonuclease in adaptive bacterial immunity. Science,2012,337(6096):816-821.

[7] DiCarlo J E,Norville J E,Mali P,et al. Genome engineering in Saccharomyces cerevisiae using

CRISPR-Cas systems. Nucleic Acids Research. 2013,41(7):4336-4343.

[8] Keiichiro S,Yuji T,Reyna H B,et al. In vivo genome editing via CRISPR/Cas9 mediated homology-independent targeted integration. Nature,2016,540(7631):144-149.

[9] Galdzicki,M,Clancy,K P,Oberortner,E,et al. The Synthetic Biology Open Language (SBOL) provides a community standard for communicating designs in synthetic biology. Nature Biotechnology, 2014,32:545-550.

[10] Thomson A R,Wood C W,Burton A J,et al. Computational design of water-soluble α-helical barrels. Science,2014,346(6208): 485-488.

[11] Oliver P,Bonny J,Jonathan R K,et al. Towards a whole-cell modeling approach for synthetic biology. Chaos,2013,23:025112.

[12] Paddon C J,Westfall P J,Pitera D J,et al. High-level semi-synthetic production of the potent anti-malarial artemisinin. Nature,2013,496(7446): 528-532.

[13] Galanie S,Thodey K,Trenchard I J,et al. Complete biosynthesis of opioids in yeast. Science,2015, 349: 1095-1100.

[14] Zhang F Z,Carothers J M,Keasling J D. Design of a dynamic sensor-regulator system for production of chemicals and fuels derived from fatty acids. Nature Biotechnology,2012,30:354-359.

[15] Runguphan W,Keasling J D. Metabolic engineering of Saccharomyces cerevisiae for production of fatty acid-derived biofuels and chemicals. Metabolic Engineering,2014,21:103-113.

[16] Orelle C,Carlson E D,Szal T,et al. Protein synthesis by ribosomes with tethered subunits. Nature, 2015. 524(7563):119-124.

[17] Woodrow Wilson Center. Synthetic Biology Project-Synthetic Biology Products and Applications Inventory. http://www. synbioproject. org/cpi/applications[2017-02-20].

[18] Li Y Q,Jiang Y,Chen H,et al. Modular construction of mammalian gene circuits using TALE transcriptional repressors. Nature Chemical Biology,2015,11: 207-213.

[19] Lin Z L,Zhang Y,Wang J Q. Engineering of transcriptional regulators enhances microbial stress tolerance. Biotechnology Advances,2013,31(6): 986-991.

[20] Yan W P, Song H, Song F H, et al. Endoperoxide formation by an α-ketoglutarate-dependent mononuclearn on-haem iron enzyme. Nature,2015,527:539-543.

[21] Zhao Q,Wang M,Xu D,et al. Metabolic coupling of two small-molecule thiols programs the biosynthesis oflincomycin A. Nature,2015,518(7537): 115-119.

[22] Zheng H ,Ho P Y ,Jiang M,et al. Interrogating the Escherichia coli cell cycle by cell dimension perturbations,Proceedings of the National Academy of Sciences,2016,113(52):15000-15005.

[23] Xiong P,Wang M,Zhou X Q,et al. Protein design with a comprehensive statistical energy function

and boosted by experimental selection for foldability. Nature Communications, 5330 (2014), doi: 10. 1038/ncomms6330.

[24] Chen W H, Qin Z J, Wang J, et al. The MASTER (methylation-assisted tailorable ends rational) ligation method for seamless DNA assembly. Nucleic Acids Research, 2013, 41(8): e93.

[25] Zhou Y X, Zhu S Y, Cai, C Z, et al. High-throughput screening of a CRISPR/Cas9 library for functional genomics in human cells, Nature, 2014, 509(7501): 487-491.

[26] Liu Y C, Zeng Y Y, Liu L, et al. Synthesizing AND gate genetic circuits based on CRISPR-Cas9 for identification of bladder cancer cells. Nature Communication, 5393 (2014), doi: 10. 1038/ncomms 6393.

[27] Wang B, Pugh S, Nielsen D R, et al. Engineering cyanobacteria for photosynthetic production of 3-hydroxybutyrate directly from CO_2. Metabolic Engineering, 2013, 16: 68-77.

[28] Yan X, Fan Y, Wei W, et al. Production of bioactive ginsenoside compound K in metabolically engineered yeast. Cell Research, 2014, 24(6): 770-773.

[29] Guo J, Zhou Y J, Hillwig M L, et al. CYP76AH1 catalyzes turnover of miltiradiene in tanshinones biosynthesis and enables heterologous production of ferruginol in yeasts. Proceedings of the National Academy of Sciences of the United States of America, 2013, 110(29): 12108-12113.

[30] Zhu F Y, Zhong X F, Hu M Z, et al. In vitro reconstitution of mevalonate pathway and targeted engineering of farnesene overproduction in Escherichia coli. Biotechnology and Bioengineering, 2014, 111(7): 1396-1405.

[31] Guo X, Liu T G, Deng Z X, et al. Essential role of the donor acyl carrier protein in stereoselective chain translocation to a fully reducing module of the nanchangmycin polyketide synthase. Biochemistry, 2012, 51(4): 879-887.

[32] Yin J, Chen J C, Wu Q, et al. Halophiles, coming stars for industrial biotechnology. Biotechnology Advances, 33(7): 1433-1442.

[33] Gibson D G, Benders G A, et al. Complete chemical synthesis, assembly, and cloning of a Mycoplasma genitalium genome. Science, 2008, 319(5867): 1215-1220.

[34] Pinheiro V B, Taylor A I, Cozens C, et al. Synthetic genetic polymers capable of heredity and evolution. Science, 2012, 336(6079): 341-344.

[35] Taylor A I., Pinheiro V B. Catalysts from synthetic genetic polymers. Nature, 2015, 518: 427-430.

[36] Allied Market Research. Synthetic Biology Market by Products-Global Opportunity Analysis and Industry Forecast 2013—2020. 2014. 5.

[37] The National Academies of Sciences, Engineering, and Medicine. Statement of Task. http://nas-sites. org/dels/studies/strategies-for-identifying-and-addressing-vulnerabilities-posed-by-synthet-

ic-biology[2017-04-20].

[38] 马延和,江会锋,娄春波,等. 合成生物与生物安全. 中国科学院院刊,2016,31(4):432-438.

[39] 刘晓,熊燕,王方,等. 合成生物学伦理、法律与社会问题探讨. 生命科学,2012,24(11):1334-1338.

Synthetic Biology

Liu Xiao[1]，*Xiong Yan*[1]，*Wang Yong*[2]

(1. Shanghai Information Center for Life Sciences，Shanghai Institutes for Biological Sciences，CAS；2. Key Laboratory of Synthetic Biology，Institute of Plant Physiology and Ecology，Shanghai Institutes for Biological Sciences，CAS)

Synthetic biology，which converges life science，engineering，informatics science，is a rising interdisciplinary field. It made engineering biotechnology focus on designing，modifying，and even de novo synthesizing artificial life. Recently，with the breakthrough of the enabling technologies，such as genome synthesis，biological simulation，standardized biological element construction，genome editing，it is possible to design and synthesize artificial life which is predictable，renewable and adjustable. It facilitates the understanding of the nature of the life and has great market potential and applications in the future. In this paper，we combed the breakthrough research progress in the field of synthetic biology，including the enabling technologies，applications and products development，especially the important research progress supported by the 973 program in China in the 12th Five-Year Plan. Finally，the paper proposed the trends in research and development of synthetic biology.

2.5 基因组编辑技术新进展

陈坤玲 高彩霞

（中国科学院遗传与发育生物学研究所）

生命科学研究已进入基因组编辑时代。基因组编辑是近年来生命科学领域最重要的一项技术突破。它可以精准高效地修饰靶位点的 DNA 序列，实现诸如基因定点突变、替换和插入等各种"编辑"。以 CRISPR 为核心的基因组编辑技术正处于一个迅猛发展的时期，其成果广泛应用于生命科学的基础研究、医疗健康、农业生产等各个领域并产生了巨大的影响，使生命科学的研究大跨步地从"认识生命过程"迈入"改造生命过程"的阶段，人为和精准调控生命过程已成为可能。下面将重点介绍该技术的现状，并展望其未来。

一、国际重大进展

基因组编辑有着近 30 年的发展史，经历了锌指核糖核酸酶（ZFN）、类转录激活因子效应物核酸酶（TALEN）两次技术革新，但是直至 2012 年成簇规律间隔短回文重复序列及其相关系统（CRISPR/Cas9）的问世，基因组编辑技术的入门门槛才大大降低，使原来只能在极少数物种中实现，只有极少数实验室掌握的复杂技术转变为简单、高效、廉价的遗传操作工具。

（一）CRISPR 基因组编辑技术进展

1. CRISPR 基因组编辑技术

CRISPR/Cas 系统是一类广泛分布于细菌和古生菌中的适应性免疫系统。2012年，美国加利福尼亚大学伯克利分校和瑞典马尔默大学的两位女科学家 Jennifer Doudna 和 Emmanuelle Charpentier 将其中一种类型——CRISPR/Cas9 改造为高效精准实现靶基因特定 DNA 序列修饰的工具，并在体外实验中验证成功[1]；2013 年，麻省理工学院科技新锐张锋[2]和哈佛大学遗传学家 George Church[3]在真核生物体内建立了 CRISPR 基因编辑技术。CRISPR/Cas9 由向导 RNA 和 Cas9 核酸酶组成，仅需合成几十个碱基的向导 RNA 就可实现 RNA 靶向的基因组编辑。此后，CRISPR 的热潮席卷了几乎所有的生命科学研究领域，生命科学研究开启了基因组编辑时代。2013 年、2015 年《科学》期刊均将 CRISPR 技术评选为年度十大重要科学突破。

2. CRISPR 基因组编辑工具箱的拓展

对 CRISPR/Cas 系统的广泛挖掘获得了新工具——如 Cpf1，它和 Cas9 一样具有高效编辑的特性，但其 sgRNA 更简单，对多基因操作更容易。而可编辑 RNA 的 C2c2 的发现则将基因组编辑技术由传统的 DNA 编辑拓展到 RNA 编辑。

3. 以 CRISPR 为 DNA 结合平台的靶向衍生技术

Cas9 还被改造成切割 DNA 单链的 nCas9 和无切割活性的 dCas9。将 nCas9、dCas9 与其他功能蛋白融合，然后借助 CRISPR/Cas9 把融合蛋白定位到靶位点，通过行使该蛋白的功能，实现了各种各样的基因组靶向操作[4]。

在基因表达调控方面，科学家们将 dCas9 与 VP64 等转录激活结构域融合建立的 CRISPRa 技术用于定点激活基因表达，而与 KRAB 等转录抑制结构域融合的 CRISPRi 则用于定点抑制基因表达；类似地，组蛋白或 DNA 的甲基化、去甲基化、乙酰化等各种表观遗传的定点调控也逐一实现。

在活体成像追踪方面，通过 dCas9 与各种荧光蛋白相融合，直接将活体细胞内源目的基因活动可视化成像，最终发展成超高时空的蛋白质定位与动态成像技术。

在单碱基编辑方面，美国哈佛大学 David Liu[5] 和日本神户大学 Akihiko Kondo[6] 的实验室将 dCas9 或 nCas9 与胞苷脱氨酶融合，建立了单碱基编辑技术，并实现了在人类、酵母和哺乳动物细胞中的单碱基突变（C 突变成 T）。该技术效率高，无需切割 DNA 双链，可大大降低切割带来的毒性。

4. 全基因组筛查

CRISPR 最大的优点在于可多位点同时编辑，而且 sgRNA 很容易通过廉价的商业合成得到。通过大规模地构建靶向不同基因的 sgRNA 文库，基因定点突变、激活、抑制等各种 CRISPR 功能性筛选平台相继建立。利用各种细胞系，在人、小鼠及斑马鱼等多种模式动物中，全基因组范围的基因功能筛查平台对基因功能的解析和药物靶点筛查等均取得了巨大成功[7]。

（二）基因组编辑技术的应用

1. 基础研究

利用功能缺失或功能获得突变体是快速寻找特定性状调控关键基因的主要方法。CRISPR 技术被广泛地应用于创制各种突变，以回答生长发育、进化演变等各种各样的生命科学问题[8]。例如，鱼鳍如何演变为四肢并开始行走，黄燕尾蝶眼睛的光感受器如何识别更广泛的色谱，蚂蚁如何依赖嗅觉完成其社会性群居的生活，如何加速植物的驯化让其成为食物等困扰人类良久的问题开始慢慢有了答案。还有科学家甚至声称他们将利用 CRISPR/Cas 并借助大象来复活消失的猛犸象。此外，CRISPR/Cas 还被开发成自我编辑的 DNA 条形码，用来开展追踪细胞系谱历史、胚胎起源等研究。

2. 生物医药与精准治疗

CRISPR 被广泛应用于治疗艾滋病、镰刀形细胞贫血病、β 地中海贫血症、糖尿病、白血病、神经退行性疾病、线粒体疾病、癌症、失明等各种各样的疾病，以及阻止寨卡病毒、登革病毒、疱疹病毒等病毒的传染[9]。而 CRISPR 的高通量全基因组功能筛查平台更是在各种癌症、艾滋病等的药物靶标开发和疾病治疗靶基因的挖掘上起到前所未有的作用。

基因组编辑在精准治疗方面也崭露头角，已有报道称：利用 ZFN 和 TALEN 技术可以构建出更加强效的 T 淋巴细胞，再通过回输基因来编辑免疫细胞，分别治愈了 12 名艾滋病患者和 1 岁的白血病患者 Layla。2016 年 6 月，美国国立卫生研究院（NIH）下属的重组 DNA 咨询委员会批准一项利用 CRISPR 技术改造人类 T-细胞来治疗骨髓瘤、黑色素瘤、肉瘤三种肿瘤的研究。

3. 动物研究与遗传改良

CRISPR 被用来创制如人肝癌小鼠模型、肺癌基因小鼠模型等，以解析疾病机制；还被用来改造猪，使其成为病人的器官提供者，填补了人器官供应和需求之间的巨大缺口。在大型动物遗传改良方面，基因组编辑的无角奶牛、可抵御致命的猪繁殖与呼吸障碍综合征 PPRRS 的超级猪等也相继问世[10]。

4. 农作物遗传改良与育种应用

基因组编辑已在水稻、小麦、玉米、番茄、马铃薯、大豆、番茄、西瓜等多种农作物中取得成功[11]。基因组编辑直接改良作物农艺性状控制基因，具有精准、高效、省时、省力等特点，是有望取代转基因技术的新一代生物育种技术。基于基因定点敲除的作物只有几个核苷酸的改变，与传统育种产生的突变并无区别，美国农业部已经宣布如 CRISPR 敲除 PPO 基因的抗褐变蘑菇、杜邦公司的 Waxy 基因敲除产生的糯玉米等基因定点敲除作物为非转基因，可进入商业化育种进程。而利用 Cas9 的蛋白和 sgRNA 在体外组装的核糖核蛋白复合体，全程无外源基因参与的基因组编辑莴苣、玉米、大豆也相继问世。最近，瑞典于默奥大学的 Stefan Jansson 与电台记者 Gustaf Klarin 一起，食用一盘用 CRISPR 编辑的卷心菜炒的意大利面，这充分展示了公众对基因组编辑食物的信心。

二、国内发展现状

中国和美国是基因组编辑研究双雄，中国科学家在基因组编辑的研发中取得突出成就，尤其是在动物模型、疾病治疗、农作物育种等应用领域的研发居于世界领先。

（一）基因组编辑技术

中国并未拥有 CRISPR 的原创专利，但在基因组编辑技术研发方面仍然取得可喜的成就。例如，南京大学周国华等开发了不受靶序列限制的结构导向的 DNA 编辑新技术（SGN），并在斑马鱼中证明可实现基因组编辑[12]。中国科学院上海神经科学研究所常兴实验室建立了单碱基编辑技术，利用该技术可将胞苷突变为其他三种不同的碱基，在单个基因的饱和突变创制和筛选中用处更大[13]。北京大学魏文胜结合高通量深度测序，研发出一种 CRISPR 全基因组筛选平台；针对长非编码 RNA（lncRNA）建立了成对 sgRNA 介导的大片段删除的全基因组功能性平台，并成功鉴定出调控癌细胞增殖的 lncRNA。此外，中国科学家在 CRISPR 系统的结构解析中也做出了重要贡献，如哈尔滨工业大学黄志伟解析出 CRISPR/Cpf1 的晶体结构，中国科学院生物物理研究所的王艳丽解析了 C2c2 的结构，为未来改造利用这些新工具打下理论基础。

（二）基因组编辑的应用

中国科学家在水稻、玉米、小麦等植物，以及狗、猪、猴大型动物中首次建立了CRISPR 基因组编辑技术体系，并在该领域保持着领先优势。

1. 动物研究与遗传改良

中国在大型动物模型基因组编辑方面走在世界前列。例如，中国科学院广州生物医药与健康研究院赖良学团队首次成功培育出两只肌肉发达的"大力神"狗和"天狗"[14]；此外，还培育了分泌人胰岛素的基因组编辑猪。中国科学院昆明动物研究所季维智团队创制了全球首只基因编辑的食蟹猴[15]，这标志着我国在灵长类动物模型研究方面取得重大突破。新疆畜牧科学院团队利用基因组编辑技术，获得了不同毛色的遗传修饰斑点绵羊。西北农林科技大学张涌团队也培育出抵抗结核病的奶牛。

2. 生物医药和精准治疗

中国是人类胚胎编辑和精准治疗的拓荒者。2015 年，中山大学黄军发表全球首篇利用 CRISPR 技术修改人类胚胎基因治疗地中海贫血症的开拓性论文[16]。2016 年，广州医科大学附属第三医院范勇尝试编辑人类胚胎基因以使其获得艾滋病的免疫力。2016 年，该院刘见桥对人类正常受精的二倍体胚胎进行了基因编辑，以治疗广东地区高发的遗传病——地中海贫血和蚕豆病。全球首例 CRISPR 的人体临床试验是由四川大学华西医院的卢铀团队完成的[17]，2016 年他们利用 CRISPR 敲除肿瘤病人 T 细胞中的 PD-1 基因，再将这些基因编辑的细胞回输到患者体内，以治疗转移性非小细胞肺癌。

3. 农作物遗传改良与育种应用

中国在基因组编辑植物育种方面的研究一直领先。中国科学院遗传与发育生物学研究所高彩霞团队首次在水稻和小麦中建立了 CRISPR 基因组编辑技术体系，并获得世界首株 CRISRP 编辑的植物[18]；利用 TALEN 和 CRISPR 技术，创制出抗白粉病小麦[19]，实现了对多倍体物种的精准编辑，经美国农业部认证，该小麦是非转基因。此外，他们在小麦中建立起以 DNA-Free 基因组编辑为核心的具有生物安全性的作物基因组编辑育种技术体系。最近，他们在小麦、水稻和玉米中建立了基因组单碱基编辑方法。这些研究系统而深入地推进了基因组编辑的育种应用。2016 年，《麻省理工评论》将其研发的"植物基因精准编辑技术"评为 2016 年度十大技术突破之一。该评论指出该技术能提高农业生产率，满足日益增长的人口需求。该评论还乐观地认为，在未来的 5～10 年内，基因组编辑改良的食物会逐步走上人们的餐桌。2016 年，中国科学院遗传与发育生物学研究所李家洋院士联合美欧科研人员，首次倡议了"基因组编辑农作物管理框架"[20]，为基因组编辑作物品种的研发与审定提供了科学可循的管理原则，进一步推进了基因组编辑的育种进程。

三、发展趋势和前景展望

基因组编辑技术的发展非常迅猛，一轮接一轮的重大进展不断涌现，一次次刷新着我们对该领域的认识，为生命科学的研究和相关产业带来颠覆性的变化，各国政府都高度重视基因组编辑的发展和应用。就基因组编辑技术而言，未来最重要的突破和挑战主要是：

（1）优化现有编辑技术，研发新型编辑工具，在精准性、安全性、稳定性、适用性等方面不断进行升级和完善；

（2）攻克如基因定点替换、插入等基因组编辑技术的难题，拓展基因组编辑应用的范围；

（3）研发新的基因组编辑衍生技术，实现基因组编辑与表观遗传学、合成生物学等多学科交叉，以推进生命科学研究的进步。

在产业化方面，基因组编辑在医疗健康领域的应用是目前最受关注的领域。Crispr Therapeutics、Editas Medicine 和 Intellia Therapeutics 等基因组编辑医药公司迅速成立并吸引了大量的投资。而基因组编辑育种由于精准度高、周期短、产品研发成本低且不受伦理争议，有可能最早实现产业化。种业巨头杜邦先锋公司更是明确表示基因组编辑将开启品种创新的新浪潮并为之带来丰厚的利润，提出在 2020 年实现基因组编辑玉米和小麦种子的规模化销售。因此，医疗健康和农作物育种是基因组编辑产业化的重要发展方向。而未来随着技术的不断完善，基因组编辑的药物开发、疾病防治、精准医疗、农作物育种、动物遗传改良等各项产业也将蓬勃发展。

基因组编辑是关乎我国未来发展的重要研究领域，加大发展力度对保证我国在该领域的领先优势及在未来的生物技术发展中占据领导地位具有重要意义。我国在未来的发展中还需重视：

（1）加强原创性技术的研发。基因组编辑由于核心专利掌握在西方发达国家手中，我国必须注重原始创新，研发具有自主知识产权的基因组编辑新技术、新方法。

（2）开展具有中国特色的研究，继续引领相关优势领域的研究潮流，保持国际竞争力。

（3）关注国计民生的重大方向，着力推进优势领域（如基因组编辑育种等）的成果转化，将基因组编辑产业和产品打造成为我国经济发展和现代化强国建设的一个重要支柱。

参考文献

［1］ Jinek M，Chylinski K，Fonfara I，et al. A programmable dual-RNA-guided DNA endonuclease in adaptive bacterial immunity. Science，2012，337(6096)：816-821.

［2］ Cong L，Ran F A，Cox D，et al. Multiplex genome engineering using CRISPR/Cas systems. Science，2013，339(6121)：819-823.

［3］ Mali P，Yang L，Esvelt K M，et al. RNA-guided human genome engineering via Cas9. Science，2013，339(6121)：823-826.

［4］ Wang H F，Russa M L，Qi L S. CRISPR/Cas9 in genome editing and beyond. Annual Review of Biochemistry，2016，85：227-264.

［5］ Komor A C，Kim Y B，Packer M S，et al. Programmable editing of a target base in genomic DNA without double-stranded DNA cleavage. Nature，2016，533：420-424.

［6］ Nishida K，Arazoe T，Yachie N，et al. Targeted nucleotide editing using hybrid prokaryotic and vertebrate adaptive immune systems. Science，2016，353(6305)：aaf8729.

［7］ Shalem O，Sanjana N E，Zhang F. High-throughput functional genomics using CRISPR-Cas9. Nature Review Genetics，2015，16：299-231.

［8］ Doudna J A，Charpentier E. Genome editing. The new frontier of genome engineering with CRISPR-Cas9. Science，2014，346(6213)：1258096.

［9］ Porteus M. Genome editing：A new approach to human therapeutics. Annual Review of Pharmacology and Toxicology，2016，56：163-190.

［10］ Garas L C，Murray J D，Maga E A. Genetically engineered livestock：Ethical use for food and medical models. Annual Review of Animal Biosciences，2015，3：559-575.

［11］ Puchta H. Applying CRISPR/Cas for genome engineering in plants：The best is yet to come. Current Opinion in Plant Biology，2016，36：1-8.

［12］ Xu S，Cao S S，Zou B J，et al. An alternative novel tool for DNA editing without target sequence limitation：The structure-guided nuclease. Genome Biology，2016，17：186.

［13］ Ma Y Q，Zhang J Y，Yin W J，et al. Targeted AID-mediated mutagenesis (TAM) enables efficient genomic diversification in mammalian cells. Nature Methods，2016，13：1029-1035.

[14] Zou Q J, Wang X M, Liu Y Z, et al. Generation of gene-target dogs using CRISPR/Cas9 system. Journal of Molecular Cell Biology, 2015, 7(6): 580-583.

[15] Niu Y, Shen B, Cui Y, et al. Generation of gene-modified cynomolgus monkey via Cas9/RNA-mediated gene targeting in one-cell embryos. Cell, 2014, 156 (4): 836-843.

[16] Liang P, Xu Y, Zhang X, et al. CRISPR/Cas9-mediated gene editing in human tripronuclear zygotes. Protein Cell, 2015, 6(5): 363-372.

[17] Woolf N. CRISPR: Chinese Scientists to Pioneer Gene-Editing Trial on Humans. https://www.theguardian. com/science/2016/jul/22/crispr-chinese-first-gene-editing-trial-humans [2017-04-05].

[18] Shan Q W, Wang Y P, Li J, et al. Targeted genome modification of crop plants using a CRISPR-Cas system. Nature Biotechnology, 2013, 31: 686-688.

[19] Wang Y P, Cheng X, Shan Q W, et al. Simultaneous editing of three homoeoalleles in hexaploid bread wheat confers heritable resistance to powdery mildew. Nature Biotechnology, 2014, 32: 947-951.

[20] Huang S W, Weigel D, Beachy R N, et al. A proposed regulatory framework for genome-edited crops. Nature Genetics, 2016, 48: 109-111.

Genome Editing

Chen Kunling, Gao Caixia

(Institute of Genetics and Developmental Biology, CAS)

Genome editing is one of the most important technology breakthroughs in life sciences in recent years. Through precisely modifying the DNA sequence in targeted genomic location, genome editing can create a variety of heritable changes, such as point mutations and gene insertions and replacements, thereby rewriting the genetic blueprints of biological traits. This has ushered in a new era of life science research marked by genome editing. The invention and wide applications of CRISPR/Cas9 system are revolutionizing not only the basic studies of life sciences but also the practices in medical, health, agricultural and related sciences. Artificial and precise regulation of life processes has now become a reality. In this article, we introduce the important progress in genome editing, discuss its future development, and explore the prospects for the commercialization of genome edited products.

2.6 转基因生物技术新进展

王友华 孙国庆 张春义

（中国农业科学院生物技术研究所）

转基因技术被誉为有史以来应用速度最快的技术，涉及农牧渔业、生物医药、环保、能源等诸多领域，已显示出巨大的经济、社会和生态效益，在满足国家粮食与生态安全、人民健康需求等方面起着不可替代的作用。近年来，转基因技术发展迅猛，全球转基因作物种植面积已达 1.8 亿公顷，转基因三文鱼获准上市则拉开了食用转基因动物商业化的序幕。下面将重点介绍近几年来转基因技术的重大进展。

一、国际重大进展

（一）植物转基因技术

当前，国际上转基因植物研发已从抗虫、抗除草剂等第一代产品向改善营养品质、提高产量、耐储藏等第二代产品，以及工业、医药和生物反应器等第三代产品转变，多基因复合性状正成为转基因技术研究与应用的重点。

1. 抗生物逆境

抗病是近年来抗生物逆境转基因植物的研发重点，已相继培育出了抗纹枯病、稻瘟病水稻，葡萄孢菌抗性烟草，抗炭疽病、白粉病和角斑病草莓，抗麻风病、柑橘溃疡病和青果病柑橘。利用多个不同功能基因的叠加来增强作物抗性已成为转基因抗生物逆境的新策略。抗虫 Bt 基因仍然是产业应用的重点。2013 年至今，全球相继有 133 例转基因抗虫玉米、油菜、棉花获准种植，占全部获批转基因作物的 43.6%。

2. 抗非生物逆境

研发工作主要集中在抗旱、耐盐碱、抗高温、耐低温转基因植物上。通过转录调控因子、激素合成、抗氧化保护、渗透调节、分子伴侣等功能基因的分离与应用，提高了植物对非生物逆境的抗性。2013 年，孟山都公司在美国西部推广种植全球第一例耐旱转基因玉米，2017 年又放开抗草甘膦转基因匍匐剪股颖（绿化用）的种植。抗非生物逆境转基因产品产业化应用最为广泛的是抗除草剂作物，2013 年以来已有 214 例进入产业化，占转基因作物种类总数的 70%。

3. 提高产量

目前研究主要集中在光合效率、淀粉合成、植株株型等功能基因的挖掘与利用方面。例如，通过提高磷酸核糖焦磷酸合酶活性以提高植物生物量；利用转基因技术提高黑麦草的代谢能力使产量增加了 40%；通过干扰 FUWA 基因的表达来优化水稻穗型、增大粒型；通过转 SUSIBA2 基因调节糖诱导的基因表达以加强淀粉合成，提高水稻产量。

4. 改良品质/营养强化

通过内源功能基因的修饰，同源、异源或人工合成等优质基因的转移和过表达可以改良作物的味道、口感等品质，或者提高叶酸、维生素、铁、锌等特殊营养物质含量。佛罗里达大学已培育出花青素增加的转基因柑橘；利用来自牛乳中的叶酸结合蛋白提升了谷物（水稻、小麦、高粱）和非谷物（马铃薯、香蕉）中的叶酸含量；通过转藻类基因芥蓝制造出富含 ω-3 脂肪酸健康因子的转基因芥蓝籽[1]。2017 年，美国批准了转基因菠萝的商业化，该菠萝使番茄红素大量积累并呈现粉色，比黄心菠萝具有更高的抗癌、保护心血管及防治多种疾病的功效。

5. 耐储藏

转基因耐储藏植物的产业化是除抗虫、抗草甘膦转基因植物外最为活跃的领域。转基因防褐化苹果于 2015 年获得美国 FDA 批准，已于 2017 年在美国上市。该技术通过抑制苹果中多酚氧化酶的产生，使其在切开之后不会迅速变为褐色。耐损伤及防褐化的转基因马铃薯也已获美国农业部批准。

6. 养分高效利用

该项研究主要聚焦于培育氮磷钾养分高效利用的转基因作物新品种上。例如，转细菌植酸酶基因玉米、小麦，其体内植酸水平降低，从而提高了铁和锌的含量[2]。通过转入编码铁调节蛋白促进了植物的微量元素摄取。

7. 药用/工业用

目前用于表达工业用/药用蛋白的植物种类在 20 种以上，表达的目标产品达上千种。利用番茄生产白藜芦醇和染料木黄酮，可用于保健与预防与甾类激素相关的癌症；利用抗轮状病毒转基因水稻，可以保护发展中国家的儿童免遭腹泻病的侵袭[3]；表达抗体病毒蛋白的转基因大豆，可用于抗击人类免疫缺陷病毒。2014 年，Mapp 公司利用转基因烟草生产的新药治愈了两位感染埃博拉病毒的美国人。此外，利用木质素合成基因获得木质纤维素，可用于生产生物燃料和生化原料。利用转基因番茄生产能够吸收紫外线和保护植物免受损害的物质，可用于化妆品生产。

8. 复合性状

利用多基因聚合获得复合性状转基因作物是近年来研究和产业化的重点。近五年来，全球批准种植的转基因作物中，具有抗虫、抗草甘膦、品质改良、抗旱等复合性状的转基因作物占 77%。2016 年，加拿大批准了还原糖水平降低、丙烯酰胺减少、具有损伤抗性的复合型转基因土豆的商业化。印度新德里国家植物基因研究中心将金针菇编码 C-5 固醇脱氢酶基因转入番茄中获得了多个性状，不仅抗旱、抗真菌感染，同时还富含铁和多不饱和脂肪酸。

（二）动物转基因技术

转基因动物研发主要涉及猪、牛、羊、鸡、鱼、猴、家蚕、果蝇等动物，在农业领域主要是改良动物种质资源，如提高抗病性与繁殖能力、改良肉质、促进生长等，在医药领域主要是用于药物生产、疾病模型、器官移植等。

1. 动物遗传改良

1) 动物转基因抗病育种

口蹄疫、牛结核病、禽流感、疯牛病、非典型肺炎（SARS）、肠炎型沙门氏菌和布病等动物源性人/畜禽共患病的爆发，引起了全球性恐慌，利用转基因技术开发的强抗病力的新品种已成为预防这些疾病传播的全新手段，尤其是利用小分子干扰RNA 技术，育成了抗禽流感的转基因鸡、抗蓝耳病的转基因猪、抗布氏杆菌的转基因羊等。

2）提高产量/改良品质

2015 年，美国转基因三文鱼的上市拉开了转基因食用动物商业化的序幕，该种三文鱼被转入生长激素基因，其生长速度比普通三文鱼快一倍[4]。过表达 FSH 基因提高了公猪的生精能力，有望培育出具有高繁殖性能的商品猪。另外，利用转入功能基因或敲除基因等技术，培育产肉量、肉品质、产毛率及毛品质提升的家畜新品种也一直是研发的重点。转生长激素基因斑马鱼的生长性能得到了提高。

2. 生物反应器

利用动物来生产抗体（疫苗）、干扰素、重组蛋白药物等一直是转基因动物研究的重要领域，主要的动物生物反应器包括血液、膀胱、乳腺，以及家蚕和禽类的卵。利用转基因动物生产的药用蛋白已达数百种，其中用于预防婴幼儿腹泻的转入溶菌酶基因的山羊、用于治疗成人及青少年遗传性血管性水肿的转基因兔、用于治疗儿童溶酶体酸性脂肪酶缺乏症的转基因鸡的鸡蛋已陆续在美国获得批准上市。

3. 转基因动物模型

利用转基因技术精确地失活或增强某些基因的表达来制作各种人类疾病的模型，对研究因基因突变而引起的各类遗传疾病致病机理具有十分重要的意义。在小鼠、猴、狗、猪等动物上，针对各类肿瘤/癌症、阿尔茨海默病、帕金森病、关节炎、肌萎缩、白化病、视网膜病变、夜盲症、糖尿病、自闭症、不育症等疾病已经建立起相关的动物模型。例如，通过对转 CRY1 小鼠的研究，确认此基因为糖尿病年龄依赖性基因[5]；通过对 cngb1 基因突变，得到了视网膜营养不良型的转基因狗。

4. 其他

转基因动物在人类器官移植、传染病控制、环境保护、工业品生产、稀有物种保护等方面也起着重要作用。利用转基因技术抑制猪器官在人体内的免疫排斥反应，能够为人类提供心、肝、肾、皮肤、角膜等人类所需的器官。利用含有转致死性基因的埃及伊蚊应对登革热、黄热病等蚊媒传染病，已用在澳大利亚、越南、印度尼西亚、哥伦比亚和巴西的 40 多个地区。哈佛大学正在开展的"反灭绝"基因研究，将已灭绝的西伯利亚长毛象 DNA 融合到近亲亚洲象基因组，未来将向世人展示具有长毛、耐冷等长毛象特征的"新型"大象。

二、国内研发现状

(一) 植物转基因技术

当前，我国转基因植物研发的整体实力已进入全球领先行列，已拥有抗病、抗虫、抗除草剂、抗旱、耐盐、耐高温、营养品质/籽粒性状改良等自主知识产权的重要基因与核心技术，在棉花、水稻、玉米等转基因植物的基础和应用研究方面也形成了自己的特色。

1. 抗生物和非生物逆境

2015 年，转基因抗虫水稻再获农业部生产应用安全证书。抗旱转基因小麦和大豆、抗黄萎病棉花等进入环境释放阶段，抗虫转基因玉米和抗除草剂转基因大豆进入生产性试验阶段，抗草甘膦玉米已完成生产性试验，产业化蓄势待发。从小麦、水稻及耐逆植物沙冬青、胡杨、苔藓植物中克隆的非生物逆境（盐碱、干旱、高温等）相关基因有质子泵焦磷酸酶、色素单氧酶、脱氢酶、羧酸合成酶、干旱等应答元件结合蛋白、脯氨酸转运蛋白等。

2. 产量提高

通过转基因技术提高作物产量的工作主要围绕株型、穗型、籽粒大小、光合效率、淀粉合成、生长激素转运、营养代谢等展开。在水稻中过表达 OsGly I 基因提高了水稻结实率和产量[6]，在烟草中过表达小麦棒曲霉素基因提高了种子产量，过表达玉米 ZmWx 基因可改良籽粒性状并提高玉米产量[7]，转 BIG GRAIN1 基因水稻的粒重增加。

3. 品质改良

国内营养品质改良转基因作物研发，主要集中在粮食作物、蔬菜、瓜果的氨基酸、蛋白质、微量元素强化方面。在橙色果肉的红薯中过表达 Or 基因增强了类胡萝卜素的积累；陆地棉中过表达 GhKCS2 基因使纤维长度、比强度、整齐度均得到提升[8]；2015 年，转植酸酶基因玉米再获农业部生产应用安全证书，具有良好的产业化应用前景。

4. 养分高效利用

提高养分利用的研究主要集中在根系生长发育、转运蛋白等功能基因的挖掘，以及养分高效基因型的筛选及表型分析上。利用缺钾特异性响应的启动子调控根发育相关基因的表达，能够显著提高对钾的吸收；过表达 PHO2 基因可以调控植物对磷的吸收[9]；转 EdHP1 基因可提高小麦对钾的吸收；C4 型磷酸烯醇式丙酮酸羧化酶基因在提高小麦氮素利用效率方面显示了潜在的应用价值。

5. 工业用/药用

我国在利用转基因植物生产药用蛋白领域进展显著，主要是利用水稻、玉米、番茄、马铃薯、烟草生产乙肝疫苗、狂犬病毒疫苗、人凝血 IX 因子、降钙素等。其中，利用水稻生产的人血白蛋白已注册并在国内及欧美地区销售；高抗性淀粉转基因水稻成为糖尿病患者和减肥人士的福音；转 ACEI 基因水稻能够让"血管紧张素转化酶抑制剂"在稻米中高效表达，从而起到促进血管扩张、抑制血压上升的作用。

（二）动物转基因技术

1. 动物遗传改良

动物转基因抗病育种研究进展显著。在国际上首次获得的靶向 FMDV 的 siRNA 转基因克隆猪，具有抑制口蹄疫病毒复制的能力[10]；双基因抗流感转基因猪具有显著的抗病毒、抑制病毒传播的能力，其相关疾病的感染率减少 30% 以上；小鼠 SP110 基因牛对牛结核分枝杆菌感染的抗性增强；抗腹泻转基因猪已进入环境释放阶段，抗蓝耳病转基因猪进入中间试验阶段。在产量方面，过表达 PGC1α 的转基因猪的肌肉含量提高，过表达生长素的转基因羊促进了山羊乳腺的发育。在品质改良方面，导入 fat1 和 fat2 基因使得转基因鱼获得了从头合成 ω-3 多不饱和脂肪酸的能力；转 CuZn-SOD 基因猪的肌肉抗氧化性能显著提高[11]。

2. 动物生物反应器

利用动物生物反应器生产抗凝血酶、乳铁蛋白和疫苗等一直是研发重点，部分工作已进入世界前列。例如，已育成世界第一头赖氨酸转基因克隆奶牛；表达乳铁蛋白的转基因鸡可为大众提供乳铁蛋白源；利用家蚕生物反应器生产猪圆环病毒、猪戊型肝炎病毒、人乳头瘤病毒、新城疫、禽流感等疫苗，以及鸡、猪、犬的 α、γ、ω 和复合干扰素取得重要进展，其中鸡 α 干扰素的生产已获得农业部转基因生物安全证书。

3. 动物模型与药物筛选

已针对人类神经系统疾病、肿瘤、阿尔茨海默病、自闭症、关节炎等建立了转基因动物模型。例如，转 hSOD1 突变基因猪出现肌萎缩侧索硬化症，携带人类自闭症基因 MECP2 的转基因猴表现出类似人类自闭症的刻板行为与社交障碍[12]。在药物筛选方面，获得了突变 g6pd 基因的转基因斑马鱼，在治疗葡萄糖-6-磷酸脱氢酶缺乏症（G6PDD）的药物筛选中起了重要作用[13]。

4. 其他

旨在为人体提供移植器官的转育因猪研究已接近产业化应用，可用于制备人体心脏、肝脏、肺、肾等器官。预计 2017 年有望将猪的眼角膜和皮肤用于临床试验，一年后可用于人体。已通过体细胞核转移技术获得了克隆猪，该技术有望成为选育优良品种、扩大群体，以及保护濒危物种的一种重要方法[14]。利用转基因技术获得了能同时合成分泌蜘蛛牵引丝蛋白 1 和蛋白 2 的家蚕品种，既可用于蜘蛛丝的开发利用，也可用于提高蚕丝的机械性能。

三、趋势及展望

生物组学、计算生物学、合成生物学的快速发展，使得各类重要功能基因资源的挖掘呈现出系统化、规模化和高通量的特点。转基因技术的应用已经逐步从农业、医药领域向健康、环保、材料等行业渗透。

1. 重要功能基因资源的获得将呈指数级上升

从动植物、微生物中大量挖掘品质改良、抗性提升、养分高效利用等功能基因是当前生物技术研究的重点。第三代基因组测序及生物信息分析技术、全基因组关联分析技术、高通量基因分型等新技术、新方法的发展，为规模化、高通量基因筛选提供了快捷的手段。蛋白质组学、代谢组学、表观组学、表型组学等新兴学科的兴起，为农业生物技术的发展注入了新的推动力，在基因互作与网络调控解析领域发挥着重要作用。

2. 生物新产品的智能设计将成为下一代转基因生物的研发高地

随着生物技术的发展，单个基因所产生的生物新性状已无法满足人类发展的需求，利用多个基因融合组装成模块，并实现更高一级的生物性状将成为未来转基因生物研发的重点。利用在微生物、动植物中挖掘鉴定的关键调控基因及互作网络，可以进行基因模块组装与优化设计。在此基础上，结合外界环境条件的特异性，人类可以提出最佳的育种分子模块组装和新品种设计方案，最终实现转基因生物产品的智能化设计。确保转入多基因模块在生物体内稳定表达与遗传将是未来的重大挑战之一，需要从多基因模块间互作机理解析、多基因模块理想插入位点探寻等多方面着手开展研究。

3. 新一代转基因作物的产业化将不断加速

与以防治病虫草害为目标的第一代转基因作物相比，转基因植物将从同一功能基因应用于不同作物种类，向一种作物种类同时拥有不同性状功能的方向发展。新一代转基因植物将围绕改良产品品质、增加营养、多基因聚合进行，兼具抗虫、抗除草剂、抗干旱和增加特殊物质含量等多种特性的转基因作物将具有更为广阔的市场前景。同时，由于全球气候多变，极端天气不断增多，应对特殊生境的转基因作物将陆续推出，用于抵御高温、寒潮、水涝、干旱、大风等带来的粮食减产或绝收。经基因改造的耐盐碱、营养吸收效率提升的植物，将有助于充分开发和利用盐碱、滩涂、贫瘠等地区的土地，拓宽作物种植领域，保障农业安全。

4. 转基因动物将从研发走向产业化

转基因三文鱼的商业化是全球第一例食用型转基因动物，利用转基因山羊、兔、鸡生产的蛋白药物已经陆续获准上市。未来用转基因动物生产胰蛋白酶、人血红蛋白、人乳铁蛋白等蛋白药物将会是产业化的主要方向，而提高动物生长速度、改善动物肉品质等也将成为未来产业化的主要突破点。随着蛋白质组、转录组、表观组测序技术及大数据信息分析的快速发展，与生长发育、代谢调控、组织再生、繁殖、疾病、衰老等性状相关的功能基因将不断被挖掘和应用，利用转基因技术构建这些基因的功能活体模型，可广泛应用于药物筛选、新型药物开发、人类增寿、重大疾病的预防与治疗等，为保障人类健康作出重要贡献。

参考文献

[1] Usher S, Haslam R P, Ruiz-Lopez N, et al. Field trial evaluation of the accumulation of omega-3 long chain polyunsaturated fatty acids in transgenic Camelina sativa: Making fish oil substitutes in plants. Metabolic Engineering Communications, 2015, 2: 93-98.

[2] Sharma V, Kumar A, Archana G, et al. Ensifer meliloti overexpressing Escherichia coli phytase gene (AppA) improves phosphorus (P) acquisition in maize plants. The Science of Nature, 2016, 103: 76.

[3] Tokuhara D, Álvarez B, Mejima M et al. Rice-based oral antibody fragment prophylaxis and therapy against rotavirus infection. The Journal of Clinical Investigation, 2013, 123(9): 3829-3838.

[4] Ledford H. Salmon is first transgenic animal to win US approval for food. Nature News, 2015-11-19, doi: 10. 1038/nature. 2015. 18838.

[5] Okano S, Hayasaka K, Lgarashi M, et al. Characterization of age-associated alterations of islet function and structure in diabetic mutant cryptochrome 1 transgenic mice. Journal of Diabetes Investigation, 2013, 4(5): 428-435.

[6] Zeng Z, Xiong F, Yu X, et al. Overexpression of a glyoxalase gene, OsGly I, improves abiotic stress tolerance and grain yield in rice. Plant Physiology and Biochemistry, 2016, 109: 62-71.

[7] 张举仁, 赵丫杰, 王慧, 等. 玉米 ZmWx 基因在提高玉米产量和改良籽粒性状中的应用. 中国: CN105349559A, 2016-02-24.

[8] 中国农业科学院棉花研究所. 陆地棉转化事件 ICR24001 及其特异性鉴定方法. 中国: CN106191104A, 2016-12-07.

[9] Xiang O, Xia H, Zhao X, et al. Knock out of the PHOSPHATE 2 gene TaPHO2-A1 improves phosphorus uptake and grain yield under low phosphorus conditions in common wheat. Scientific Reports, 2016, 6: 29850.

[10] Chen C, Sheng J. Transgenic shRNA pigs reduce susceptibility to foot and mouth disease virus infection. Elife Sciences, 2016, 33: S213.

[11] 王守栋, 房国锋, 曾勇庆, 等. F1 代转 CuZnSOD 基因猪的制备与研究. 畜牧兽医学报, 2016, 47(1): 16-24.

[12] Liu Z, Li X, Zhang J, et al. Autism-like behaviours and germline transmission in transgenic monkeys overexpressing MeCP2. Nature, 2016, 530: 98-102.

[13] 何志旭, 舒莉萍, 周艳华, 等. 转基因斑马鱼模型在筛选治疗 G6PD 缺乏症的药物中的应用. 中国: CN105950657A, 2016-09-21.

[14] Wei H, Qing Y, Pan W, et al. Comparison of the efficiency of banna miniature inbred pig somatic cell nuclear transfer among different donor cells. Plos One, 2013, 8(2): e57728.

Transgenic Research

Wang Youhua，Sun Guoqing，Zhang Chunyi

(Biotechnology Research Institute，Chinese Academy of Agricultural Sciences)

Genetic modification，the core of biotechnology，has undergone the fastest development to date and has been widely applied in agriculture，livestock farming，fishery，biomedicine，environmental conservation，energy and so on. Achievements in both transgenic plants and animals have embodied tremendous potential in sustainable development of society and economy，and played irreplaceable roles in meeting the needs of food security and ecological safety. In 2015，the worldwide planting area of genetically modified crops reached 180 million hectare，and the first genetically modified salmon fish was approved for public consumption，reflecting an evident trend in commercialization of genetically modified organisms. This paper has reviewed the recent progress and breakthrough in transgenic research inside and outside China，and proposed the trends in research and development of transgenic biotechnology.

2.7 新型生物农药——RNA 杀虫剂新进展

苗雪霞

（中国科学院上海植物生理生态研究所）

近年来，为了减少病虫害造成的作物产量损失，满足日益增长的粮食需求，我国已经成为全球化学农药生产和使用的第一大国。这不仅造成了严重的环境污染，而且带来了食品安全、农药残留、害虫抗性增强及害虫再猖獗等一系列问题。这类问题也不同程度地存在于世界其他国家和地区。因此，急需开发出更加安全、高效、无污染的新型生物农药。生物农药的种类有很多，其中 RNA 杀虫剂是最新的一种，取得了重大的新进展。下面将重点介绍人类将 RNA 干扰（RNA interference，RNAi）技术应用于防治害虫的探索，特别是近年来利用该技术开发新型生物农药——RNA 杀虫剂的新进展并简要展望其未来。

一、国际重大研究进展

RNAi 技术是生物学领域具有里程碑意义的重要发现，已经被广泛应用于生物学研究的很多领域，解决了许多困扰生命科学多年的科研难题。研究人员可以利用 RNAi 技术来研究任意基因的功能，对生命科学的发展产生了深远的影响。昆虫学家在利用该技术进行基因功能的研究中发现，抑制昆虫生长发育过程中某些重要基因的表达，可以导致昆虫死亡。受到这些研究结果的启发，昆虫学家正努力将该技术应用于农业害虫的防治。

（一）RNAi 的机理及其在害虫防治中的应用探索

1. RNAi 的作用机理

RNAi 是由双链 RNA（double strand RNA，dsRNA）启动的基因沉默现象。它是一种天然存在的机制，是生物体在长期的自然进化过程中演化出来的抵抗病毒感染的一种自我保护机制[1]。

经过长期的研究，科学家已经解读了生物体遗传信息的传递过程。生物的遗传信息（基因）是以 DNA 的形式存于细胞核中，当需要制造某种蛋白质的时候，基因中携带的遗传密码被复制到信使 RNA 链上并游出细胞核，在细胞质里负责蛋白质合成的机器（核糖体）将不同的氨基酸按照信使 RNA 链上的密码装配起来，源源不断地制造出需要的蛋白质，直至接到"停产"的命令。RNAi 就是其中的一种"停产"命令，其信号分子就是一段 dsRNA，它可以诱导出一些特殊蛋白并将信使 RNA 切割成非常短的碎片，这些碎片上不可能有完整的遗传指令，因此无法再指挥合成有功能的蛋白质。由此可知，RNAi 只是暂时性降低或关闭某个基因的功能，不会改变生物的基因组，因此没有遗传性。

2. 将 RNAi 技术用于害虫防治的探索

在利用 RNAi 技术进行昆虫基因功能研究时发现：昆虫中某个重要基因在表达过程中被中断后，可能会导致昆虫生长发育的异常或死亡。因此，昆虫学家试图将该技术应用于害虫防治，并进行了一系列的探索，证明通过注射、浸泡或饲喂特定基因的 dsRNA 可以达到杀虫的目的[2-4]。为了获得更加简便的应用技术，将 dsRNA 喷洒在虫体或植物上，发现 dsRNA 喷雾同样可以导致昆虫死亡。这一发现为将 dsRNA 制备成杀虫剂提供了可能。进一步对 dsRNA 在环境中的稳定性进行研究发现，dsRNA 具有相对的稳定性，在低温条件下可以保存三个月以上，而在室外光照条件下，可以稳定一个月左右，具备作为一种生物杀虫剂的基本要求[5]。

研究人员还发现，利用植物来表达昆虫靶标基因的 dsRNA，当昆虫取食植物时就可以发挥杀虫作用，这些研究结果为 RNAi 技术应用于害虫防治提供了新的证据和应用策略。经过多年的探索和技术改进，2015 年，德国马普研究所的一项研究发现，在植物叶绿体中表达昆虫的 dsRNA，可以在植物中富集更多的 dsRNA，昆虫取食后的死亡率会显著提高[6]。这一研究结果为 dsRNA 转基因植株在害虫防治中的应用提供了更加光明的前景。

3. 将 RNAi 技术用于害虫防治的策略

十多年的研究结果表明，将 RNAi 技术应用于害虫防治主要有两种策略：一是利用植物转基因技术；二是将 dsRNA 直接作为杀虫剂使用（RNA 杀虫剂）。

植物转基因技术是通过在植物中表达昆虫的 dsRNA 来起抗虫作用[6-8]。这种方式的最大优势是应用简便，农民仅需要把表达昆虫 dsRNA 的种子播种到田里就可以发挥抗虫效用。研究人员可以根据需求在作物各个部位表达 dsRNA，也可以利用组织特异性启动子技术，仅在害虫的取食部位定时、定点表达 dsRNA，实现害虫的精准防控，减少作物的能量消耗，从而保障作物产量和质量不受影响。这种应用策略将是未来"精准农业"的重要发展方向。

RNA 杀虫剂是将 dsRNA 制备成各种剂型，像传统的杀虫剂一样，在害虫发生的时候喷洒，通过害虫接触或取食起杀虫作用[9,10]。这种方式的最大优势是使用灵活，还可以避免转基因作物长期的选择压力而使害虫产生抗性。同时，由于不使用转基因技术，不需要对作物进行基因组修饰，不会影响作物的正常性状，也不会对生态环境造成任何影响。

（二）RNAi 技术用于害虫防治的优势

1. 可以根据目标害虫"定制"特异杀虫剂，对人和其他生物安全

RNA 杀虫剂的最大优势是可以实现害虫种类专一性防治，从而有效保护传粉昆虫及天敌昆虫[9,11]。例如，蜂群崩溃综合征是由一种叫瓦螨的节肢动物引起的蜂群大量死亡的病害。由于螨虫寄生在蜜蜂身上，要想研制出只杀死螨虫又不伤害蜜蜂的杀虫剂非常困难。以色列的 Beeologics 公司就利用 RNAi 技术具有物种专一性的优势，发明了一种针对螨虫特异序列的 RNA 杀虫剂，只要给蜜蜂饲喂含有这种杀虫剂的糖水就能将螨虫杀死，而且不会影响蜜蜂的生存和繁殖。

已有的研究结果也表明，即使非常近缘的种类，也可以通过基因序列的特异性达到只杀死其中一个物种而不影响其他物种的目的[9]。利用 RNA 杀虫剂具有物种专一

性的优势，根据目标害虫来"定制"特异性的杀虫剂，可以实现对目标害虫的精准防控，而不会影响人和其他生物的安全。可以说，dsRNA 是一种真正绿色环保的新型生物杀虫剂。

2. 研制速度快，产品更新换代容易

传统的抗虫育种或利用转基因技术育种都是一个比较漫长的过程，仅技术成熟就需要 5～7 年时间，另外还需要完成各种法规监管程序，从开始研究到进入市场平均需要 13 年的时间。而开发一种新型的 RNA 杀虫剂要快很多。研究人员可以在实验室内快速完成对 RNA 制剂的各种测试，加上田间测试 3～5 年内就可以完成。更为重要的是，一旦害虫对某种 RNA 杀虫剂产生了抗性，仅需要将靶标基因的序列稍作调整就可以解决问题。

3. dsRNA 可以批量生产，且价格低廉

将 dsRNA 作为杀虫剂用于农业生产的首要条件是能够低成本批量生产。除了转基因作物，目前最好的工业生产方法是发酵生产和化学合成[12]。其中利用工程菌表达、发酵生产及提纯的技术已经成熟，只是目前还没有进行产业化生产。化学合成 dsRNA 的价格已经从 2008 年的 1.25 万美元/克降至 2015 年的 4 美元/克[13]。孟山都公司的报道还特别强调，杀死 1 英亩①作物上的马铃薯甲虫仅需要 0.1 克的 dsRNA。因此，化学合成 dsRNA 的技术已经完全满足批量生产及在农业生产中推广应用的要求。

（三）国际知名跨国公司的研发现状

国际上几家著名的大型农业生物技术公司都已经投入了大量的资金进行 RNA 杀虫剂的研发。例如，德国的拜耳、瑞士的先正达、美国的杜邦先锋及孟山都等几家公司都在积极利用 RNAi 技术开发相关的产品。拜耳主要开展了对棉花和水稻的 RNAi 抗虫研究。先正达主要从事 RNAi 技术在害虫防治方面的研究，其开发的相关产品已经进入田间试验阶段。杜邦先锋也启动了大豆和玉米的 RNAi 抗虫研究，每年投入 3000 万美元进行前期的基础研究。

目前，进展最快的是美国的孟山都。在农业领域，孟山都与 Alnylam 合作投入 2920 万美元用于农业 RNAi 技术的开发，此外，还于 2013 年与陶氏化学互相授权了 RNAi 技术在玉米抗虫、抗除草剂方面的研究成果，并启动了一项为期十年的研发计划，每年投入 2000 万美元用于 RNAi 相关新产品的开发。2016 年 9 月，孟山都在第二十五届国际昆虫学大会上宣布，将于 2018～2020 年推出第一款商品化的 RNA 喷雾

---

① 1 英亩≈4046.86 平方米。

剂，主要用于马铃薯甲虫的防治，因为这种害虫已经对 60 多种化学杀虫剂产生了抗性。此外，该公司已经将 RNAi 技术与 Bt 转基因技术相结合，开发出具有三种性状的转基因玉米（SmartStax Pro）。

二、国内研发现状

我国在利用 RNAi 技术进行害虫防治的研究领域起步较早，起点也很高。早在 2007 年，中国科学院上海植物生理生态研究所的陈晓亚院士团队与美国的孟山都同时在国际著名期刊 *Nature Biotechnology* 上发表了具有里程碑意义的研究成果，证明了利用植物表达昆虫靶标基因的 dsRNA 可以起抗虫作用。由此引发了国内外的研究热潮。国内多个研究团队相继在棉铃虫、亚洲玉米螟、小菜蛾、稻飞虱、甜菜夜蛾及东亚飞蝗等重要农业害虫中进行了杀虫靶标筛选、应用技术探索及杀虫效果测试。但是，由于我国对该领域的基础研究和技术研发重视程度不够，经费投入也不足，尤其是缺乏"产学研"结合的研发体系，尽管也有农业生物技术公司的早期介入，还是丧失了 RNAi 相关产品开发的先机，至今没有开发出可以商品化的 RNA 杀虫剂产品或转基因抗虫作物新品种。

近年来，随着环保和健康意识的逐渐增强，绿色无公害农药的研发越来越受到重视，特别是"大众创业，万众创新"理念的提出，为加快科技成果的转移转化提供了新的机遇。中国科学院科技促进发展局于 2013 年启动了"新型生物农药"研发项目，重点部署了 RNA 杀虫剂的研发内容，为参与国家 2016 年启动的化肥农药"双减"重点研发计划奠定了基础。国家重点研发计划的实施，有望在未来的 5～10 年里，进一步加强我国在该领域的基础和应用研究，开发出具有自主知识产权的 RNA 杀虫剂新产品，为降低化学农药用量、保护环境做出贡献。

我国在利用 RNAi 技术进行靶标筛选及基因功能验证的团队有很多。目前，致力于利用 RNAi 技术进行应用研究的机构和团队主要有如下几个。

（1）中国科学院上海植物生理生态研究所陈晓亚院士团队。该团队以棉花和棉铃虫为研究对象，利用植物介导的 RNAi 技术来削弱昆虫的防御系统，从而减少化学农药的用量。

（2）中国科学院上海植物生理生态研究所苗雪霞研究员团队。该团队以亚洲玉米螟和棉铃虫为主要研究对象，致力于开发 RNA 杀虫剂新产品。该团队建立了重要农业害虫靶标基因的高通量筛选方法，构建了多种农业害虫的靶标基因库及有效的田间应用策略（如喷雾和灌根）。目前主要致力于提高鳞翅目昆虫 RNAi 效率的研究。

（3）中山大学张文庆教授团队。该团队以水稻和褐飞虱为研究材料，致力于靶标基因的筛选和转基因作物研究。此外，该团队还进行了重要农业害虫甜菜夜蛾靶标基因筛选和功能验证研究。

（4）山西大学应用生物研究所的张建珍教授团队。该团队主要致力于利用 RNAi 技术筛选东亚飞蝗的杀虫靶标，并进行了一系列的功能研究和应用效果测试工作。

三、未来展望

据 2014 年预测，全球农药产量将从 2013 年的 230 万吨增至 2019 年的 320 万吨。而我国化学农药的产量已经于 2016 年达到了 377.8 万吨，相当于每天要把一万多吨的化学农药喷洒在各种作物上。大量化学农药的使用，不仅造成了严重的环境污染，而且使病虫的抗性迅速增强。为了保障作物的产量，不得不提高农药的用量或增加喷药次数，已经形成了严重的恶性循环，对人民健康和生态环境的影响不容小觑。因此，未来几年内，生物农药研发领域面临的重大挑战是：如何利用现代分子生物学技术，开发出对目标害虫专一性强、高效、低成本、无毒、无残留、对生态环境无伤害的新型生物农药。

利用 RNAi 技术开发的 RNA 杀虫剂不仅可以满足上述要求，而且还可以实现"精准农业"的目标。自从发现该技术可用于开发新型生物农药以来，国际上各大生物农药公司均投入了大量的人力物力进行研发，新产品上市已经进入到最后的冲刺阶段。国际上第一例 RNA 杀虫剂产品将在未来2～3年内问世。除此之外，利用 RNA 干扰技术开发的除草剂、杀菌剂和抗虫作物都已经取得突破性进展。因此，将 RNA 作为生物农药，有可能带来农药行业的绿色革命。

为了使我国在这一新型生物杀虫剂的研发领域拥有一定的话语权，并在该领域占有一定的市场份额，急需加大研发力度，早日研制出具有自主知识产权的 RNA 杀虫剂新产品。

参考文献

[1] Olson K E, Blair C D. Arbovirus-mosquito interactions: RNAi pathway. Current Opinion in Virology, 2015, 15: 119-126.

[2] Yu X, Siddarame G, Killiny N. Double-stranded RNA delivery through soaking mediates silencing of the muscle protein 20 and increases mortality to the Asian citrus psyllid, Diaphorina citri. Pest Management Science, 2017, doi: 10. 1002/ps. 4549.

[3] Ghosh S K, Hunter W B, Park A L, et al. Double strand RNA delivery system for plant-sap-feeding insects. PloS One, 2017, 12(2): e0171861.

[4] Xu J, Wang X F, Chen P, et al. RNA interference in moths: Mechanisms, applications, and progress. Genes, 2016, 7(10): 88.

[5] Li H, Guan R, Guo H, et al. New insights into an RNAi approach for plant defence against piercing-

sucking and stem-borer insect pests. Plant, Cell and Environment. 2015,38(11):2277-2285.

[6] Zhang J, Khan S A, Hasse C, et al. Full crop protection from an insect pest by expression of long double-stranded RNAs in plastids. Science,2015,347(6225):991-994.

[7] Wang X Y, Du L X, Liu C X, et al. RNAi in the striped stem borer, Chilo suppressalis, establishes a functional role for aminopeptidase N in CrylAb intoxication. Journal of Invertebrate Pathology, 2017,143:1-10.

[8] Ni M, Ma W, Wang X, et al. Next-generation transgenic cotton: Pyramiding RNAi and Bt counters insect resistance. Plant Biotechnology Journal, 2017, doi: 10. 1111/pbi. 12709.

[9] Zhang H, Li H, Guan R, et al. Lepidopteran insect species-specific, broad-spectrum, and systemic RNA interference by spraying dsRNA on larvae. Entomologia Experimentalis et Applicata, 2015: 155:218-228.

[10] Rodrigues T B, Figueira A. Management of insect pest by RNAi—a new tool for crop protection. 2016, doi: 10. 5772/61807.

[11] Joga M R, Zotti M J, Smagghe G, et al. RNAi efficiency, systemic properties, and novel delivery methods for pest insect control: What we know so far. Frontiers in Physiology, 2016, 7:553.

[12] Palli S R. RNA interference in Colorado potato beetle: Steps toward development of dsRNA as a commercial insecticide. Current Opinion Insect Science, 2014, 6:1-8.

[13] de Andrade E C, Hunter W B. RNA interference —Natural gene-based technology for highly specific pest control (HiSPeC)//Abclurakhmonov I Y. RNA Interference, 2016, doi: 10. 5772/61612.

RNA Insecticides

Miao Xuexia

(Shanghai Institute of Plant Physiology and Ecology, CAS)

China has become the first power country of chemical pesticides production and application in the world. In order to reduce the application of chemical pesticides, we need to develop a new type bio-pesticide, which should have target pests specificity, high efficiency, low cost, non-toxic, no residue, and no harm to the ecological environment. RNA interference (RNAi) is a gene silencing mechanism triggered by dsRNA. RNAi technology is mainly used to study the gene function. When insect ingested dsRNA targeting to some key genes，it can lead to death or abnormal development of insect. RNAi technology can be used in insect pest control by expressing dsRNA of insect specific target genes in transgenic plants. DsRNA also can be used as bio-insecticides just by spraying onto the insects to realize the species specific insect pest control. RNAi technologies are cost-effectively，biological safety and environmentally friendly new type bio-insecticides. Commercial RNA insecticides products will be on the market in the next 2-3 years by Monstanto Company. In order to develop new products of RNA insecticides with independent intellectual property rights，we need to intensify research and development as quickly as possible.

2.8 纳米生物技术新进展

陈义祥[1]　申有青[2]　王树涛[1]

（1. 中国科学院理化技术研究所；2. 浙江大学）

纳米生物技术是指用于研究生命现象的纳米技术。它把纳米技术与生物学结合起来，从微观角度来观察生命现象，以对分子的操纵和改性为手段来解决目前生物学问题。该技术涉及物理学、化学、机械学、材料学、电子学、计算机科学、生物学、医学等众多领域，有可能引发新的生物学革命。世界各国都非常重视纳米生物技术，并取得了重要的成就。下面重点介绍该技术的发展现状并简要展望其未来。

一、国际重大进展

纳米生物技术最重要的应用目标是利用新兴的纳米技术解决医药和生物学研究上遇到的问题。国际上最近的研究主要集中在四个方面：体内诊断、体外诊断、体内疗法和可植入纳米材料[1]。

1. 体内诊断

在纳米药物中，纳米材料通常用作医学解剖和功能成像的造影剂，使人体的内部结构可视化，以帮助临床医生描绘组织从病变到健康的全过程，并为医生提出适当的治疗手段奠定基础。纳米颗粒已广泛应用到电子计算机 X 射线断层扫描技术（CT）、磁共振成像（MRI）、放射性物质成像［如正电子发射型计算机断层显像（PET）和单光子发射计算机断层成像技术（SPECT）］、荧光成像技术、光声成像技术中。例如，在计算机断层扫描技术方面，研究人员开发出金纳米团簇、$NaGdF_4$ 纳米颗粒等并把它们作为 X 射线成像的造影剂，来解决软组织 CT 成像中敏感性差的问题。

2. 体外诊断

纳米颗粒也可用于体外分子、细胞和组织的诊断中。在这种诊断中，纳米颗粒的功能是识别生物体液样品中与患者健康相关联的特征生物分子。把镶有配体的纳米颗粒作为传感器，可以识别特征生物分子。例如，由于经配体修饰的蛋白质会导致纳米颗粒交联，所以改变纳米颗粒的溶液颜色就可以让观察者清楚地观测到蛋白质集聚状态的改变。基于这种想法，科学家开发出快速比色 DNA 传感技术等，并把它们应用到临床中。纳米技术降低了检查限，可以应用到高通量、多路复用、高灵敏度的生物指标的检测中，有利于促进基于荧光显示、等离子体共振、表面增强拉曼散射筛选等体外诊断技术的整体进步。

3. 体内疗法

在体内疗法中，纳米颗粒主要用在癌症治疗上。大量的文献数据显示，纳米颗粒在减少裸露药物的不良影响方面效果非常有限甚至无效，因此需要进一步的研究以提高效果。提高效果的关键在于通过精确控制纳米材料的性能和功能来改善纳米释放系统的设计。多数纳米颗粒在治疗癌症的方案中是作为细胞毒素药物来抑制肿瘤的生长，在新兴的纳米药物治疗方案中，无机纳米粒子本身也被用作治疗剂。例如，$Gd@C_{82}(OH)_{22}$ 纳米颗粒具有提高人体免疫力和干扰肿瘤转移的效果，能耐受体内和体外毒性。在此基础上诞生了与经典"杀死癌症"疗法不同的"限位癌症"疗法。此外，在最有前途的光热治疗癌症方法中，无机纳米颗粒可以充当热源并由光或交变磁场来诱导产生高热以杀死癌细胞。这种治疗方法中也可以加入其他一些药物。

4. 可植入纳米材料

设计并合成出的纳米材料既可以用来输运药物，也可以用作药物来治疗疾病，还可以植入并保存在体内以发挥新的功能。纳米尺度表面建模的研究结果显示，纳米材料与组织工程结合后，表现出前所未有的性能。其中碳纳米结构［如单壁或多壁碳纳米管（SWCNT／MWCNT）、石墨烯、碳管、富勒烯等〕由于具有独特的化学结构而表现出来良好的机械强度和有用的电子特性。它们具有生物相容性，功能化后可促进许多类型细胞的生长和增殖。例如，添加了多壁碳纳米管的水凝胶生物材料，可用于药物释放等。

二、国内研究现状

近年来，我国在纳米生物技术的研发方面发展迅猛。最近，美国化学会 ACS NANO 的综述文章[1]显示，我国研究者发表的论文数占引用文献的近 1/4，这表明在国际纳米生物技术领域，我国已从"跟跑"状态变为"并跑"。目前，国内有包括研究所、大学和企业在内的数百家单位在从事与纳米生物技术相关的研发工作，取得的代表性研究成果如下。

第一，在抗药物成瘾性方面。国家纳米科学中心梁兴杰研究员团队及其合作者，研究了单壁碳纳米管治疗抗甲基苯丙胺所致精神依赖性的效果及作用机制，揭示了单壁碳纳米管对甲基苯丙胺所致精神依赖性起显著的逆转作用，以及不同构型的单壁碳纳米管的不同作用[2]。

第二，在生物分子定量检测方面。东南大学顾宁教授团队利用 T7 噬菌体的可修饰性及快速生长繁殖的特性，采用生物分子操作技术与纳米合成修饰技术，制备出一种特殊的探针（一个纳米金上修饰一个 T7 噬菌体），实现了一个肉眼直接计数的可寻址的绝对定量检测策略[3]。

第三，在纳米材料的安全性及毒理学机制方面。国家纳米科学中心赵宇亮研究员团队及其合作者，研究了 MoS_2 纳米片对抗耐氨苄西林的革兰氏阴性大肠杆菌及革兰氏阳性内生孢子型枯草杆菌的效果。这种新型多功能纳米 MoS_2 抗菌体系具有拟酶催化活性高、易于快速被细菌捕获、协同抗耐药菌效率高等优势，为纳米抗菌体系在表皮伤口抗菌治疗中的应用拓展了新思路[4]。

第四，在肿瘤的早期诊断及肿瘤转移的检测方面。中国科学院理化技术研究所王树涛研究员团队在分子识别和拓扑相互作用的基础上，设计出具有多重匹配功能的生物界面材料，最终实现了对循环肿瘤细胞的超高灵敏和高特异性检测[5]。这种方法已成功应用于临床，是一种简单方便且高度灵敏的早期癌症的检测方法，对癌症早期的诊断与研究具有重要意义。南京大学蒋锡群教授团队提出一种连续放大肿瘤微环境信号的策略，创制出一种对酸化和乏氧可以产生连续响应的大分子光学探针。这种探针在正常组织中发射出较弱的红色荧光，但在进入实体肿瘤之后会首先对肿瘤的微酸性微环境进行响应，然后通过波长移动/荧光强度增强的连续响应，最终有效地实现对肿瘤微环境信号的两步放大，提高探针对肿瘤检测的灵敏性和专一性[6]。

第五，在肿瘤治疗方面。苏州大学陈华兵教授团队及合作者在肿瘤三模态成像及光热治疗方面取得新突破，构建出具有高粗糙度的 $\gamma Fe_2O_3@Au$ 纳米花行结构，有效增强了肿瘤拉曼成像的信号，实现了高精度、高空间分辨的三模态肿瘤协同成像。在此基础上，进一步通过光热效应，实现了高效的肿瘤光热治疗[7]。

哈尔滨工业大学贺强教授团队及合作者，利用叠层自组装技术，把金纳米颗粒、壳聚糖和海藻酸钠制成了脂质双层微胶囊，并用 l-PC、l-PA、DSPE-PEG2000 和 folate-DSPE 进行修饰。与单金纳米棒相比，该金纳米颗粒所产生的蒸气泡可以更高效地抑制肿瘤生长[8]。

苏州大学刘庄教授团队利用分子影像手段与纳米光热试剂，提出了光热介导肿瘤免疫治疗新策略，发现其在体内可产生肿瘤相关抗原并诱导出抗肿瘤免疫反应。如果把这种新策略与临床使用的免疫检查点抑制疗法（如 CTLA 抗体）结合，可对体内隐匿转移病灶实施有效杀灭，并通过免疫记忆抑制肿瘤的复发。这种策略有望为肿瘤治疗提供全新的思路[9]。

中国科学院理化技术研究所汪鹏飞研究员团队，利用"功能前驱体结构控制合成"方法设计合成出系列聚噻吩衍生物，制备出多种具有不同吸收波长、最大发射波长在可见与近红外区域的水溶性碳点[10]。该研究拓宽了碳点在纳米生物医学领域中的应用，在可见光抗菌等领域展现出广阔的应用前景。

华东师范大学步文博教授团队提出了"化学动力学疗法"（chemodynamic therapy，CDT）的新概念和把无机功能材料用于肿瘤饥饿疗法的新思路，为传统的肿瘤饥饿疗法注入了新活力[11]。这类基于肿瘤微环境特异性诱导激活的新型纳米生物治疗技术，有可能克服常规化疗和放疗自身固有的技术缺陷，未来具有巨大的临床应用潜力。

为了提高纳米药物对肿瘤转移灶的靶向能力，中国科学院上海药物研究所李亚平研究员团队利用高转移性肿瘤细胞具有同源靶向性的特点，以携载紫杉醇药物的聚合物为载体内核，将乳腺癌 4T1 细胞的细胞膜作为外壳来伪装成肿瘤细胞，制备出"纳米间谍"CPPN[12]。这一研究实现了同源型 4T1 乳腺细胞转移性癌症的靶向治疗，也为癌症个体化治疗奠定了良好的基础。

中国科学院上海硅酸盐研究所施剑林研究员团队，采用自蔓延燃烧方法合成出新型可注射、具有良好的生物相容性的 Mg_2Si 纳米颗粒，解决了医用无机材料难降解、活体内滞留易导致生物毒性的医学难题[13]。该工作为批量化制备新型功能纳米材料提供了新的方法，同时为"肿瘤饥饿疗法"提供了新思路。

中国科学院长春应用化学研究所陈学思研究员团队等，利用癌细胞自己的代谢机制发现一种新的肿瘤靶向方法，即利用小分子糖来标记和靶向仍未被充分了解的癌症[14]，并分别在结肠癌、三阴性乳腺癌和转移性乳腺癌的模式小鼠体内测试了这种基于 ManAz 的靶向系统。

第六，在基因输送方面。中山大学帅心涛教授团队制备出一种以叶酸为靶头、以超氧化铁 SPION 为纳米核心的基因载体系统[15]：Fa-PEG-g-PEI-SPION/psiRNA-TBLR1。该纳米载体的核心 SPION 具有较高的 MRI 检测灵敏度，可以实现对纳米载体的实时追踪，在肿瘤的成像和诊断方面具有较好的应用基础。

中国科学技术大学王均教授团队设计了一种三嵌段纳米胶束 Dm-NPsiRNA[16]。该胶束外层的 PEG 链能增加载体的稳定性，保证胶束在血液循环中稳定存在，可实现肿瘤特异性基因沉默，并证实了该载体能够显著抑制小鼠肺癌细胞生长。

天津大学王文新教授团队通过"A2 + B3 + C2"型迈克尔加成方法设计和合成高度支化聚 β-氨基酯，并发现分支结构可以显著增强聚 β-氨基酯的转染效率[17]。研究发现支化聚 β-氨基酯在基因转染中比 LPAE 更有效，这也代表支化聚 β-氨基酯有一定的临床潜力。

南京大学鞠熀先教授团队通过把核酸适体 sgc8c 和 sgc4f 与靶细胞表面两种特定的受体结合起来，形成了双锁结构，并发展出一种双受体介导的 siRNA 运载体系，成功实现了细胞亚型特异性的低毒、高效的 siRNA 运载与基因沉默及肿瘤生长的抑制[18]。

针对阳离子高分子基因输送材料所包载的 DNA 在细胞内无法有效释放的问题，浙江大学申有青教授团队设计制备出基于 ROS 触发的电荷反转型基因输送载体，并利用不同类型细胞内酯酶含量的差异，实现了基因在肿瘤细胞中的选择性释放与表达，提出了一种全新的肿瘤细胞选择型基因转染的治疗方法[19]。

三、未 来 展 望

纳米粒子为重大疾病的诊断和治疗提供了重要的技术手段，纳米药物在治疗重大疾病方面的表现令人期待，其面临的科学挑战也与日俱增，主要是由于人们对纳米粒子在生物体内的行为缺乏全面深刻的认识。可以预计，随着物理学、化学、机械学、材料学、电子学、计算机科学、生物学、医学等领域的不断进步，纳米生物技术将会得到更为广泛和深入的研究。同时，后基因时代为纳米生物技术的发展提供了良好的契机；在利用纳米生物技术制造分子器件，模仿和制造类似生物大分子的分子机器，快速研制生物芯片、分子马达、生物探针、纳米生物材料等的同时，将会诞生一些纳米生物技术新领域。

参考文献

[1] Pelaz B, Alexiou C, Alvarez-Puebla R A, et al. Diverse applications of nanomedicine. ACS Nano, 2017,11(3):2313-2381.

[2] Xue X, Yang J Y, He Y, et al. Aggregated single-walled carbon nanotubes attenuate the behavioural and neurochemical effects of methamphetamine in mice. Nature Nanotechnology,2016,11(7):613-620.

[3] Zhou X, Cao P, Zhu Y, et al. Phage-mediated counting by the naked eye of miRNA molecules at attomolar concentrations in a Petri dish. Nature Materials,2015,14(10):1058-1064.

[4] Yin W, Yu J, Lv F, et al. Functionalized Nano-MoS_2 with peroxidase catalytic and near-infrared photothermal activities for safe and synergetic wound antibacterial applications. ACS Nano, 2016, 10 (12):11000-11011.

[5] Li Y, Lu Q, Liu H, et al. Antibody-modified reduced graphene oxide films with extreme sensitivity to circulating tumor cells. Advanced Materials,2015,27(43):6848-6854.

[6] Zheng X C, Mao H, Huo D, et al. Successively activatable ultrasensitive probe for imaging tumour acidity and hypoxia. Nature Biomedical Engineering,2017,doi:10.1038/s41551-017-0057.

[7] Huang J, Guo M, Ke H, et al. Rational design and synthesis of $\gamma Fe_2 O_3$@Au magnetic gold nanoflowers for efficient cancer theranostics. Advanced materials,2015,27(34):5049-5056.

[8] Shao J, Xuan M, Dai L, et al. Near-infrared-activated nanocalorifiers in microcapsules:Vapor bubble generation for in vivo enhanced cancer therapy. Angewandte Chemie,2015,54(43):12782-12787.

[9] Chen Q, Xu L, Liang C, et al. Photothermal therapy with immune-adjuvant nanoparticles together with checkpoint blockade for effective cancer immunotherapy. Nature Communications, 2016, 7:13193.

[10] Ge J C, Jia Q Y, Liu W M, Gu Y, et al. Carbon dots with intrinsic rheranostic properties for bioimaging, red-light-triggered photodynamic/photothermal simultaneous therapy in vitro and in vivo. Advanced Healthcare Material,2015,doi:10.1002/adhm.201500720.

[11] Zhang C, Bu W B, Shi J L, et al. Synthesis of iron nanometallic glasses and their application in cancer therapy by a localized fenton reaction,Angewandte Chemie Cinternational Edition,2016,55 (6):2101-2106.

[12] Sun H, Su J, Meng Q, et al. Cancer-cell-biomimetic nanoparticles for targeted therapy of homotypic tumors. Advanced Materials,2016,28(43):9581-9588.

[13] Zhang C, Ni D, Liu Y, et al. Magnesium silicide nanoparticles as a deoxygenation agent for cancer

starvation therapy. Nature Nanotechnology,2017,doi:10. 1038/nnano. 2016. 280.

[14] Wang H,Wang R,Cai K,et al. Selective in vivo metabolic cell-labeling-mediated cancer targeting. Nature Chemical Biology,2017,13(4):415-424.

[15] Guo Y,Wang J,Zhang L,et al. Theranostical nanosystem-mediated identification of an oncogene and highly effective therapy in hepatocellular carcinoma. Hepatology,2016,63(4):1240-1255.

[16] Sun C Y,Shen S,Xu C F,et al. Tumor acidity-sensitive polymeric vector for active targeted siRNA delivery. Journal of the American Chemical Society,2015,137(48):15217-15224.

[17] Zhou D,Cutlar L A,Gao Y ,et al. The transition from linear to highly branched poly(b-amino ester)s:Branching matters for gene delivery. Science Advances,2016,2(6):e1600102.

[18] Ren K W,Liu Y,Wu J,et al. A DNA dual lock-and-key strategy for cell-subtype-specific siRNA delivery. Nature Communications,2016,7,doi:10. 1038/ncomms13580.

[19] Qiu N,Liu X,Zhong Y,et al. Esterase-activated charge-reversal polymer for fibroblast-exempt cancer gene therapy. Advanced Materials,2016,28(48):10613-10622.

Nano-Biotechnology

Chen Yixiang[1] *, Shen Youqing*[2] *, Wang Shutao*[1]

(1. Technical Institute of Physics and Chemistry，CAS;

2. Zhejiang University)

Nano-biotechnology which combines nanotechnology and biology is used to study the life phenomenon. It can observe life phenomenon microscopically and resolve biology problem by controlling and changing molecule. It also involves many disciplines such as physics，chemistry，mechanics，materials science，electronics，computer science，biology and medical science. Countries in the world emphasize nano-biotechnology and have made important achievements in recent years. China also has reached the advanced level in nano-biotechnology in the world. In this paper，we will summarize the recent progress in the field of nano-biotechnology in the world and explore its prospects shortly.

2.9　海洋生物技术新进展

王广策[1]　张久春[2]

（1. 中国科学院海洋研究所；2. 中国科学院科技战略咨询研究院）

宽广的海洋蕴含着丰富的海洋生物资源。海洋生物物种繁多，从高等的哺乳动物到低等的细菌和病毒均有，与陆地生物相比，海洋生物有许多特性。由于陆地资源随着开发强度的不断增大而日渐减少，开发和利用海洋资源尤其是海洋生物资源就显得尤为重要。海洋生物技术对开发和利用海洋生物资源具有重要意义，世界上各海洋大国都给予高度重视。近年来，随着新技术的不断涌现，海洋生物技术也取得长足的进步。下面将重点介绍近几年来海洋生物技术的国内外新进展并展望其未来。

一、国际新进展

海洋生物技术是基于传统海洋生物学发展起来的一门新兴技术，主要是利用海洋生物学与工程学的原理及方法，定向改良海洋生物的遗传特性，调控海洋生物的代谢过程以生产出高值生物制品。海洋生物技术的基础是其代谢网络的解析、生理生化过程的精准调控和大规模生产的系统控制等。国际上海洋生物技术的新进展，一是体现在具有重要应用背景的基因编辑等方面，二是体现在产物的开发和应用上。

1. 基因编辑技术在海洋生物中的应用

基因编辑技术 CRISPR/Cas9 能够在活细胞中最有效、最便捷地"编辑"任何基因，已成功用于大多数模式生物的基因编辑中，但在海洋生物中的应用并不多见。2014 年，日本 Sasaki 等[1]首先在玻璃海鞘中利用 CRISPR 技术成功实现了基因的定点敲除。之后，各国科学家利用该技术相继对大西洋鲑、海葵、大西洋角螺、海七鳃鳗、海洋甲壳端足类动物、三角褐指藻等成功进行了基因的定点敲除和编辑。

2. 海洋微生物的开发和利用

海洋微生物种类多且优点独特，用途非常广泛，已在很多方面得到了开发和利用。

（1）在海洋微生物纤维素酶方面，已成功开发出含有来源于芽孢杆菌 Bacillus

sp. no. 195 的 α-淀粉酶的生物酶洗涤剂[2]、GH1 家族嗜冷活性的多功能基因[3]、37kD 的重组蛋白酶 AlgMsp、4 种褐藻胶裂解酶、栖热腔菌 *Thermosipho* sp. strain 3，以及在 *Escherichia coli* 中表达从海洋嗜盐古菌 *Halobacterium salinarum* CECT 395 中克隆的基因以产生几丁质酶、用革兰氏碘液取代培养基中的氯化十六烷基铵基吡啶以提高褐藻胶的筛选效率等方法[4]。

（2）在深海细菌药物方面，已从海洋微生物中提取出能有效杀灭耐抗生素极强细菌（如炭疽和超级病菌 MRSA）的"炭疽毒素"[5]，发现了一种由深海细菌产生的能通过破坏 DNA 的方式杀灭癌细胞的物质[6]。

（3）在海洋微生物的天然产物用作农用抗生素方面，新发现了可用作农用抗生素的芽孢杆菌 Bacillus sp. 109GGC020。此外，已发现利用海洋光合紫细菌生产具有生物降解性和生物适应性等特征的高分子量生物塑料羟基酸（PHA）[7]。

（4）在海洋微生物降解石油方面，科学家也取得了一定的研究成果，如对海啸沉积物中微生物降解多环芳烃的潜力和微生物群落的结构的研究证明，10 种微生物中有 7 种能够有效降解芴（去除率 100%）和菲（去除率 95%），4 种能够降解部分芘[8]；通过对微生物对石油烃降解的作用机理的研究，确定了几种可降解脂肪烃（食烷菌、海杆菌）和多环芳烃（类单胞菌、解环菌、嗜冷杆菌）的微生物[9]。

3. 海藻的开发和利用

（1）海洋药物。各国科学家都重视从海洋生物中提取药物，且已取得不错的成绩。在工艺方面，Fidelis 等发现，在碱性环境中采用超声波结合水提法并辅以酶解处理，可以显著提高多糖的总产量[10]。Laurence Meslet-Cladière 等发现了利用酶合成鼠尾藻多酚的新机制及其关键步骤，大大简化了商业制备鼠尾藻多酚的生产过程[11]。Quitain 等采用微波辅助水热法成功提取出褐藻多糖硫酸酯[12]。Mussatto 等采用自水解法从褐藻中成功提取出褐藻多糖硫酸酯，褐藻多糖得率最高为 16.5%（w/w）[13]。Shobharani 等利用 DEAE-Cellulose 阴离子交换柱对马尾藻发酵物的醇沉多糖进行分离与纯化，所得第二馏分可用作商业肝素的替代品[14]。

在药物功能方面，Synytsya 等证明褐藻糖胶能显著降低 A 型禽流感病毒的存活率，中和抗体及迅速增加免疫球蛋白 A[15]。Thuy 等证明了三种不同种类褐藻糖胶具有类似的抗艾滋病病毒（HIV）能力，且与 HIV 病毒一起预培养可阻断 HIV 进入目标细胞，从而降低感染风险[16]。Rabanal 等发现 galactofucans 是一种较温和的 HSV-1 及柯萨奇 B3 病毒（CVB3）的抑制剂[17]。Marudhupandi 等发现小叶喇叭藻中的褐藻糖胶在 31.25～500 微克/毫升的浓度范围内抗癌活性可达 24.9%～75.3%[18]。Bahman Delalat 等发现一种基因改造的硅藻可用于承载化疗药物，为未来抗癌新药的研发提供了新途径[19]。Leez 等证明深海褐藻中的褐藻糖胶有消炎、保护斑马鱼胚胎免受内毒素的感染、免疫调节、降血脂和降血糖等作用[20]。Cho 等发现从孔叶藻中提取的褐藻糖胶具有较好的免疫调节功能[21]。

（2）海藻生物质能源。微藻产油量有可能超过最佳产油作物，具有广阔的发展前景。Biller 等发现，以微波热液法等处理微绿球藻可以获得质量更高的原油，降低灰分并回收丰富的 N、P 等营养物质[22]。Elliott 等将大型海藻泥浆加入连续反应装置中进行水热反应，以较高的转化率获得了液态和气体的燃料[23]。Martin 等从海藻中同时获得了生物乙醇和生物柴油，并证明经酶转化得到的生物柴油质量相对更高[24]。Sigrun Rumpel 等研发出一种可将微藻生产氢气的效率提高五倍的新方法[25]。O'Neil 等从普通的单一海藻中提炼出两种生物燃料[26]。Keiichi Tomishige 等开发出可将从藻类植物中提取的物质转化为汽车和飞机燃料的新方法[27]。

（3）海藻生物肥料。海藻的提取物可以用作生物肥料。Anisimov 等用多种海藻提取液对黑麦种子进行处理，有效地促进了根的增长[28]。Kaoaua 等发现，洋苏草在中度缺水条件下经海藻提取物处理后，叶绿素下降的趋势明显减弱[29]。Ibrahim 等发现小麦在盐胁迫条件下经海藻提取物处理后，小麦种子萌发率及植株生物量明显提高，超氧化物歧化酶、过氧化氢酶及抗坏血酸过氧化物酶等的活性增强，总蛋白新增 12 个条带[30]。Alam 等利用泡叶藻提取物对草莓进行处理，提高了根际微生物的数量和生理活性，以及土壤呼吸的强度[31]；在对胡萝卜的研究中也得到类似结果[32]。

4. 其他海洋生物的开发和利用

来自海洋的天然酸性多糖可作为肝素类候选药物的重要来源。已开发出的从方斑狮子鱼卵中制备肝素的工艺，可以有效提取鱼卵中的肝素类物质；从虾头酶解物中已提取出一种抗凝血能力强、无出血副作用的肝素/硫酸乙酰肝素混合物；从虾头中已分离出一种具有显著抗炎作用的肝素类黏多糖。此外，已发现富含欧米伽-3 不饱和脂肪酸的深海鱼油对戒除烟瘾具特殊效果[33]。

二、国内新进展

我国海域广阔，海洋资源丰富，因而非常重视海洋生物技术的发展，近几个年在以下几个方面也取得一定的成就。

1. 海洋生物基因组测序和编辑

在海洋生物基因组测序方面，2013 年 11 月，深圳国家基因库正式启动"千种鱼转录组计划"。自 2013 年以来相继完成了世界上第一个比目鱼基因组-半滑舌鳎全基因组精细图谱[34]、珊瑚礁共生甲藻 *S. kawagutii*、褐牙鲆、海带和扇贝等物种的全基因组序列测定,奠定了我国在这方面研究的重要地位。然而,这只是实现基因定点改造的前提,关键是如何进行基因编辑。海峡两岸的学者相继利用基因编辑技术实现了海胆[35]、海水鲆鲽鱼类、脊尾白虾[36]的基因敲除。

2. 海洋微生物的开发和利用

(1) 石油污染修复。在这方面,我国科学家也做出了不凡的成就,如已筛选到的不动杆菌 *Acinetobacter* sp. F9 经固定化后,可使 2d 后的降解率达到 90%,而游离状态下的菌剂在 7d 后的降解率还达不到 90%[37];已筛选到的食烷菌 *Alcanivorax* sp. 97CO-5 经固定化后,对石油的降解率优于游离菌株;证明在筛选到的石油降解菌基础上构建的混合菌群对石油的降解率明显高于单菌,且菌株间有明显的协同作用;从渤海筛选到的一株假交替单胞菌(*Pseudoalteromon* sp.)在最适条件下的石油降解率可达 75.71%;已筛选到的海洋中的"噬石油烃"细菌——速生杆菌属(Celeribacter),可以降解石油中的荧蒽[38];发现 *A. dieselolei* B5 能够很好地降解链长为 c6~c36 的烷烃(包括支链烷烃)[39]。

(2) 海洋微生物农药。世界第一个利用海洋微生物作为生防菌的海洋微生物农药"10 亿 cfu/g 海洋芽孢杆菌可湿性粉剂"已于 2014 年 10 月获得防治番茄青枯病、黄瓜灰霉病的农药正式登记证,并于 2015 年 5 月获准生产[40]。吕倩等新发现了具有抑制植物病原真菌活性的海洋细菌——甲基营养型芽孢杆菌 *Bacillus methylotrophicus* SHB114[41]。龙彬等发现可以抑制真菌的南海深海细菌 *Bacillus amyloliquefaciens* GAS00152[42]。龚芥迪等发现,Fengycins 是芽孢杆菌产生的另一类脂肽,对丝状真菌具有明显抑制效果,且溶血活性较伊枯草菌素类低[43]。李珊等发现,β-1, 3-葡聚糖酶是植物抗真菌病的重要抗性物质之一,具有破坏真菌细胞壁并将其杀死的能力[44]。此外,一些已筛选出的菌株对黄曲霉毒素产生菌和镰刀菌毒素产生菌的孢子萌发和真菌毒素的产生的抑制率达 100%,有些菌株的 15 倍稀释液仍能完全抑制黄曲霉毒素的产生,为有效防控产毒真菌提供了新的可能[45,46]。

3. 海藻的开发和利用

(1) 海藻药物。在抗肿瘤方面,Roshan 等研究了褐藻糖胶对人体肝癌细胞株 HepG2 的抗癌效果及抗癌机理[47]。在抗菌消炎方面,Cui 等证明小分子量的褐藻糖胶可以保护内皮功能、降低糖尿病小鼠的血压[48]。Chen 等发现褐藻糖胶的摄入可以提升小鼠的运动功能和抗疲劳能力,降低血清水平,提高葡萄糖的水平[49]。Ma 等首次发现海藻酸钠形成的聚合物具有抑制胰蛋白酶酶解的生物学特性，它是理想的蛋白及多肽类活性药物的功能性载体，在生物医药领域有广阔的应用前景[50]。

（2）海洋微生物酶。在这方面，科学家发现很多可产出具有独特作用的酶的菌株，如海洋放线菌玫瑰暗黄链霉菌（*Streptomyces roseofulvus*）[51]、从南极深海沉积物样品中分离筛选到的 3 株产脂肪酶的细菌[52]、从海底沉积物中分离的菌株 *Myroides profundi* D25、从近海海域采集的样品中分离筛选出的 4 株中度嗜盐菌株、海洋细菌 *Zunongwangia* sp.、从大连渤海湾的底泥样品中分离到的 1 株可以高产出低温几丁质酶的海洋细菌 *Pseudoalteromonas* sp. DL-06、含有新型几丁质酶基因 Pb-Chi70 的海洋细菌 *Paenicibacillus barengoltzii*、从山东青岛的海藻中分离出的一株可产两种 β-琼胶酶的细菌 *Agarivoransalbus* OAY2、可克隆出两种新型 β-琼胶酶基因的细菌 *Agarivorans albus* OAY2、从卡拉胶生产基地沉积物分离出的 1 株产 K-卡拉胶酶的菌株 *Cellulophaga lytica* strainN5-2、印尼热泉菌中产卡拉胶酶量最高的具有较高热稳定性的 *Anoxybacillus* 属的菌株、从北极海水菌中发现的可在低温环境下发挥催化作用的 4 株产卡拉胶酶的菌、从大量的海水样品中筛选分离出的一株具有产褐藻胶裂解酶的菌株 *Pseudoalteromonas tetraodonis* QZ-4、从腐烂的褐藻中分离出的一株产新型褐藻胶裂解酶的细菌 *Microbulbifer* sp. ALW1w、从青岛海域海蜇体中分离到的一株生产几丁质酶活力较高的嗜水气单胞菌 QDC01[53]，以及在南极洲发现的一株可产冷活性纤维素酶的嗜冷菌 *Pseudoalteromonas* sp. NJ64。

三、未来展望

随着生物技术的深入发展，以及海洋生物资源的深入开发和利用，海洋生物技术将体现出以下几个方面的发展趋势。

（1）基因编辑技术在海洋生物中的应用。CRISPR 技术在海洋生物中的应用相对较少，未来值得探索的方向是光遗传学与 CRISPR 技术的结合，以及在海洋动物遗传育种方面的应用[54]。

（2）深海生物特性基因的开发和利用。深海生物具有嗜冷、嗜热、嗜酸、嗜碱、耐压和抗毒等特性，其本身富含各种具有上述特性的物质尤其是各种酶和蛋白质等。获取、研究和开发其基因资源成为未来深海生物技术发展的关键。

（3）海洋环境生物技术。海洋环境生物技术涉及的领域广泛，包括宏观的环境生物学过程与技术（如海洋生态系统演变与变异过程涉及的海洋生物技术）和微观的海洋生物技术。目前研究的重点是微观环境生物技术，未来将继续深入发展这方面的技术。

（4）海藻的开发和利用。藻类是光合生物，在社会经济发展中可发挥重要作用。微藻有助于解决能源、环境和粮食问题，在未来应该得到进一步的开发和利用。大型海藻可作为生物能源，其碳水化合物包括褐藻胶、琼胶、甘露醇和褐藻淀粉等，未来需要解决的一个难题是低成本生产出大量褐藻胶及琼胶。

参考文献

[1] Sasaki H, Yoshida K, Hozumi A, et al. CRISPR/Cas9-mediated gene knockout in the ascidian Ciona intestinalis. Development, Growth & Differentiation, 2014, 56(7): 499-510.

[2] Amin N S, Estabrook M, Jones B E, et al. Detergent compositions and methods of use for an alpha-amylase polypeptide of bacillus species 195. 2013, US Patent: 08470758.

[3] Wierzbicka-Woś A, Bartasun P, Cieśliński H, et al. Cloning and characterization of a novel cold-active glycoside hydrolase family 1 enzyme with β-glucosidase, β-fucosidase and β-galactosidase activities. BMC Biotechnology, 2013, 13(1): 22.

[4] Sawant S S, Salunke B K, Kim B S. A rapid, sensitive, simple plate assay for detection of microbial alginate lyase activity. Enzyme and Microbial Technology, 2015, 77: 8-13.

[5] Jang K H, Nam S J, Locke J B, et al. Anthracimycin, a potent anthrax antibiotic from a marine-derived actinomycete. Angewandte Chemie(International Edition), 2013, 52(30): 7822-7824.

[6] Colis L C, Woo C M, Hegan D C, et al., The cytotoxicity of (-)-lomaiviticin A arises from induction of double-strand breaks in DNA. Nature Chemistry, 2014, 6(6): 504-510.

[7] Higuchi-Takeuchi, M, Morisaki K, Toyooka K, et al. Synthesis of high-molecular-weight poly-hydroxyalkanoates by marine photosynthetic purple bacteria. PloS One, 2016, 11(8): e0160981.

[8] Bacosa H P, Inoue C. Polycyclic aromatic hydrocarbons (PAHs) biodegradation potential and diversity of microbial consortia enriched from tsunami sediments in Miyagi, Japan. Journal of Hazardous Materials, 2015, 283: 689-697.

[9] Gutierrez T, Singleton D R, Berry D, et al. Hydrocarbon-degrading bacteria enriched by the deepwater horizon oil spill identified by cultivation and DNA-SIP. The ISME Journal, 2013, 7: 2091-2104.

[10] Fidelis G P, Camara R B G, Queiroz M F, et al. Proteolysis, NaOH and ultrasound-enhanced extraction of anticoagulant and antioxidant sulfated polysaccharides from the edible seaweed, Gracilaria birdiae. Molecules, 2014, 19(11): 18511-18526.

[11] Meslet-Cladière L, Delage L, Leroux C J.-J., et al. Structure/function analysis of a type III polyketide synthase in the brown alga ectocarpus siliculosus reveals a biochemical pathway in phlorotannin monomer biosynthesis. The Plant Cell August, 2013, 25(8): 3089-3103.

[12] Quitain A T, Kai T, Sasaki M, et al. Microwave-hydrothermal extraction and degradation of fucoidan from supercritical carbon dioxide deoiled undaria pinnatifida. Industrial & Engineering Chemistry Research, 2013, 52(23): 7940-7946.

[13] Rodríguez-Jasso R M, Mussatto S I, Pastrana L, et al. Extraction of sulfated polysaccharides by auto-

hydrolysis of brown seaweed Fucus vesiculosus. Journal of Applied Phycology,2013,25(1):31-39.

[14] Shobharani P,Nanishankar V,Halami P,et al. Antioxidant and anticoagulant activity of polyphe- nol and polysaccharides from fermented Sargassum sp. International Journal of Biological Macro- Molecules,2014,65:542-548.

[15] Synytsya A,Bleha R,Synytsya A, et al. Mekabu fucoidan: Structural complexity and defensive effects against avian influenza A viruses. Carbohydrate Polymers,2014,111:633-644.

[16] Thuy T T T,Ly B M,Van T T T,et al. Anti-HIV activity of fucoidans from three brown seaweed species. Carbohydrate Polymers,2015,115:122-128.

[17] Rabanal M,Ponce N M,Navarro D A,et al. The system of fucoidans from the brown seaweed Dictyota dichotoma:Chemical analysis and antiviral activity. Carbohydrate Polymers,2014,101:804-811.

[18] Marudhupandi T,Kumar T T A,Lakshmanasenthil S,et al. In vitro anticancer activity of fucoidan from Turbinaria conoides against A549 cell lines. International Journal of Biological Macromole- cules,2015,72:919-923.

[19] Delalat B,Sheppard V C,Ghaemi S R,et al. Targeted Drug Delivery Using Genetically Engineered Diatom Biosilica. https://www. nature. com/articles/ncomms9791[2015-11-10].

[20] Lee S H,Ko C I,Jee Y,et al. Anti-inflammatory effect of fucoidan extracted from Ecklonia cava in zebrafish model. Carbohydrate Polymers,2013,92(1):84-89.

[21] Cho M,Lee D J,Kim J K,et al. Molecular characterization and immunomodulatory activity of sul- fated fucans from Agarum cribrosum. Carbohydrate polymers,2014,113:507-514.

[22] Patrick B,Hydrothermal processing of microalgae. University of Leeds,2013,89(9):2234-2243.

[23] Elliott D C,Hart T R,Neuenschwander G G,et al. Hydrothermal processing of macroalgal feedstocks in continuous-flow reactors. ACS Sustainable Chemistry & Engineering,2013,2(2):207-215.

[24] Martin M,Grossmann I E. Optimal engineered algae composition for the integrated simultaneous production of bioethanol and biodiesel. AIChE Journal,2013,59(8):2872-2883.

[25] Technology. org. Algae Deliver Hydrogen:Modified Enzymes Enable Efficient Hydrogen Produc- tion. https://www. technology. org/2014/09/26/algae-deliver-hydrogen-modified-enzymes-enable- efficient-hydrogen-production[2014-09-26].

[26] Algae World News. Researchers Produce Two Blo-Fuels from a Single Algae. http://news. alga- eworld. org/2015/01/researchers-produce-two-bio-fuels-single-algae[2015-01-30].

[27] Watanabe M M. A New Method of Converting Algal Oil to Transportation Fuels. https:// phys. org/news/2015-06-method-algal-oil-fuels. html[2015-06-15].

[28] Anisimov M,Chaikina E,Klykov A,et al. Effect of seaweeds extracts on the growth of seedling roots of buckwheat (fagopyrum esculentum moench) is depended on the season of algae collec- tion. Agriculture Science Developments,2013,2(8):67-75.

[29] Elkoaua M,Chernane H,Benaliat A, et al. Seaweed liquid extracts effect on Salvia officinalis growth,biochemical compounds and water deficit tolerance. African Journal of Biotechnology,

2013,12(28):4481-4489.

[30] Ibrahim W M, Ali R M, Hemida K A, et al. Role of Ulva lactuca Extract in Alleviation of Salinity Stress on Wheat Seedlings. http://www.ncbi.nlm.nih.gov/pmc/articles/PMC4241702[2014-11-10].

[31] Alam M Z, Braun G, Norrie J, et al. Effect of Ascophyllum extract application on plant growth, fruit yield and soil microbial communities of strawberry. Canadian Journal of Plant Science, 2013, 93(1):23-36.

[32] Alam M Z, Braun G, Norrie J, et al. Ascophyllum extract application can promote plant growth and root yield in carrot associated with increased root-zone soil microbial activity. Canadian Journal of Plant Science, 2013, 94(2):337-348.

[33] Julian H L. Israeli Scientist Finds Omega-3 Reduces Smoking. http://www.jewishpress.com/news/breaking-news/israeli-scientist-finds-omega-3-reduces-smoking/2014/11/10[2014-11-10].

[34] Chen S, Zhang G, Shao C, et al. Whole-genome sequence of a flatfish provides insights into ZW sex chromosome evolution and adaptation to a benthic lifestyle. Nature Genetics, 2014, 46(3):253-260.

[35] Lin C Y, Su Y H. Genome editing in sea urchin embryos by using a CRISPR/Cas9 system. Developmental Biology, 2016, 409(2):420-428.

[36] Gui T, Zhang J, Song F, et al. CRISPR/Cas9-Mediated Genome Editing and Mutagenesis of EcChi4 in Exopalaemon carinicauda. Genes Genomes Genetics, 2016, 6(11):3757-3764.

[37] Hou D, Shen X, Luo Q, et al. Enhancement of the diesel oil degradation ability of a marine bacterial strain by immobilization on a novel compound carrier material. Marine Pollution Bulletin, 2013, 67(1):146-151.

[38] Cao J, Lai Q, Yuan J, et al. Genomic and metabolic analysis of fluoranthene degradation pathway in Celeribacter indicus P73T. Scientific Reports, 2015, 5:7741.

[39] Wang W, Shao Z. The long-chain alkane metabolism network of Alcanivorax dieselolei. Nature Communications, 2014, 5.

[40] 张婷,王春. 国际上首个海洋微生物农药实现产业化. http://h.wokeji.com/qypd/qypdxwzbc/201511/t20151116_1915452.shtml[2015-11-16].

[41] 吕倩,胡江春,王楠,等. 南海深海甲基营养型芽孢杆菌 SHB114 抗真菌脂肽活性产物的研究. 中国生物防治学报, 2014, 30(1):113-120.

[42] 龙彬,高程海,潘丽霞,等. 南海深海细菌 Bacillus amyloliquefaciens GAS 00152 抗菌代谢产物研究. 天然产物研究与开发, 2014, 26(6):807-812.

[43] 龚谷迪,周广田,郭阳,等. 脂肽 surfactin, iturin, fengycin 性质鉴定的研究与展望. 中国食品添加剂, 2013, (3):211-215.

[44] 李珊,詹晓北,郑志永,等. 哈茨木霉产 β-1,3-葡聚糖内切酶的发酵工艺条件研究. 工业微生物, 2015, 45(2):39-46.

[45] Yan P S, Li P, Ma R, et al. Inhibition of aflatoxin production by marine microorganisms, in Book of the Abstracts of International Mycotoxin Conference. Beijing: International Society for Myco-

toxicology. 2014:123.

[46] 王凯,徐静静,马瑞,等. 南大西洋深海水体中可培养微生物的多样性及应用潜力评估//中国微生物学会微生物资源专业委员会. 第六届全国微生物资源学术暨国家微生物资源平台运行服务研讨会论文集,2014,北京.

[47] Roshan S,Banafa A. Fucoidan induces apoptosis of HepG2 cells by down-regulating p-Stat3. Journal of Huazhong University of Science and Technology [Medical Sciences] ,2014,34(3):330-336.

[48] Cui W,Zheng Y,Zhang Q,et al. Low-molecular-weight fucoidan protects endothelial function and ameliorates basal hypertension in diabetic Goto-Kakizaki rats. Laboratory Investigation, 2014, 94(4):382-393.

[49] Chen Y M,Tsai Y H,Tsai T Y,et al. Fucoidan supplementation improves exercise performance and exhibits anti-fatigue action in mice. Nutrients,2014,7(1):239-252.

[50] Lv Y,Zhang J,Song Y,et al. ,Natural anionic polymer acts as highly efficient trypsin inhibitor based on an electrostatic interaction mechanism. Macromolecular Rapid Communications,2014, 35(18):1606-1610.

[51] 李鹏,王健鑫,罗红宇,等. 一株产淀粉酶海洋放线菌菌株的选育及发酵条件的研究. 水产学报, 2014,38(12):2059-2067.

[52] 郝文惠,王凡羽,郭玉,等. 南极深海沉积物中产低温脂肪酶菌株的筛选与基因克隆. 应用海洋学学报,2014,33(3):306-311.

[53] 王振东,罗春艳,杨晨,等. 海洋细菌 QDC01 的鉴定及其几丁质酶基因的克隆与分析. 农业生物技术学报,2013,21(6):734-744.

[54] 李响,董波. CRISPR/Cas9 技术及其在海洋生物中的应用现状与展望. 水生生物学,2017, 41(1):244-256.

Marine Biotechnology

Wang Guangce[1]   *Zhang Jiuchun*[2]

(1. Institute of Oceanology;

2. Institutes of Science and Development，CAS)

The ocean possesses rich marine biological resources. Comparing with terrestrial biological resources，marine biological resources have their own characteristics. Marine biotechnology is the study of marine biological resources in order to increase the biomass or develop high value-added products for solving resources problems around the world. This paper systematically summarized recent progress in the development and utilization of marine biological resources both in China and abroad. In the end，it also discussed the future of marine biotechnology including the use of CRISPR in marine organism，the utilization of the characteristic gene of deep-sea organism，marine environmental protection and the exploitation and utilization of algae.

2.10　医药生物技术新进展

陈志南*

（第四军医大学）

　　医药生物技术是用于防治疾病及卫生保健的生物制品和系统生物技术的总称，包括抗体药物、疫苗、重组蛋白药物、核酸药物、细胞治疗制剂和组织工程产品及其伴随诊断试剂等产品及相关技术。生物技术药物具有毒性低、副作用小、易吸收等特点，已为许多疾病的预防、诊断和治疗提供了新型疫苗、诊断试剂、药物和技术手段，对改善人类的医疗与生存环境、提高疾病预防水平、诊断及治疗都产生了深刻的影响。医药生物技术的快速发展促进了生物技术药物的发现和应用。下面将简要介绍以修饰型抗体、重组疫苗和基因治疗药物为代表的医药生物技术的国内外研究新进展，并展望其未来。

一、国际重大进展

　　各主要发达国家都非常重视医药生物技术的发展，通过各种计划或专项给予支持，取得了突出的成就。

1. 修饰型抗体技术

抗体药物是生物医药的研究热点[1]，其中最突出的是利用功能性抗体重组、优效修

---

　　* 中国工程院院士。

饰技术获得的修饰型抗体药物。这些修饰型抗体药物包括去糖基化修饰单抗、变构恒定区序列、重构抗体亚类、智能抗体偶联 ADC、新一代 CAR-T 及双接头抗体等类型[2]。

(1) 去糖基化修饰(Glycomodified)单抗。免疫球蛋白 IgG1 是天然存在的最有效的亚型,可以介导抗体依赖的细胞毒效应(ADCC)。去糖基化修饰技术可以增强激活性受体的亲和力,降低抑制性受体的亲和力,从而增强细胞毒效应(ADCC)及抗体的杀伤效应。它不改变抗体的序列,且对抗体免疫原性和结构的影响较小[3],是当前的主流技术。

(2) 变构恒定区序列(Alter amino acids in constant region)。变构恒定区序列主要是利用抗体基因突变(Mutagenesis)来提高抗体的亲和力及抗体药物的 ADCC 效应。FDA 批准的 Obinutuzumab(即 GA101)即是通过变构恒定区序列改造的修饰型抗体,其治疗慢性淋巴细胞白血病 CLL 的临床效果优于利妥昔单抗。

(3) 重构抗体亚类(different isotypes)。对于不需要 ADCC 治疗性抗体的情况,IgG4 是更合适的亚型选择,其原因是 IgG4 不会像 IgG1 那样触发宿主强烈的 ADCC 效应。同时靶向封闭 PD1 和 CTLA4 可产生更好的 T 细胞激活效果,但同时也可能带来自体免疫反应(autoimmunity)[4]。

(4) 智能抗体偶联 ADC。将抗体与细胞毒药物连接,靶向递送细胞毒药物直接作用于癌组织,可增加单抗的临床疗效,降低全身毒副作用。2013 年,智能抗体偶联药物再次取得突破,Kadcyla(ado-trastuzumab-emtansine)[5]已通过 FDA 优先审评程序并获得批准上市,可用于治疗晚期 HER2 阳性乳腺癌患者。未来有望获得批准的新一代 ADC 包括 Celldex/Seattle Genetics 的 CDX011(glembatumumab vedotin),以及靶向作用于糖蛋白的非转移性黑色素瘤蛋白 B(GPNMB)[6]。

(5) 新一代 CAR-T。嵌合抗原受体 T 细胞(CAR-T)可通过重新定向被修饰的细胞来治疗肿瘤[7]。目前该疗法的主要竞争者为诺华、朱诺治疗公司(Juno Therapeutics)及美国凯特公司(Kite Pharma, Inc.)。2017 年 3 月,诺华的 CTL019(Tisagenlecleucel-T)生物制剂获得美国 FDA 优先审评资格。Kite 的 ZUMA-1 进行了临床试验,在入组的 101 名不同类型的非霍奇金淋巴瘤患者中,Kite 的单次 CAR-T 治疗的最高客观缓解率和完全缓解率分别为 82% 和 54%,6 个月后的客观缓解率和完全缓解率分别为 41% 和 36%。在 CAR-T 临床研究项目上,中国与美国同为全球 CAR-T 研究的第一梯队。

(6) 双接头抗体(Bispecific T Cell Engager, BiTEs)。这种抗体去除了单抗功能性恒定区,因而不会非特异性地交联活化受体并激活 T 细胞。这种结构会导致短的抗体半衰期,因此需要连续输注以达到期望的药物剂量。一般 BiTE 有两个不同的抗原结合位点,能同时与两个靶抗原结合;在发挥抗体靶向性作用的同时,可以介导另一种特殊的功能，如一个结合靶细胞上的特异抗原，另一个结合淋巴细胞或吞噬细胞等效应细胞。与传统抗体相比，BiTE在组织渗透率、杀伤肿瘤细胞效率、脱靶率和临床适应证等指标方面具有较强的竞争力，临床应用优势明显。其治疗效果是普通抗体的100～1 000倍，而使用剂量最低可为原来的1/2 000[8,9]。这就使BiTE在肿瘤诊断及治疗过程中具有传统抗体无法比拟的优势。强生在研的EGFR×cMet双特异性抗体JNJ-61186372在临床前结果中，其肿瘤杀伤和抑制效果远优于单一用药，而耐受性明显优于联合用药。

2. 生物技术疫苗进展

随着生物技术的快速发展，生物技术疫苗的制备方法和手段发展也很快，极大地提高了疫苗制备的效率并推动了新型疫苗的产生[10]。

（1）杆状病毒疫苗载体。杆状病毒主要感染昆虫细胞DNA，但也会进入哺乳动物细胞并激活固有免疫反应，可充当免疫佐剂。杆状病毒在针对人群、短尾猴及小鼠模型的各类测试中没有出现任何病毒炎症、过敏及其他不良反应，显示出极高的安全特性，是一种应用前景广阔的疫苗载体[11]。

（2）菌影系统疫苗载体。菌影（BG）是细菌在噬菌体的裂解基因的作用下形成的不含核酸、核糖体等胞质内容物的细菌空壳，可以装载药物、蛋白质、基因等物质。菌影是一个无生命的抗原递送平台，具有良好的安全性，与抗原呈递细胞（APC）相互作用可以刺激T细胞增殖及增强抗原的提呈加工。目前已经研发出多种针对人、兽及鱼类的菌影疫苗，如利用幽门螺杆菌菌影产生的Omp18特异性抗体，可以显著减少胃部幽门螺杆菌的数量[12]，已显示出良好的应用前景。

（3）病毒样颗粒（VLP）疫苗。病毒样颗粒是由病毒的衣壳蛋白经过自我组装后形成的一种结构与病毒颗粒相似的纳米颗粒，它因不含病毒基因组而具有良好的安全性。目前已经累计有100多项与VLP疫苗相关的临床研究，研制的包括针对乙肝病毒感染的HBV的VLP疫苗及针对HPV的VLPs疫苗均已显示出较好的应用疗效[13]。

（4）噬菌体展示颗粒疫苗。噬菌体展示技术可将外源基因片段插入噬菌体外膜蛋白的编码基因中，之后形成的融合蛋白会呈现在噬菌体的表面。噬菌体对人和动物具有很好的安全性，插入真核启动子后可以表达外源基因，进入体内会被APC摄取并产生高水平的抗体应答。目前已经开始研发的一些噬菌体展示颗粒疫苗已产生良好的细胞及体液免疫反应[14]。针对VEGF的噬菌体展示颗粒疫苗在小鼠模型上表现出良好的诱导免疫特性并明显抑制了肿瘤生长，显示出噬菌体展示颗粒疫苗重要的研究价值和应用前景[15]。

（5）反向疫苗学技术。反向疫苗学技术以病原体全基因组为基础，利用生物信息学技术预测病原体毒力相关因子和表面相关抗原，并对候选片段进行克隆表达，然后在体内外对表达蛋白进行评价以筛选出保护性抗原的疫苗。它可以避免传统疫苗制备过程中的生物安全问题，更高效地获得具有良好免疫原性和保护性的抗原。目前已开始研发针对多个不同病原体的疫苗（如脑炎奈瑟球菌疫苗、HIV 疫苗、血吸虫疫苗）并筛选出多个有效的候选抗原分子[16]。随着生物信息学技术、高通量表达及筛选技术的发展，反向疫苗学技术在今后的疫苗研制中必将起更重要的作用[17]。

3. 基因治疗技术进展

基因治疗利用外源性核酸介导进入细胞，通过改变基因的表达以实现阻断或逆转病理进程，主要针对恶性肿瘤、单基因疾病、心血管系统疾病。获得新的疾病相关基因靶点及基因治疗的相关技术是基因治疗研究的重要内容。

（1）基因治疗片段技术。早期基因治疗多用靶基因 DNA 在细胞中表达正常基因产物，或用 siRNA 和 miRNA 技术实现对特定基因的沉默。最新的 CRISPR-Cas9 系统[18]具有设计方便、切割效率高、成本较低、应用范围广等特点。利用它可以插入功能基因片段来治疗功能缺失型突变引起的基因遗传病，切除显性致病基因来治疗显性基因遗传病，切除多个重复区域来治疗基因重复复制引起的疾病。用 CRISPR-Cas9 已经开展了针对遗传性疾病、恶性肿瘤及 HIV 感染等疾病的基因治疗研究。另外，用 CRISPR-Cas9 系统和 iPS 技术，可对 iPS 细胞中的突变基因进行修复；修复后的 iPS 细胞可以诱导分化成正常细胞以实现对疾病的基因治疗[18]。

（2）病毒类载体。病毒类载体是最重要的基因治疗载体，分为复制缺陷型和复制型病毒载体。以 HIV-1 为基础发展起来的慢病毒因其安全性好、载体容量大近年来在基因治疗的临床研究中获得广泛应用[19]，且无严重的不良反应出现。病毒载体的改良目的是增强病毒载体在体内的递送效率和靶向性，以降低免疫反应。在病毒载体改良的过程中，利用膜蛋白/衣壳蛋白修饰技术，可以增强改良病毒载体的外源基因导入效率，并降低病毒载体自身的免疫原性；利用肿瘤特异性启动子，可以增强病毒载体在肿瘤细胞中的复制特异性，提高安全性和肿瘤靶向性；通过病毒基因的改造，可以提高基因表达的效率，降低病毒使用量及其产生的免疫反应。2016 年，英国国家物理实验室用人工构建的蛋白质外壳将外源核酸片段包裹后，得到直径很小（12 纳米）的人工病毒颗粒，成功将基因片段注入特定细胞中。人工病毒因体积小、结构明确、无病毒复制的风险，将是今后基因治疗中病毒类载体研发的一个重要方向。

（3）非病毒类载体。非病毒载体（如阳离子型脂质体）的最新的改良策略包括：采用中性或者负电荷物质对阳离子物质进行包裹，以延长半衰期，降低细胞毒性（如 BIOO Scientific 公司的 MaxSuppressor）；利用聚乙二醇（PEG）、单壁碳纳米管

（SWNT）、二硬脂酰磷脂酰胆碱（DSPC）等与阳离子脂质体结合后产生的新载体，以增强载体的稳定性和渗透滞留效应（EPR），提高核酸包装效率和体内转运效率[20]。多聚物类载体也是发展较好的一类基因治疗载体，包括多聚赖氨酸（PLL），低分子量聚乙烯亚氨（LMW-PEI）、聚甲基丙烯酸 N，N-二甲氨基乙酯（PDMAEMA）、聚β-氨基酯（PBAE）等。雅培与安思泰来合作开发的巨细胞病毒 DNA 疫苗 ASP0113（TransVax）采用的载体就是非离子型的泊洛沙姆 CRL1005。外泌体（exosomes）[21]、磁小体（magnetosome）等其他类型的载体近年来也成为基因治疗的新型载体。

二、国内研究现状

在医药生物技术领域的核心技术方面，我国在引进、吸收新技术和新方法的基础上，通过创新也取得一定的突破。

1. 修饰型抗体

2017 年，国家重点研发计划"精准医学研究"启动了修饰型抗体与免疫细胞精准医学治疗标准的研究，为构建我国今后服务于临床精准医疗的新型抗体药物治疗策略，建立我国修饰型抗体等大分子类药物的个性化治疗标准和与之配套的基因表型检测试剂/方法指明了方向。

（1）去糖基化修饰单抗技术。2016 年年初，中国医药生物技术协会公布了中国医药生物技术十大进展，其中自主创新的国家 1.1 类人源化修饰型抗体治疗非小细胞肺癌已进入临床阶段。该修饰型抗体药物（即人源化修饰型嵌合抗体美妥珠（HcHAb18）单抗注射液）是基于去糖基化修饰技术的新型抗体药物，具有 ADCC 增强效应，其靶点为 EMMPRIN，可在肺癌细胞高表达；与化疗药物联用，可增强肿瘤细胞对化疗药物的敏感性，提高抑瘤效果。

（2）肿瘤免疫检查点新型单抗。自主研发的免疫检测点 PD-1 新型抗体药已进入临床试验并获国际认可，且与国际大型制药企业开展了技术转让和战略合作。PD-1 是重要的抑制性受体，对抑制肿瘤细胞生长、恢复免疫系统的功能具有重要意义。以 PD-1 等肿瘤免疫检查点为代表的新产品发展势头良好。

（3）抗体类融合蛋白。自主研发的康柏西普眼用注射液已进入美国 FDA 三期临床试验。该注射液的本质是抗血管内皮生长因子 VEGF 的融合蛋白，可以抑制病理性血管的生成。它是中国首个获得世界卫生组织（WHO）国际通用名的拥有自主知识产权的生物 I 类新药，以良好的疗效、安全性和较低的成本得到了市场的广泛认可，打破了国际垄断。

（4）智能抗体偶联 ADC。将放射免疫交联物与单抗偶联，可以提高抗体的效能。

常用的放射性同位素为 β 放射体和 α 放射体。在结合同样抗体的肿瘤靶细胞中，偶联 α 放射粒子的放射剂量是 β 放射粒子的 1000 倍，因此含有 α 放射体的免疫交联物对治疗体积小的病灶和弥散性癌症特别有效。国内目前上市的有碘 [^{131}I] 人鼠嵌合型肿瘤细胞核单克隆抗体注射液（^{131}I-chTNT）和碘 [^{131}I] 美妥昔单抗注射液（利卡汀），它们均以 ^{131}I 为放射体。

目前，国内抗体药市场以进口品种为主，但国产上市品种销售额增长很快，品种多以 me-too、me-better 类抗体为主。专家预测，到 2025 年，我国抗体的市场规模将超过 300 亿元。近年获得临床批文的有正大天晴药业集团股份有限公司的利妥昔单抗（CXSL1500056 苏）和贝伐珠单抗注射液（CXSL1400137 苏），华兰基因工程股份有限公司的重组抗淋巴细胞瘤（CD20）单抗注释液（CXSL1400096 豫），海思科医药集团股份有限公司的生物药物"HSK-III-001 注射液"（2016L10582），上海恒瑞医药有限公司的贝伐珠单抗注射液（CXSL1400076 苏）。

我国抗体药物在国际舞台上也有表现，已完成抗埃博拉病毒抗体药物 MIL77 的应急生产储备任务并成功救治了英国和意大利的感染患者，这说明我国的生物防护抗体药物具有国际水平；此外，在第 77 届美国糖尿病协会（ADA）科学年会上，由华人科学家严海博士及其创建的公司北京科信美德首次公布了全球首个胰高血糖素受体抗体 REMD-477 用于 1 型糖尿病治疗的 I 期临床试验数据。报道显示，I 型糖尿病患者接受 REMD-477 单次注射后，不仅能够显著减少胰岛素用量，同时也降低了患者的血糖水平，且没有造成低血糖的并发症。REMD-477 避免了治疗中低血糖的发生，使得内源血糖的过度合成得到了有效控制。

2. 生物技术疫苗

我国是世界上疫苗应用种类、预防病种和生产剂量都最多的国家，共有预防 30 种疾病的 52 种疫苗。具有自主知识产权的手足口病灭活疫苗、乙脑减毒活疫苗等是我国领先于全球的主要疫苗品种，但企业在治疗性疫苗的研发水平上与欧美发达国家相比还有较大差距。近年来，第三军医大学邹全明教授研制的幽门螺杆菌疫苗已获得了生产许可，同时，重组金黄色葡萄球菌疫苗 2015 年获 II/III 期临床试验批件。在新型疫苗技术的研发方面，北京大学药学院周德敏教授/张礼和院士课题组以流感病毒为模型，开发出通过人工控制病毒复制从而将病毒直接转化为疫苗的技术。我国自主研发的重组埃博拉疫苗正式启动在塞拉利昂的 II 期临床试验，这是中国自主研制的埃博拉疫苗首次获得境外临床试验许可。这表明，中国疫苗发展进入了新时代。

3. 基因治疗

在基因治疗技术方面，国内的研究起步较早，在基因治疗药物的工艺、临床、药物安全性研究、药物监管等方面也积累了较为丰富的经验。近年来，科研人员把最新技术及时用于基因治疗中，如广州医科大学第三附属医院的孙筱放课题组利用CRISPR/Cas9技术对iPSc进行基因编辑，来治疗β地中海贫血；中国科学院上海生命科学研究院生物化学与细胞生物学研究所李劲松研究组，利用CRISPR/Cas9技术对小鼠遗传性的白内障进行基因治疗。

在病毒载体方面，自主研发的ADV-TK已经完成Ⅱ期临床研究；重组腺病毒-肝细胞生长因子注射液（Ad-HGF）治疗缺血性心脏病正在进行Ⅱ期临床试验，初步证明是安全有效的；重组人GM-CSF单纯疱疹病毒注射液（OrienX010）已经获得临床试验的批文，正在进行临床试验。

在非病毒载体方面，郑州大学药学院张振中教授以单壁纳米管与DOTAP的结合体为载体，运送siRNA，用于对肿瘤基因治疗。在溶瘤病毒研究方面，除已上市的药物外，还有多种溶瘤病毒（如重组HSV、重组AV及重组NDV等）正处于临床前或临床研究阶段[22]。

三、发展趋势及前沿展望

分子生物学和生物技术的高速发展，促进了新的医药生物技术的不断完善与发展，为生物医药的开发提供了强大的助推力。以抗体、疫苗和基因药物为代表的医药生物技术及其相关诊断剂的发展趋势如下。

（1）加快发展精准医学新模式。以临床价值为核心，在治疗适应证与新靶点验证、临床前与临床试验、产品设计优化与产业化等全程进行精准监管，以提供安全有效的数据信息，实现药物的精准研发；以个人基因组信息为基础，结合蛋白质组、代谢组等相关内环境信息，通过整合不同数据层面的生物学信息库，利用基因测序、影像、大数据分析等手段，在产前胎儿罕见病筛查、肿瘤、遗传性疾病等方面实现精准的预防、诊断和治疗；对特定患者量身设计最佳诊疗方案，在正确的时间，给予正确的药物，使用正确的剂量和运用正确的给药途径，达到个体化治疗的目的[23]。

（2）新型修饰抗体平台技术不断涌现，特别是功能性抗体重组、优效修饰技术，包括去糖基化修饰、变构恒定区序列、重构抗体亚类、智能ADC药物、新一代CAR-T、双接头抗体等。

（3）升级改造针对现有靶点的抗体药物，探索新结构、新功能的抗体药物，以进一步优化抗体药物的功能活性。这些也是当前抗体药物研发的热点领域[24]。

此外，诸如pH高敏感型（pH-sensitive）抗体平台技术、纳米抗体（nano-body）、HexaBody平台的IgG六聚体等一系列探索性研究正在开展，将为抗体药物的研发提供广阔的发展空间。

随着医药生物技术的发展，特别是围绕疾病靶点网络、反向分子对接等药物新靶标的发现与确证；基于细胞和靶标的药代动力学，建立药代/药效/毒性一体化成药性评价体系；以临床需求为导向，针对重大疾病的新靶点、新表位、新功能抗体药物都将会是生物医药发展的重要方向。突破治疗性疫苗制备和评价技术也会是生物医药研究的重要热点。生物技术药物的研发生产将会进一步倡导基于质量源于设计（QbD）理念，充分保证药物 GMP 生产质量的可控性及可预测性，并保证产品不同批次质量的连续性。可以预见，修饰型抗体、疫苗和基因药物的生产会逐步走向高产量、低成本；生物技术药物会朝着更高靶向性、更低排斥性的方向发展。这些将给目前临床上某些难以治愈性疾病的治疗带来曙光。

《"十三五"生物产业发展规划》为我国医药生物相关产业的后续发展定下了方向与节奏。"十三五"期间，我国生物医药产业将重点发展重大疾病化学药物、生物技术药物、新疫苗、新型细胞治疗制剂等多个创新药物品类；提升抗体药物药学及 PK/PD 联动评估技术，加强自主创新的抗体表达技术及中试能力建设；加速生物大分子创新药物的产业化和国际化。到 2020 年，我国生物产业规模将达到 8 万亿～10 万亿元（2015 年为 3.5 万亿元），增加值占 GDP 比重将超过 4％。

参考文献

[1] Weiner G J. Building better monoclonal antibody-based therapeutics. Nature Reviews Cancer, 2015, 15(6): 361-370.

[2] Yu X, Marshall M J E, Cragg M S. Crispin M. Improving antibody-based cancer therapeutics through glycan engineering. BioDrugs. 2017, 31(3): 151-166.

[3] Angata T, Nycholat C M, Macauley M S. Therapeutic targeting of siglecs using antibody- and glycan-based approaches. Trends in Pharmacological Sciences, 2015, 36(10): 645-660.

[4] Swisher J F, Feldman G M. The many faces of FcγRI: Implications for therapeutic antibody function. Immunological Reviews, 2015, 268(1): 160-174.

[5] Krop I E, Kim S B, Gonzalez-Martin A, et al. Trastuzumab emtansine versus treatment of physician's choice for pretreated HER2-positive advanced breast cancer (TH3RESA): A randomised, open-label, phase 3 trial. Lancet Oncology, 2014, 15(7): 689-699.

[6] Bhatt S, Ashlock B M, Natkunam Y, et al. CD30 targeting with brentuximab vedotin: A novel therapeutic approach to primary effusion lymphoma. Blood, 2013, 122(7): 1233-1242.

[7] Maude S L, Frey N, Shaw P A, et al. Chimeric antigen receptor T cells for sustained remissions in leukemia. New England Journal of Medicine, 2014, 371(16): 1507-1517.

[8] Jager M, Schoberth A, Ruf P, et al. Immunomonitoring results of a phase II/III study of malignant ascites patients treated with the trifunctional antibody catumaxomab (anti-EpCAM x anti-CD3).

Cancer Research,2012,72(1):24-32.

[9] Rafiq S,Cheney C,Mo X,et al. XmAb-5574 antibody demonstrates superior antibody-dependent cellular cytotoxicity as compared with CD52- and CD20-targeted antibodies in adult acute lymphoblastic leukemia cells. Leukemia,2012,26(7):1720-1722.

[10] Si L,Xu H,Zhou X,et al. Generation of influenza A viruses as live but replication-incompetent virus vaccines. Science,2016,354(6316):1170-1173.

[11] Palfi S,Gurruchaga J M,Ralph G S,et al. Long-term safety and tolerability of ProSavin,a lentiviral vector-based gene therapy for Parkinson's disease:a dose escalation,open-label,phase 1/2 trial. Lancet,2014,383(9923):1138-1146.

[12] Talebkhan Y,Bababeik M,Esmaeili M,et al. Helicobacter pylori bacterial ghost containing recombinant Omp18 as a putative vaccine. Journal of Microbiological Methods,2010,82(3):334-337.

[13] Zhao B P,Chen L,Zhang Y L,et al. In silico prediction of binding of promiscuous peptides to multiple MHC class-II molecules identifies the Th1 cell epitopes from secreted and transmembrane proteins of Schistosoma japonicum in BALB/c mice. Microbes & Infection,2011,13(7):709-719.

[14] Hashemi H,Bamdad T,Jamali A,et al.,Evaluation of humoral and cellular immune responses against HSV-1 using genetic immunization by filamentous phage particles:A comparative approach to conventional DNA vaccine. Journal of Virological Methods,2010,163(2):440-444.

[15] Noble J E,De Santis E,Ravi J,et al. A de novo virus-like topology for synthetic virions. Journal of the American Chemical Society,2016,138(37):12202-12210.

[16] de Vries C R,Kaufman H L,Lattime E C. Oncolytic viruses:Focusing on the tumor microenvironment. Cancer Gene Therapy,2015,22(4):169-171.

[17] Ebina H,Misawa N,Kanemura Y,et al. Harnessing the CRISPR/Cas9 system to disrupt latent HIV-1 provirus. Scientific Report,2013,3(8):2510.

[18] Song B,Fan Y,He W,et al. Improved hematopoietic differentiation efficiency of gene-corrected beta-thalassemia induced pluripotent stem cells by CRISPR/Cas9 system. Stem Cells & Development,2015,24(9):1053-1065.

[19] Guo P,Xiao X,El-Gohary Y,et al. A simplified purification method for AAV variant by polyethylene glycol aqueous two-phase partitioning. Bioengineered,2013,4(2):103-106.

[20] Li H,Hao Y,Wang N,et al. DOTAP functionalizing single-walled carbon nanotubes as non-viral vectors for efficient intracellular siRNA delivery. Drug Delivery,2016,23(3):840-848.

[21] Liu Y,Li D,Liu Z,et al. Targeted exosome-mediated delivery of opioid receptor Mu siRNA for the treatment of morphine relapse. Scientific Report,2015,5:17543.

[22] de Vries C R,Kaufman H L, Lattime E C. Oncolytic viruses:focusing on the tumor microenvironment. Cancer Gene Therapy,2015,22(4):169-171.

[23] 国家发展和改革委员会.“十三五”生物产业发展规划. http://file.askci.com/file/2017/1/12/b8939bab-e1a9-4269-8b5e-9bdd6d4e4418.pdf[2017-05-17].

[24] Rodems T S, Iida M, Brand T M, et al. Adaptive responses to antibody based therapy. Seminars in Cell & Developmental Biology, 2016, 50:153-163.

Pharmaceutical Biotechnology

Chen Zhinan

(The Fourth Military Medical University)

Biological medicine are proteins (including antibodies, vaccines, cytokines and bioactive preparations) and nucleic acids (DNA, RNA or antisense oligonucleotides) which are used for therapeutic or in vivo diagnostic. They are medical drugs produced by biotechnology and differ from things which are directly extracted from a native (non-engineered) biological source. They had been used for prevention, diagnosis and treatment of many diseases due to the low toxicity, side effects, absorption and so on, and had a profound impact on improving the human health and living environment. The rapid development of pharmaceutical biotechnology has promoted the discovery and application of biotechnology drugs. The paper will briefly introduce the progress of modified antibodies, vaccines and gene therapy drugs as the representative of the pharmaceutical biotechnology in China and abroad. Finally, it will propose the future of pharmaceutical biotechnology.

2.11　工业生物技术新进展

陈　坚

(江南大学)

工业生物技术是利用生物转化的方法将生物质原料转化为重要生物化合物、材料及能源的关键技术。工业生物技术的目标是提供价格低廉、环境友好和可持续的生产方法来代替目前的已有的化学合成技术和石油化工技术[1,2]。随着石化资源的枯竭和环境保护需求的强化，工业生物技术的发展引起了越来越多的关注。近三年来，基因组改造方法、合成生物学和系统生物学技术的发展有力地推动了工业生物技术的发展。工业生物过程全局动态调控及智能生物制造将进一步促进工业生物技术的发展。下面将专门介绍近几年来工业生物技术领域的重大进展，并展望未来。

一、国际重大进展

在各国政府和组织的支持下，国际上工业生物技术在许多方向都取得了重要进展。

1. 基因组改造技术

基于 CRISPR 的基因组编辑技术是生物技术领域和生命科学研究领域的革命性突破[3]。在工业生物技术领域，CRISPR 系统首先被开发和应用于代谢工程和合成生物学研究的模式微生物大肠杆菌（*Escherichia coli*）中[4]。此外，CRISPR 系统还被进一步扩展应用到多种重要的工业微生物当中，包括放线菌等[5,6]。CRISPR 系统除了应用于工业微生物基因编辑，还应用于基因表达水平调控，为提高工业微生物的生产性能提供了有力的工具[7-9]。

2. 基于单细胞分选及鉴定的超高通量菌种筛选

基于微流控的超高通量单细胞鉴定方法能够满足大容量突变体文库分析的需求，可以适应飞速发展的基因组改造技术[10]。该方法分选通量高达 10^5 细胞/天。基于单细胞分选的超高通量菌种筛选还可以用于富集相同基因型菌株群体的不同亚群分选，以得到生产能力强的亚群中的细胞。使用富集生产能力强的亚群细胞进行发酵生产，产物的产量和生产强度可以得到显著提高[11]。

3. 基于计算生物学和生物信息学的代谢途径设计

E. coli 中心代谢核心动力学模型和基因组规模动力学模型得以成功建立，并应用于 *E. coli* 生产性能的预测[12,13]。动力学模型对细胞特性的准确预测有望指导工业微生物改造、实现代谢流准确和有序调控。基于理论反应组学和已知的代谢组学数据整合，在线数据库 ATLAS of Biochemistry 集中收集了所有理论上可行的生化反应[14]，为代谢途径的设计和优化提供了方案。

4. 代谢途径模块化改造及多菌种模块化共培养

代谢途径模块化改造是指通过系统组装及优化代谢途径，以实现平衡代谢途径、优化细胞生产性能[15]。该策略已被广泛应用于多种重要工业菌株用来生产营养化学品和精细化学品[16-18]。多菌种模块化共培养是将产物合成模块分别在不同微生物中表达，然后构建稳定的多种微生物共培养体系，以解决合成途径难以平衡及产物反馈抑制作用等问题[19]。该方法被广泛应用于己二烯二酸以及黄酮类化合物的生产[20]。

5. 基于合成生物学元件的代谢途径动态调控和系统代谢工程

随着合成生物学的发展，越来越多的微生物中的调控元件正被解析和利用，以实现基因回路和生物感应器的构建[21,22]。在动态调控工程菌研究中，不同合成生物学调控元件被设计、改造和组装以实现平衡代谢途径、重新分配代谢流量、调控重组菌适应性进化强度及实现途径酶的定向进化等[23-27]。用于动态调控工程菌代谢的合成生物学调控元件主要为转录因子，同时还包括合成启动子、动态响应启动子、合成 RNA 及蛋白降解元件等[28-32]。基于系统生物学技术的系统代谢工程在利用稳态组学数据的基础上，已经进一步将动态多维度组学分析应用于工业微生物的特性分析及限速步骤的鉴定中[33,34]。通过分析异戊烯醇、柠檬烯、甜没药烯三种生物燃料生产菌株在发酵过程中代谢组和蛋白组的动态变化，结合统计分析和基于基因组规模代谢网络模型的数据解析，研究人员鉴定出进一步提升生物燃料产量的改造靶点[33]。

6. 新型产物开发

研究者开发了以重组 E. coli 生产分子结构为短链烷烃的生物汽油的方法[35]。通过在 E. coli 中对脂肪酰载体蛋白、脂肪酸及脂肪酰辅酶 A 途径进行代谢途径异源重构、代谢网络系统改造和基因表达优化调控，短链烷烃的产量可达到 580.8 mg/L。将 Y. lipolytica 中脂肪酸途径关键酶进行空间定位、平衡表达，可实现脂肪酰乙酯、脂肪烷烃、中链脂肪酸和脂肪醇的生产，脂质含量最高达到 66.4 g/L，为发酵法燃料油生产奠定了基础[36]。通过将合成生物学、代谢工程技术及化学转化法相结合，实现了青蒿素的工业化生产，这是运用合成生物学实现药品工业化生产的一个典型案例，在工业生物技术中具有里程碑式的意义[37,38]。青蒿素的成功高效合成为运用合成生物学及化学转化法生产其他萜类化合物提供了重要参考。因此，尽管目前多种萜类化合物以及苯丙烷类化合物从头合成的产量仍低于 1 g/L，无法满足工业化生产的要求，但未来实现萜类化合物及苯丙烷类化合物的工业化生产依然有着技术和方法上的可行性[39]。另外，通过在微生物中重构生物碱合成途径来合成多种生物碱的可行性也被证明[40]。

二、国内现状

在近几年工业生物技术迅猛发展的时期，我国学者在技术手段开发、方法策略探索和在线数据库工具建立等方面做出了大量的基础和应用研究，特别是清华大学、中国科学院天津工业生物技术研究所和江南大学等研究机构，为新技术和新策略在工业生物技术的应用做出了重要贡献。在 CRISPR 系统应用于工业生物技术的方面，研究人员分别在 E. coli、枯草芽孢杆菌（Bacillus subtilis）、丙酮丁醇梭杆菌（Clostridium acetobutylicum）、拜氏丁酸梭菌（Clostridium beijerinckii）、巴斯德梭菌（Clostridium pasteurianum）、罗伊氏乳杆菌（Lactobacillus reuteri）及链霉菌（Streptomyces coelicolor）等菌株中建立和优化了 CRISPR 基因编辑系统[5]。在 DNA 片段高效组装和多位点突变的方法和技术方面，研究人员在 DNA 片段组装方面开发了一系列原创性技术，为大片段 DNA 的组成奠定了坚实基础[41]。在生物信息学在线数据库建立方面，科研人员取得了显著进展，自主建立了生物合成途径设计在线工具 Biosynther 等，为代谢途径的设计和优化提供了设计方案和理论支持，促进了工业生物制造的发展[42]。在工业生物技术方法和思路探索方面，科研人员开展了诸多进一步开发和拓展代谢途径模块化改造策略的研究，代谢途径模块化改造策略已广泛应用于 E. coli 等多种重要工业菌株以生产营养化学品和精细化学品。

在真核人工合成基因组研究中，研究机构和科研人员承担了主要的工作，起到至关重要的作用。在世界科学家们至今完成的 6 条人工染色体的合成中，中国科学家完成了其中的 4 条，占完成数量的 66.7%，把 Sc2.0 计划向前推进了一大步[43-47]。该研究为真核微生物理论研究及以 S. cerevisiae 为宿主的生物制造开辟了新的思路和方法。

在传统发酵产品生产方面，我国是全球工业生物技术大国，是多种大宗发酵产品的主要生产国，主要产品包括有机酸、氨基酸、抗生素和酶制剂。随着合成生物学、系统生物学、基因组工程和高通量筛选技术和方法的应用，我国工业生物技术领域的研发和自主创新能力得到显著提升。产品研发的创新和技术手段的进步为我国工业生物技术领域的发展注入了新的活力。工业生物技术创新的产业化应用促进了我国转变经济增长方式，优化了工业生物技术产业结构，为供给侧结构性改革提供了技术创新的重要支撑。

我国在传统发酵产品产业化方面依然保持着优势，是多种有机酸产品世界主要生产国，并且是柠檬酸、衣康酸的世界第一大生产国。我国柠檬酸年产能已经达到百万吨，占世界的 70% 左右；也是世界上最大的柠檬酸出口国，年出口量超过世界贸易总量的一半。氨基酸生产方面，赖氨酸、苏氨酸和色氨酸的国内供应充足，将部分产品出口来满足国际市场需求。蛋氨酸供应格局正在发生变化，本土化供应能力提高，出口量大幅增加，因此主要依靠进口来保障供应的局面将逐步改善，本土化供应将迅速挤占进口产品市场。在抗生素生产方面，我国抗生素在国际市场中占有 70% 的份额，青霉素、四环素、土霉素、庆大霉素、林可霉素（洁霉素）、链霉素、螺旋霉素等大宗发酵抗生素产品占有优势。近年来，酶制剂发展很快，品种越来越多，应用技术越来越深入，酶制剂工业年增长率保持在 10 ％左右。我国已进入酶制剂生产大国行列，通过开发和引进优良菌株和先进设备、开展新型酶制剂研发，已取得快速发展。我国酶制剂市场份额在全球的比重已由"十二五"初期的不足 10％提升到现在的近 30％，产品竞争力大幅提升。

三、发展趋势及前沿展望

基因组改造方法、合成生物学和系统生物学技术的进展和突破有力地推动了工业生物技术的发展，特别是基因编辑与基因组改造技术、代谢网络动态调控策略及新型化合物的研发方面取得的重要进展，在工业生物技术领域产生了深远的影响。未来工业生物技术的重大挑战和关键问题主要包括以下两个方面。

1. 多层次全局动态调控

目前，异源合成途径的调控主要集中在基因表达水平的调节上，忽略不同层次调控的交互作用，这往往影响合成途径的调控效率[48]。建立人工合成途径在基因表达水平、翻译后修饰和变构调节水平的动态调控方法，可以协调不同调控机制，进而扩增产物合成途径代谢的流量，以实现目标产物的高效合成。

2. 人工智能生物制造和基于机器学习的大数据处理

工业 4.0 和人工智能时代的到来为工业生物技术领域带来了新的发展机遇。能否将人工智能和机器人技术融合到工业生物技术领域，决定着智能生物制造能否实现。高通量的构建和高通量的多维度检测分析方法，会有效促进工业生物技术大数据时代的尽早到来。能否运用深度机器学习进行大数据高效处理，将决定着实验设计和实验数据处理的有效性，以及工业生物技术的未来发展。

参考文献

[1] Clomburg J M, Crumbley A M, Gonzalez R. Industrial biomanufacturing：The future of chemical production. Science,2017,355(6320)：aag0804.

[2] Becker J, Wittmann C. Advanced biotechnology：Metabolically engineered cells for the bio-based production of chemicals and fuels,materials,and health-care products. Angewandte Chemie (International Edition),2015,54(11)：3328-3350.

[3] Barrangou R,Doudna J A. Applications of CRISPR technologies in research and beyond. Nature Biotechnology,2016：933-941.

［4］ Jiang W,Bikard D,Cox D,et al. RNA-guided editing of bacterial genomes using CRISPR-Cas systems. Nature Biotechnology,2013,31(3):233-239.

［5］ Choi KR,Lee SY. CRISPR technologies for bacterial systems:Current achievements and future directions. Biotechnology Advances,2016,34(7):1180-1209.

［6］ Westbrook A W,Moo-Young M,Chou C P. Development of a CRISPR-Cas9 toolkit for comprehensive engineering of Bacillus subtilis. Applied and Environmental Microbiology, 2016, 82 (16): 4876-4895.

［7］ Bikard D,Jiang W,Samai P,et al. Programmable repression and activation of bacterial gene expression using an engineered CRISPR-Cas system. Nucleic Acids Research,2013,41(15):7429-7437.

［8］ Qi L S,Larson M H,Gilbert L A,et al. Repurposing CRISPR as an RNA-guided platform for sequence-specific control of gene expression. Cell,2013. 152(5):1173-1183.

［9］ Peters J M,Colavin A,Shi H,et al. A comprehensive,CRISPR-based functional analysis of essential genes in bacteria. Cell,2016. 165(6):1493-1506.

［10］ Wang B L,Ghaderi A,Zhou H,et al. Microfluidic high-throughput culturing of single cells for selection based on extracellular metabolite production or consumption. Nature Biotechnology,2014, 32(5):473-478.

［11］ Xiao Y,Bowen C H,Liu D,et al. Exploiting nongenetic cell-to-cell variation for enhanced biosynthesis. Nature Chemical Biology,2016,12(5):339-344.

［12］ Khodayari A,Maranas C D. A genome-scale Escherichia coli kinetic metabolic model k-ecoli457 satisfying flux data for multiple mutant strains. Nature Communications,2016,7:13806.

［13］ Khodayari A,Zomorrodi A R,Liao J C,et al. A kinetic model of Escherichia coli core metabolism satisfying multiple sets of mutant flux data. Metabolic Engineering,2014,25:50-62.

［14］ Hadadi N,Hafner J,Shajkofci A,et al. ATLAS of Biochemistry A repository of all possible biochemical reactions for synthetic biology and metabolic engineering studies. ACS Synthetic Biology, 2016,5(10):1155-1166.

［15］ Biggs B W,De Paepe B,Santos C N S,et al. Multivariate modular metabolic engineering for pathway and strain optimization. Current Opinion in Biotechnology,2014,29:156-162.

［16］ Wu J,Du G,Zhou J,et al. Metabolic engineering of Escherichia coli for (2S)-pinocembrin production from glucose by a modular metabolic strategy. Metabolic Engineering,2013,16:48-55.

［17］ Liu Y,Zhu Y,Li J,et al. Modular pathway engineering of Bacillus subtilis for improved N-acetylglucosamine production. Metabolic Engineering,2014,23:42-52.

［18］ Dai Z,Liu Y,Huang L,et al. Production of miltiradiene by metabolically engineered Saccharomyces cerevisiae. Biotechnology and Bioengineering,2012,109(11):2845-2853.

［19］ Zhou K,Qiao K,Edgar S,et al. Distributing a metabolic pathway among a microbial consortium enhances production of natural products. Nature Biotechnology,2015,33(4):377-383.

［20］ Zhang H,Wang X. Modular co-culture engineering,a new approach for metabolic engineering. Metabolic Engineering,2016,37:114-121.

［21］ Brophy J A,Voigt C A. Principles of genetic circuit design. Nature Methods,2014,11(5):508-520.

［22］Prochazka L,Angelici B,Haefliger B,et al. Highly modular bow-tie gene circuits with programmable dynamic behaviour. Nature Communications,2014,5:4729.

［23］Zhang F,Carothers J M,Keasling J D. Design of a dynamic sensor-regulator system for production of chemicals and fuels derived from fatty acids. Nature Biotechnology,2012,30(4):354-359.

［24］Soma Y,Tsuruno K,Wada M,et al. Metabolic flux redirection from a central metabolic pathway toward a synthetic pathway using a metabolic toggle switch. Metabolic Engineering,2014,23:175-184.

［25］Chou H H,Keasling J D. Programming adaptive control to evolve increased metabolite production. Nature Communications,2013,4:2595.

［26］Deloache W C,Russ Z N,Narcross L,et al. An enzyme-coupled biosensor enables (S)-reticuline production in yeast from glucose. Nature Chemical Biology,2015,11(7):465-471.

［27］Solomon K V,Sanders T M,Prather K L. A dynamic metabolite valve for the control of central carbon metabolism. Metabolic Engineering,2012,14(6):661-671.

［28］Brockman I M,Prather K L J. Dynamic knockdown of E. coli central metabolism for redirecting fluxes of primary metabolites. Metabolic Engineering,2015,28:104-113.

［29］Dahl R H,Zhang F,Alonso-Gutierrez J,et al. Engineering dynamic pathway regulation using stress-response promoters. Nature Biotechnology,2013,31(11):1039-1046.

［30］Yang J,Seo S W,Jang S,et al. Synthetic RNA devices to expedite the evolution of metabolite-producing microbes. Nature Communications,2013,4:1413.

［31］Teo W S,Chang M W. Development and characterization of AND-gate dynamic controllers with a modular synthetic GAL1 core promoter in Saccharomyces cerevisiae. Biotechnology and Bioengineering,2013,111(1):144-151.

［32］Ausländer S,Stücheli P,Rehm C,et al. A general design strategy for protein-responsive riboswitches in mammalian cells. Nature Methods,2014,11(11):1154-1160.

［33］Brunk E,George K W,Alonso-Gutierrez J,et al. Characterizing Strain Variation in Engineered E. coli Using a Multi-Omics-Based Workflow. Cell Systems,2016,2(5):335-346.

［34］Liu Y,Link H,Liu L,et al. A dynamic pathway analysis approach reveals a limiting futile cycle in N-acetylglucosamine overproducing Bacillus subtilis. Nature Communications,2016,7:11933.

［35］Choi Y J,Lee S Y. Microbial production of short-chain alkanes. Nature,2013,502(7472):571-574.

［36］Xu P,Qiao K,Ahn W S,et al. Engineering Yarrowia lipolytica as a platform for synthesis of drop-in transportation fuels and oleochemicals. Proceedings of the National Academy of Sciences,2016,113(39):10848-10853.

［37］Paddon C,Westfall P,Pitera D,et al. High-level semi-synthetic production of the potent antimalarial artemisinin. Nature,2013,496(7446):528-532

［38］Paddon C J,Keasling J D. Semi-synthetic artemisinin:a model for the use of synthetic biology in pharmaceutical development. Nature Reviews Microbiology,2014,12(5):355-367.

［39］Zhou J,Du G,Chen J. Novel fermentation processes for manufacturing plant natural products. Current Opinion in Biotechnology,2014,25:17-23.

［40］Ehrenworth A M, Peralta-Yahya P. Accelerating the semisynthesis of alkaloid-based drugs through metabolic engineering. Nature Chemical Biology,2017,13(3):249-258.

[41] Qin Y,Tan C,Lin J,et al. EcoExpress—Highly efficient construction and expression of multicomponent protein complexes in escherichia coli. ACS Synthetic Biology,2016. 5(11):1239-1246.

[42] Tu W,Zhang H,Liu J,et al. BioSynther:a customized biosynthetic potential explorer. Bioinformatics,2016,32(3):472-473.

[43] Shen Y,et al. Deep functional analysis of synII,a 770-kilobase synthetic yeast chromosome. Science,2017,355(6329). pii:eaaf4791. doi:10. 1126/science. aaf4791.

[44] Wu Y,Li B Z,Zhao M,et al. Bug mapping and fitness testing of chemically synthesized chromosome X. Science,2017,355(6329). pii:eaaf4706. doi:10. 1126/science. aaf4706.

[45] Xie Z X,Li B Z,Mitchell L A,et al. "Perfect" designer chromosome V and behavior of a ring derivative. Science,2017,355(6329). pii:eaaf4704. doi:10. 1126/science. aaf4704.

[46] Zhang W M,Zhao G H, Luo Z Q,et al. Engineering the ribosomal DNA in a megabase synthetic chromosome. Science,2017,355(6329). pii:eaaf3981. doi:10. 1126/science. aaf3981.

[47] Annaluru N,Muller H,Mitchell L A,et al. Total synthesis of a functional designer eukaryotic chromosome. Science,2014,344(6179):55-58.

[48] Lechner A,Brunk E,Keasling J D. The need for integrated approaches in metabolic engineering. Cold Spring Harbor Perspectives in Biology,2016,8(11). pii:a023903. doi:10. 1101/cshperspect. a023903.

Industrial Biotechnology

Chen Jian

(Jiangnan University)

Industrial biotechnology is a key technology for industrially important compounds, materials and biofuel production. Biotransformation can provide a cost-effective, environmentally friendly and sustainable production approach comparing with current organic synthesis and petrochemical industry. In this paper, we focus on the advances in industrial biotechnology all over the world since 2013, such as novel technologies and methods, metabolic engineering strategies, markets and applications of traditional fermentation product, and newly developed process for useful compound production. Finally, we discuss the outlook of industrial biotechnology. Globally dynamic regulation of metabolic pathway and artificial intelligence process are promising technology for further facilitating development of industrial bioprocess.

2.12　环境生物技术新进展

邓　晔　庄国强

（中国科学院生态环境研究中心）

环境生物技术是一个将生物技术应用于环境诊断、污染控制、环境修复及污染物资源化的技术系统，广泛应用于环境科学、环境工程和生态学等领域。所有这些应用都是在复杂的生物种群，特别是在微生物种群中完成的。然而，这些环境过程中的生物的多样性、结构与相互作用机制仍处于"黑箱"与"灰箱"阶段，污染控制和环境修复中所遇到的科学问题与揭示这些科学问题并指导其应用之间还存在着很大的差距。近几年，新技术在环境生物技术领域的应用，有助于揭示环境过程中的"黑箱"与"灰箱"。下面将重点介绍环境生物技术领域的发展现状，并展望其未来。

一、国际重大进展

如今环境生物学研究的突破越来越依赖生物技术的发展。组学技术、单细胞筛选技术、原位表征技术及生物信息分析方法等方法学的迅速发展，促进了环境生物技术的快速发展，极大地推动了不同时空尺度下环境微生物群落的检测、微生物群落耦合的代谢过程、微生物生态学理论的发展和环境生物技术的应用。

1. 针对环境微生物多样性检测的组学技术

组学技术（omics-technology）的发展掀起了一场环境微生物领域的革命，带动了自然和人工环境中复杂微生物群落的组成多样性（taxonomic diversity）、谱系多样性（phylogenetic diversity）和功能多样性（functional diversity）的研究。组学以基因组、转录组、蛋白质组和代谢组等为研究对象，可以用来研究环境样品中所有生命体的基因组 DNA 遗传信息、RNA 转录信息，以及所有被表达的蛋白质的组成极其复杂的最终代谢产物混合体的信息。组学技术突破了传统分子生物学方法仅能对少数几个基因、蛋白质或生化通路进行研究的局限性，实现了在整体水平上研究环境生物系统的组成之间的相互关系、系统结构与功能的关联、生物群落各物种间的关系，以及群落结构与生态系统的关联等科学问题，是未来认识环境中所有生命体及其错综复杂关系的核心手段[1]。

（1）宏基因组技术（metagenomics）。近年来，针对环境生物的宏基因组研究主要以高通量检测技术为主，其中基因芯片技术和高通量测序技术是最有代表性的方法。高通量测序准确度高，能够迅速识别生物物种，发现新基因，但其分析方法较为复杂，对物种进行定量研究有一定困难[2]。基因芯片技术虽然不能检测到未知的物种，无法准确反映生境中的物种和个体总量，但其准确度、定量性及遗传基因的检测深度是测序技术目前无法比拟的[3]。

（2）宏转录组技术（metatranscriptomics）。宏转录组学是通过对信使 RNA 测序来关注微生物群落中基因的表达状况。基因转录是实现功能的必要条件，因此宏转录组技术就成为了解环境生物实时功能最直接的技术[4]。此外，宏转录组学也用于新物种或新基因的发现和鉴别[5]。然而，从自然环境中获得信使 RNA 仍面临相当大的挑战：一方面是因为信使 RNA 极其不稳定，很容易在实验条件下发生不可逆转的降解；另一方面，需要极高量的 RNA 才能从中得到足够量的信使 RNA 并把它用于宏转录组测序，这在环境样本中实现可能非常困难，尤其是在极端环境条件下或异常珍贵的样本中。这些困难极大地阻碍了宏转录组学在环境生物技术领域的广泛应用。

（3）宏蛋白质组技术（metaproteomics）。蛋白质能直接反映生物的功能及活动，因此，对微生物群落的蛋白质概况进行分析的蛋白组学在研究群落功能性方面比宏基因组学和宏转录组学更为便捷[6]。一个标准的宏蛋白质组实验通常包括环境样本的蛋白质提取、纯化、酶消化、质谱分析，以及在参考数据库搜索的基础上进行的蛋白质的鉴定。宏蛋白质数据库一般是基于基因组学或宏基因组数据建立的，如果蛋白质的核苷酸序列未知或无法注释，蛋白质也就无法鉴定。国际上已有一些同步诠释基因组学和蛋白质组学性能的研究。

2. 环境微生物单细胞筛选技术

自然环境中 99% 以上的微生物种类依然是不可培养且功能未知的[7]。自然环境中的单细胞微生物更是千差万别且功能迥异。细胞之间的异质性和单细胞突变通常是生命体个性化和变化的基础。因此，对自然环境中微生物的细胞进行分离和培养是微生物研究的关键。随着高通量测序技术的发展，基因组、转录组全扩增技术的进步，以及单细胞操控技术的突破，单细胞技术逐渐被接受和应用于环境微生物领域中，并成为最重要的科学方法之一[8]。目前的单细胞技术主要是单细胞筛选和分离技术（包括单细胞的形态观察和光谱分析等）、扩增技术、高通量分析技术（包括测序和生物芯片）的总称。单细胞技术可以避开微生物不可培养的技术难点，并排除死亡微生物的游离 DNA 的干扰，消除大量细胞研究的不均一性带来的影响。它以细胞为单位，研究单细胞水平上的基因结构和基因表达状态[9]。

单细胞技术首先可实现单细胞的快速有效分离。目前可应用的环境微生物单细胞筛选方法主要有微流控技术、荧光激活细胞分选技术、显微操作技术、激光捕获显微切割和拉曼光谱法等[10]。在单细胞分离的基础上进行单细胞全基因组扩增，可以获得高覆盖率的基因组，从而满足后续检测的要求[9]。目前针对环境微生物的全基因组扩增技术主要分为两种类型：一种是基于热循环以多聚酶链反应（PCR）为基础的扩增技术，如简并寡核苷酸引物 PCR（DOP-PCR）等；另一种是基于常温反应的扩增技术，如多重置换扩增（MDA）等，不以 PCR 为基础。

3. 环境微生物功能的原位表征技术

稳定同位素示踪技术（stable isotope tracer，SIP）和微生物标记物的联用，能够将环境中的微生物类群及其功能联系起来，以揭示复杂微生物群落中微生物的相互作用及生理代谢功能，这是环境微生物群落功能研究领域的重要突破[11]。这一技术常见的标记物有磷脂脂肪酸、醚酯、氨基糖、DNA 和 RNA，对标记物的提取、分离、纯化和分析，可以显示出特定稳定性同位素在生物体内的存在和动态变化。

稳定性同位素核酸探针（DNA/RNA-SIP）技术可以更直接地获得微生物的遗传信息。DNA-SIP 由于 DNA 具有双链结构所以能够确保遗传物质的稳定性，也是证明微生物原位生长和驱动生态过程的直接证据[12]。但 DNA-SIP 通常需要较高浓度的标记底物和较长的培养时间，这可能会导致研究结果与原位实际情况之间产生偏差。RNA 能够较快地被标记，而 RNA-SIP 相对 DNA-SIP 培养时间短且不依赖于细胞分裂。这些优势可以消除研究结果与原位实际情况之间的偏差，提高技术的灵敏度和精确度。

近年来，把同位素示踪技术与超高分辨率显微镜成像技术结合在一起的纳米二次离子质谱技术（NanoSIMS）逐步兴起，是当前最为先进的表面和界面分析技术，代表了现在离子探针成像技术的最高水平[13]。与 SIP 技术相结合，NanoSIPS 能够从单细胞水平上准确识别复杂环境样品中微生物的群落组成和代谢特征，并将微生物的生理生态特征与功能相关联，其高灵敏度和准确性将确保为丰度较低的功能微生物类群在自然环境中的元素循环和生态系统中的研究提供更为完善的信息[14]。

4. 环境生物信息分析技术

高通量技术及基于高通量的组学技术、单细胞技术的应用促进了环境微生物领域的迅猛发展，对环境种群及其功能微生物的测序产生了海量的数据。针对急速增长的数据，开发有效的统计算法以快速准确地解读、分析和处理数据，进而充分挖掘大数据所包含的有效信息，已成为环境生物技术发展的关键，也是生物信息技术发展的关键。

目前，国际上环境微生物组学的研究主要集中在土壤和海洋微生物中。针对组学数据分析的一系列生物信息学分析平台及生物信息分析工具被开发出来。例如，适用于宏基因组 shotgun 测序分析的 MetaGenome ANalyzer（MEGAN）[15]、MetaGenomics Rapid Annotation using Subsystem（MG-RAST）[16]等平台。前者由德国图宾根大学 Daniel Huson 教授主持开发，下载到本地后可以完成大量样本数据从前处理到后续分析的全过程；后者是美国阿贡国家实验室主导开发的网页分析服务器，其系统分析能力和计算资源比个人电脑和小型服务器强大很多，能够完成更大数据量的运算和分析任务。这些开源工具在很大程度上为研究人员分析信息提供了便利。随着测序深度的增加、测序成本的下降及新技术的开发，更大规模、更复杂的数据必将对生物信息分析的理论和技术提出更大的挑战。

二、国内研究现状

在环境微生物研究领域，国际上的科研团队致力于新技术的开发和使用，在研究微生物群落的组成、结构、功能和多样性，以及复杂微生物群落中微生物的相互作用及生理代谢功能方面有了很大的突破和提高。而我国在核心技术的开发方面并没有取得突破性的进展，与国际先进水平相比仍有一定的差距。有鉴于此，国内研究团队正在与国际接轨，并与国外领先的团队开展合作，努力将新技术和新方法引进、吸收、创新并应用到环境微生物的研究中。目前国内也出现了一些走在相关领域前列的科研团队。

（1）环境微生物多样性组学技术：国内多个课题组已经成功地应用组学技术特别是宏基因组技术对环境微生物的多样性进行研究。例如，清华大学杨云峰课题组开发和运用微生物功能基因芯片技术（GeoChip），充分研究了我国高寒农牧区土壤微生物功能类群多样性的变化[17]。香港大学张彤课题组采用宏基因组技术，研究了污水处理厂、生物反应器等环境中的细菌微生物群落的结构及多样性等[18]。

（2）环境微生物单细胞技术：以北京大学生物动态光学成像中心黄岩谊、汤富酬研究组和中国科学院青岛生物能源与过程研究所徐健研究组为代表。黄岩谊、汤富酬课题组合作开发了新的文库制备方法，利用微流控芯片技术实现了高质量的单细胞全转录组测序[19]。该技术能够减少试剂用量和操作误差，并提高反应效率，实现了更高的可靠性和更好的平行性。徐健研究组基于"单细胞拉曼分选仪""单细胞遗传分析仪"等具有创新性的科研仪器体系，正在研究单细胞尺度的微生物群落调控与进化机制，设计与组装功能性的细胞群体[20]。该团队主持的单细胞和元基因组特色技术平台，正支撑着来自9个国家的科研团队在能源、环境、海洋、健康、农业、地质等领域的微生物群落研究。

（3）稳定性同位素示踪技术：以北京大学陆雅海研究组和中国科学院南京土壤研究所贾仲君研究组为代表。陆雅海研究组在水稻土壤微生物学和碳素转化领域开展了一系列研究，建立了可用于研究土壤微生物结构和功能的稳定同位素探针技术，解决了长期以来对土壤微生物难以进行原位研究的技术难题。贾仲君课题组在利用稳定性同位素示踪氨氧化微生物 DNA 的基础上，开发出高通量测序微生物群落¹³C-16S rRNA 基因技术，将低丰度微生物的检测限提高至少百倍，揭示了土壤中氨氧化细菌、氨氧化古菌和亚硝化细菌的相互作用规律[21]。

（4）生物信息分析技术：以中国科学院北京生命科学研究院赵方庆课题组和中国科学院生态环境研究中心邓晔研究组为代表。赵方庆课题组针对宏基因组研究的关键问题，重点开发了基于单细胞测序技术的宏基因组拼接、序列归类和注释等方面的算法和工具[22]。中国科学院生态环境研究中心邓晔研究组在高通量数据分析和微生物群落物种互作网络研究方面开展工作，开发和完善了高通量宏基因组分析技术，建立了高通量数据的标准化分析流程和数据挖掘算法，并构建了用于高通量测序和微生物网络互作分析的公共平台[23]。

三、发展趋势及前沿展望

随着生物学和遗传学的高速发展，一些新的分子检测技术快速向生态环境领域渗透，为深入认识自然和人工环境中复杂的生物群落提供了崭新的视角。认识的深入将推动以往很多在机制上不明确的工程应用快速向前发展。美国在 2016 年启动微生物组计划时也明确提出，未来几年内针对复杂的环境微生物体系有五个重要的研究或技术问题需要着重解决，这些问题包括解密微生物基因和它们的化学功能，了解微生物细胞基因组和它们的演变动态，创建更高通量、更高灵敏度的组学方法，开发和运用数据整理和信息挖掘算法，建立可用于研究的原位干扰和可控的模式系统[24]。由此可见，面对高度复杂而又相互关联的微生物群落依然有大量的基础性研究工作需要开展，未来几年各国将在这个领域展开激烈的竞争。

针对环境生物技术领域，未来几年内需要着重解决两个重要的挑战：其一，如何利用微生物分子水平上的认识来建立其与宏观环境功能的联系，并利用这些关联预测环境变化带来的生态效应；其二，如何调控复杂微生物群落中的核心功能类群来满足日趋严重的环境治理需求。这两个问题都要求我们对微生物群落的认识重点要放在其生态功能上，利用新的手段和方法深入研究自然和人工环境中复杂生物群落的功能形成、维持和调控机制。随着这些研究的进一步深化，更多高效的环境生物治理与修复技术也必将不断涌现。

参考文献

[1] Franzosa E A, Hsu T, Huttenhower C, et al. Sequencing and beyond: Integrating molecular 'omics' for microbial community profiling. Nature Reviews Microbiology, 2015, 13(6): 360-372.

[2] Culligan E P, Sleator R D. Editorial: From genes to species: novel insights from metagenomics. Frontiers in Microbiology, 2016, 7: 1181.

[3] Zhou J Z, He Z, Yang Y, et al. High-throughput metagenomic technologies for complex microbial community analysis: open and closed formats. mBio, 2015, 6(1): e02288-14.

[4] Simon-Soro A, Guillen-Navarro M, Mira A. Metatranscriptomics reveals overall active bacterial composition in caries lesions. Journal of Oral Microbiology, 2014, 6: 25443.

[5] Warnecke F, Hess M. A perspective: metatranscriptomics as a tool for the discovery of novel biocatalysts. Journal of Biotechnology, 2009, 142(1): 91-95.

[6] Wilmes P, Heintz-Buschart A, Bond P L. A decade of metaproteomics: Where we stand and what the future holds. Proteomics, 2015, 15(20): 3409-3417.

[7] Blainey P C, Quake S R. Dissecting genomic diversity, one cell at a time. Nature Methods, 2014, 11(1): 19-21.

[8] Kitano H. Method of the year 2013. Nature Methods, 2014. 11(1): p. 1.

[9] Rinke C, Lee J, Nath N, et al. Obtaining genomes from uncultivated environmental microorganisms using FACS-based single-cell genomics. Nature Protocols, 2014. 9(5): 1038-1048.

[10] Blainey P C, The future is now: Single-cell genomics of bacteria and archaea. Fems Microbiology Reviews, 2013, 37(3): p. 407-427.

[11] Hungate B A, Mau R L, Schwartz E, et al. Quantitative microbial ecology through stable isotope probing. Applied and Environmental Microbiology, 2015, 81(21): 7570-7581.

[12] Zheng Y, Jia Z. The application of biomarker genes for DNA/RNA-stable isotope probing of active methanotrophs responsible for aerobic methane oxidation in six paddy soils. Acta Pedologica Sinica, 2016. 53(2): 490-501.

[13] Musat N, Musat F, Webar P K, et al. Tracking microbial interactions with NanoSIMS. Current Opinion in Biotechnology, 2016, 41: 114-121.

[14] Pett-Ridge J, Weber P K. NanoSIP: NanoSIMS applications for microbial biology. Methods Mol Biol, 2012, 881: 375-408.

[15] Huson D H, Beier S, Flade I, et al. MEGAN community edition - interactive exploration and analysis of large-scale microbiome sequencing data. PLoS Computational Biology, 2016, 12(6): e1004957.

[16] Huson D H, Weber N. Microbial community analysis using MEGAN. Microbial Metagenomics, Metatranscriptomics, and Metaproteomics, 2013, 531: 465-485.

[17] Yang Y F, Gao Y, Wang S P, et al. The microbial gene diversity along an elevation gradient of the Tibetan grassland. Isme Journal, 2014. 8(2). 430-440.

[18] Zhang T, Shao M F, Ye L. 454 Pyrosequencing reveals bacterial diversity of activated sludge from 14 sewage treatment plants. Isme Journal, 2012, 6(6): 1137-1147.

[19] Streets A M, Zhang X N, Cao C, et al. Microfluidic single-cell whole-transcriptome sequencing. Proceedings of the National Academy of Sciences of the United States of America, 2014, 111

(19):7048-7053.

[20] Wang Y, Ji Y T, Wharfe E S, et al. Raman activated cell ejection for isolation of single cells. Analytical Chemistry,2013,85(22):10697-10701.

[21] Cai Y F, Zheng Y, Bodelier P L E, et al. Conventional methanotrophs are responsible for atmospheric methane oxidation in paddy soils. Nature Communications,2016,7:11728.

[22] Li P F, Zhang Y M, Wang J F, et al. MetaSort untangles metagenome assembly by reducing microbial community complexity. Nature Communications,2017,8:14306.

[23] Deng Y, Zhang P, Qin Y J, et al. Network succession reveals the importance of competition in response to emulsified vegetable oil amendment for uranium bioremediation. Environmental Microbiology,2016,18(1):205-218.

[24] Alivisatos A P, Blaser M J, Brodie E L, et al. A unified initiative to harness Earth's microbiomes. Science,2015,350(6260):507-508.

Environmental Biotechnology

Deng Ye, Zhuang Guoqiang

(Research Center for Eco-Environmental Sciences, CAS)

Environmental biotechnology is a systematic technology that applies biological technology into environmental assessment, pollution control, environmental remediation and waste recycling. It had wide-spread applications in environmental sciences, environmental technology and ecology. Although most of these applications were fundamentally functioned by complex biological communities, especially microbial communities, the diversity, structure and interactions of those communities remain in the stage of "black-box" or "grey-box". Thus, there is a big knowledge gap between the scientific mechanisms and technic improvements in waste control and environmental bioremediation. In recent years, with the development of biotechnologies and their applications in environmental sciences, more and more progresses have been made to disclose those "black-boxes" and "grey boxes". In this section, we are going to introduce these novel detection techniques in environmental biotechnology, including their current status and future outlook.

2.13 免疫治疗技术新进展

于益芝[1]   曹雪涛[*1,2]

（1. 第二军医大学免疫学研究所暨医学免疫学国家重点实验室；
2. 中国医学科学院）

近年来，免疫治疗技术发展迅速，已应用于多种疾病的治疗，并在某些疾病，如肿瘤治疗等方面取得了重要突破。它的发展得益于免疫学理论和免疫学技术的进展，以及多学科之间的交叉融合。下面重点介绍近年来免疫治疗技术的新进展并展望其未来。

一、国际主要进展

尽管免疫治疗技术已经用于多种疾病（包括自身免疫性疾病、神经系统疾病、过敏性疾病等）的治疗，但大部分免疫治疗技术的开发和应用则集中在肿瘤治疗方面。国外免疫治疗技术的进展主要体现在以下几个方面。

1. 靶向免疫检查点分子的疾病免疫疗法日臻完善

过去数年中，免疫治疗方面最重大的进展在于靶向免疫检查点分子的疗法在多种肿瘤的治疗中取得理想的疗效，进而展现出巨大的临床应用价值。作为一类免疫抑制性分子，免疫检查点分子能够调节免疫反应的强度和广度，从而避免正常组织的损伤和破坏，在肿瘤等多种疾病的发生、发展过程中起着关键作用。通过阻断免疫检查点分子的作用以解除肿瘤患者体内的免疫抑制，是靶向免疫检查点分子治疗肿瘤的基本思路。目前用于此类治疗的靶点有很多，研究和应用最热门的是 CTLA-4（cytotoxic T lymphocyte-associated antigen 4）、PD-1/PD-1L（programmed cell death 1），有学者甚至认为，靶向 CTLA-4 和 PD-1/PD-1L 抗体在多种肿瘤（包括黑色素瘤、非小细胞肺癌、膀胱癌及何杰金氏淋巴瘤）治疗中的应用已经引发了一场针对这些肿瘤传统疗法的"革命"，如 2015 年《The New England Journal of Medicine》《新英格兰医

---

* 中国工程院院士。

学期刊》发表的研究结果表明，抗 PD-1 治疗非小细胞肺癌的效果甚至优于传统的化疗[1]。评论认为这是肿瘤治疗历史上的里程碑事件。

CTLA-4（又称 CD152），是表达在 T 细胞表面的细胞毒性 T 淋巴细胞相关蛋白，当其与抗原提呈细胞（APCs）表面的 CD80（B7-1）和 CD86（B7-2）结合时，可使 T 细胞失活。因此，通过抗体抑制 CTLA-4 可以阻断这一机制，进而增强 T 细胞的活性。FDA 已经批准了两个抗 CTLA-4 抗体，分别是百时美施贵宝的 Yervoy（ipilimumab）及辉瑞的 tremelimumab，分别用于黑色素瘤及间皮瘤的治疗。靶向 PD-1/PD-L1 的免疫疗法是当前最受瞩目的新一类抗癌免疫疗法，通过阻断 PD-1/PD-L1 信号通路来激发机体的抗肿瘤免疫功能。美国 FDA 已批准了四个 PD-1/PD-L1 抗体，分别为百时美施贵宝的 PD-1 单抗 Opdivo（Nivolumab）、默沙东的 PD-1 单抗 Keytruda（Pembrolizumab）、罗氏的 PD-L1 单抗 Tecentriq（Atezolizumab）、默克 & 辉瑞的 PD-L1 单抗 Bavencio（avelumab），用于治疗晚期黑色素瘤、非小细胞肺癌、肾癌、霍奇金淋巴瘤、头颈部鳞状细胞癌、膀胱癌及转移性梅克尔细胞癌（一种非常罕见的皮肤癌）等，对多种其他肿瘤，如肝癌、肠癌等的临床试验正在进行中。欧盟也已批准 Nivolumab 用于治疗既往接受过化疗的局部晚期或转移性鳞状非小细胞肺癌，批准 Pembrolizumab 用于治疗既往接受过和未接受过治疗的不可切除或转移性黑色素瘤，以及晚期非小细胞肺癌。除了上述两个主要的免疫检查点，针对新的作用靶点，如 TIM3、LAG3、KIR、GITR、VISTA、IDO1、4-1BB、TDO2 等的免疫疗法也正在研制中。

临床应用表明，强大的抗 PD-1 疗法在部分患者中效果不明显。靶向免疫检查点分子的疾病免疫疗法适用于哪些患者，非常值得研究，目前已经有一些线索。例如，美国加利福尼亚大学洛杉矶分校的研究人员对转移性黑色素瘤病人在采用抗 PD-1 免疫疗法治疗过程中的基因组学和转录组学特征分析表明：高突变负荷与病人生存率改善存在相关性，同时产生治疗应答效应的病人肿瘤组织中还存在 DNA 修复基因 BRCA2 的突变富集情况[2]，这为后续研发相关检测技术奠定了基础。

更有趣的是，有学者通过一系列体内实验，证明了抗 PD-1 免疫检查点疗法具有治疗阿兹海默病的效果，这进一步拓展了该疗法的应用范围[3]。

2.CAR 相关疗法治疗白血病及淋巴瘤取得满意效果，但在实体瘤治疗方面遭遇瓶颈

作为另一类发展最快的肿瘤治疗方法，嵌合抗原受体（CAR）修饰的效应细胞疗法尽管尚未上市，但其在临床试验中对部分肿瘤包括白血病及淋巴瘤的疗效令人吃惊，被认为是当下最先进的肿瘤治疗技术之一。其原理是首先分离获得患者的效应细胞（如 T 细胞、NK 细胞），然后通过病毒等载体将体外重组的识别肿瘤相关抗原的单链抗体基因和相关的信号转导基因导入患者自身效应细胞，以形成嵌合抗原受体修饰的效应细胞（如 CAR-T、CAR-NK 等），再将其回输体内治疗肿瘤等疾病。第一代 CAR 引入了 CD3ζ 链或类似的信号域，整合了 CD28 或 CD137 信号域的为第二代 CAR，同时含有两个共刺激信号域的为第三代 CAR。前三代 CAR 激活体内效应细胞易诱发细胞因子释放综合征（CRS）。在第三代 CAR 的基础上使效应细胞表达具有调控作用的细胞因子基因，为第四代 CAR。此技术的研发成功，也为疾病的精准免疫治疗奠定了基础。

尽管 CAR-T 在治疗白血病等的临床试验中取得良好疗效，但仍有多方面问题亟待解决，如有效的治疗靶点少、脱靶毒性、病毒载体系统的安全性、基因修饰导致的致瘤风险、耐药性、细胞因子实发综合征及治疗成本高等。针对上述难题，也有学者提出了解决的技术思路，如 2016 年发表在《细胞》期刊上的一项研究中，科学家们设计了一种需要组合激活的 T 细胞回路（circuit）。在这一回路中，对应其中一个抗原的一种合成 Notch 受体能够诱导对应第二个抗原的 CAR 表达。这种双受体 T 细胞只有在肿瘤细胞同时表达两种抗原的情况下才会被激活，可达到更精准的识别效果[4]。

CAR 相关免疫治疗技术最大的瓶颈在于其在实体瘤治疗方面极少有效。其主要原因在于实体瘤所处的微环境太过复杂，免疫效应细胞在此环境下难以发挥有效的抗肿瘤效应。为此，已有学者提出了一些新的思路，如对 CAR 进行改造，使效应细胞具有抗腺苷和 PGE2 的抑制作用的能力等。由于上述难题的存在，此技术仍有很大的发展空间。

CAR-T 等具有在体内精准识别靶细胞的特点。加拿大科学家还研发出 CAR-Treg，发现它能够更好地保护移植器官避免来自宿主的攻击[5]，这扩大了这类免疫治疗技术的应用范围。

3. 新型免疫治疗技术的研发为疾病治疗提供了新途径

溶瘤病毒既有直接杀瘤作用，也具有免疫激发功能。2015 年，FDA 批准安进公司溶瘤病毒 Talimogene laherparepvec（T-Vec）用于晚期黑色素瘤治疗，该疗法于 2016 年获得英国国家卫生与临床优化研究所（NICE）批准，用于治疗已发生局部或远端转移且不适合系统性免疫治疗的不可切除性黑色素瘤患者。此外，2014 年年底，安进（Amgen）与默沙东（Merck & Co）合作启动了 I 期临床试验，评估安进癌症疫苗 T-vec（talimogene laherparepvec）与默沙东 PD-1 免疫疗法 Keytruda（pembrolizumab）联合治疗转移性黑色素瘤的效果。

治疗性疫苗的研发也是过去数年来免疫治疗领域的热点。澳大利亚上市公司 Regeneus 研制的由患者自身的肿瘤细胞和专有的免疫刺激剂综合制成的肿瘤疫苗 RGSH4K，于 2015 年获准进行人体临床试验。荷兰癌症研究所（Netherlands Cancer Institute）利用肿瘤细胞中的突变蛋白，制备出个性化治疗性疫苗并成功地在临床试验中诱发机体产生了抗肿瘤免疫应答反应[6]。美国加利福尼亚州斯克利普斯研究所（Scripps Research Institute）研发了一种新型基因疫苗，能诱发机体产生抗体蛋白 eCD4-Ig。该抗体蛋白在体内的存在可以对艾滋病毒的攻击目标——人体重要免疫细胞 CD4 细胞形成强有力的保护，这为艾滋病的治疗提供了新的途径[7]。

4. 新型生物标志物（biomarker）及治疗靶点和靶细胞的发现，为疾病的免疫治疗提供了新的思路

新型生物标志物不仅可以用作疾病诊断和预后判断的指标，还可用作治疗的靶点。如干扰素基因刺激蛋白（STimulator of INterferon Genes，STING）激动剂（比如 ADU-S100）可以有效增强机体的抗肿瘤免疫功能；CD73 能够使 AMP 脱去磷酸，从而会导致肿瘤微环境中发生免疫抑制现象，促进癌症的发生和发展，有望成为个性化癌症治疗中的新生物标志物[8]；Wnt/beta-catenin 信号通路在肿瘤发生中起关键作用，也可用作肿瘤免疫治疗的靶分子[9]；英国癌症研究中心的研究人员对 64 位利用 Ipilimumab 进行治疗的黑色素瘤患者进行研究，分析患者机体的 DNA 信息，鉴别出一种新型分子，发现其可以使机体免疫系统对癌细胞进行识别并破坏，该研究或为开发新一代有效的免疫疗法来治疗癌症提供一定的思路；抗原交叉提呈相关免疫分子也可用作肿瘤治疗的靶分子。新的免疫检查点分子的发现为靶向免疫检查点分子的免疫疗法增加了新内容。例如，美国学者发现了一种新的免疫检查点分子——细胞周期蛋白依赖性激酶 5（cyclin-dependent kinase 5，Cdk5）的蛋白。据悉，Cdk5 是一种丝氨酸/苏氨酸蛋白激酶，对神经和肿瘤细胞的发展至关重要，很可能用作肿瘤免疫疗法的新靶点[10]。此外，免疫检查点调节因子也可为肿瘤免疫治疗提供新靶点，例如，美国学者发现一种新的免疫应答调控因子 PSGL-1 的分子，能够增加免疫检查点水平，进而抑制 T 细胞活性[11]。

由于发现多种免疫细胞在疾病中的关键作用，这些细胞成为研发新的免疫疗法的效应细胞或靶细胞。例如，美国学者发现，调节性 T 细胞（Treg 细胞）是假肥大型肌营养不良症（DMD）的潜在治疗细胞，有可能用于该病的治疗。美国学者还在肿瘤局部发现具有免疫抑制作用的 CD103$^+$ 树突状细胞，很可能成为肿瘤治疗的靶细胞[11]。美国、英国和瑞典的研究人员发现一群新的辅助 T 细胞亚群，能够促进炎症的发生，在类风湿性关节炎的产生中起关键作用，此类细胞也可用作类风湿性关节炎治疗的靶细胞[12]。肿瘤干细胞在肿瘤的复发中起关键作用，靶向此类细胞也是治疗的新思路。加利福尼亚大学圣迭戈分校穆尔斯癌症中心和桑福德干细胞临床中心的研究人员合作，开展了评估一种新型单克隆抗体治疗慢性淋巴细胞白血病（CLL，成人中最常见的血液癌症）安全性和有效性的Ⅰ期临床试验。这种单克隆抗体叫作 Cirmtu-zumab，其作用靶标是一种叫 ROR1 的分子，该分子通常只存在于胚胎细胞的早期发育阶段，被癌细胞利用后会促进癌细胞的生长和扩散。由于 ROR1 无法被正常的成人细胞使用，科学家们把它作为癌细胞，尤其是癌症干细胞的一个独特标志，是抗癌治疗一个很好的靶标。

5. 免疫疗法适应证的不断扩大，增强了免疫治疗技术在医学领域中的作用和影响

基于免疫治疗技术的免疫疗法不仅仅局限于肿瘤的治疗，在自身免疫性疾病等的治疗方面也展示了巨大的应用价值，其适应证不断增加。应用具有免疫抑制作用的免疫细胞治疗自身免疫性疾病等很可能取得突破，如美国加利福尼亚大学研究人员开展调节性 T 细胞治疗Ⅰ型糖尿病的Ⅰ期临床研究并取得理想疗效。FDA 受理了安进单抗药 romosozumab 治疗骨质疏松症的上市申请，预计该药将于 2017 年上市。美国学者研发的新型高效人体艾滋病抗体 3BNC117 很可能在 HIV 的预防和治疗方面取得新的进展[13]。美国学者还发现新型免疫细胞亚群 ILC2s 在机体肥胖的发生中起关键作用，这一发现为肥胖的治疗提供了新思路[14]。

6. 不断发展的各种高通量技术（high-throughput technologies）及液体活检技术，为疾病精准免疫治疗奠定了基础

近年来，各种新型高通量技术包括全基因组或全外显子组测序技术、gene signature/patterns、表观遗传学修饰检测技术、蛋白芯片、B/T 细胞受体库技术、流式细胞术或质谱流式细胞术（Mass cytometry）、多色免疫组化技术等，为大规模分析肿瘤抗原突变、基因、表观遗传修饰、抗体的反应性及 T 细胞受体等提供了工具。辅以新近兴起的液体活检技术和大数据，所有这些新技术将使我们能够有效判断哪些患者适用免疫治疗及治疗的预后，也将帮助患者避免产生免疫治疗相关的副作用，并降低治疗费用，同时有助于了解患者更适合哪类免疫治疗技术，以及研发新的更有效的免疫治疗技术。

除了已有的 CRISPR-Cas9，新近报道的多种基因编辑技术尽管部分存在争议，但也可能为免疫治疗技术的研发带来飞跃，值得关注。如法国马赛大学的科学家在巨型病毒中意外地发现的一种类似于 CRISPR 的潜在基因编辑新技术 MIMIVIRE（mimivirus virophage resistance element）等[15]。

二、国内研发现状

随着国际上靶向免疫检查点技术及 CAR-T 技术的兴起，中国免疫治疗技术也出现新的研发热潮。2015 年国家卫计委重大新药创制专项已明确将 PD-1、PD-L1 等列为重要靶点，国内越来越多的企业涉及这一领域。2016 年年初，百济神州研发的全人源单克隆抗体 PD-1 单抗通过了 FDA 的新药研究申请审评；泰州君实生物医药科技有限公司申报的"重组人源化抗 PD1 单克隆抗体注射液"已于 2015 年年末获批进入临床试验；恒瑞医药的 PD-1 单抗也于 2016 年年初获批进入临床试验。

国内 CAR-T 的研发更是呈现井喷之势，根据 EP Vantage 最新统计的数据，Clinicaltrials. gov 登记的正在中国开展研究的 CAR-T 临床试验至少有 33 个针对的靶点，包括 CD19、CD20、CD30、EGFR、CD33 和 CD138 等。参与研发的有高校研发团队、药企及大型医院等。

由上海中信国健研发的注射用重组人 Ⅱ 型肿瘤坏死因子受体-抗体融合蛋白（益赛普），以及由浙江海正药业研发的注射用重组人 Ⅱ 型肿瘤坏死因子受体-抗体融合蛋白（安佰诺），于 2015 年年初获准用于多种自身免疫性疾病的治疗。由海欣股份研发的抗原致敏的树突状细胞治疗肿瘤的研究也正在进行 Ⅲ 期临床试验。

细胞治疗的乱象及随之出现的魏则西事件，带来了对细胞治疗技术的反思，导致了相关管理政策的出台。此外，国内免疫治疗技术研发中原创性的缺乏也极大地制约了我国免疫治疗产业的发展。

三、发展趋势及前沿展望

免疫治疗技术虽然取得一定的进展，但仍有很多问题需要进一步的研究，未来发展体现在以下几方面。

（1）靶向免疫检查点的免疫治疗技术，CAR-T 及 TCR-T 等技术的研发仍将是未来数年免疫治疗领域的主要热点。此方面最急需解决也是最大的挑战在于 CAR-T 及 TCR-T 等对实体瘤的治疗效果问题，其突破依赖于未来在治疗靶点的发现、肿瘤免疫和免疫逃逸机制等诸多方面的进展。

（2）以上这几类免疫治疗技术与其他治疗方式的联合，新的免疫检查点的发现，新的靶分子的筛选，CAR-T 对实体瘤的治疗等，均是未来免疫治疗方面的主要研究课题。

（3）根据肿瘤微环境，以及基因检测和大数据等"订制"联合免疫治疗方案，以实现精准的疾病免疫治疗，也是未来数年免疫治疗发展的主要方向。

基于国内原创性的免疫治疗研究技术体系太少，具有国际影响力的免疫治疗研究项目与产品极少，且免疫治疗技术临床应用尚不规范等特点，我国应采取以下措施：①加强免疫治疗理论与技术体系的建设；②以创新的思维，加强免疫治疗新方法的研究和新产品的研制；③以实用的举措，加强免疫治疗大规模、规范性、标准化的临床研究和实践，促进我国免疫治疗技术的健康快速发展。

参考文献

[1] Brahmer J, Reckamp K L, Baas P, et al. Nivolumab versus docetaxel in advanced squamous-cell non-small-cell lung cancer. The New England Journal of Medicine, 2015, 373(2): 123-135.

[2] Hugo W, Zaretsky J M, Sun L, et al. Genomic and transcriptomic features of response to anti-PD-1 therapy in metastatic melanoma. Cell, 2017, 168(3): 542.

[3] Baruch K, Deczkowska A, Rosenzweig N, et al. PD-1 immune checkpoint blockade reduces pathology and improves memory in mouse models of Alzheimer's disease. Nature Medicine, 2016, 22(2): 135-137. doi: 10. 1038/nm. 4022.

[4] Roybal K T, Rupp L J, Morsut L, et al. Precision tumor recognition by T cells with combinatorial antigen-sensing circuits. Cell, 2016, 164(4): 770-779.

[5] Edinger M. Driving allotolerance. CAR-expressing Tregs for tolerance induction in organ and stem cell transplantation. Journal of Clinical Investigation, 2016, 126(4): 1248-1250.

[6] Rizvi N A, Hellmann M D, Snyder A, et al. Cancer immunology. Mutational landscape determines sensitivity to PD-1 blockade in non-small cell lung cancer. Science, 2015, 348(6230): 124-128.

[7] Gardner M R, Kattenhorn L M, Kondur H R, et al. AAV-expressed eCD4-Ig provides durable protection from multiple SHIV challenges. Nature, 2015, 519(7541): 87-91.

[8] Antonioli L, Yegutkin G G, Pacher P, et al. Anti-CD73 in cancer immunotherapy: awakening new opportunities. Trends Cancer. 2016, 2(2): 95-109.

[9] Spranger S, Bao R, Gajewski T F. Melanoma-intrinsic β-catenin signalling prevents anti-tumour immunity, Nature, 2015, 523(7559): 231-235.

[10] Dorand R D, Nthale J, Myers J T, et al. Cdk5 disruption attenuates tumor PD-L1 expression and promotes antitumor immunity. Science, 2016, 353(6297): 399-403.

[11] Tinoco R, Carrette F, Barraza M L, et al. PSGL-1 Is an immune checkpoint regulator that promotes T cell exhaustion. Immunity, 2016, 44(5): 1190-1203.

[12] Rao D A, Gurish M F, Marshall J L, et al. Pathologically expanded peripheral T helper cell subset drives B cells in rheumatoid arthritis. Nature, 2017, 542(7639): 110-114.

[13] Scheid J F, Horwitz J A, Bar-On Y, et al. HIV-1 antibody 3BNC117 suppresses viral rebound in humans during treatment interruption. Nature, 2016, 535(7613): 556-560.

[14] Brestoff J R, Kim B S, Saenz S A, et al. Group 2 innate lymphoid cells promote beiging of white ad-

ipose tissue and limit obesity. Nature,2015,519(7542):242-246.

[15] Levasseur A,Bekliz M,Chabrière E,et al. MIMIVIRE is a defence system in mimivirus that confers resistance to virophage. Nature,2016,531(7593):249-252.

Immunotherapy

Yu Yizhi[1] , *Cao Xuetao*[1,2]

(1. National Key Laboratory of Medical Immunology & Institute of Immunology,
Second Military Medical University; 2. Chinese Academy of Medical Sciences)

In recent years, immunotherapy has been developing rapidly and been used to treat many different diseases. It is noteworthy that immunotherapy has made an important breakthrough in tumor-associated diseases. As time goes by, immune checkpoint therapy is well-developed. CAR-T therapy is effective in the treatment of leukemia and lymphoma, but it encounters a bottleneck when facing solid tumors. The discovery of novel biomarkers and therapeutic targets will provide new strategies for immunotherapy of diseases. The development of a variety of high-throughput technologies and liquid biopsy technology will provide the possibility for precision immunotherapy. The development of immunotherapy in China is very rapid, but it is severely limited by the lack of original innovation.

第三章

生物技术
产业化新进展

Progress in Commercialization
of Biotechnology

3.1　新型抗体药物和疫苗产业化新进展

卫江波

（国药中生生物技术研究院）

一、抗体药物产业发展现状和趋势

1. 抗体药物产业是全球医药产业的高地

21 世纪后，抗体药物产业成为全球医药行业最重要的增长点。通过分析我国市场数据发现，抗体药物在全国生物制药中的市场份额从 2009 年的 10.5％上升到 2016 年的 56.4％，是生物医药产业中最为活跃的组成部分。从全球数据来看，1997 年全球抗体药物市场规模只有 3.1 亿美元，2010 年达到 480 亿美元，2015 年达到 680 亿美元。在 2006～2015 年的 10 年内，抗体药物市场销售额年平均增长率为 31.7％，远远高于其他医药品种。在 2016 年的全球药物销售排行榜（表1）上，抗体药物占据了 7 席，说明抗体药物依然是全球医药产业市场中最有活力的部分。

表1　2016 年全球药物销售排行榜 TOP 10

	品种	销售额/亿美元	公司
1	阿达木单抗	160.78	雅培
2	复方索非布韦/雷迪帕韦	90.00	吉利德
3	依那西普	88.74	安进/辉瑞
4	英夫利昔单抗	87.00	默克/强生/Mitsubis
5	利妥昔单抗	73.00	罗氏/中外
6	来那度胺	69.74	新基
7	贝伐珠单抗	67.83	罗氏
8	曲妥珠单抗	67.82	罗氏
9	白喉 CRM197	57.18	辉瑞
10	甘精胰岛素	52.00	赛诺菲

资料来源：中国制药网，http://www.zyzhan.com

截至 2016 年年末，全球共有 64 个抗体药物获批上市（包括抗体偶联药物和生物类似药）。欧美在抗体药物产业保持了领先优势，在 64 个批准上市的抗体药物中有 60 个是由美国或欧盟首先研发成功和批准上市的[1,2]，显示了欧美地区在抗体药物研发和产业化方面的强大技术实力。

2. 我国抗体药物产业发展状况

我国抗体药物产业的发展始于 20 世纪 80 年代末期,较美国等发达国家晚起步约
10 年。近年来,我国抗体药物的上市产品逐渐增多,市场规模逐渐扩大。到 2016 年,
我国已经形成了年销售额为 90 亿元人民币的市场规模。国家食品药品监督管理总局
(CFDA)批准上市的国产单抗品种有 10 个(表 2),国外已上市的 64 个单抗产品有
12 个在国内获批上市[3,4]。同期与国外抗体产业对比,我国抗体药物产业规模仍然偏
小,我国抗体药物市场规模仅占全球抗体药物市场规模的 1.19%。即使在国内市场,
外资企业产品仍占据我国 80% 的份额。

表 2　CFDA 批准的国产抗体药物

	靶点	名称	生产厂家	适应证	分子类型
1	CD3	注射用抗人 T 细胞 CD3 鼠单抗	武汉生物制品研究所有限责任公司(2010)	移植排斥	鼠源抗体
2	IL-8	抗人白介素-8 鼠单抗乳膏	大连亚维药业有限公司(2003)东莞宏逸士生物技术药业有限公司(2010)	寻常型银屑病亚急性湿疹	鼠源抗体
3	CD147	碘[131]美妥昔单抗注射液	成都华神生物技术有限公司(2005)	肝癌	鼠源抗体,碘[131]标记
4	Tumor cells Nucleus	碘[131]肿瘤细胞核人鼠嵌合单克隆抗体注射液	上海美恩生物技术有限公司(2006)	晚期肺癌	鼠源抗体,碘[131]标记
5	EGFR	尼妥珠单抗注射液	百泰生物药业有限公司(2008)	鼻咽癌	嵌合抗体
6	TNF-α(3 Manufactures)	注射用重组人 II 型肿瘤坏死因子受体-抗体融合蛋白	上海中信国健药业股份有限公司(2005)上海赛金生物医药有限公司(2011)浙江海正药业股份有限公司(2015)	类风湿关节炎斑块状银屑病强直性脊柱炎	融合蛋白
7	CD25	重组抗 CD25 人源化单克隆抗体注射液	上海中信国健药业股份有限公司(2011)	湿性黄斑病变	嵌合抗体

	靶点	名称	生产厂家	适应证	分子类型
8	VEGF	康柏西普眼用注射液	成都康弘生物科技有限公司（2013）	湿性黄斑病变	融合蛋白

资料来源：CFDA，http：//www.sda.gov.cn

虽然我国抗体药物产业起步较晚，但近十年也取得了比较大的发展，实现了基础研究成果的产业化，在抗体药物的研究和产业化方面的能力逐步得到加强。国内已形成了北京、上海、西安等抗体药物的中试及产业化基地。在抗体药物产业化技术方面，我国已经建立了涵盖中国仓鼠卵巢细胞（CHO）等多种工程细胞的大规模培养工艺，突破了高表达载体的构建与优化、高通量细胞培养筛选系统、无血清培养基等关键技术瓶颈。在大规模细胞培养条件下，抗体表达水平有了突破性进展，表达水平从0.5克/升以下上升到了1克/升左右；在反应器规模上，从单反应器体积500升以下上升到了3000升，最高达到5000升，突破了生产规模的瓶颈[5]。这些技术基础和产业基地的形成为我国抗体药物产业今后的发展奠定了人才、技术和物质基础。

3. 我国抗体药物面临的挑战

国际免疫遗传学数据库（IMGT）数据显示，截至2017年3月，全球处于各临床阶段的在研抗体数目为620个，处于临床前研究的抗体药物近千个[6,7]。通过查询CFDA临床实验数据库等可知，目前我国各个阶段研究中的抗体共有近800个，其中包括以TNFα、CD20、HER2、VEGF、EGFR等为靶标的生物类似药近100个。其余主要为针对新靶点的单抗药物，如PD-1/PD-L1、PCSK9、RANKL、IL-6/IL-6R、IL-17、CD52等，针对感染性疾病的H7N9、Ebola、Rabies和抗体耦联药物ADC。这些数据显示了我国抗体药物研发特别是针对新靶点的抗体药物研发逐步跟上了国际潮流，差距缩小，但也说明我国抗体药物研发，尤其是原始创新产品开发严重不足。无论是已上市销售的还是正在研究的抗体药物，国内企业在抗体靶标和新抗体基因发现、新抗体药物创制、产品种类等诸多方面，都与欧洲、美国、日本等发达国家和地区有较大的差距。

4. 抗体药物的未来发展趋势

生物类似药将成为抗体产业未来5年的主要增长点。根据市场预测，全球生物类似药市场规模在2020年将超过200亿美元，基于对市场需求的判断和国外同靶点药物的销售额数据的刺激，我国药企投入大量资金到生物类似药的研发中。2015年3月3日，为指导和规范生物类似药的研发与评价工作，CFDA发布《生物类似药研发与评价技术指导原则（试行）》。全球发达国家和地区对生物类似药研发也极为重视，欧洲在 2006 年已建立了完善的生物类似药审批途径，在 2012 年，欧洲药品管理局（European Medicines Agency，EMA）还发布了最终的指导原则——《单抗生物类似药的非临床和临床要求》。美国的生物类似药政策落后于欧洲，但 2010 年 3 月美国也开始采取相应措施，2017 年 1 月 17 日发布生物类似药可互换性（interchangeability）的指导原则草案。目前美国食品药品监督管理局（U. S. Food and Drug Administration，FDA）共批准了 4 个生物类似药[8]，远低于欧盟批准的 20 多个，但大量重磅生物药即将专利过期，预计未来生物类似药将出现井喷。在亚太地区，日本已发布了针对生物类似药的监管政策，而且几款产品已在日本获得批准上市。韩国也推出了类似的批准政策。2013 年，澳大利亚治疗商品管理局也发布了生物类似药审批的指导原则。从新品种研发角度分析，抗体药物偶联物、肿瘤免疫治疗抗体药物、小分子抗体、多特异性抗体等将成全球抗体药物研发的主要趋势[9]。

二、疫苗产业发展现状和趋势

1. 疫苗产业发展前景广阔

全球疫苗产业近年来增长趋势比较平稳，2016 年产业规模达到 322 亿美元，按目前年复合增长率预测，2021 年全球疫苗市场有望达到 480 亿美元。我国疫苗产业在 2007～2016 年的 10 年内也取得了高速发展，技术基础不断加强，技术体系逐渐完善，一些我国群众急需的新产品，如脊髓灰质炎灭活疫苗（IPV）、手足口病疫苗等进入实际应用，还有一批正在积极研发中，预计 3～5 年内，肺炎、宫颈癌等国产疫苗将进入市场。同时，我们也要清醒地看到，我国在新疫苗的研发上与发达国家相比还有一定的差距，还有一些群众急需的新疫苗，如无细胞百白破疫苗（DTaP）、b 群流感嗜血杆菌疫苗（Hib）、IPV 等联合疫苗、肺炎、人乳头瘤病毒疾苗（HPV）疫苗等还没有上市，还需要广大科研工作者继续努力。

2. 我国疫苗产业发展状况

目前，我国是全球最大的疫苗生产国，年生产 5 亿～10 亿剂次，共 57 种能预防 33 种疾病的疫苗。我国疫苗产业在 2008～2013 年，受国家免疫规划扩容、新发和突发传染病发病趋势升高、国内疫苗新品种上市增多等多重因素影响，保持了 10% 以上的增速，市场规模迅速从 2008 年的 87 亿元扩大到 2013 年的 173.37 亿元（图 1）。但从 2013 年发生乙肝疫苗事件以来，国内疫苗产业的整体规模开始下滑，尤其是 2016

年山东疫苗事件以后，国内疫苗产业的市场规模下滑到不足100亿元，可谓经历了一次寒冬。但危机之中，疫苗产业界仍然保持了冷静的心态，一方面确保国家免疫规划疫苗的供应；另一方面通过技术能力的提升，研发出了市场急需的新疫苗，为我国疫苗产业在"十三五"期间的发展奠定了技术基础。

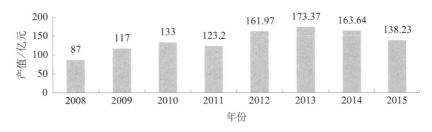

图1　2008～2015年中国疫苗产值

资料来源：中国食品药品检定研究院公布的2008—2016年疫苗批签发数据，http://www.nicpbp.org.cn

计算依据：疫苗批签发数量×各省疫苗采购价

在"重大新药创制专项"和"重大传染病专项"等国家科技计划的引导和支持下，我国疫苗的研发取得了重大进展。防治传染病急需的脊髓灰质炎灭活疫苗和EV71病毒灭活疫苗于2015年先后上市[3,4]。与此同时，我国疫苗产业的技术能力也得到了不断提升，已经建立了较为成熟的疫苗研发和产业化技术平台。在疫苗应用研究领域，建立了完备的疫苗研发技术体系，涵盖了新型疫苗开发所需要的大部分技术平台，包括菌毒株筛选技术平台、基因工程表达技术平台、疫苗抗原筛选技术平台、载体构建技术平台、多糖蛋白结合疫苗和多联多价疫苗等；在疫苗产业化领域，建立了哺乳动物细胞规模化培养平台、蛋白质规模化纯化平台等产业化技术平台，为我国今后发展新疫苗提供了重要的技术支撑。

我国疫苗产业也开始进军国际市场。虽然在2013年前，我国疫苗的部分品种也有小规模的出口，但从未获得过WHO等国际体系的认证。自2014年7月我国疫苗监管体系获得WHO认证后，先后有乙脑减毒活疫苗和流感病毒裂解疫苗获得了WHO预认证，还有流脑疫苗、脊髓灰质炎减毒活疫苗等正在进行WHO预认证，预计在今后一段时间我国将有更多的疫苗产品通过WHO预认证进入国际市场。此外，我国有部分高端疫苗品种，如EV71病毒灭活疫苗和肺炎多糖蛋白结合疫苗开展了在欧美发达国家的临床研究和临床注册。

我国疫苗的研发力度也在不断增强。截至2017年3月，我国在研预防性疫苗有225个，其中新药临床试验申请（IND）及临床试验阶段191个，生物制品许可申请（BLA）阶段34个，近3年（2014～2016年）已获CFDA批准文号待上市疫苗11个，有签发上市的疫苗 108 个，在研与上市疫苗产品总数达到 344 个。这些疫苗研发项目将成为我国下一阶段疫苗产业增长的主要技术基础。

3. 我国疫苗产业与国外差距

目前，虽然我国是全球最大的疫苗产能国家，但我国整体疫苗市场的规模还比较小，与发达国家有明显差距。

首先，我国在国家政策层面重点关注了儿童计划免疫和特殊人群免疫[8]，但是对 18 岁以上人群的免疫接种重视不够，未能纳入医保范围内，使得我国的二类疫苗特别是成人用二类疫苗市场发展迟缓。同时，由于近年来疫苗事件的反复发生及舆论影响，加剧了民众对疫苗接种的质疑[10]，这也是我国疫苗市场和产业规模较小的原因之一。

其次，我国疫苗研发的技术实力与国外相比还存在一定的差距。主要表现在新疫苗研发的储备品种较少。例如，我国目前研发的热点疫苗包括人乳头瘤病毒疫苗、十三价肺炎多糖蛋白结合疫苗、轮状病毒疫苗、水痘带状疱疹病毒疫苗等，均是国外已经上市 10 年以上的品种。我国在新型疫苗的关键技术，如载体疫苗技术、新佐剂技术上还比较落后。例如，2015 年巴斯德上市的黄热/登革热疫苗，2017 年申报的葛兰素史克公司的 AS01 佐剂的带状疱疹疫苗等新技术和新品种疫苗，我国对这些疫苗的研发还处于起步阶段。

最后，我国疫苗产业还存在着研发链条不完善的情况。在新疫苗研发上，我国主要依靠疫苗生产企业自主研发新项目，而国外的疫苗巨头主要通过对一些小型的研发企业或者大学、研究院的专业实验室通过资助研发或者收购临床前研究项目获取新疫苗进而产业化。国内疫苗企业自主研发的模式，由于疫苗企业主要专注于工程化研究而缺少对病原生物学、免疫学等方面知识的详细了解，也对新疫苗研发形成了一定的阻碍。

4. 国内疫苗产业面临的挑战

虽然我国是目前全球最大的疫苗生产国，对疫苗的研发也投入很多，但我国疫苗产业的发展也形成了困局，主要表现为产能严重过剩、产品严重重复、研发项目高度集中，长期将会对我国的疫苗产业越来越不利。截至 2017 年 4 月，按照 CFDA 统计，我国共有疫苗生产企业 40 家，是全球拥有疫苗生产企业最多的国家，但疫苗大品种竞争严重重复。根据 CFDA 药品审评中心公布的新药审评数据分析，我国疫苗研发主要集中在狂犬病疫苗、流感疫苗、A＋C 流脑疫苗等品种上；研发项目虽然众多，但在研品种中，狂犬病疫苗合计高达 19 个，各种三价季节性流感疫苗合计 25 个，四价流感裂解疫苗 14 个、各价轮状疫苗合计 7 个、IPV 7 个、双价 HPV5 个、四价 HPV4 个、五价 HPV1 个、九价 HPV 4 个、麻腮风-水痘 3 个、13 价肺炎结合 4 个、23 价肺炎多糖 10 个、MenACYW135 四价结合 6 个。这些集中研究的新疫苗，均是国外已经上市 10 年以上的疫苗产品。在全球经济一体化趋势愈发明显的今天，加之国外疫苗企业在已经获得了充足的利润后会以低价格进入我国市场，我国疫苗产业在未来将会面对激烈的竞争，对我国的疫苗产业发展更加不利。

三、我国抗体药物和疫苗产业的发展建议

总体而言，我国的抗体药物和疫苗产业在 21 世纪后，特别是近十年来取得了高速的发展，技术基础日益雄厚，但还需要加强技术创新和产品创新，才能增强我国相关产业的核心竞争力，真正做大做强。

1. 促进生物医药技术创新

生物产业是以技术为驱动力的。我国抗体和疫苗企业应当加强与国内外科研机构的合作，不仅在产品的品种研发上，更要在生物学的基础研究、免疫学研究、流行病学研究、化学合成研究等各方面加强合作，通过基础研究的突破，使我国的抗体和疫苗企业在研发新品种上的能力得到提高；通过各种科技专项计划，重点支持和引导相关领域目标性抗体药物产品的开发；通过专利策略，结合药品上市许可持有人制的实施，积极开展企业与大学等科研机构的合作，也可以积极开展国外项目的引进，加速我国自主创新抗体药物的发展；加强研发平台建设、提升抗体药物相关的委托合同研究机构（CRO）、委托合同生产机构（CMO）及产业化水平，使其技术水平和管理规范与欧美先进国家和地区同步，打破国外医药巨头对我国抗体药物的市场垄断，增强我国在国际抗体药物领域的综合竞争优势。

2. 通过市场资源配置促进企业整合

我国生物医药企业数量众多，产品高度重复，导致市场的恶性竞争。为了促进我国抗体药物和疫苗产业的良性发展，必须不断提高技术标准、不断强化生产和临床研究的规范性，通过技术标准淘汰落后企业，同时通过资本等办法引导企业之间进行整合，促进行业良性发展。

3. 抗体药物和疫苗产业应深度国际化

我国生物医药企业应当紧紧抓住我国正在实施的"一带一路"战略机遇，结合疫

苗监管体系通过 WHO 预认证提供的技术基础，通过规范和提高企业自身在研发、生产和质量控制等各环节的技术标准，使企业的产品能够符合国际标准，尤其是发达国家的标准，使企业的质量管理系统符合发达国家的管理规范，加速我国生物医药企业向国际市场进军的步伐，从而提升品质，做大做强我国的抗体和疫苗产业。

4. 继续在国家政策层面加强对抗体和疫苗应用的支持

近年来，国家先后出台了多项直接针对抗体和疫苗产业的政策，这些政策的推出，极大地促进了我国抗体和疫苗产业的发展。例如，2007 年以来的扩大免疫规划政策，以及 2016 年国务院出台的《关于改革药品医疗器械审评审批制度的意见》、《药品注册管理办法》的修改等都会促进我国抗体和疫苗产业在技术创新和品种创新方面的进步。随着我国抗体和疫苗产业的发展，国家应当将抗体和疫苗品种纳入医疗保险的范围内，这样既可以促进相关行业的发展，也能够更加有效地保护人民群众的健康水平。

参考文献

［1］U. S. Food and Drug Adminstration. Novel Drug Approvals for 2017. https：//www. fda. gov/Drugs/DevelopmentApprovalProcess/DrugInnovation/ucm537040. htm[2017-06-23].

［2］U. S. Food and Drug Adminstration. Novel Drug Approvals for 2016. https：//www. fda. gov/drugs/developmentapprovalprocess/druginnovation/ucm483775[2017-06-23].

［3］国家食品药品监督管理局药品审评中心 . 2016 年度药品审评报告 . http：//www. cde. org. cn/news. do？ method＝viewInfoCommon&-id＝313842[2017-03-17].

［4］国家食品药品监督管理局药品审评中心 . 2015 年度药品审评报告 . http：//www. cde. org. cn/news. do？ method＝viewInfoCommon&-id＝313528[2016-03-03].

［5］马杉姗，马素永，赵广荣 . 中国抗体药物产业现状与发展前景 . 中国生物工程杂志 . 2015,35(12)：103-108.

［6］Reichert J M. Antibodies to watch in 2017. MAbs. 2017,9(2)：167-181.

［7］Reichert J M. Antibodies to watch in 2016. MAbs. 2016,8(2)：197-204.

［8］中国国务院新闻办公室 .《发展权：中国的理念、实践与贡献》白皮书 . 2016. 11.

［9］Elgundi Z，Reslan M，Cruz E，et al. The state-of-play and future of antibody therapeutics. Advanced Drug Delivery Reviews，2016,doi：10. 1016/j. addr. 2016. 11. 004.

［10］Wadman M ，You J. The vaccine wars. Science,2017,(356)6336：364-365.

Commercialization of Antibody Drug and Vaccine

Wei Jiangbo
(China National Vaccine and Serum Institute)

The pharmaceutical industry is one of the fastest growing industries around the worldwide. Biopharmaceutical that is composed of antibody drug and vaccine industry is the important section of the pharmaceutical industry and it grows very fast. In china，Antibody drug and vaccine industry have make fast progress in many aspects including technology，kinds and others. However，there is a big gap compared with the United States and the European Union by comparing ours with theirs. We have summarized the research progress and development prospect of Chinese antibody drug and vaccine industry to provide comprehensive theoretical basis for research and development.

3.2 特色创新中药产业化新进展

刘海涛　孙晓波

（中国医学科学院药用植物研究所）

中药产业作为我国生物医药产业的重要组成部分，在经济社会发展全局中起着重要的作用。习近平总书记指出，中医药学是中国古代科学的瑰宝，也是打开中华文明宝库的钥匙。要着力推动中医药振兴发展，坚持中西医并重，推动中医药和西医药相互补充、协调发展，努力实现中医药健康养生文化的创造性转化、创新性发展。"十三五"伊始，国家相继出台了多项规划纲要大力支持中医药事业的发展，特别是《中医药发展战略规划纲要（2016—2030 年）》《"健康中国 2030"规划纲要》《中国的中医药》白皮书的发布和《中华人民共和国中医药法》的颁布，开启了依法支持中医药事业发展的新征程，中药产业的发展也迎来了新的机遇。2016 年，中药工业总产值为8653.4 亿元[1]，较 1996 年中药工业总产值增长了 36 倍，占全国医药工业产值的比例从 1/5 增长到 1/3，并带动形成了约 2 万亿规模的中药大健康产业。

一、特色创新中药产业化发展现状

自 1996 年"中药现代化战略"实施以来，我国中药产业的面貌发生了根本性变化，我国中药产业的发展模式已从粗放型向质量效益型转变，现代中药产业规模不断壮大，产业技术标准化和规范化水平明显提高，形成了以科技创新为动力、中药农业为基础、中药工业为主体、中药商业为枢纽的新型产业体系，取得了一系列重要的成就。

1. 中药农业规范化、可持续发展能力持续增强

国家一直高度重视中药农业的规范化发展，2015 年国务院办公厅转发了《中药材保护和发展规划（2015—2020 年）》，对我国中药材资源保护和中药材产业发展进行了全面部署。在各方的共同努力下，中药材生产的专业队伍初步建立，生产技术不断进步，标准体系逐步完善，市场监管不断加强，有序地推动了中药材规范化、产业化种植。目前，50 余种濒危野生中药材实现了种植养殖或替代，500 多种中药材成功实现人工种养，其中 200 余种常用大宗中药材实现了规模化种植养殖[2]，全国中药材种植面积达到 5000 余万亩，其中近 200 个基地通过了良好农业规范（Good Agriculture Practice，GAP）认证，药材年产量接近 340 万吨，年产值近 600 亿元[3]，有效支撑了中医药临床用药、中药产业和健康服务业快速发展的需要。

2. 中药饮片工业规模化、现代化程度稳步提升

中药饮片的生产已由粗放型手工操作发展到半机械化、机械化生产，中药饮片的生产、技术和管理水平逐步提高，同时中药饮片的质量得以提升。部分医药企业利用资本市场扩大融资将产业链延伸到药材原料基地建设，促进了中药饮片产业的区域联合，生产经营规模逐步扩大，市场竞争力不断增强，基本满足市场及医疗用药。近几年，中药饮片工业的增长速度在整个医药工业一直处于领跑状态，目前从事中药饮片加工的规模以上药品生产企业为 1148 家，2016 年中药饮片工业总产值达 1956.4 亿元[1]，较 1996 年中药饮片工业总产值增长了 416 倍。

3. 中成药制造工业集团化、品牌化逐步推进

在国家相关政策的支持下，重点扶持了一批拥有自主知识产权、具有国际竞争力的大型中药企业，通过重组并购和资本市场的多元化进入，加速了中药企业的大型集

团化发展，产品品牌化进程随之加快。据统计，目前全国有 2088 家通过药品生产质量管理规范（GMP）认证的制药企业生产中成药，已批准上市的中成药品种有 9000 多种，中成药已从丸、散、膏、丹等传统剂型，发展到现在的滴丸、片剂、膜剂、胶囊等 40 多种剂型，中成药生产工艺水平有了很大提高[4]，2016 年中成药制造工业总产值达 6697.1 亿元[1]，较 1996 年中成药制造工业总产值增长了 28 倍，创造了显著的社会经济效益，有力地推进了我国医药产业的发展。

4. 中药国际市场略显低迷，但前景广阔

受国际经济形势的影响，中药国际贸易略显低迷，但发展前景广阔。2016 年，我国中药贸易总额为 46.00 亿美元，同比下降 4.08%，为近十年来的首次负增长。其中，出口额为 34.26 亿美元，同比下滑 9.13%，落差明显；进口额为 11.74 亿美元，同比增长 14.50%，差强人意[5]。随着"一带一路"国家战略的实施，中医药对外交流合作不断深入，中医药已传播到 183 个国家和地区，海外各类中医药从业人员接近 30 万人，中医医疗（含针灸）机构达 8 万多家，未来这些中医从业者或将以"以医带药"的方式，加快中成药在各国的准入，中成药的出口或许会呈现新面貌[6]。同时，中药大企业通过积极参与激烈的国际市场竞争，市场竞争能力逐渐增强，纷纷开展国际化战略布局，中药国际贸易已经形成多元化、多层次、品牌化的经营格局。

5. 中药大健康产业异军突起，发展迅速

中药大健康产业形成了包括中药材、中药饮片、中成药、中药保健食品、中药化妆品、日化用品、中药农药、中药兽药、中药饲料添加剂等相关产品研发、生产、流通、销售在内的跨行业、跨区域、跨国界的中药产业链。作为健康服务业的重要支撑组成部分，中药大健康产业以其深厚的历史底蕴和广泛的民间基础，在我国有着极为广泛的发展前景和巨大的市场潜力，特别是《关于促进健康服务业发展的若干意见》的发布，中药大健康产业迎来了巨大机遇，发展迅速。2016 年中药大健康产业规模突破万亿。仅就保健食品而言，截至 2015 年年底，保健食品现有批文已超过 15 000 个，其中除部分维生素、矿物质类营养补充剂外，主要是以中药材原料为主的保健食品[3]。据不完全统计，目前全世界约有 40 亿人使用过中草药相关产品。多家国际保健品巨头企业纷纷与我国相关研究机构联合，打造以中草药保健、美容等为核心的国际合作研究平台，同时，国内数百家医药企业也纷纷进入中药大健康产业，如云南白药、片仔癀、同仁堂、天士力、广药等纷纷开发功能型饮料、药妆、保健品、日化用品等中药大健康产品，取得了较好的经济效益。

二、特色创新中药产业化面临的问题与挑战

1. 源头质量限制中药产业化发展

中药材、中药饮片是中药产业发展的源头，但由于我国地域辽阔，中药材与地域又有很密切的关系，所以不同产区的中药材质量参差不齐。同时，在中药材的种植过程中，不合理地使用农药和化肥，导致中药材存在农药、重金属等外源污染物侵染的风险，时刻影响着中药材的品质。各地的盲目引种，导致不少中药材移栽后品质下降，道地性消失。另外，很多不法商家又在一些名贵中药中掺假，如冬虫夏草、人参等，导致了中药材市场的混乱不堪，这些都使得中药产业化的发展受到限制。

2. 中药产品质量控制和评价体系尚需完善

虽然中药已有数千年的应用和丰富的临床经验，但目前我国中药产品技术评价仍存在功效评价缺乏中医药自身特点、质量评价未与功效评价相结合、安全评价设计不合理等问题。现有企业多数存在行业门槛低、生产环节要求低等问题，缺乏严谨的质量控制和评价体系，由于标准不统一，导致假冒伪劣产品不断。

3. 中药产业化集中度低

目前，我国现有中药制造企业呈现多、小、散的状况，中药产业大而不强，自由无序、经营粗放的传统中药生产模式大量存在，行业整体科技水平不高，缺乏核心竞争力产品，产能分散，现有中药企业主体还无力独自承担中药产业现代化升级的重任，难以在国际市场中与国外企业形成竞争。

4. 中药产业制造水平亟待提升

我国中药产业制造技术水平亟待提升，中药生产工艺落后，中药生产装备滞后，能耗高、效率低。中药质量标准和规范体系不完善，缺乏过程质量控制。中药生产过程控制水平落后，自动化和信息化程度不高，缺乏先进制造技术的支撑。

5. 药品研发投入少，创新能力差

从美国、欧洲一些著名制药企业的发展历史来看，其研发投入占当年销售收入的比重为 15%～20%，而我国中药制药企业的这一比例不足 1%，中小企业几乎为零。我国医药科技投入不足，缺少具有我国自主知识产权的新产品，产品更新慢，重复严

重。另外，我国医药研发的主体仍然是科研院所和高等院校，大部分企业无法成为医药研发的主体，产学研出现了严重割裂，制约了产业向高技术、高附加值的下游深加工产品领域延伸，产品更新换代缓慢，无法及时跟上和满足市场需求。

6. 国际化发展短板明显

我国中药产品中只有极少数以药品的身份取得国际市场进入许可，获取国际市场尤其是规范市场准入的能力不足。中药制药企业普遍缺乏国际药品市场运作经验的专业人才，国际化营销能力薄弱，没有真正在国外打响自己的品牌。在中药产品的国际化发展过程中，中药产品知识产权保护一直是我国中药制药企业发展的薄弱环节，处理不妥，经常遭遇尴尬境地。

三、加快特色创新中药产业化发展的政策建议

1. 强化中药资源保护和可持续利用

中药资源是中药产业健康、快速发展的物质基础，作为维护人口健康、促进经济发展的国家战略资源，其保护和可持续利用汇集了中药的临床价值、市场价值、科技价值、经济价值和社会价值，是落实党中央和国务院部署、振兴发展中医药的需要。①突破濒危稀缺中药材的繁育瓶颈技术，建立中药种质资源保护体系，构建国家药用植物园体系和国家药用植物科技创新体系，保护药用种质资源和生物多样性。②建立中药材生产流通全过程质量追溯体系，推动中药材规范化、规模化、集约化种植，引导和鼓励医药企业向产地延伸，发展产地初加工，带动地方绿色经济发展，促进生态环境修复，实现中药资源的可持续利用与生态环境保护的协调发展，推动贫困地区中药材产业精准扶贫。

2. 提升中药饮片生产规范与质量

突破中药饮片生产关键技术，注重中药饮片标准化建设，研发符合中药特点的炮制设备，促进中药饮片加工行业规范、有序、健康发展。支持高新技术和传统技术相结合的优质特色中药饮片的规范化生产和过程控制技术应用示范，推动中药饮片生产过程质量控制关键技术的应用。

3. 明确中成药制造工业的发展方向

依靠技术创新，在中成药的研制与生产过程中运用现代智能化高新技术，生产出

剂型更新、科技含量更高、服用更方便的现代中成药，实现中成药的绿色制造、智能制造。加速中成药制造的规范化、标准化建设，依据更加严格的标准规范进行加工、生产、销售。加强产业结构布局，鼓励联合、兼并和重组，促进产品、技术、人才和资金向大企业汇集，形成大企业集团为主导，大、中、小型企业分工协作、互补配套、协调发展的产业格局。

4. 加速中药国际化进程

积极参与"一带一路"国家战略，促进国际中药规范管理，制定中药国际标准，充分发挥中医药在我国与世界各国开展人文交流、促进东西方文明交流互鉴的独特作用，成为中国与各国共同维护世界和平、增进人类福祉、建设人类命运共同体的重要载体。以医带药，针对不同国家的药品注册制度，推动成熟且有充足原料药材保障的中药产品以药品、保健食品等多种形式在沿线国际注册，加速国际化进程，形成知名品牌，提高中药国际竞争力和影响力。

5. 推动中药大健康产业纵深发展

借助多学科交叉融合发展的优势，以中医药理论思想为指导，利用生物学、化学等多种技术，充分挖掘古典医籍记载的强身健体、益寿延年、疾病预防、美容养颜类中药材及其方剂的科学内涵，诠释中药材活性组分作用的分子机制，提升中药健康产品的技术含量，加强中药化妆品、中药保健食品的基础性研究，形成具有国际竞争力的特色产品。吸取国外企业先进经验，自主创新提升中药健康产品原料制备及产品加工生产技术，保证生产过程环保、节能、绿色。完善中药材、中药提取物，以及中药化妆品和健康功能食品标准规范，建设国际水平的中药日化产品及保健食品评价体系。

中药产业作为中医药事业发展的核心内容，是我国独具特色和优势的朝阳产业，已成为新的经济增长点。党和国家高度重视中医药事业的发展，正如习近平总书记指出：中医药振兴发展迎来了天时、地利、人和的大好时机，我们中医药界要乘势而为，勇于担当，开拓进取，不断推进中药现代研究向纵深方向发展，把中医药这一祖先留给我们的宝贵财富"继承好、发展好、利用好"，为深化医改，改善民生，服务供给侧结构性改革，实现精准扶贫，推动经济发展，建设健康中国和全面建成小康社会做出新的贡献。

参考文献

［1］工业和信息化部．2016 年医药工业主要经济指标完成情况．http：//www. miit. gov. cn/n1146290/n1146402/n1146455/c5594232/content. html［2017-04-20］.

［2］国务院办公厅．中药材保护和发展规划(2015—2020 年)．国办发〔2015〕27 号．

［3］张伯礼,陈传宏．中药现代化二十年．上海科学技术出版社．2016.

［4］国务院新闻办．中医药发展白皮书《中国的中医药》．国新办发〔2016〕32 号．

［5］中国医药保健品进出口商会．2016 年中药出口额下降近一成．http：//health. people. com. cn/n1/2017/0216/c14739-29084606. html［2017-02-17］.

［6］郝祥平．组织实施中医药海外发展国家战略．科技创新与品牌．2014,(4):46.

Commercialization of Traditional Chinese Medicine

Liu Haitao，*Sun Xiaobo*

(Institute of Medicinal Plant Development，Chinese Academy of Medical Sciences)

Chinese medicine industry is an important part of bio-pharmaceutical industry in China. It is a sunrise industry with unique features and advantages and has become a new economic growth point，thus plays asignificant role in the economic and social development. Since theimplementation of modernization strategy of Chinese medicine in 1996，the feature of Chinese medicine industry in China has changed intrinsically. The development pattern has transformed，the industry scale is expanding continually，and the standardization and normalization levels of industrial technology are enhancing obviously. Now,Chinese medicine industry has formed anew system，and has made a series of important achievements. In the meantime，there are also some problems and challenges in the process of rapid development of Chinese medicine industry. In this paper，the present situation，problems and challenges of Chinese medicine industry were mainly introduced and the future development prospect of traditional Chinese medicine industry was looked ahead.

3.3 海洋生物医药产业化新进展

史大永[1,2] 吴 宁[1,2] 李祥乾[1,2] 江 波[1,2] 王立军[1,2] 郭书举[1,2]

（1. 中国科学院海洋研究所，实验海洋生物学重点实验室；
2. 青岛海洋国家实验室，海洋药物与生物制品功能实验室）

一、国外海洋医药产业化的进展

1. 海洋药物产业快速发展

海洋约占地球表面积的 70%，是一个巨大的生物资源库。海洋也是药物的宝库，具有许多结构新颖、活性奇特的化合物。近半个世纪以来，共有 12 种海洋药物被批准上市，用于抗肿瘤、抗病毒、降血糖及镇痛等治疗。进入 21 世纪后，海洋药物的开发和上市速度明显加快。十几年间，7 种海洋药物被 FDA 或 EMEA 批准上市，分别是 Prialt®、Lovaza®、Yondelis®、Halaven®、Vascepa®、Adcetris® 和 Carragelose®[1]。

Halaven®（艾日布林甲磺酸盐）是一种单药化疗药物，于 2010 年获 FDA 批准用于转移性乳腺癌的治疗。目前，Halaven 已获日本、美国等 60 多个国家批准。Adcetris®（SGN-35）于 2011 年被 FDA 批准用于治疗霍杰金淋巴瘤（Hodgkinlymphoma）和系统性间变性大细胞淋巴瘤（anaplastic large cell lymphoma）。

2012 年，Vascepa®（icosapent ethyl）获 FDA 批准，用于有严重高甘油三酯血症（≥500 毫克/分升）的成年患者作为膳食辅助减低甘油三酸酯（TG）水平。Carragelose® 是由澳大利亚的 Marinomed 公司 2014 年开发的一种非处方抗病毒喷剂，主要成分是一种从红藻中提取的线性红藻多糖 ι-卡拉胶。Carragelose® 可以在鼻腔中形成抗病毒的薄膜，有效治疗早期感冒。

另外，至少 12 种海洋来源化合物处于不同临床阶段[1]，如处于临床Ⅲ期的抗癌天然产物 Pliditepsin 和 Bryostatin Ⅰ，处于临床Ⅱ期的治疗阿尔茨海默病的化合物 DMXBA（GTS-21，衍生物）。这些海洋来源药物的研制，为解决药源、结构复杂难以合成及毒性大难以成药等瓶颈问题提供了科学启迪，为加快海洋现代药物研发进程奠定了技术基础。新技术的应用和资金的投入，使海洋药物的发展更为迅速且有产品导向性[2,3]。到 2016 年，海洋药物的全球市场已达到 86 亿美元①。

2. 政府给予强有力政策支持

现代大规模的海洋药物开发始于 20 世纪中叶。1967 年，美国提出了"向海洋要药物"的口号，并于同年召开首次海洋药物国际研讨会，开启了海洋药物研究的国际大合作。目前，海洋生物资源的高效、深层次开发利用已形成了激烈的国际竞争态势，各国纷纷瞄准前沿技术，抢占科技竞争制高点。美国、日本、英国、法国、俄罗斯等国家已将注意力转向战略性海洋新兴产业，并给予前所未有的强有力政策支持，分别推出包括开发海洋微生物药物在内的"海洋生物技术计划""海洋蓝宝石计划""海洋生物开发计划"等，取得了重大成效。

世界许多国家都开始了对海洋药物的专门研究和试制。美国国家研究委员会（National Research Council）和美国国立癌症研究所（National Cancer Institute），日本海洋生物技术研究院（Japanese Marine Biotechnology Institute）及日本海洋科学和技术中心（Japan Marine Science and Technology Center），欧共体海洋科学和技术（Marine Sciences and Technology）等机构，每年均投入上亿美元用于海洋药物的开发研究[4]。

3. 医药企业加大资金投入

海洋生物制药属于一个高投入、高风险的产业，但是回报率非常高，适合长线投资。所以关注这一行业的投资者不能用短、平、快的眼光，必须用战略投资者的视角去考虑。以海洋活性物质和海洋药物资源开发利用为核心的海洋生物医药等海洋战略性新兴产业，已成为未来一个阶段国际海洋产业发展的潮流。

当前，国际上已出现专门从事海洋药物研究开发的制药公司（如西班牙的 Pharmamar、美国的 Nereus Pharmaceuticals 等），并取得了令人瞩目的成绩。国际上最大的制药公司——瑞士罗氏制药厂，在澳大利亚建立了一所具有现代化实验室的海洋药物研究所。随着海洋药物研究丰硕成果的不断涌现，一些国际知名的医药企业或生物技术公司纷纷投身于海洋药物的研发和生产，包括美国辉瑞、瑞士罗氏、美国施贵宝、法国赛诺菲等。企业在海洋药物创制方面的主体意识不断增强，促进了海洋药物研究和产业整体水平、综合创新能力的提升。

---

① http：//www.bccresearch.com/pressroom/phm/global-market-marine-derived-drugs-reach-nearly-＄8.6-billion-2016。

4. 高新技术得到充分和有效利用

过去的 5 年里，各种高新技术在药用海洋生物资源的利用中得到充分和有效的利用，包括药物新靶点发现和验证集成技术，药物高通量、高内涵筛选技术，现代色谱组合分离技术，海洋天然产物快速、高效分离、鉴定技术，计算机辅助药物设计技术，先进的先导化合物结构优化技术，海洋药物生物合成机制及遗传改良优化高产技术，海洋药物大规模产业化制备技术等。新技术、新方法在天然产物化学研究领域中的广泛应用，大大提高了海洋天然产物发现的效率。

截至 2015 年年底，全世界已发现 3 万多个海洋天然产物，几乎涵盖了天然有机化合物的各种结构类型，其中萜类、生物碱类、聚酮类、甾体类占 80% 以上。研究发现，这些已发现的海洋天然产物 50% 具有各种生物活性。大量的新型骨架海洋天然化合物的发现，为新药创制提供了坚实的物质支持。伴随"大信息时代"的到来，特别是宏基因组学和组合化学在药物先导发现中的应用，海洋药物产业在过去的 5 年里获得长足的发展[1]。

5. 国际合作日益普遍

很多海洋药物研发成功，都来自于研究机构和企业之间的紧密合作，如最近上市的 Yondelis® （EMEA 批准抗病毒药物）和 RefirMAR® （化妆品）。欧盟 7th 框架计划 （European Program Horizon 2020）通过数项奖励政策，鼓励企业和科研机构相互合作，极大地促进了海洋医药领域的合作开发。

这种研究机构与中小企业的合作，能够促进科研单位在海洋生物研究方面的经验、分析和合成技术的优势，与企业快速发展的需要、市场意识和商业经验等需求导向的结合，更为高效地开发海洋资源。只有这种相互协同合作的方法，才能促进海洋药物产业的快速发展，使其成为当今世界发展的前沿产业。

6. 深海、微生物成为发展方向

随着远洋和深潜能力的提高，新的采样、保藏、培养设备与技术不断发展，如定点、可视采样装备（载人潜水器、遥控无人潜水器、深拖系统等），船载和实验室深海环境模拟保藏/培养系统，深海环境基因组克隆、表达技术等，海洋生物资源的挖掘正逐步从近海、浅海向远海、深海发展，为药用海洋生物资源的开发利用提供了新的机遇[5]。

随着海洋环境的持续探索，海洋药物的研究转向微生物，如蓝藻、海洋真菌和细菌。由于生物和生态的多样性，海洋微生物的代谢产物具有独特的结构和生物活性[6]。迄今已从海洋微生物中成功提取多种具有抗菌、抗病毒、抗凝血与镇痛活性的物质。最近的研究发现，先前从海洋动植物中发现的很多化合物其实是相关的微生物的代谢产物[2, 7]。但是，只有不到 0.1％的海洋细菌被发现，而且受限于发酵技术，只有很少的一部分能够人工培育。为了加快海洋微生物研究的探索和发展，各国政府相继出台相关鼓励政策。2012 年，欧盟提供 900 万欧元的研究经费，资助可提高海洋微生物培养效率的研究[4]。2016 年，美国将微生态医药产业发展纳入国家战略计划。

二、我国海洋医药产业化的进展

1. 我国海洋医药快速发展

我国是世界上最早应用海洋药物的国家，2000 多年前的《黄帝内经》，就有用乌贼骨和鲍鱼汁治病的记载。1979 年，我国首次召开了海洋药物开发座谈会，标志着我国海洋药物开发研究得到了国家重视；1996 年，海洋药物开发纳入国家"863"计划，表明了以海洋活性物质和海洋药物资源开发利用为核心的海洋生物医药等海洋战略性新兴产业已成为未来一个阶段海洋产业发展的潮流[8]。21 世纪以来，随着我国海洋开发步伐的加快和现代海洋生物技术的广泛应用，从海洋生物中发现天然活性产物，并将其开发成新型药物，受到了科技界的普遍重视[5]。经过多年的努力，我国已累计发现约 2000 种新颖结构小分子活性化合物和近 500 种多糖与寡糖化合物。2001～2010年，平均每年从海洋生物中发现新结构化合物 200 多种，并且有一大批结构新颖的化合物分别处于先导化合物、临床前研究及临床研究阶段[2]。我国在海洋药物的研究开发方面，糖类药物成为显著特色和优势。目前，藻酸双酯钠、甘糖酯、烟酸甘露醇等海洋糖类新药和几十余种海洋保健产品已经获得国家批准上市。另外，一批新型抗肿瘤、抗艾滋病、抗心脑血管疾病、抗神经退行性疾病及抗动脉粥样硬化的海洋药物，也相继进入不同的临床研究阶段[9]。

2. 我国海洋药物行业产值增加

近年来，海洋战略性新兴产业中的海洋生物医药业成为突出亮点。我国海洋生物医药产业已经从 2005 年的"海洋生物医药产业化进程逐渐加快"，历经 2006 年的"产业成长较快"，发展到 2007 年的"海洋生物医药业不断加强新药研制与成果转化"，直至 2014 年持续较快发展。在过去的十几年里，中国海洋生物医药取得了长足发展，行业增加值由 2005 年的 17 亿元增长至 2015 年的 302 亿元，增长了十几倍，2005～2015 年，行业复合增速接近 30％，而整个海洋产业产值复合增速不足 13％，海洋生物医药俨然已成海洋经济最抢眼的发展领域（图1）[9]。

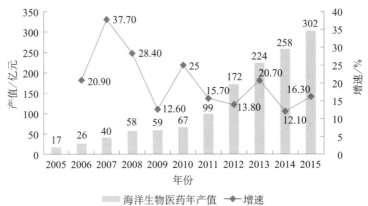

图1 2005～2015年中国海洋生物医药产值及增速

资料来源：国家海洋局、中投顾问产业研究中心数据

虽然我国海洋生物医药产业发展速度很快，但是该产业的规模还不够大。2015年，我国生物医药产业产值达到 4 万亿元，但其中海洋生物医药产业的占比很小。

3. 我国海洋医药产业目前的主要领域

我国目前海洋医药行业涉足的领域较广，主要围绕海洋创新药物和海洋医药生物材料行业领域展开。

1985 年，我国第一个海洋药物藻酸双酯钠成功上市，此后，海洋创新药物有了长足的发展，其中甘糖酯、藻酸双酯钠（PSS）、河豚毒素、多烯康、烟酸甘露醇、海昆肾喜胶囊等随后陆续上市。目前，我国已经培育出一批市场竞争力强的重要海洋产品：其中由国家海洋局第三海洋研究所研制开发的高纯葡糖胺硫酸盐"蓝湾氨糖"，实施成果转化 3 年余，实现全国上市（未包括西藏、港澳台地区数据），2009 年 10 月获国家体育总局授权，作为国家排球队运动员骨关节保护指定品牌产品。中国海洋大学研制开发的国家一类新药 D-聚甘酯（D-polymannuronicate，DPS），是目前比较理想的治疗急性脑缺血性疾病的药物，现已进入Ⅱ期临床。海洋生物抗病毒国家二类新药"藻糖蛋白"已进入Ⅲ期临床试验，有望获国家新药证书[11]；早期肾损伤诊断试剂盒突破了国内人体医学诊断行业的重大技术瓶颈和产品国外垄断。

海洋现代中药也逐步发展，在近两年的相关政策引导下，呈现快速发展势头，其中治疗白细胞减少症药物 DP207、抗肾衰及治疗糖尿病肾病药物 GFS 等Ⅰ类海洋现代中药，抗肿瘤药物海生素、治疗乳腺小叶增生药物菲乳安、抗帕金森病药物 UF、抗肿瘤药物 FF211 等 IV-VI 类海洋现代中药目前都进入临床研究阶段，未来可实现产品转化[12]。

此外，海洋生物医用材料也是海洋药物产业的重要组成部分，壳聚糖类骨钉产品等一批生物相容性良好的海洋生物材料制品广受市场好评[13]。新型功能性敷料也备受青睐，正以每年 10% 以上的速度持续增长[14]。以褐藻胶为原料生产的海洋生物医用材料，具有吸湿性高、透氧气性好、生物相容性好、可生物降解吸收性等特性，适用于制备新型高端功能性医用敷料。但目前我国市场上以褐藻胶为原料生产的医用敷料主要依赖进口和国内的外资企业，自主品牌和技术成熟的产品很少。

4. 我国海洋生物医药行业格局初步形成

我国国家政策的鼓励也令海洋生物医药产业发展可期。"十二五"规划指出，要"培育壮大海洋生物医药、海水综合利用、海洋工程装备等新兴产业"；《国家"十二五"海洋科学和技术发展规划纲要》提出重点研究"海洋药物的成药机理和开发技术，开展细菌等微生物和微藻的开发利用研究并形成相关标准等要求"；财政部、国家海洋局联合下发的《关于推进海洋经济创新发展区域示范的通知》又将海洋生物医药、新型海洋生物制品及新型海洋生物材料，列入海洋经济创新发展区域示范重点领域。借助国家战略"蓝色经济"的大潮，近年来，海洋生物医药产业呈现出快速发展态势[15]。

山东、浙江、广东、江苏、福建等海洋经济大省也纷纷出台相关扶持政策，加大对海洋生物医药产业的投入，并将其作为蓝色经济的增长点加速推动。目前，我国已有 8 个国家海洋高技术产业基地、6 个科技兴海产业示范基地，初步形成以广州、深圳为核心的海洋医药与生物制品产业集群，以湛江为核心的粤东海洋生物育种与海水健康养殖产业集群，福建闽南海洋生物医药与制品集聚区和闽东海洋生物高效健康养殖业集聚区等。

三、我国海洋生物医药行业面临的问题与挑战

虽然我国的海洋生物医药行业近几年有了很大的发展，但是相比美国、欧盟、日本等发达国家和地区，我国还有很大差距，主要表现在以下四个方面。

1. 海洋药物的研发创新性不足，技术与品种积累相对较少

与发达国家相比，我国的生物技术药物的研发起步比较晚，且以模制药物为主，缺乏自主研发的产品。我国在 20 世纪 80～90 年代批准上市的 5 个海洋药物及目前进

入临床研究的 5 个海洋药物基本上均属多糖类药物，品种单一，未见化学药或基因工程蛋白质/多肽药物进入临床研究或批准上市。我国现有 21 项实现产业化的关于基因工程药物及疫苗等方面的技术，但仅有其中的 3 项拥有自主知识产权，其他的都是仿制创新产品。这种"投资少、见效快、风险低"的模式，不仅使得制药企业的利润降低，而且从一个侧面反映出我国海洋药物总体创新能力不强，无论是研发还是产业远远滞后于世界先进水平。

2. 科研投入少，企业融资渠道不畅

尽管我国海洋生物资源非常丰富，但已发现的药用海洋生物品种却十分有限。研发海洋创新药物就像"大海捞针"，一些具有高活性化合物的海洋生物往往比较稀少，药源采集是制约海洋生物医药产业发展的瓶颈。

目前，在深海"两高一低"（即高温、高压、低氧）的极端环境下研究海洋生物及其活性提取物是现代海洋生物医药研究的一个重要方向。但是在这种极端环境下进行研究及收集、保存、运输等过程对设备都具有较高的要求，只有获得足够的资金支持才能顺利完成这些项目。受资金的限制，我国的研究领域还徘徊在浅海边缘领域，使得我们在海洋生物制药业处于不利地位。此外，我国海洋医药与生物制品企业以中小企业为主，多处于初创期和成长期，实力较弱，普遍存在融资困难、研发投入严重不足等问题。

3. 科研主体单一，成果转化率不高

在发达国家，关于海洋生物医药方面的研究，除大学与科研机构外，生物科技企业也起了非常重要的作用，这些企业也是重要的研发主体。著名的 MAST-Ⅲ 计划就是西班牙的 PharmaMar 公司组织、协调与实施的。除此之外，该公司还负责采集与鉴定海洋生物、筛选与测试生物活性，以及测定与分离生物活性成分结构等海洋生物医药业中的基础研究工作。随着海洋药物研究丰硕成果的不断涌现，一些国际知名的医药企业或生物技术公司纷纷投身于海洋药物的研发和生产，包括美国辉瑞、瑞士罗氏、美国施贵宝、法国赛诺菲等，并取得了令人瞩目的成绩。但是在我国，关于海洋生物医药方面的研究工作大部分还是由高校和科研院所完成的，仅有个别企业参与基础性研发，而且从事的只是辅助性的工作，这不仅导致了新药开发投入不足，也无法保证企业与科研机构的有效对接，降低了科研成果转化率。

4. 缺乏核心技术，关键性技术亟待完善

生物制药过程中一般涉及多种技术，如药物的提取、分离、纯化及评价技术、微

生物发酵制药技术、抗体工程制药技术、转基因制药技术、细胞培养制药技术等，而海洋生物制药除上述一般生物制药中所涉及的技术外，还包括海洋生物活性物质的结构鉴定技术、海洋生物制药的酶（蛋白质）抗菌肽工程技术等特有技术，这些技术在海洋生物医药业的发展过程中具有至关重要的作用[16]。但是，我国的海洋生物医药技术特别是核心技术与关键性技术比较匮乏，主要表现在：①海洋生物样品的采集、鉴定技术落后，特别是深海（微）生物的取样和保真（模拟）培养、保存；②海洋微生物高密度发酵、海洋共生微生物的共培养与利用技术严重落后；③生物活性筛选，特别是普筛、广筛不够；④先导化合物发现技术体系落后，规模化制备技术力量薄弱；⑤活性化合物的化学修饰和全合成技术不强；⑥药物靶标的发现及筛选技术落后；⑦规范化成药性/功效评价集成技术不完整；⑧产业化关键集成技术严重落后。可见，核心技术及关键共性技术的缺乏，已经成为制约海洋生物医药行业发展的"短板"。

四、　我国发展海洋生物医药的政策建议

1. 加强完善产业扶持政策

由国家相关部门牵头制定出台关于加快生物医药产业发展的意见，在加大资金扶持、落实税收优惠、加强要素保障、实施政府采购等方面提出政策措施，积极争取各级政府在产业布局、政策、重大项目、资金等方面的支持。

2. 实施海洋生物医药用地优先政策

（1）将海洋生物医药项目纳入地方年度重点项目库，保障用地需求。

（2）编制土地利用总体规划、城市总体规划时，统筹优先安排海洋生物产业用地，确保重点项目按期实施。

（3）引导海洋生物医药产业和配套产业集聚发展。

3. 优化市场环境政策

（1）完善信息咨询、产品注册和认证、研发服务外包、教育培训等中介服务体系。加大舆论宣传力度，普及海洋生物医药消费知识。

（2）争取将符合条件的海洋生物药品和制品纳入医疗保险目录，帮助企业开拓市场。

4. 加大资金扶持政策

（1）鼓励金融机构加大信贷支持，引导金融机构建立适应海洋生物产业特点的信

贷管理制度，推动金融机构加大对重大工程和重点企业资金的投放规模；建立科技成果转化贷款风险补偿机制，引导金融机构支持用于科技成果转化的贷款，并按照贷款的一定比例给予金融机构风险补偿；设立知识产权质押融资风险补偿基金，支持企业采取知识产权质押融资。

（2）发挥政府引导基金作用，吸引社会资本和国内外创投机构设立创投基金，鼓励社会资金发展天使投资、创业投资，建立以财政资金为引导、社会资金为主导的创业投资体系，引导投向我国海洋生物企业。

（3）支持符合条件的企业在境内外上市，鼓励企业开展股权融资及发行企业债券、公司债券、短期融资券、中期票据等融资产品；推动符合条件的产业基地和园区通过打捆方式发行中小企业集合债券，支持企业在中小板和创业板上市融资；设立创业投资引导基金，引导社会资本进入海洋生物产业领域。

5. 完善人才奖励政策

（1）鼓励生物医药创新团队创业，给予专项资金补助；积极推荐高层次创新人才申报国家"千人计划"和各级人才计划支持。

（2）对在海洋生物医药科研成果转化中有突出贡献的专家和人员，按照政府人才表彰奖励有关规定予以激励。

参考文献

[1] Zhang G, Li J, Zhu T, et al. Advanced tools in marine natural drug discovery. Current Opinion in Biotechnology, 2016, (42):13-23.

[2] Penesyan A, Kjelleberg S, Egan S. Development of novel drugs from marine surface associated microorganisms. Marine Drugs, 2010, (8):438-459.

[3] Gerwick W H, Moore B S. Lessons from the past and charting the future of marine natural products drug discovery and chemical biology. Chemistry and Biology, 2012, (19):85-98.

[4] Børresen T, Boyen C, Dobson A, et al. Marine biotechnology: A new vision and strategy for europe. Marine Board-ESF Position Paper, 2010, 15.

[5] 张书军, 焦炳华. 世界海洋药物现状与发展趋势, 中国海洋药物, 2012, 31(2):58-60.

[6] Bhatnagar I, Kim S K. Immense essence of excellence: marine microbial bioactive compounds. Marine Drugs, 2010, 8: 2673-2701.

[7] Piel J. Metabolites from symbiotic bacteria. Nature Product Reports, 2009, (26): 338-362.

[8] 孙继鹏, 易瑞灶, 吴皓, 等. 海洋药物的研发现状及发展思路, 海洋开发与管理. 2013, 30（3）: 7-13.

[9] 中投顾问. 2016—2020年中国海洋生物医药产业深度调研及投资前景预测报告, 2016.

［10］李黄庭．厦门海洋药物产业现状与发展对策初探．渔业研究．2016,38（2）:147-152.

［11］郭雷,王淑军,宋晓凯．连云港市发展海洋药物产业的探讨.时珍国医国药,2010,21（10）:2620-2622.

［12］勿日汗,年莉．海洋中药现代应用状况与分析,辽宁中医药大学学报．2015（2）:138-140.

［13］胡巧玲,张家祯,王征科,等．一种高强度医用壳聚糖接骨钉的制备方法．专利号：CN 103463686 A. 2013.

［14］吴杰．壳聚糖多层水刺复合功能性医用敷料的纤网结构及其性能的研究．上海:东华大学硕士学位论文,2014.

［15］黄盛,周俊禹．我国海洋生物医药产业集聚发展的对策研究,经济纵横,2015,(7):44-47.

［16］林文翰．我国海洋药物研究面临的技术瓶颈.2013年中国药学大会暨第十三届中国药师论文集，2013.

Commercialization of Marine Biological Medicine

Shi Dayong[1,2],*Wu Ning*[1,2],*Li Xiangqian*[1,2],
Jiang Bo[1,2],*Wang Lijun*[1,2],*Guo Shuju*[1,2]

(1. Key Laboratory of Experimental Marine Biology,
Institute of Oceanology, CAS;
2. Laboratory for Marine Drugs and Bioproducts,
Qingdao National Laboratory for Marine Science and Technology)

Ocean occupies nearly 70% of the surface area of the earth, numerous marine biological resources is a treasure trove of new drug discovery. Nearly half a century, both domestic and foreign countries done many efforts to support marine drugs develop. For example, government gave policy support, pharmaceutical companies invested large-scale of money, high-tech applied in marine drug discovery and international cooperation, all these factors bring marine drugs into the rapid development stage. Foreign marine drug market is relatively mature, since 2010, seven marine drugs have been approved by FDA, which used for anti-tumor, anti-virus, blood sugar and analgesic treatment. By 2016, the global market for marine drugs has reached $8.6 billion.

China's marine drug development started late, the initial stage of development is slow, but since the 21st century, marine drugs step into the rapid development stage, marine sugar drugs has gradually become a significant advantages and a feature of China's marine drugs. Over the past decade, the output value of the marine pharmaceutical industry increased from 1.7 billion RMB in 2005 to 30.2 billion RMB in 2015. Under the guidance of the market and policy, China's marine biological medicine industry initially formed coastal provinces and cities based development pattern.

With the rapid development of China's marine pharmaceutical industry, the problem also comes out. Mainly in the development of marine drugs lack of innovation; less investment, companies hard to find financial support and lack of core technology. In order to promote the healthy and rapid development of the marine pharmaceutical industry, it is necessary to improve the industrial support policy, optimize the market environment, increase the financial support and improve the talent incentive policy.

3.4 生物种业技术产业化新进展

薛勇彪[1] 景海春[2] 张可心[1]

（1. 中国科学院遗传与发育生物学研究所；2. 中国科学院植物研究所）

当今世界种业发展呈现出三大趋势：一是行业高度集中，企业规模越来越大；二是高新科技和人才成为未来种业竞争的焦点；三是兼并重组成为企业发展方向，种子公司朝规模化、集团化、国际化方向发展。我国的种业虽然取得了很大成就，促进了农业的迅速发展和进步，但还面临一系列的问题，如行业集中度不高、缺乏竞争力强的龙头企业。本文系统分析比较了国内外种业的异同，分析了生物种业新技术的发展情况，并针对我国发展瓶颈，给出政策建议。

一、近四年发达国家生物种业产业化进展

1. 发达国家种业发展态势

（1）生物种业方兴未艾。2015 年，全球种子市场价值为 483 亿美元，北美是世界种业第一大市场，亚洲（含中国）市场增长迅猛，达 158 亿美元，位居全球市场第二位（图 1）[1]。同时，全球种子处理市场发展稳步增长，2017 年价值达 64 亿美元，包含大宗作物（玉米、大豆、小麦、棉花、水稻等）的杀菌剂、杀虫剂和化学包衣处理等。

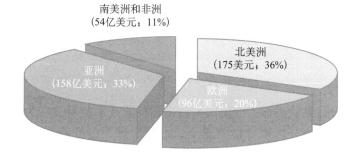

图 1　2015 年全球种子市场价值

（2）转基因作物种业发展快速。1996～2015 年的 20 年中，全球有 28 个国家种植了转基因作物，种植面积累计达 20 亿公顷，保守估计收益在 1500 亿美元[2]。2016 年，美国种植了约 7300 万公顷转基因作物，90％以上的大豆、85％以上的玉米和棉花都是转基因作物[3]。欧盟进一步在法规上明确转基因食品无害，在鼓励 5 个国家（西班牙、葡萄牙、捷克、斯洛文尼亚和罗马尼亚）持续开展规模化种植（面积约 30 万公顷）的同时，允许不同国家开展田间小区试验，如英国洛桑研究所在开展小麦转基因试验等[4,5]。

（3）超级大并购影响全球种业格局。种子市场主要覆盖玉米、大豆、小麦、棉花、油菜、蔬菜等作物，主要由美国孟山都、杜邦先锋、先正达，法国利马种业，德国德美亚、拜耳和陶氏益农等跨国大公司把持。全美涉及种子业务的企业有 700 多家，其中种子公司 500 多家，种子包衣、加工机械等关联产业企业 200 多家。欧盟本土种业公司多达 7200 家，雇员 52 000 人，年繁种面积 12 亿公顷，全欧有 750 个育种试验站，年度收入的 20％用于研发，研发人员有 12 000 人。2015 年，种子行业强强联合，三起超级大并购将对全球种业格局产生重大影响。合并后孟山都/拜耳、杜邦/

陶氏及先正达/中国化工将形成更为明显的垄断模式，前三超级巨头的营业额几乎为后 7 家销售总额的 4 倍（图 2）。

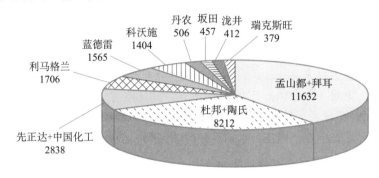

图 2　2015 年全球十大种子公司种子业务销售额

2. 发达国家生物种业技术产业化的经验

（1）顶层设计、站位高远。欧美国家将生物种业技术创新放在为全球提供充分健康食品的角度布局，充分体现"稳固本土、占领全球"的战略。保守估计，未来 40 年作物遗传改良的速度必须加倍，才能保证全球 90 亿人的食物需求。欧洲"生物经济 2030"和"地平线 2020"计划均将生物种业技术的发展作为核心内容与重要途径应对人类面临的挑战[6-9]。美国农业部也相应出台了生物育种发展路线图[10]。

（2）基础研究与产业化科技创新并重。欧美国家和地区深谙原始创新在产业技术发展的基石作用，在注重追求卓越科学研究的同时，进行全产业链设计，发展产业化引领科技[11-13]。"地平线 2020"计划集成 244 亿欧元用于前沿理论研究、未来新兴科技、科研基础设施和人才培育，如未来农业的生物技术项目。资助消减光合呼吸能耗和二氧化碳再利用提高作物产量的研究。而在产业化引领技术方面集成 170 亿欧元用于促成技术研发、私募基金筹措和中小企业创业基金。

（3）政产学研协同创新。欧美国家和地区注重整合政府公共资源，如欧盟促进协同创新中心和公共研发平台建设，建设联合研究中心，设立"未来植物研究平台"和"促成技术平台"等，美国则整合公立科研机构、大学及农业部所属试验站体系，主要从事种质资源收集保护、种质扩增及鉴定等基础性工作，大学重点开展遗传育种方法、基因及基因组学、生物信息学等前沿研究；而种业公司侧重实用技术研发与产品设计，开展中短期灵活创新，满足市场需求。在日本，鼓励成立民间种业公司，如民间大米企业，从气候条件、栽培储存加工技术，以及服务方面构建自己的品牌，一个新的趋势是利用分子育种技术确权品牌大米。此外鼓励参加农业保险，保证农民的利益。

（4）知识产权管理与运用。基因等专利技术的应用推动了美国种业的进一步发展。其中，商品种子基因专利技术费占种子市值的30％～60％。近几年，美国种业市场增值主要源于基因等专利技术的应用及生物种业的发展。从世界范围来看，全球70％以上的水稻基因专利、90％以上的玉米基因专利、80％以上的小麦基因专利和75％以上的棉花基因专利掌握在美国、日本、澳大利亚等国手中。在欧盟各国，知识产权管理在种业方面主要依据植物品种权法及植物相关发明知识产权管理法。新品种只有获得国家登记后，方可进行种子生产、经营、推广，否则将被处以罚款。国家级新品种试验包括新颖性、一致性、稳定性（DUS）和适应性（VCU）测定两种。在日本更注重将研究成果包装成技术专利，提供给育种公司，方便育种家利用该模块进行品种升级换代。清晰的分子标记可起到DNA指纹的作用保护品种。

（5）人才培养与项目精准管理。欧美国家尤其注重下一代生物种业人才培养。在欧盟，以"居里夫人人才计划"（2014～2020年，共61.62亿欧元）为龙头，注重培养全产业链人才，鼓励企业科研单位、同盟国间和国际人才交流；培训科研工作者商业开发知识；设立单独的创业基金鼓励年轻人创业等。在项目管理方面，一方面围绕基础研究、技术研发和品种选育与产业化，将创新分为创新成功保障、增加创新预期性和提升创新协调等不同过程管理，从源头做好生物育种技术产业化（图3）；另一方面，简化过程管理，尤其是在科研项目申报、过程监控、经费使用和成果登记方面，同时加强项目管理交流与信息透明度。

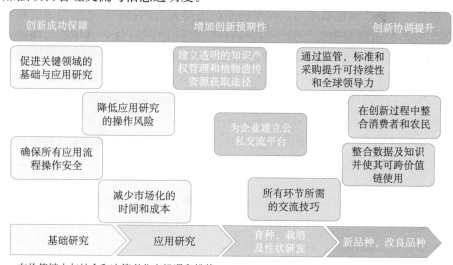

图3 植物育种创新全程管理与激励措施[9]

二、我国生物种业产业化进展

1. 我国生物种业发展态势

改革开放以来，我国种业在国家相关政策的引导下取得了长足发展，为保障国家粮食安全起到了举足轻重的作用。特别是种子法实施以来，通过种子工程建设和深化种子管理体制改革，种业的市场化程度逐步提高，法制化进程稳步推进，产业化迅速发展。

（1）法律法规基本健全，种子管理体制基本理顺。2015年11月4日第十二届全国人民代表大会常务委员会第十七次会议修订通过最新版本种子法，标志着我国种子产业进入了一个有法可依、规范发展的新阶段。以种子法为核心，农业部出台了多项配套规章促进了植物新品种申请，如2015年，我国农业植物品种申请量为2069件；截至2016年年底，农业植物新品种权总申请量超过18 000件，总授权量超过8000件。同时，全国25个省市制定了种子地方性法规、制度，国有种子企业全面实现政企脱钩。

（2）种业主体多元化格局基本形成。目前，我国种业主体呈现多元化，有改制的股份制种子公司、民营种子公司，还有科研院所开办的种子公司等。种子法实施以来，特别是深化种子体制改革后，丰厚的利润引得大量的社会资本纷纷进入种业。到2015年年底，我国持有效经营许可证的企业数量为4660家，其中持部级颁证企业229家，持省级颁证企业1770家，持市县两级颁证企业2661家。

（3）育种水平显著提高，供种能力显著增强。"种子工程"实施以来，国家先后建设了玉米、小麦、水稻等大宗农作物良种繁育基地及南繁基地175个，果菜花卉良种繁育基地及马铃薯、甘薯脱毒繁育基地127个，大大提高了我国农作物良种繁育能力。同时，国家加大了对种业的科研和推广的投入力度，新品种的选育和应用步伐明显加快。先后培育了超级水稻、紧凑型玉米、优质小麦、双低油菜等一大批优良品种，使我国农作物良种覆盖率达95%以上。

（4）种子商品化程度逐步提高。我国是种子生产大国，同时也是消费大国，种子行业市场规模逐年扩大。按各类种子的市场价值计算，2015年全国种子市场总规模约为1170.26亿元。目前，中国农作物种子常年用量为100多亿千克，其中杂交玉米、杂交水稻、蔬菜、转基因棉花种子商品供种率基本达到100%。常规农作物的种子商品供种率也大幅提高，良种覆盖率达到96%以上，对农业增产增效的贡献率已达43%。小麦、大豆等常规作物的种子商品化率也明显提高，我国种子国际贸易也获得了快速发展，尤其是水稻杂交种。

2. 生物种业关键技术进展

生物育种技术可分为分子育种技术、转基因育种技术和新一代植物育种技术。近些年来，随着基因组学的发展及生物技术的广泛应用，许多新的育种技术和优良品种已逐步推向生产应用，一些更加先进的育种技术，如全基因组选择育种、细胞工程育种和基因合成育种等技术，尤其是新一代植物育种技术，正在取代原有技术，育种规模和效率得到了大幅度提高。我们简述如下。

（1）雄性核不育制种技术。为进一步降低制种成本，先锋公司采用转基因方法成功解决了玉米雄性核不育自然保持难题，开发出玉米雄性核不育制种技术，既可免除人工或机械去雄程序，又克服了细胞质雄性不育受叶斑病害、育性恢复等缺陷困扰，制种成本和风险大幅降低，制种质量显著提高。该项突破性技术将会改变现有玉米杂交制种模式。玉米核雄性不育制种技术（SPT）还进一步拓宽了杂种优势利用配组亲本的选择范围，对未来育种研究产生深刻影响，值得重视和关注。

（2）分子标记辅助育种。单核苷酸多态性（SNP）作为第三代分子标记辅助育种技术，已成功应用于玉米、大豆等作物分子辅助育种。孟山都、先锋、先正达等公司均自行设计制造自籽粒切削取样、DNA 提取、SNP 引物加注、PCR 扩增、至数据读取分析选择的全程流水线设备，实现了种质和中试材料遗传信息的全自动化分析，辅助育种家优选目标材料，提高选择效率。SNP 引物精准研发是分子标记辅助育种的关键，而生物芯片的使用极大提高了分子标记辅助育种的效率。Affmetrix 公司作为生物芯片领域的领导者，目前已经研发出了最高密度芯片的制备技术，单张芯片的筛选密度可以高达 750K。

（3）多基因聚合新品种。孟山都、杜邦-先锋、先正达等种业巨头每年都推出新的优良品种，不过目前仍以抗虫、抗除草剂、抗旱品种为主。先锋公司 2011 年推出了玉米非转基因抗旱品种 AQUAmaxT 和转内源基因耐旱品种 Drought Tolerance Ⅱ。为有效降低杂草、虫害抗药性，有些品种已转入两种以上抗除草剂或抗虫的多价基因，不同除草剂或杀虫剂轮流施用，避免超级杂草、虫害发生。先正达在美发布了具有广谱抗虫效果的转基因玉米新品种 Viptera，该品种将 7~8 种抗虫基因复合后产生一种抗虫蛋白，可抗玉米一生 14 种地上或地下虫害。抗旱品种 Artesian 是利用"基因图谱"专利技术和常规育种，定向选育的非转基因品种，目前正在研发转基因的二代抗旱品种。先正达还大量投资研发用于提取燃料乙醇的专用品种。孟山都以转基因育种见长，新上市的有 8 价转基因（3 个抗地上害虫、3 个抗地下害虫、2 个抗除草剂）玉米品种 Smartstax，该公司计划未来的转基因品种可能含 20 多个外源基因，包括多种抗虫、抗除草剂、抗旱、N 肥利用、高产等性状基因。孟山都已研发出 3 价抗除草剂（草甘膦、草铵膦、灭草威），以及多价抗虫、抗旱、N 肥利用、高产等性状基因产品，正在玉米、大豆、棉花等作物上大规模应用。

（4）精准表型分析技术。随着无损通量技术的发展，各项新的工程技术，如高光谱成像技术、激光雷达技术、远红外成像技术、无人机技术等融合到生物育种产业中，目前有代表性的是 LemTech 公司的全套表型分析系统的应用。近期，Phenome-Networks，一家美国植物育种分析软件公司和以色列的一家设计育种公司 Benson Hill Biosystems 合作，开展表型精细分析合作。

（5）新一代植物育种技术（NPBT）进展。NPBT 是一系列精确基因改造技术的统称[14]，得益于快速发展的基因组编辑技术，其最主要的优势是不产生外源转基因，避免转基因在技术上和公众关注方面的难题。主要包括如下几个方面。①以 CRISPR/Cas9 为代表的编辑技术，还包括 ZFNs 和 TALENs，主要根据 DNA 序列信息，构建人工合成酶，对特定的染色体位点进行敲除、置换或者插入。②Epigenome 通过小 RNA 的 DNA 甲基化和蛋白质修饰调控单个基因的表达，以期改良和调控数量性状，该技术因不涉及基因的插入或改变，被认为不会抵触生物多样性的保护条约，但需要进一步深入研究。③其他高效快速育种技术，除上述 SPT 外，还包括反向育种、导入早开花基因，农杆菌渗入法和农杆菌接种法，但利用不稳定性剔除导入 DNA 片段，产生不含转基因的新品系。④Cisgenesis 和 intragenesis 利用同种作物的基因开展转基因。NPBT 是今后育种技术的主要方向，但很多国家的企业现在还是处在观望的态度。

三、我国生物种业面临的问题与挑战

我国是农作物用种大国，但生物种业面临严峻挑战。

（1）原创性不足，有重大育种价值的基因少，缺乏国际引领技术。近十年来，我国在作物基因组测序、基因发掘和功能解析等方面取得了国际领先的发展，尤其是在水稻基因组和功能基因组学上建立了引领国际的研究地位。但研究方法上多套用国外现成的技术，对许多重大农业育种问题尚缺乏原始创新；能广泛应用于育种的重要功能基因（分子标记）屈指可数，尚不能满足不同生产区域的新品种改良。在转基因育种上，主要技术掌握在国外大公司手上，我国自主知识产权的关键技术/专利较少，也制约了我国生物育种的发展和市场开拓。

（2）分子技术在新品种选育中的作用没有充分发挥，集成创新能力低。我国不同科研部门之间相互独立，集成创新的能力与意愿不足。绝大部分育种单位和种子公司主要还是采用常规育种手段，依靠育种家个人经验进行个体选择，没有分子设计育种的理念和技术平台，有关分子检测也往往是新品种成型后的补充。育种家以小团队为主，育种效率低，集成创新能力严重不足，很少在品种性状上有颠覆性突破。

（3）育种资源窄，同质化严重，品种性状多年徘徊，生物种业供给侧遭遇育种瓶颈。近十多年来，我国主要农作物单产、品质、抗性等历年徘徊不前，迫切需要引入新的育种资源，发展现代生物育种技术。此外，长期以来育种目标一直以高产为前提，带来了高产品种类型单一和同质化、高产不优质等现状；也造成很多作物等具有隐形营养不足的问题。需要多样化育种资源和育种目标以适应农业供给侧改革。

（4）缺乏大型种子企业，企业创新发展能力普遍不足。我国种业企业发展滞后，规模小、市场占有率低，绝大多数只能经营科研院所、高等院校等单位育成的品种，无法与国际跨国企业进行竞争。据统计，我国最大的种业公司的国内市场份额不到5％，前十名之和也不到20％。国内种子企业无法消化科研单位的成果，企业整体自主创新能力不足，"创新链"与"产业链"不能相互贯通，普遍缺乏"产学研用"一体化价值链。

（5）国际种业公司涌入，种子市场竞争压力加大。国外企业凭借产业链的一体化优势，纷纷投入中国农业领域。目前，至少已有76家外商投资种业公司在我国登记注册，这些外商虽然名义上只占49％股份，但实际上却掌握着种子公司的核心技术和专利等，并已经获得丰厚的经济效益。以玉米为例，2013年，杜邦先锋公司"先玉335"单个品种在全国种植面积近1亿亩，占总面积的20％，纯利近10亿元，占玉米种业市场的40％～60％；德国KWS"德美亚"在东北近2000万亩，占东北种植面积的20％，纯利近3亿元。许多重要作物推广品种及种子加工、销售掌握在国外公司手中，很多中国种业公司已逐渐失去自主研发能力，未来对我国自主农业种业发展是一个重大的挑战。

（6）科研经费强度不够，科研队伍不稳定，缺乏大型农业科研。与国际主要种业大国相比，我国在生物种业方面的经费投入主要还是依靠政府项目，企业科技投入少。但政府资助项目的研究面广、人多，经费强度严重不足，科研团队往往需要整合若干个项目的资源，才能完成一个育种目标的研究任务。我国目前的科技资助和评价体系难以保证有重要价值的研究工作得到稳定的支持，往往造成技术研发的"半成品"。科研项目管理办法不允许及时调整研究内容、研究方案和经费预算等。此外，我国对农业大型科研设施的建设重视不够，没有建立如国外公司或科研单位的大型农业科研设施，无法组织团队攻关，开展前瞻性、集成型农作物育种研发。

四、促进我国生物种业发展的政策建议

提高农业科技水平，调整优化农业生产结构，不断提高粮食等重要农产品的生产能力，强化农产品质量是确保国家粮食安全和经济社会安全的必然需求[4,15]。

1. 提高原始创新能力，确实有效保护知识产权

迫切需要创新发展模式，整合资源，统筹生物种业相关的先导专项、重点研发计划、种业创新工程、行业专项等国家任务有效实施，完善生物种业创新的激励要素和政策法规，形成科研分工合理、产学研紧密结合、运行高效的生物种业创新机制。此外，一旦研发出受欢迎的优良品种，市场上很快出现一系列衍生品种。仿制、套牌现象极为普遍，严重损伤了创新者的利益，扼杀了创新积极性，阻碍了产业发展。因此，应该加大法律手段打击侵权套牌行为，鼓励原始创新，确保种业的良性发展。

2. 改革品种审定制度，构建种业带动全产业链发展新模式

应充分发挥市场在种业资源配置中的决定性作用，逐步以备案登记制取代现行的品种审定制，让企业成为责任主体。实行"谁登记、谁负责"，将现在有政府承担的风险变成由品种登记者承担种子推广带来的风险。相关行政管理部门主要职能则转变为市场监督管理，健全保障体系。这样，只有具备实力、能够承担起种子推广风险的大型种业企业才有可能纳入备案登记制。打造真正意义的"从研发到餐桌"的全产业链经营将是种业发展的新趋势。加强科技创新与市场发展的融合，形成国家实验室、院校、企业在种质资源创制、种业科技创新和市场开发的合理分工和融合，实现农业价值链的延伸。加强国家与企业在研究与试验发展的经费支出，建立政产学研协同发展的创新体系，形成科技创新主导的生物种业研发体系。

3. 加大新技术的应用，尽快享受科技进步红利

新的科学理论或技术发明的出现推动着种业的变革和发展，同时也告诫我们，当种业科技进步出现时，必须抓住机遇，尽快享受科技进步的红利。当前，高通量测序、基因组学和基因组编辑技术有望为育种带来革命性突破，使得利用基于全基因组选择与常规技术结合的分子模块设计育种变成可行。因此，开发高通量基因型和表型分析重大平台设施，优化动植物基因型和表型鉴定、基因组编辑、全基因组选择等关键技术，突破制约生物种业发展的重大瓶颈，在生物种业战略必争领域形成独特优

势，为实现我国生物育种产业的跨越发展奠定基础。

4. 以市场需求为导向，提高种业国际竞争力

好品种不是育种家和经营者说出来的，而是由市场决定的。育种思路应从单纯注重生物特性到兼顾商业特性，从单纯注重增收特性到兼顾减支特性，从注重利用已有高产耕地到兼顾中低产田和边际土地的充分利用，从单纯注重通过审定到兼顾市场和消费者接受。育种目标应以市场为导向，在注重产量的同时，注重品质好、低投入、适宜机械化和轻简化作业、特色专用的作物重大品种的培育，做到农民喜欢、加工企业喜欢、消费者喜欢，有力支撑和促进我国农业生产方式的变革。种业市场集中化趋势日益明显，种业发展必须大力提升企业实力和市场竞争力。应进一步严格种子企业准入限制，加强企业资质审查，鼓励引导种子企业兼并重组。另外，建成若干大型国际化生物种业公司，统筹运用全球资源，开展国际化布局，结合"一带一路"国家战略，制定配套政策与管理措施，鼓励种业创新要素实现"走出去"与"引进来"的跨境流动，进入国际种子市场。

参考文献

[1] 易娟,李梦松. 亚洲种业关注与欧洲同行之间的商机. 中国种业,2006,10:25-26.

[2] 付红波,赵清华,李玉洁,等. 德国:全方位推进生物科技及产业发展. 中国生物工程杂志,2008, 28(10):1-4.

[3] 林金祥. 世界生态农业的发展趋势. 中国农村经济,2003,7:76-80.

[4] 吕玉平. 中国生物种业发展的问题机遇及策略. 中国农业科技导报,2013,15(1):7-11.

[5] 沈平,武玉花,梁晋刚,等. 转基因作物发展及应用概述. 中国生物工程杂志,2017,37(1): 119-128.

[6] European Technology Platform Plants for the Future. A Research Action Plan to 2020:Boosting Research for a Sustainable Bioeconomy. http://www. boku. ac. at/fileadmin/data/H05000/ H13000/BOKU_Forschungssservice/Ausschreibungen _ Ankuendigungen/KW27 _ 15 _ PlantETP_ ResearchActionPlan. pdf[2017-06-30].

[7] European Commission. A Strategic Approach to EU Agricultural Research and Innovation. https:// www. boku. ac. at/fileadmin/data/H05000/H13000/Veranstaltungen_div. _infos/FOTOS_brüssel/ 2016/AGRI_Strategy_keynote_ASb. pdf[2017-06-30].

[8] European Commission. Future and Emerging Technologies Horizon 2020 Work Programme 2016 - 2017. https://www. upc. edu/euresearch/en/horizon2020-documents/ wp-2016-2017-definitius/ p3_sc2_food_wp16-17[2017-06-30].

[9] The European Commission's Seventh Framework Programme. The European Bioeconomy in 2030: Delivering Sustainable Growth by addressing the Grand Societal Challenges. http://www.epsoweb.org/file/560[2017-06-30].

[10] USDA Plant Breeding Working Group. USDA Roadmap for Plant Breeding. http://www.usda.gov/wps/portal/usda/usda home? navid=OCS[2017-06-30].

[11] 王宇. 欧洲生物技术产业发展现状分析. 江苏科技信息,2010,10:6-8.

[12] 余晓. 英国高技术产业和高技术园区的政策和体制. 全球科技经瞭望,2001,6:21-23.

[13] 赵清华,范明杰,李玉洁,等. 英国:10%的GDP受益于生物技术应用. 中国生物工程杂志,2008,28(7):2-5.

[14] Schaart J G, van de Wiel CCM, Lotz LAP, et al. Opportunities for products of new plant breeding techniques. Trends in Plant Science,2016, 21 (5):438-449.

[15] 张鸿,王自鹏,等. 依靠科技推进现代生物种业发展的对策研究. 科技管理研究,2013,17:38-41.

Commercialization of Bio-Seed

Xue Yongbiao[1]*, *Jing Haichun*[2]*, *Zhang Kexin*[1]*

(1. Institute of Genetics and Developmental Biology, CAS;

2. Institute of Botany, CAS)

Seed industry is at the core of crop production, and seed genetic improvement has contributed over 50% of the crop yield gain. As a country of primarily agricultural economy, healthy development of seed industries is essential for the food security for China. This review compares the current status of seed research and innovation between China and developed countries, points out that many a bottleneck limits seed biotechnology innovation and industrialization. It is concluded that research and innovation along the whole-chain of plant breeding and seed industry is necessary to boost China seed industry and sustain future agricultural development to meet the needs of 1.3 billion people for food and nutrition.

3.5 工业生物制造技术产业化新进展

王钦宏 马延和

（中国科学院天津工业生物技术研究所）

生物制造有多种概念和种类，目前实现产业化的主要是工业生物制造。工业生物制造是以生物体为工具进行物质生产与加工的绿色产业模式，有可能在能源、材料、化工和医药等领域改变世界工业格局，开创财富增长新纪元[1-3]。生物制造能够促进形成资源消耗低、环境污染少的产业新结构和生产新方式。与石化路线相比，目前先进生物制造产品平均节能减排 30%～50%，未来将达到 50%～70%，这将对降低工业基础原材料对化石资源的依赖，促进高能耗、高物耗、高排放工艺路线替代及传统产业升级产生重要的推动作用。通过生物制造，已经实现了一批基础化学品、精细化学品（化学原料药）、植物天然产物、生物基聚合材料的绿色生产，为工业产品原料路线转变、农业产品实现工业化合成提供了范例[4-6]。

一、国外生物制造技术产业化的发展现状

1. 发达国家纷纷制订促进生物制造发展的战略规划与研究计划，加大政策支持与引导力度

为破解经济发展的资源环境瓶颈制约，以生物基产品替代石油基产品已成为生物产业新一轮的国际竞争热点，发达国家纷纷制订了相应的路线图和行动计划，加速生物制造产业的发展。2015 年 3 月，美国国家研究理事会发布了《生物学产业化：加速先进化工产品制造路线图》，积极推进先进生物制造产业发展[2]。2016 年 4 月，美国国家科学技术委员会发布了题为"先进制造：联邦政府优先技术领域速览"的报告，规划了 5 个广受联邦机构关注和资助的新兴技术领域，其中 4 个涉及不同内涵的"生物制造"[7]。欧洲致力于向生物基社会转型，发展生物制造是实现这个目标的重要途径。2015 年，欧盟发布了《推动生物经济——面向欧洲不断繁荣的工业生物技术产业路线图》，采取一系列措施，发展有竞争力的生物制造产业[8]。发达国家不断发布与生物制造相关的经济战略计划与战略目标，为生物制造的发展提供了优良的政策环境。

2. 发达国家/地区的雄厚资金投入加速了生物制造产业的快速发展

世界各国/地区采取多项举措，积极建立多元化的投融资渠道，加大对生物制造的资金支持。美国建立了支持创造性、高风险、高回报研究的资助机制，支持研究人员开展前瞻性、突破性的研究，奠定了美国生物制造快速发展的基础。欧盟加大与生物制造相关的研发和技术投资力度：一方面，通过公共部门之间的合作加强对研究活动的协调，如制订联合创新研究计划，加强公共项目之间的连贯性与协作性；另一方面，积极鼓励更多的私人投资与合作，增强先进生物制造的竞争力。2016 年 1 月，由欧盟和生物基产业联盟发起"欧洲联合生物基产业发展计划"，将投入 1.6 亿欧元支持生物基产品研发。2016 年 2 月，美国农业部宣布了"生物炼制、可再生化学品、生物基产品生产援助计划"，将向以可再生生物质为原料的化学品和燃料项目提供 1 亿美元的贷款担保。2016 年 10 月 19 日，英国生物技术与生物科学研究理事会宣布将与巴西圣保罗研究基金会投入 500 万英镑资助生物燃料合作研究。

3. 生命科学与生物技术的飞速发展，以及与多学科的交叉融合，促使生物制造技术水平不断提升

生物制造可以为人类生产所需的化学品、医药产品、能源和材料等，是解决人类目前面临的资源、能源及环境危机的有效手段。生物制造的核心是获得高效的酶或细胞工厂[2]。合成生物学基于特定目的对现有有机体进行重新设计合成，以获得更加高效、可靠和可预测的酶或细胞工厂[9,10]。2016 年，美国 Zymergen、Ginkgo Bioworks 等生物技术公司筹资数亿美元用于快速开发和优化菌株的平台技术整合研究，以获得高性能酶或细胞工厂，实现生物基产品的高效生产。2016 年 2 月，英国发布的《生物经济的生物设计——合成生物学战略计划 2016》指出，合成生物学将为创建 21 世纪多类型生物基原料生产和运用工业过程，生产多样性产品，以及开发扩大生物经济规模的创新方案提供有力支撑[11]。同时，数字技术与生物技术的结合为我们提供了速度更快、成本更低、性能更好的工具，革命性的新技术使人们能按既定方式快速设计新产品，生物学已向更加依赖云资源、机器人、机器学习和自动化等软件驱动的范式转变。如今，利用 CRISPR/Cas9 技术，单个基因的编辑成本下降到 500 美元以下，耗时仅几周。基因组测序的成本也下降到 1 万美元以下，这些新技术与工具的发展为新产业建立和新产品开发提供了可能[12]。

4. 国际生物制造产业的市场不断扩大，产业竞争力逐步提升

生物制造的快速发展使得更多的化学品从石油基转向生物基路线生产成为可能。

当前，全球生物基化学品与聚合物的产量估计值已经达到每年 5000 万吨[4]。麦肯锡全球研究院研究统计，2012 年的生物基产品销售额约为 2520 亿美元，占全球化学品销售总额的 9%；到 2020 年有望保持 8% 的年均复合增长率，达到 3750 亿美元以上，占全球化学品销售总额的 11%，可再生生物高分子、生物基化学品、生物燃料，以及用于工业和医药生产的生物催化剂市场将快速成长。2014 年，全球生物基材料产能已达到 3000 万吨以上，生物塑料产能约为 170 万吨，其中生物可降解塑料［如聚乳酸（PLA）、聚羟基脂肪酸酯（PHA）和淀粉共混物］的产能约为 70 万吨。欧洲生物塑料协会与德国汉诺威应用科学技术大学和诺瓦研究院研究指出，预期到 2019 年，全球生物塑料产能将稳步增长，有望达到约 780 万吨[13]。

二、我国生物制造技术与产业发展状况

2010 年，国务院《关于加快培育和发展战略性新兴产业的决定》把生物制造作为生物产业的重要内容，进一步明确了生物制造的战略性新兴产业属性。2015 年 5 月，国务院发布《中国制造 2025》的通知，提出要全面推行绿色制造，积极引领新兴产业高起点绿色发展，大力促进包括生物产业在内的绿色低碳发展，高度关注颠覆性新材料对传统材料的影响，做好生物基材料等战略前沿材料提前布局和研制。在一系列规划与政策的支持下，我国合成生物学、微生物基因组工程、工业酶分子改造等生物制造三大核心共性技术取得了一批重要突破，生物炼制、生物催化、生物加工、先进发酵、生物分离等关键技术不断创新，实现了近百种生物能源、生物塑料、生物纤维、生物溶剂、工业酶、重大化学品等生物制造产品的产业应用[14]。2015 年，我国生物制造产业主要产品的年产值已经达到 5500 亿元以上，"十二五"期间的年平均增速 8% 以上。生物制造企业规模不断扩大，产业集中度进一步提升，部分主要产品产能规模前 6 家企业的产能占全国产能的 80% 以上。我国生物制造已经进入产业生命周期的迅速成长阶段，正在为生物经济发展注入强劲动力，也正成为全球再工业化进程的重要组成部分。

1. 生物发酵产量与产值稳步提升，国际竞争力逐步增强

生物发酵是我国生物制造的重要组成部分，经过"十二五"期间的稳步发展，逐渐形成味精、赖氨酸、柠檬酸、结晶葡萄糖、麦芽糖浆、果葡糖浆、酶制剂等大宗产品为主体，小品种氨基酸、功能糖醇、低聚糖、微生物多糖等高附加值产品为补充的多产品协调发展的产业格局。在"十二五"期间，发酵产业主要产品的产量由 2010 年的 1840 万吨增长为 2015 年的 2426 万吨，年平均增长率为 5.7%。同时产值也由

1990亿元增长为2900亿元，年平均增长率达到了7.8%。"十二五"期间，我国生物发酵主要产品出口总量与出口额逐年稳步增长，主要产品出口量从2010年的264万吨增加到2015年的344万吨，平均年增长率为5.4%，出口额由2010年的27亿美元增长为2014年的36亿美元，平均年增长率为7.5%。其中柠檬酸、味精、葡萄糖一直是生物发酵产业主要出口产品。总体来说，"十二五"期间，我国生物发酵产业规模继续扩大，保持稳定发展的态势。

2. 生物基化学品与生物基材料等新兴生物制造技术与产业发展迅猛

生物基化学品与生物基材料由于其绿色、环境友好、资源节约等特点，正在成为一个加速成长的新兴产业。经过"十二五"期间的发展，我国完成了乙烯、化工醇等传统化工产品的生物质合成路线开发，实现了生物法L-丙氨酸、L-氨基丁酸、丁二酸、戊二胺/尼龙5X盐等产品的中试或产业化，针对一批化学原料药与中间体开发了清洁高效的生物工艺，在提高产品品质的同时，取得了显著的节能减排效果。D-乳酸、L-丙氨酸生物制造技术分别在山东寿光和河北秦皇岛实现万吨级产业化，技术指标领先全球，形成了强劲的国际竞争能力。2015年，我国生物基材料总产量约580万吨，其中再生生物质纤维产品约360万吨，有机酸、化工醇、氨基酸等化工原料约140万吨，生物基塑料约80万吨。"十二五"期间，我国的生物基材料产业发展迅猛，主要品种生物基材料及其单体的生产技术取得了长足发展，产品种类速增，产品经济性增强，已形成以可再生资源为原料的生物材料单体制备、生物基树脂合成、生物基树脂改性与复合、生物基材料应用为主的生物基材料产业链。2014年6月，国家发改委和财政部组织实施了生物基材料专项，以区域集群建设和制品应用为发展载体，通过需求侧拉动和供给侧推动相结合，推进非粮生物基材料产业链式发展，目前已经在山东、河南建设了生物基材料区域集群，在长春、天津、武汉和深圳推动了生物基材料制品的应用示范，为进一步推动我国生物基化学品和生物基材料的产业发展奠定了坚实基础。

3. 生物燃料发展迅速，原料供应成为产业发展瓶颈

在我国，生物燃料主要为生物乙醇和生物柴油。生物乙醇由于可以直接与汽油混合使用，且工业化生产技术成熟、价格相对较低，是世界范围内广泛使用的生物燃料。经过"十二五"期间的建设，我国已经成为仅次于美国和巴西的生物燃料乙醇第三大生产国，产量由2010年的182万吨提升至2015年的223万吨[15]。然而，由于第一代生物燃料乙醇的原料是玉米等粮食作物，存在"与人争粮"的风险，难以实现可持续发展。近几年在国家财税政策调节的引导下，我国燃料乙醇行业逐渐朝非粮经济

作物和纤维素原料综合利用方向转型，积极开展技术工艺开发和示范项目建设。"十二五"期间，我国生物柴油发展处于高速增长期，目前生产企业主要为民营企业，约300家，其中年产5000吨以上的厂家超过40家，产能规模逐渐扩大。生物柴油产量由2010年的30万吨增长为2014年的121万吨，年平均增长率为41.7%。虽然我国生物柴油实际产能已经达到300万~350万吨，但我国十分缺乏作为生物柴油原料的油料作物，用于生产生物柴油的原料中，地沟油和植物油占到90%。由于受到原料供应的限制，生产装置开工率不足，无法满足市场需求。为此，生物柴油企业正在积极寻求木本油料作物和藻类等替代原料，开发和推广生物柴油新技术，提高生产装置的开工率。

4. 自主创新能力显著增强，工艺装备水平快速提高

随着生物制造技术与产业的不断发展，国家与越来越多的企业意识到自主创新能力是产业发展的根本保障和原动力。"十二五"期间，国家对生物制造产业的政策支持力度不断加大，企业在技术研发、技术改造等方面的投入平均占企业销售收入的4.5%，部分企业甚至高达10%，较好地实现了技术创新带动行业整体水平的提升。截至2015年年底，生物制造业相关的研发基地主要包括4个国家重点实验室、4个企业国家重点实验室、4个国家工程实验室、4个国家工程研究中心，以及22家国家企业技术中心、15家行业技术开发监测中心，为生物制造业特别是生物基材料、生物基化学品等新兴领域提供了一批自主创新技术成果。

三、我国生物制造发展的机遇和挑战

我国生物制造业的现代化过程虽然起步较晚，但乘着国家经济高速发展的东风，部分产品以低成本、大规模等优势在市场上占有了一席之地。然而我国生物制造业在技术含量、利润率、精细化方面，与世界一流水平还有着较大差距。随着劳动力成本红利的消失、环境成本的不断增加，以往大规模、高能耗、牺牲环境的经济发展模式已经走到了尽头。随着国家整体经济转型期的到来，部分粗放型的传统生物制造产业面临着产能过剩、国际竞争力减弱的压力。相反，科技含量更高、注重自主知识产权、环境更友好的部分新兴生物制造业则迎来了外部国家政策重视、内部核心技术水平提升的双重利好，走上了快速发展的道路[16,17]。

1. 生物制造核心技术的发展进入加速期

生物制造技术价值核心在于高效优质的微生物菌种，以及围绕菌种的一系列生产装备、技术与体系。近几年，合成生物学和基因组编辑等前沿技术的飞速发展，极大增强了对生物制造过程的操控能力，带动了生物制造技术朝着更加高效、智能的方向发展。

Gibson 等新型 DNA 组装方法及革命性的基因组编辑工具 CRISPR/Cas9 可以任意组装、删除、添加、激活或抑制其他各类生物体的目标基因，使我们对生物基因组的操作能力达到了前所未有的水平[18]。甚至原核生物基因组、真核生物的染色体都可以通过化学合成的方法进行全新设计和组装。利用合成生物学和基因组编辑，通过组合、改造、优化酶/代谢通路等，可实现众多化工产品、药物在微生物中的全新生物制造。合成生物学等前沿技术到生物产业的链条相对较短，很多实验室开发的先进技术能很快地转化为生物产业的生产技术，带来相对应的巨大经济效益。而这些革命性的新技术带来的往往是生物制造产业革命性的改变，一个菌种也许能颠覆一个产业[19,20]。

2. 生物制造产业受原料价格影响较大

在生物制造产业中，产品的成本往往主要来自于原料的成本。例如，以生物发酵代表性产品柠檬酸、赖氨酸为例，其玉米原料成本占产品变动成本的比例高达 65% 以上。目前，生物制造的主要原料为来自淀粉的发酵糖，而淀粉又来自玉米等谷物。受国家政策影响，玉米的价格一直居高不下，2015 年玉米价格基本维持在 2200 元/吨，最高达到 2400 元/吨。然而同时期国外玉米价格远远低于国内水平，2015 年进口玉米约 1500 元/吨，国内玉米价格比国外价格高 50% 左右，国内生物制造产品在出口竞争中失去价格优势，利润空间不断被挤压。但是，随着国家计划改革玉米收储政策，市场因素特别是国际市场价格影响国内玉米价格走势，2016 年国内玉米价格逐步下行。截至 12 月，国内玉米价格约为 1800 元/吨，2017 年预计价格将在 1700～2000 元/吨。主要原料的成本降低为我国生物制造业发展带来了新的机会，把握未来原料市场价格的变化趋势、控制产品的生产成本和提高产品竞争力是生物制造行业的挑战，也是机遇。除了玉米等主要淀粉来源，利用其他一些诸如非粮木薯和菊芋等原料进行生产，也可能为生物制造业提供一定的机遇。但是这些原料受国内产量、进口限制等因素的影响，只能在小范围内使用，无法全面实现替代。需要进一步开发纤维素原料，甲烷、CO_2 气体作为原料[21]。随着生物制造的快速发展，原料供应问题是不可避免的。我国应该加快系统化的开发步伐，为生物制造的原料替代与成本控制找到新的出路。

3. 国家政策起正面引导性作用

生物制造的发展基本为市场导向，但纯粹的市场导向往往具有一定的短视性。国家的适当政策引导与选择性支持能起到很好的规范、导向作用，特别是在生物制造核心技术的前期研究阶段，更需要国家的大力支持，才能有足够的产出与自主知识产权以保证生物制造产业的健康高速发展。随着经济全球化发展，其他国家的政策引导也会通过市场调节对我国的生物制造产业发展产生一定的影响。各国政府都十分看好生物制造的发展前景，纷纷出台市场预测和发展规划。在政策引导方面，美国与欧洲除了在生物燃料方面有一定的税收减免政策，主要通过限制性法令和导向性政府采购来引导生物制造业的发展。例如，世界各国包括中国在内纷纷出台"限塑令"限制不可降解塑料袋的大规模使用，可以在短时间内将塑料袋的使用降低90%。这对生物基可降解塑料的快速发展起到了很好的推动作用。又如，美国农业部的BioPreferred计划，指引政府机构购买美国农业部认证的生物基产品，以及为符合条件的生物基产品提供认证标签以引导消费者购买[5]。在国外政策的间接影响及国内政策的直接指引下，我国生物制造的发展势头会更加迅猛。

四、推进我国生物制造发展的政策建议

1. 加大对生物制造领域的科技投入，发挥科技引领，强化创新驱动

进一步加大培育生物制造技术创新能力的力度，部署生物制造领域重大专项，建设一批技术平台，加大关键技术攻关部署，抢先形成一批自主知识产权，提升产业总体技术水平，增强生物制造的经济竞争力，化解技术风险。瞄准大规模产业化过程中的关键问题、共性问题组织跨学科协同创新，提高全行业解决重大配套装备问题和工程化问题的能力。从司法和行政管理等多个层面切实保护专利权、保护企业法人的技术秘密和商业秘密，强化创新活动对产业发展的驱动作用。

2. 实施生物制造产品推进计划，制定生物制造产业扶持政策

从转变增长方式、调整产业结构的高度，认真落实《"十三五"国家战略性新兴产业发展规划》，制定生物制造产品的认定机制与财政补贴、税收优惠政策。一是建议财政部制定财政补贴和政府采购优先政策。设立生物制造产品的财政补贴专项资金，对符合生物制造产品认定的消费品给予财政补贴。在政府集中采购工作中，优先采购获得认定的生物制造产品。二是建议国家税务总局制定生物制造行业所得税和增值税优惠政策。三是建议海关总署调整出口退税和关税率，以鼓励出口、参与国际市场竞争。

总的来说，生物制造业面临着一些内部与外部的困难与挑战，但同样面临政策与技术快速发展的东风。抓住机遇做出具有国际影响力的原创性研究成果，快速转化为生物制造产业的原动力，推动政、产、学、研、金、信、服全面互动的全链条产业技术创新体系的构建，加快完善产业集群建设和新型产业形态的培育，必将有力提升我国在生物制造产业的核心竞争力，加速现代化产业的可持续发展进程。

参考文献

［1］ Clomburg J M，Crumbley A M，Gonzalez R. Industrial biomanufacturing：the future of chemical production. Science，2017，355(6320)：31-40.

［2］ National Research Council. Industrialization of Biology：A Roadmap to Accelerate the Advanced Manufacturing of Chemicals. Washington D. C. ：The National Academics Press，2015.

［3］ Zhang Y P，Sun J，Ma Y. Biomanufacturing：history and perspective. Journal of Industrial Microbiology and Biotechnology，2016，doi：10. 1007/s10295-016-1863-2.

［4］ Biotechnology Innovation Organization. Advancing the Biobasedeconomy：Renewable Chemical Biorefinery Commercialization，Progress，and Market Opportunities，2016 and Beyond. https：// www. bio. org［2017-04-22］.

［5］ The U. S. Department of Agriculture. An Economic Impact Analysis of the U. S. Biobased Products Industry. https：//www. biopreferred. gov［2017-04-22］.

［6］ 于建荣，毛开云，陈大明，等. 生物基化学品市场与产业化分析. 生物产业技术，2016，3：40-44.

［7］ The National Science and Technology Council. Advanced Manufacturing：Asnapshot of Priority Technology Areas Across the Federal Government. https：//www. whitehouse. gov［2017-04-22］.

［8］ The Industrial Biotech Research and Innovation Platforms Centre in Europe. The Bioeconomy Enabled：A Roadmap to a Thriving Industrial Bioeconomy. http：//www. industrialbiotech-europe. eu ［2017-04-22］.

［9］ Nielsen J，Keasling J D. Engineeringcellular metabolism. Cell，2016，164(6)：1185-1197.

［10］ Cheon S，Kim H M，Gustavsson M，et al. Recent trends in metabolic engineering of microorganisms for the production of advanced biofuels. Current Opinion in Chemical Biology，2016，35：10-21.

［11］ UK Synthetic Biology Leadership Council. Biodesign for the Bioeconomy UK Synthetic Biology Strategic Plan 2016. https：//connect. innovateuk. org/documents/2826135［2017-04-22］.

［12］ Vervoort Y，Linares A G，Roncoroni M，et al. High-throughput system-wide engineering and screening for microbial biotechnology. Current Opinion in Biotechnology，2017，46：120-125.

［13］ European Bioplastics. 2016. European Bioplastics，Driving the Evolution of Plastics. http：// docs. european-bioplastics. org［2017-04-22］.

［14］ 科学技术部社会发展科技司、中国生物技术发展中心. 2016 中国生命科学与生物技术发展报告. 北京：科学出版社，2016.

［15］ 国家发展和改革委员会高技术产业司，中国生物工程学会. 中国生物产业发展报告 2015. 北京：化学工业出版社，2016.

［16］ 中国科学院天津工业生物技术研究所，中国科学院成都文献情报中心. 2016 年中国生物工业投

资分析报告,2016.

[17] 中国科学院发展中国家科学院生物技术卓越中心,中国科学院上海生命科学信息中心. "一带一路"国家生物技术发展态势分析报告,2016.

[18] Csörgö B, Nyerges Á, Pósfai G, et al. System-level genome editing in microbes. Current Opinion in Microbiology,2016,33:113-122.

[19] Davy A M, Kildegaard H F, Andersen M R. Cell factory engineering. Cell Systems, 2017, 4 (3):262-275.

[20] Erb T J, Jones P R, Bar-Even A. Synthetic metabolism: metabolic engineering meets enzyme design. Current Opinion in Chemical Biology, 2017,37:56-62.

[21] The Industrial Biotech Research and Innovation Platforms Centre in Europe. Industrial Biotechnology for Use of CO₂ as a Feedstock. http://www. industrialbiotech-europe. eu[2017-04-22].

Commercialization of Industrial Biomanufacturing

Wang Qinhong , *Ma Yanhe*

(Tianjin Institute of Industrial Biotechnology, CAS)

Biomanufacturing refers to the use of biological tools for development of greenproduction processes. Eco-friendly and cost-effective production of fuels, chemicals, and materials can be achieved by biomanufacturing through integrating biotechnology with manufacturing technology. Biomanufacturing will bring disruptive innovations that may change the economy development mode, stimulate the growth of green wealth and prosperity, and reshape the global industrial manufacturing patterns. In this regards, biomanufacturing is strategically important for driving the sustainable development of economy and society. Here we review the global development status and trend in biomanufacturing, analyze the challenges and opportunities in developing biomanufacturing in China, and propose the countermeasures and suggestions for promoting the development of biomanufacturing.

3.6 生物质能源技术产业化新进展

马隆龙

（中国科学院广州能源研究所，
中国科学院可再生能源重点实验室）

一、生物质资源概况

生物质资源主要包括传统生物质原料和新兴生物质原料，传统生物质主要是指农林业生产过程中除粮食、果实以外的秸秆、树木等木质纤维素、农产品加工业下脚料、农林废弃物及畜牧业生产过程中的禽畜粪便和市政和轻工废弃物等。新兴生物质主要指纤维类、糖/淀粉类、油脂类能源植物和能源藻等。生物质原料来源广泛，转化技术较成熟，可生产固、液、气、电力等高品位清洁替代能源，为生产、生活提供终端绿色能源。

目前，生物质能已是煤炭、石油、天然气之后的第四位能源[1]，世界各国都将生物质能源利用作为解决资源、环境、能源、经济问题的重要手段之一，美国、巴西是生物质液体燃料生产大国，分别占世界液体燃料的46％及24％[2]。2015年，巴西所有汽油中都强制加入了27％的乙醇，并计划到2020年实现36％的发展目标[3]。2015年，瑞典的生物质能源占能源消费总量的26％[4]，成型燃料人均消费量居世界第一。德国的生物燃气生产处于世界领先地位，2015年，生物燃气工程超过1万个，消费量占可再生能源的18％[5]。

我国的生物质能开发技术与世界同步发展，但利用水平与世界仍存在较大差距。2015年，我国生物质能利用量约3500万吨标准煤[6]，约为能源总消费（43.0亿吨标准煤[7]）的1％。近年来，迫于能源安全及环境污染的双重压力，在扶持政策的引导下，生物质能产业得到了较快发展，潜力巨大。据测算，2015年我国废弃物理论资源量约7.2亿吨标准煤，各类生物质资源量如表1所示。可利用量为4.7亿吨标准煤，主要以农林剩余物及畜禽粪便为主（图1）。但目前我国传统生物质资源的实际利用量不足0.40亿吨标准煤，仅占可利用量的8％，还具有较大的发展潜力。新兴能源植物主要利用边际土地进行培育，根据我国土壤分布概况，新兴能源植物的发展潜力也约有5亿吨标准煤。

表 1　我国生物质资源量及可利用量

	实物量/（亿吨/年）	折标煤/（亿吨/年）	可利用量/（亿吨/年）	折标煤/（亿吨/年）
农业剩余物类	8.96	4.55	5.38	2.73
畜禽粪便	12.7	1.30	8.89	0.91
林业剩余物类	2.10	1.05	1.89	0.95
市政有机垃圾	0.57	0.15	0.19	0.03
工业废水	2.20	—	—	0.09

注：根据国家统计局统计年鉴相应数据及文献［8］计算。

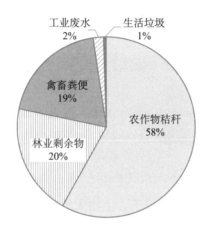

图 1　2015 年各类生物质资源量构成（以折合标准煤计）

二、生物质能源技术产业化现状

1. 生物质燃气技术及产业化现状

生物质燃气指以生物质为原料通过厌氧发酵或热化学转化得到的可燃气体。厌氧发酵制备生物燃气（沼气）技术适合利用含水率较高且木质化程度较低的原料，生物质热化学转化合成天然气技术适合处理含水率较低且木质化程度较高的原料。

（1）厌氧发酵制备生物燃气技术产业化现状。目前，厌氧发酵制备生物燃气技术已经成熟，并实现产业化。德国、瑞典、丹麦、荷兰等发达国家的沼气工程装备已达到了设计标准化、产品系列化、组装模块化、生产工业化和操作规范化。我国在借鉴国外先进技术经验的基础上，根据发酵原料的特性，形成了一系列因地制宜的技术和模式。

我国生物燃气工程建设起步于 20 世纪 70 年代，户用沼气利用有着较长的发展历史。形成了"猪—沼—果""四位一体""五配套"等模式。近年来，规模化生物燃气工程得到了较快的发展，沼气的利用更加注重高品位，从简单的直接燃烧、发电供热到提纯车用、并网等。2015 年，生物燃气生产能力约 161 亿立方米，占我国天然气年生产量的 14.9％，其中农业原料产气 75 亿立方米，工业原料产气 54 亿立方米，市政原料产气 32 亿立方米（图 2）。

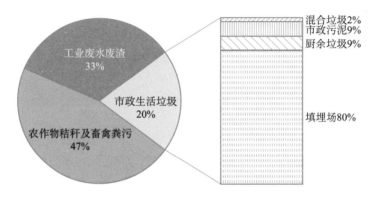

图 2　2015 年生物燃气产量的来源分布

目前，在政策的大力扶持和引导下，生物天然气的产业化在一些国企和民企中积累了丰富的经验，涌现出一批大型生物燃气工程（表 2），成为推动我国生物燃气产业发展的重要支撑。

表 2　我国近年典型特大型沼气示范工程

工程名称	建成时间	原料处理量	沼气用途及产量
中农绿能扎赉特旗日产 2 万方生物天然气项目（一期）	2016 年	玉米秸秆：2.5 万吨/年　猪粪、牛粪：2 000 吨/年	生物质天然气：2 万立方米/天　有机肥：2 万吨/年　水稻育苗基质：2 000 万片
南宁市餐厨废弃物资源化利用和无害化处理项目	2015 年	餐厨废弃物：200 吨/天	CNG＋营养土
山东民和牧业（二期）车用燃气工程	2014 年	鸡粪 700 吨/天	沼气产量：70 000 立方米/天　CNG：42 000 立方米/天
河北裕丰京安猪场 1.2 兆沼气发电工程	2014 年	猪污粪：2 500 吨/天	沼气产量：13 000 立方米/天　发电装机容量 1.2 兆瓦
赤峰市阿旗天山镇大型生物燃气工程	2013 年	秸秆、畜禽粪便和生活垃圾等多元混合物料：120 吨/天	注入天然气管网和车用 CNG：60 000 立方米/天
青岛十方餐厨垃圾车用燃气工程	2013 年	餐厨垃圾：200 吨/天	沼气产量：15 000 立方米/天　CNG：9000 立方米/天

续表

工程名称	建成时间	原料处理量	沼气用途及产量
上海牛奶集团海丰农场 1MW 沼气发电工程（沼气发电 CDM 项目）	2012 年	奶牛粪和冲洗废水：800 吨/年	发电：780 万千瓦·时/年
广西武鸣安宁淀粉公司车用沼气示范工程	2011 年	木薯渣、木薯淀粉、酒精废水：6000 立方米/天	车用压缩天然气（CNG）：60 000 立方米/天
中粮（肉食）金东台农场 1.8MW 沼气发电项目	2011 年	猪污粪：1 284 吨/天	发电：11 760 千瓦·时/年 每天 200 立方米供给农户
现代牧业塞北牧场万头奶牛场沼气工程	2011 年	1.5 万头奶牛粪污	发电
河南贞元集团大型车用沼气工程	2009 年	牛粪、猪粪、城市粪污等：500 吨/天	车用 CNG：9000 立方米/天
河南双汇集团叶县沼气工程	2009 年	20 万头猪粪污：300 吨/天	发电
山东民和牧业大型沼气发电工程	2008 年	养鸡场粪污：800 吨/年	发电：6 万千瓦·时/天
内蒙古蒙牛澳亚牧场沼气工程	2007 年	1 万头奶牛场牛粪：280 吨/天，牛尿：54 吨/天，冲洗水：360 吨/天	发电：2 万千瓦·时/天
北京德青源沼气工程	2007 年	养鸡场粪污：800 吨/天	发电：4 万千瓦·时/天
汶上蒙牛现代牧场万头奶牛养殖场工程	—	1 万头奶牛粪污：800 吨/天	发电：(0.9～1.2) 万千瓦·时/天

注：表中信息根据文献 [9，10] 及各公司网络宣传数据统计

　　规模化沼气工程实行技术升级换代，逐渐改变只能源生产，忽略环境效益、缺少经济活力的局面，在缓解我国天然气紧缺方面作用越来越明显。我国发展生物天然气不存在资源与技术障碍，仍需要国家政策的进一步引导和扶持[11]。

　　（2）生物质气化制备生物燃气技术产业化现状。生物质气化技术将生物质利用固定床、流化床气化装置气化成燃气，通过管道输送到分散的最终用户。欧洲和美国在生物质气化发电和集中供气已部分实现了商业化应用，形成了规模化产业经营。我国生物质气化产业主要由气化发电和农村气化供气组成，其中，气化燃气工业锅炉/窑炉应用干馏气化和其他技术才刚刚起步[12]。

　　利用生物质气化技术建设集中供气系统以满足农村居民炊事和采暖用气也得到了应用，截至 2010 年年底我国共建成秸秆热解气化集中供气站 900 处。生物质气化燃气工业锅炉和窑炉应用方面，完成了超过 20 个生物燃气项目[12]。但由于投资较大，经济效益较差，推广困难。我国建立的数百个农用沼气站气化供气的装置中，正常运转的并不多。

2. 生物质液体燃料

生物液体燃料是通过物理、化学和生物等技术手段将生物质转化为液体燃料，是生物质能源利用的主要形式之一，产品包括燃料乙醇/丁醇、生物柴油、生物质热解油和合成燃料等。

（1）燃料乙醇产业化现状。燃料乙醇是以淀粉类、糖类或纤维素类物质等为原料，采用发酵方法获得的纯度为99.5％以上的无水乙醇。燃料乙醇既可以单独作为汽车燃料，也可与汽油混合成为车用乙醇汽油。

我国燃料乙醇发展之初就是以陈化粮为原料，被称为第1代燃料乙醇。非粮乙醇是继第1代燃料乙醇——粮食燃料乙醇之后发展起来的燃料乙醇生产模式，也被称为第1.5代燃料乙醇。其特点是原料价格相对便宜，转化技术较为成熟，但因可利用原料资源量有限、市场准入门槛较高等问题，非粮燃料乙醇尚未形成较大产业规模。纤维素乙醇是世界各国竞相发展的重点，因此也被称为第二代燃料乙醇，其特点是原料资源量丰富，价格便宜，但转化技术还存在一些技术瓶颈，导致其生产成本过高，仍未实现产业化。

我国燃料乙醇产量，位于美国及巴西之后，排在世界第三[2]。2015年，年产量约280万吨，2016年，我国在江苏全省、河北全省及广东部分地区强制实行了10％的乙醇混汽油，并在黑龙江、吉林、辽宁、内蒙古、河南、安徽、山东、浙江、广西海南等11个省40个地市试点推广[13]。

全国共有115家乙醇生产商，主要以谷物（玉米、小麦和高粱）、块茎（木薯、薯片和甘薯）、糖蜜（甘蔗和甜菜）等为原料。在这些生产厂中，11个获得政府授权的生产许可证和特许经营权（表3）[13]。

表3　国内获政府批准的燃料乙醇生产商

生产厂家	原料	批准产量/（万吨/年）
中粮生化能源有限公司（肇东）	玉米	45
吉林燃料乙醇有限公司	玉米/小麦	75
河南天冠企业集团有限公司	玉米/小麦/木薯/糖蜜/甘薯	60
中粮生物化学股份有限公司（安徽）	玉米/木薯	50
广西中粮生物质能源有限公司	木薯	40
浙江舟山生物燃料乙醇有限公司	木薯	30
海南椰岛（集团）股份有限公司	木薯	10
广东中能酒精有限公司	糖蜜（甘蔗）/木薯	15
山东龙力生物科技股份有限公司	玉米芯/玉米秸秆	8
中兴能源有限公司	甜高粱秆	8

我国自2007年起也开始重点发展非粮乙醇生产技术，近年来稳步发展。为保障

国家粮食安全，粮食燃料乙醇产业发展受到一定影响，国家鼓励非粮原料燃料乙醇产业和纤维乙醇（第二代生物燃料）产业的发展，对于第二代非粮燃料乙醇给予800元/吨的补贴，高于以粮食为原料的第一代燃料乙醇300元/吨及以木薯为原料的第1.5代燃料乙醇500元/吨的补贴标准。虽然我国能源主管部门和若干企业对非粮及纤维素乙醇寄予厚望，但是受制于非粮原料的供应和纤维乙醇技术成熟度的影响，纤维乙醇的生产成本较高，总体上距大规模产业化生产尚有较大距离。

（2）生物柴油产业化现状。生物柴油是一种性质与石化柴油类似的柴油替代品，由动植物油脂（大豆油、菜籽油、废弃油脂等）与短链醇（甲醇、乙醇）经过转酯化或酯化反应得到的长链脂肪酸脂类物质，可以任意比例与石化柴油混用。国外通常采用大豆（美国）和油菜籽（德国、意大利、法国等）等食用植物油生产生物柴油，生物柴油在欧盟已大量使用进入商业化稳步发展阶段。我国的生物柴油主要以地沟油等废弃油脂为原料，而废弃油脂中成分复杂、酸值高，对生物柴油生产技术要求更高。

我国植物油资源短缺，基本上以餐厨垃圾废油脂为原料，价格高及收集资质等问题导致了生物柴油原料供应困难，此外生物柴油产业市场需求萎缩、销售渠道受限等问题导致生物柴油距离产业化生产还有很大差距，发展缓慢。

2007年我国出台了生物柴油 BD100 标准，2011年出台了生物柴油 B5 调和燃料标准，国内市场对生物柴油的认知度上升，2008～2014年，国内生物柴油产能稳步增加，近几年，随着国际原油价格大幅下降，我国生物柴油生产的市场竞争力逐渐下滑，生物柴油需求总体下降，2016年生物柴油生产下降到50万吨（图3）。一些生物柴油生产厂倒闭，目前，我国仅有26个经营生物柴油工厂[13]，产业严重受制于原油价格波动。

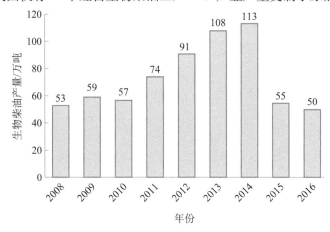

图 3　生物柴油历年产量

（3）生物质合成油及热解油。以非动植物油脂生物质为原料，通过费托合成技术和热解技术制备生物燃油已经过十多年技术攻关。在生物质热解油方面，从热解装置到生物油提质及应用均未达到完全产业化的程度，在热解装置方面国内外差距不大，均处于产业化示范或者产业化前期。国内在生物质热解油方面，流化床热解装置加工能力达到 5000 吨/年；陶瓷球热载体循环加热下降管热解系统基本实现了定向热解，加工能力达到 2000 吨/年；移动床热解装置达到中试水平。而生物油的应用研究大多处于实验室阶段。2014 年建成了 1 万吨/年生物质原油的生产示范装置，所生产的生物质原油主要用于工业锅炉燃料油替代。

在生物质气化合成醇醚燃料方面，先后建立了百吨级和千吨级合成二甲醚中试装置，生产的二甲醚燃料替代液化石油气进行了户用生活燃气和工业加热的应用验证。千吨级合成低碳混合醇系统正在建设中，生物合成气催化合成航空燃油技术还处于技术开发阶段。国内除科研机构外，大型企业也开始投入气化合成液体燃料技术的工业示范。在原油价格不断上涨的形势下，通过技术创新进一步降低成本，气化合成燃料的生产效益显现出良好的态势。

近年，航空生物煤油的市场需求也推进生物质产业发展，技术进步是主要的保障。利用纤维素生产生物航油技术取得突破，实现了生物质中半纤维素和纤维素共转化合成生物航空燃油，建成国际首个秸秆等生物质水相催化合成生物汽油、航油百吨级中试装置，油品品质达到国际 ASTM7566 标准，并提出了"分散降解为中间体-集中加氢制油"的规模化生产模式。

3. 生物质成型燃料产业化现状

生物质成型燃料是将作物秸秆、稻壳、木屑等农林废弃物压缩成需要的形状以作为燃料直接燃烧，也可进一步加工，形成生物炭；或者将农林废弃物炭化后再胶合成型，形状块状、棒状或颗粒状（木质颗粒燃料）等成型燃料。

我国生物质成型燃料技术及产业自 20 世纪 70 年代以来，经过技术引进和研究发展、自主研发与设备完善，以及产业化应用三个发展阶段。目前，成型技术与装备、燃烧技术与装备等的研究取得了突破。研发出多种具有国际先进水平的成熟高效、可独立使用的农林废弃物干燥、粉碎、成型及燃烧应用等关键设备；建立了合理的成型燃料产业清洁发展模式及生产体系；但是与国外一体化自动控制，实现规模化生产的特点相比，我国成型燃料还处于单机生产，连续生产能力低，生产规模小。

近年来，生物质成型燃料技术取得明显进展。2013 年，国内万吨级以上生物质固体成型燃料生产厂百余家，年产量约近 700 万吨，其中秸秆燃料约 483 万吨，木质颗粒 200 多万吨[14]。2014 年国家能源局发布《关于开展生物质成型燃料锅炉供热示范项目建设的通知》，计划"建设 200 个工业供热和 100 个民用采暖项目，大力推动生物质成型燃料锅炉供热专业化规模化产业化发展"。截至 2015 年，生物质成型燃料年利用量约 800 万吨，主要用于城镇供暖和工业供热等领域。

我国对成型燃料产业的发展提出了宏观目标，然而经济激励政策配套不完善，尤其是《秸秆能源化利用补助资金管理暂行办法》暂停执行，对我国成型燃料产业快速发展产生影响。此外，成型燃料整个行业地区发展不均衡，在珠三角和长三角地区，规模企业数量多。由于用户认知及成本较高等因素，成型燃料在一些地区推广应用遇到了挑战。

4. 生物质发电产业化现状

生物质发电是利用生物质燃烧或转化为可燃气体燃烧发电的技术，是目前技术最成熟、发展规模最大的生物质利用技术。从技术途径来分，生物质发电主要分为生物质直燃发电、生物质与煤等混燃发电及生物质气化发电三种方式。

生物质发电起源于 20 世纪 70 年代，1990 年以来在欧美许多国家发展迅速。2016年，生物质能占可再生能源发电的 9%，高于太阳能发电[15]。农林废弃物直接燃烧发电技术丹麦较为成熟。秸秆发电遍及多个欧洲国家。生物质混燃发电技术在挪威、瑞典、芬兰和美国已得到广泛应用。我国的生物质发电起步较晚，2006 后我国生物质发电行业步入快速发展期。我国的生物质发电以农林废弃物及垃圾直燃发电为主。

截至 2015 年年底，我国生物质发电并网装机总容量为 1031 万千瓦，其中，农林生物质直燃发电并网装机容量约 530 万千瓦，主要集中在华中和华东等农林废弃物比较丰富的地区。垃圾焚烧发电并网装机容量约为 468 万千瓦，主要分布在大中城市周边地区，两者占比在 97% 以上，还有少量沼气发电、污泥发电和生物质气化发电项目（表 4）[6]。

表 4　生物质发电主要公司设计装机容量及市场份额（2015 年）

公司	主要发电原料及类型	设计装机容量/兆瓦	市场份额/%
凯迪生态环境科技有限公司	农林废弃物直燃发电	1 032	15.4
国能能源有限公司	农林废弃物直燃发电	903	13.5
中国国电集团公司	农林废弃物直燃/气化发电	178	2.7
长青集团	生活垃圾直燃发电	162	2.4
安能热电集团	农林废弃物直燃发电	150	2.2
大唐集团	农林废弃物直燃发电	150	2.2
国电东北电力有限公司	—	132	2.0
江苏国信投资	农林废弃物直燃发电	115	1.7
森达集团		90	1.3
广东韶能集团	农林废弃物直燃发电	60	0.9
协鑫集团控股有限公司	农林废弃物/垃圾直燃发电	60	0.9
华鼎集团	—	50	0.8

生物质发电全行业共同存在的问题主要集中在原料上：一方面，燃料质量不过关；另一方面，燃料供应不足，这也是一些生物质发电项目亏损或停产的原因。因此，保证持续足量、价格稳定的燃料供应，是生物质发电企业运营成功的关键。

5. 生物基材料及化学品

利用可再生生物质原料，通过生物、化学以及物理等方法制造的新型材料和化学品，主要包括生物塑料、热固性树脂材料、木塑复合材料、生物基功能炭材料、生物基精细化学品、生物基平台化合物等产品。

我国生物基材料与化学品的基础理论及应用技术体系逐步完善，主要包括反应机理、制备工艺、产品的应用研究等方面。在反应机理方面，着重研究了聚合过程中的链增长方式、引发速率与链增长速率的关系，多元共聚高分子结构设计，生物-化学催化转化等机理；在制备工艺方面，初步形成了生物基材料制备技术体系，主要包括：原料预处理技术、分子水平的活化与接枝技术、材料成型加工技术、树脂化技术、木塑复合化技术、热解炭化技术、高效分离技术等。目前生物基材料产品的应用研究主要集中在纺织、轻工、能源、高分子材料、建材等工业领域。

2011 年，全球生物基材料产能已达 3010 万吨，占所有聚合物产能（3.66 亿吨）的 8.2%。目前，我国生物基材料及其原料的总产量约 550 万吨，聚合物材料主要是聚羟基脂肪酸酯（PHA）、二氧化碳共聚物（PPC）、聚乳酸（PLA）以及淀粉基聚合物，各生物基材料产业规模如表 5 所示。

表 5 我国生物基材料产业规模

生物基材料产品	规模/（万吨/年）
PLA	1
PHA	1
PBS	1
PPC	1.5
淀粉基材料	1
木塑复合材料	100

与发达国家相比，我国生物基材料产业在产业规模和水平上都存在较大差距。目前，我国生物基材料产业处于起步阶段，技术进步水平不高，产品成本高，市场竞争力不强。核心知识产权技术缺乏，部分关键技术滞后，生物基材料技术创新链长，我国生物基材料单项研究多，应用技术上相对具有较好的基础，但 PDO、丙交酯等关键原材料依赖国外，非粮丁二酸、乳酸、乙烯、异戊二烯等核心菌种技术滞后国际。

三、生物质能产业发展前景及建议

自 2010 年来，全球生物质能利用量以 2％的增长率逐年增加，也面临诸多挑战，尤其是源于低油价及一些市场政策不确定性的挑战。全球乙醇产量增长了 4％，其中美国和巴西的乙醇产量突破新纪录。尽管主要生产国（美国和巴西）的生物柴油产量继续增长，但由于一些亚洲市场的生物柴油产量萎缩，全球生物柴油产量略有下滑，先进生物燃料的商业化与开发进程继续推进，供热和生物用燃料容量和产量均出现增长[2]。

2015 年我国能源消费总量约 43.0 亿吨标准煤，其中原煤占 64.0％，石油占 18.1％，天然气占 5.9％，水电、核能及可再生能源等其他能源占 12.0％[7]。我国石油供应形势也非常严峻，2010～2015 年，我国石油的其消费量由 4.3 亿吨连年增加到 5.4 亿吨[7,16-20]，2015 年石油进口量已达到消费量的 65％。随着我国大气质量下降，多地计划实施"煤改气"计划，天然气的需求将急剧增长。而我国天然气的进口量逐年攀升，由 2010 年的 165 亿立方米增加到 2015 年 611 亿立方米[7,16-20]，占当年产量（1346 亿立方米）的 45％。为国家调整能源消费结构、减排克霾、发展循环经济、加强城镇化建设与增加就业岗位，大力发展可再生能源具有重要意义，而在众多的可再生能源中，生物质能源的产业化发展无疑是一项极具希望的举措[11,21]。

国家相继出台的一系列促进生物质能产业发展的政策措施，为生物质能产业营造了良好的政策环境，吸引更多的国有大型企业和跨国公司等大型企业积极参与，未来将进一步推进生物质能源产业的发展。建议进一步增加科技、税收、市场等政策支持。

（1）在原料方面，重点在传统生物质原料的清洁收储和新兴能源植物的培育，并发展生态能源农场。

（2）在生物燃气方面，重点在于发展生物天然气，减少对进口天然气的依赖，并主动依托循环经济、生态文明建设的政策，培育生物燃气市场。

（3）在液体燃料方面，重点突破降低成本的关键技术，开展绿色炼制，发展多元高附加值能源产品，特别是生物航空煤油、纤维素燃料乙醇、生物柴油等。

（4）在固体成型燃料方面，重点是围绕供给侧需求，转变终端用户燃煤消费观念，加大固体成型燃料的利用力度，并发展生物炭技术。

（5）在生物质发电方面，重点是解决原料收集模式，稳定国家财税和补贴政策，探索绿色电力配额等政策措施。

（6）生物基材料与化学品反面，重点发展绿色环保、环境友好、可再生的高附加值新型生物基材料和化学品，并推进能源和材料、化学品联产，提高产业化能力、产品竞争力，完善产业链。

（7）在政策方面，重点是完善标准体系，增强政策的针对性和执行力，完善产品的市场准入制度等。

参考文献

[1] REN 21. Renewables Global Futures Report. http://www. ren21. net/wp-content/uploads/2017/03/GFR-Full-Report-2017. pdf[2017-07-06].

[2] REN 21. Renewables Global Status Report. https://www. gogla. org/sites/default/files/recource_docs/gsr_2016_full_report1. pdf[2017-07-06].

[3] IEA. Joint Renewable Energy Policies and Measures Database,www. iea. org/policiesandmeasures/renewableenergy[2017-07-06].

[4] IEA. Sweden-Energy System Overview. https://www. iea. org/media/countries/Sweden. pdf[2017-07-06].

[5] IEA. Bioenergy Task 37 Country Report,Germany. http://task37. ieabioenergy. com/country-reports. html[2017-07-06].

[6] 国家能源局. 可再生能源发展"十三五"规划. http://www. ndrc. gov. cn/zcfb/zcfbtz/201612/W020161216659579206185. pdf[2017-07-06].

[7] 国家统计局. 中国统计年鉴 2016. 北京:中国统计出版社,2016.

[8] 石元春. 中国生物质原料资源. 中国工程科学,2011,13(2):16-23.

[9] 李颖,孙永明,李东,等. 中外沼气产业政策浅析. 新能源进展,2014,2(6):413-422.

[10] 贾敬敦,马龙隆,蒋丹平,等. 生物质能源产业科技创新发展战略. 北京:化学工业出版社,2014.

[11] 石元春. 生物质能源四十年. 生命科学,2014,26(5):432-439.

[12] 吴创之,刘华财,阴秀丽. 生物质气化技术发展分析. 燃料化学学报,2013,41(7):798-804.

[13] USDA Global Agricultural Information Network. China Biofuels Annual Report 2017. https://gain. fas. usda. gov/Recent%20GAIN%20Publications/Biofuels%20Annual_Beijing_China%20-%20Peoples%20Republic%20of_9-3-2015. pdf [2017-07-06].

[14] 许洁,刘姝娜,姜洋,等. 中国生物质成型燃料产业政策与执行效果分析. 新能源进展,2015,3(6):477-484.

[15] IEA,Tracking Clean Energy Progress 2017. http://www. iea. org/publications/freepublications/publication/TrackingCleanEnergyProgress2017. pdf[2017-07-06].

[16] 国家统计局. 中国统计年鉴. 北京:中国统计出版社,2011.

[17] 国家统计局. 中国统计年鉴. 北京:中国统计出版社,2012.

[18] 国家统计局. 中国统计年鉴. 北京:中国统计出版社,2013.

[19] 国家统计局. 中国统计年鉴. 北京:中国统计出版社,2014.

[20] 国家统计局. 中国统计年鉴. 北京:中国统计出版社,2015.

[21] 袁振宏,罗文,吕鹏梅,等. 生物质能产业现状及发展前景. 化工进展,2009,28(10):1687-1692.

Commercialization of Bio-Energy Technology

Ma Longlong

（Guangzhou Institute of Energy Conversion，CAS；
Key Laboratory of Renewable Energy，CAS）

Biomass energy consumption is of great significance to adjust energy structure，alleviate energy shortage and reduce environmental pollution. In this paper，the status of biomass energy resources，as well as the industrystate of art of biogas，biomass liquid fuel，solid forming fuel，biomass power generation and biobased products are analyzed respectively. The development prospect of biomass energy in China is forecasted，moreover，the development proposals of biomass energy are provided.

第四章

医药制造业国际竞争力与创新能力评价

Evaluation on Pharmaceutical Industry Competitiveness and Innovation Capacity

4.1　中国医药制造业国际竞争力评价

曲　婉[1,2]　蔺　洁[1,2]

（1. 中国科学院科技战略咨询研究院；

2. 中国科学院大学公共政策与管理学院）

一、中国医药制造业发展概述

作为技术密集型产业，医药制造业是关系国计民生的重要产业，是国家战略性新兴产业的重点领域，在增进人民健康、应对自然灾害和突发卫生事件、促进经济社会发展等方面起着重要作用。近年来，我国医药制造业健康快速发展，产业规模不断扩大，盈利能力、技术水平和自主创新能力有明显提升，在推动创新驱动发展战略实施、实现我国产业由大到强的转变过程中的作用日益显著。

中国医药制造业产业规模和利润均有较快增长，产业结构进一步优化。2010~2015 年，中国医药制造业主营业务收入从 1.14 万亿元增加到 2.57 万亿元，年均增速高达 17.65%；主营业务收入占我国高技术产业的比例从 15.33% 提高到 18.38%，提高了 3 个百分点；中国医药制造业利润总额从 1331.1 亿元增加到 2717.35 亿元，年均增速达到 15.34%。

中国医药制造业产业集中度不断上升，盈利能力有一定程度的增强。企业平均规模[①]从 2000 年的 0.48 亿元快速增加到 2015 年的 3.48 亿元，企业平均利润率从 2000 年的 8.27% 震荡增加到 2015 年的 10.56%。中国医药制造的外资份额总体呈下降态势，三资企业占医药制造企业总数的比重从 2000 年的 16.76% 下降到 2015 年的 11.84%，主营业务收入也有不同程度的下降。但是，与内资企业相比，三资企业的集成度相对较高，盈利能力也相对较强。数据显示，2000 年以来，中国医药制造业三资企业平均规模远高于内资企业，2015 年三资企业平均规模为 5.97 亿元，是内资企业的 1.90 倍；同年三资企业利润率为 12.49%，比内资企业高 2.42 个百分点（图 1）。

本文将在相关研究[1,2]的基础上，从竞争实力、竞争潜力、竞争环境和竞争态势四个方面分析中国医药制造业国际竞争力。

---

① 由于数据限制，企业平均规模用企均主营业务收入指标（医药制造业主营业务收入/企业数量）代替。

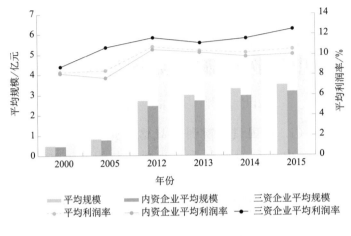

图 1　中国医药制造业基本情况

二、中国医药制造业竞争实力

竞争实力主要体现在资源转化能力、市场竞争能力和产业技术能力这三个方面，本文将从上述三个方面评价中国医药制造业竞争实力。

1. 资源转化能力

资源转化能力衡量生产要素转化为产品与服务的效率和效能，主要体现在全员劳动生产率[①]和利润率[②]两项指标上。全员劳动生产率是企业生产技术水平、经营管理水平、职工技术熟练程度和劳动积极性的综合体现；利润率反映产业生产盈利能力。由于产业增加值数据难以获得，本文认为，人均主营业务收入一定程度上可以反映产业全员劳动生产率的发展水平。

中国医药制造业全员劳动生产率相对较低。2015 年，中国医药制造业劳动生产率为 115.41 万元/(人·年)，低于制造业 116.51 万元/(人·年) 的平均水平，但高于高技术产业的平均水平 [103.35 万元/(人·年)]。中国医药制造业劳动生产率与发达国家相比仍有较大差距。2015 年，意大利医药制造业劳动生产率为 308.46 万元/(人·年)，2014 年德国和法国医药制造业劳动生产率分别为 313.34 万元/(人·年) 和 450.34 万元/(人·年)，是中国医药制造业的 2.67～3.90 倍。从细分行业看，生物药品制造全员劳动生产率较高，2015 年为 137.30 万元/(人·年)；中成药生产全员劳动生产率最低，仅为 99.69 万元/(人·年)。

---

① 考虑到数据可获得性，中国的全员劳动生产率用人均主营业务收入代替，发达国家用人均总产值代替。
② 利润率＝(利润总额/主营业务收入)×100%。

虽然我国医药制造业劳动生产率相对不高，但盈利能力较强，远高于制造业和高技术产业平均水平。2015 年，中国医药制造业利润率为 10.56%，分别比制造业和高技术产业高 4.72 个百分点和 4.14 个百分点。其中，化学药品制造、中成药生产、生物药品制造的利润率分别达到 10.49%、11.10% 和 12.35%。但是，与跨国公司相比，中国医药制造业利润率仍较低，数据显示，2015 年，强生、辉瑞、诺华、默沙东和罗氏五大医药巨头的利润率分别为 21.97%、18.35%、18.84%、28.20% 和 19.69%，是中国医药制造业利润率的 1.74～2.67 倍。

2. 市场竞争能力

市场竞争能力主要由产品目标市场份额和贸易竞争指数[①]两项指标表征。产品目标市场份额反映一国某商品对目标市场的贸易出口占目标市场该商品贸易进口的比例。贸易竞争指数反映了一国某商品贸易进出口差额的相对大小，1 表示只有出口，-1 表示只有进口。

近年来，中国医药制造业国际贸易有不同程度的逆差。WTO 数据显示，2010 年以来，中国医药制造业出口呈小幅增长态势，2015 年出口总额为 134.52 亿美元；同期医药制造业进口总额快速增长，2015 年高达 203.21 亿美元。贸易差额也从 2010 年 26.50 亿美元的贸易顺差持续下滑，2012 年变为贸易逆差，2015 年贸易逆差高达 68.69 亿美元（图 2）。从贸易竞争指数来看，2016 年，中国医药制造业的贸易竞争指数为 -0.203，表明在国际市场，中国医药制造业仍缺乏竞争优势。

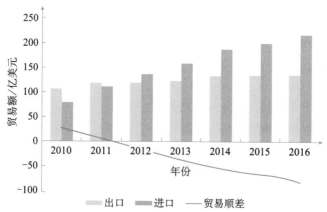

图 2　中国医药制造业进出口情况（2010～2016 年）

资料来源：WTO. Statistics Database（SDB）. http：//stat. wto. org/StatisticalProgram/WSDBStatProgramHome. aspx？Language＝E［2017-06-11］

① 贸易竞争指数＝（出口额－进口额）/（出口额＋进口额）。

美国、德国、印度、日本、英国、法国、瑞士是中国医药制造业的主要贸易伙伴国。在美国市场和日本市场，中国医药产品的市场竞争力较弱，2016年中国医药产品对美国市场和日本市场分别出口22.18亿美元和5.26亿美元，进口额分别为31.40亿美元和8.87亿美元，贸易逆差分别达9.23亿美元和3.60亿美元，贸易竞争指数分别为−0.172和−0.255（表1）。

表1   中国医药制造业贸易竞争指数（2016年）

项目	全球市场	美国市场	德国市场	印度市场	日本市场	英国市场	法国市场	瑞士市场
出口/亿美元	134.520	22.175	5.836	13.275	5.262	3.206	2.907	2.445
进口/亿美元	203.208	31.404	55.950	0.613	8.866	10.503	17.895	13.912
贸易逆差/亿美元	−68.688	−9.229	−50.114	12.662	−3.604	−7.297	−14.988	−11.467
贸易竞争指数	−0.203	−0.172	−0.811	0.912	−0.255	−0.532	−0.720	−0.701

资料来源：OECD. OECD Stats. http：//stats. oecd. org［2017-06-06］

德国是中国医药产品最大的贸易进口伙伴国。2016年中国从德国进口医药产品占进口总额的27.53%。在德国市场，中国医药制造业市场竞争能力很弱，2016年，中国对德国市场的医药产品出口额和进口额分别为5.84亿美元和55.95亿美元，贸易逆差高达50.11亿美元，贸易竞争指数仅为−0.811（表1）。

在英国、法国和瑞士市场，中国医药制造业市场竞争能力也相对较弱。2016年，中国从英国市场、法国市场和瑞士市场分别进口医药产品10.50亿美元、17.90亿美元和13.91亿美元，出口额分别为3.21亿美元、2.91亿美元和2.45亿美元，贸易逆差分别为7.30亿美元、14.99亿美元和11.47亿美元，贸易竞争指数分别为−0.532、−0.720和−0.701（表1）。

在印度市场，中国医药制造业有较强的市场竞争力。2016年，中国对印度市场的医药产品出口额高达13.28亿美元，进口额仅为0.613亿美元，贸易逆差高达12.66亿美元，贸易竞争指数为0.912（表1）。

综合考察中国医药产品在全球市场和美国、德国、印度、日本、英国、法国、瑞士等主要目标市场的贸易竞争指数和价格指数，可以认为，我国医药制造业市场竞争能力很弱，仅在印度市场获得一定的市场竞争能力，在占领国际市场方面还有较大差距。

3. 产业技术能力

产业技术能力主要体现在产业关键技术水平、新产品销售率[①]和新产品出口销售率[②]三项指标上。产业关键技术水平体现产业技术硬件水平，与产业技术能力有着直

---

① 新产品销售率＝（新产品销售收入/产品销售收入）×100%。

② 新产品出口销售率＝（新产品出口销售收入/新产品销售收入）×100%。

接的关系。新产品销售率和新产品出口销售率在一定程度上反映了新技术的市场化收益，也是衡量产业技术水平的重要指标。

近年来，中国医药制造业的技术水平有较快提升，在基础医学、创新药物、新型疫苗、中药等关键领域取得突破。例如，在基础医学领域①，2016 年，中国科学院自动化研究所领衔绘制的全新人类脑图谱，突破了 100 多年来传统脑图谱绘制的瓶颈，第一次建立了宏观尺度上的活体全脑连接图谱，为理解人脑结构和功能、设计类脑智能系统提供了新途径和重要启示。2015 年，清华大学阐述了剪接体对前体信使 RNA 执行剪接的基本工作机理，这是科学家首次捕获到真核细胞剪接体复合物的高分辨率空间三维结构，并阐述相关工作机理，是中国生命科学发展的一个里程碑。同年，中国科学院上海药物研究所成功解析视紫红质与阻遏蛋白复合物的晶体结构，攻克了细胞信号传导领域的重大科学难题，为开发选择性更高的药物奠定了坚实的理论基础。2014 年，清华大学医学院颜宁教授研究组在世界上首次解析了人源葡萄糖转运蛋白 GLUT1 的晶体结构，初步揭示了其工作机理及相关疾病的致病机理，在世界范围内对研究癌症和糖尿病具有重要意义。

在创新药物领域，2015 年，绿叶制药研制的利培酮微球注射剂获得美国 FDA 批准，不需再进行任何临床试验，可以直接提交新药申请，该药物能够改善口服抗精神病药物在精神分裂症患者中普遍存在的用药依从性，并简化精神分裂症的疗程，是我国创新药物研制史上的重要标志。2016 年，深圳微芯生物科技有限公司发布首款国产抗 T 淋巴细胞瘤新药西达本胺获 CFDA 批准上市，该药物能够对 T 淋巴瘤中循环肿瘤细胞及局部病灶产生疗效，同时也能应用于诱导和增强针对其他类型肿瘤的抗肿瘤细胞免疫的整体调节活性，是我国首个获美国 FDA 核准在美国进行临床研究的中国化学原创新药。2017 年，第二军医大学设计出新型肿瘤靶向治疗策略，并自主制备了可以有效阻止肿瘤生长的新型抗体药物，可用于治疗包括结肠癌、头颈部肿瘤等在内的所有 EGFR 靶向药物有明确用药指征的癌症，同时作用于靶向实体肿瘤细胞和肿瘤干细胞的治疗策略也有望成为今后癌症治疗的新途径，相关研究成果发表于国际顶级学术期刊《科学·转化医学》[3]。

在新型疫苗领域，中国军事医学科学院历时 5 年研制的针对埃博拉病毒的药物 "jk-05" 于 2014 年年底获得军队特需药品批件，该药连同此前获批生产的埃博拉病毒检测试剂等科研成果一起，为我国防控埃博拉疫情提供了关键技术手段。2015 年，江苏恒瑞医药股份有限公司研发的治疗晚期胃癌的 1.1 类新药 "甲磺酸阿帕替尼片" 获 CFDA 批准上市，能够通过抑制酪氨酸激酶的生成从而抑制肿瘤组织新血管的生成，

---

① 参见 2014～2016 年中国十大科技进展。

最终达到治疗肿瘤的目的，该药物在显著延长晚期胃癌患者生存期的同时，大大减低了患者的治疗费用。

在中药领域，2010年，地奥心血康胶囊正式获得欧盟GMP证书，2012年成功获得荷兰上市许可，填补了我国具有自主知识产权的治疗性药物进入欧洲主流医药市场的空白，将为我国中药产品进军欧盟市场起到示范作用。2016年，天士力制药集团股份有限公司产品丹参胶囊通过荷兰药品审评委员会（CBG-MEB）的植物药注册批准，是公司中药品种在欧盟主流医药市场取得的首个治疗性药品证书，是我国中药国际化的重要里程碑。

然而与发达国家相比，我国在医药研发领域仍有较大差距。研究显示，2017年有望上市的重磅创新药物前十名中，美国有4种重磅新药，2022年销售额预计高达59亿美元；瑞士有2个重磅新药，2022年销售额预计高达57亿美元；法国、丹麦、瑞典和日本各有1个重磅新药，预计2022年销售额分别为41亿美元、22亿美元、19亿美元和18亿美元[4]；而我国没有排名前十位的重磅新药。这表明在新药研发领域，中国与发达国家仍有显著技术差距。

中国医药制造业新技术产业化和市场化收益能力相对较弱，新产品主要销往国内市场。2015年，中国医药制造业新产品销售率为15.32%，远低于高技术产业27.23%的平均水平。从细分产业来看，化学药品制造新产品销售率最高，为19.53%，仍比高技术产业平均水平低7.70个百分点；中成药生产和生物药品制造的新产品销售率分别为14.65%和11.62%。从新产品出口情况来看，同年中国医药制造业的新产品出口销售率仅为9.45%，其中中成药生产的新产品销售率仅为1.59%，而制造业和高技术产业新产品销售率分别为22.72%和43.97%，表明中国医药制造业新产品尤其是中成药新产品的销售还是以国内市场为主，在国际市场上还远未被广泛接受。

综合考察资源转化能力、市场竞争能力和产业技术能力，我们认为，中国医药制造业竞争实力相对较弱，劳动生产率较低，盈利能力和技术能力与发达国家仍有较大差距，新产品开发能力不足，新产品销售主要面向国内市场。

三、中国医药制造业竞争潜力

竞争潜力体现在产业运行状态、技术投入、比较优势和创新活力四个方面。由于产业运行状态缺乏统计数据，本文仅从技术投入、比较优势和创新活力三个方面分析中国医药制造业的竞争潜力。

1. 技术投入

技术投入强度直接影响产业未来技术水平和竞争力，体现在 R&D 人员比例[①]、R&D 经费强度[②]、技术改造经费比例[③]及消化吸收经费比例[④] 4 项指标上。

与高技术产业相比，中国医药制造业技术投入相对较低，但十分注重产业技术的引进消化吸收再创新。数据显示，2015 年，中国医药制造业 R&D 人员比例为 4.15%，低于高技术产业的平均水平（4.36%）；中国医药制造业 R&D 经费强度为 1.27%，比高技术产业平均水平低 0.32 个百分点。同年，中国医药制造业技术改造经费比例为 0.37%，消化吸收经费比例高达 57.41%，远高于高技术产业平均水平。这表明中国医药制造业的技术研发还处于仿制阶段，自主创新能力不足。从细分产业来看，化学药品制造业技术投入相对较高，R&D 人员比例和 R&D 经费强度分别为 5.64% 和 1.68%，技术改造经费比例和消化吸收经费比例分别为 0.49% 和 44.17%。中成药制造业虽然 R&D 投入相对较低，但消化吸收经费比例高达 3059.55%，生物药品制造的消化吸收经费比例则达到 306.85%，表明这两个细分产业领域十分注重引进技术的消化吸收再创新（表 2）。

表 2　中国医药制造业技术投入指标（2015 年）　　　　　单位：%

产业	R&D 人员比例	R&D 经费强度	技术改造经费比例	消化吸收经费比例
制造业	2.22	0.75	0.24	25.69
高技术产业	4.36	1.59	0.24	18.02
医药制造业	4.15	1.27	0.37	57.41
化学药品制造	5.64	1.68	0.49	44.17
中成药制造	3.14	0.91	0.41	3059.55
生物药品制造	4.82	1.45	0.19	306.85

资料来源：国家统计局，国家发展和改革委员会，科学技术部．中国高技术产业统计年鉴．北京：中国统计出版社，2016

与发达国家相比，中国医药制造业 R&D 经费投入粗具规模，但与医药制造强国相比仍有显著差距。OECD 数据显示，2014 年德国和意大利医药制造业的 R&D 经费投入分别为 625.33 亿元和 73.21 亿元，2013 年法国医药制造业的 R&D 经费投入为 143.80 亿元，2015 年中国医药制造业 R&D 经费内部支出为 326.21 亿元，仅为德国的 52.17%，但远高于法国和意大利。从 R&D 经费投入强度来看，2014 年德国和意

---

① R&D 人员比例＝（R&D 活动人员折合全时当量/从业人员）×100%。
② R&D 经费强度＝（R&D 经费内部支出/主营业务收入）×100%。
③ 技术改造经费比例＝（技术改造经费/主营业务收入）×100%。
④ 消化吸收经费比例＝（消化吸收经费/技术引进经费）×100%。

大利医药制造业 R&D 经费投入强度分别为 4.21％和 1.20％，2013 年法国医药制造业的 R&D 经费强度为 1.91％，中国 R&D 经费强度虽然略高于意大利，但仅为德国的 30.11％和法国的 66.35％。

总体而言，与高技术产业平均水平相比，中国医药制造业技术投入整体不高，但十分注重产业技术的引进消化吸收再创新。此外，经过多年发展，中国医药制造业技术投入已经接近部分发达国家水平，但是与医药制造强国相比，中国医药制造业无论在 R&D 经费投入规模还是在强度上，仍有显著差距。

2. 比较优势

中国医药制造业的比较优势主要体现在劳动力成本、产业规模和相关产品市场规模 3 个方面。

与发达国家相比，中国医药制造业劳动力成本优势显著。OECD 数据显示，2015 年意大利医药制造业从业人员平均工资为 28.98 万元，2014 年德国和法国医药制造业从业人员平均工资分别为 43.80 万元和 44.63 万元，而 2015 年中国制造业平均工资仅为 5.53 万元，是上述国家的 12.39％～19.08％。

中国医药制造业产业规模较大，与发达国家相比优势明显。2015 年，法国和意大利医药制造业总产值分别为 6357.41 亿元和 5166.69 亿元，2014 年德国医药制造业总产值为 14 852.51 亿元，而 2015 年中国医药制造业主营业务收入高达 2.57 万亿元，是上述国家的 1.73～4.98 倍。

中国医药制造业发展前景广阔。与发达国家相比，中国人均医疗支出水平还较低，世界卫生组织数据显示[5]，2014 年，中国人均医疗支出仅为 419.73 美元，而同期美国、德国、法国、英国、日本的人均医疗支出分别为 9402.54 美元、5410.63 美元、4958.99 美元、3934.82 美元和 3702.95 美元，是中国的 8.82～22.40 倍。此外，与世界平均水平相比，我国人均医疗支出水平仍显著偏低，2014 年世界人均医疗支出为 1059.60 美元，是中国的 2.52 倍。可以预见，随着我国医药卫生体制改革的深化和人民生活水平的持续改善，人均医疗支出水平将有显著提高，必将为医药制造业带来巨大的市场空间。

3. 创新活力

创新活力主要体现在专利申请数、有效发明专利数和单位 R&D 经费支出对应有效发明专利数① 3 个方面。

---

① 单位主营业务收入对应有效发明专利数＝有效发明专利数/主营业务收入。

中国医药制造业的专利数量相对较低。2015 年，中国医药制造业专利申请数和有效发明专利数分别为 9260 项和 21 563 项，分别占高技术产业专利数量的 8.08% 和 10.80%。从细分产业来看，中国医药制造业专利主要集中在化学药品制造领域，2015 年专利申请数和有效发明专利数分别为 4707 项和 1 1448 项；同年，中成药生产领域和生物药品制造领域专利申请数分别为 4707 项为 1892 项，有效发明专利数分别为 6114 项和 2342 项。

中国医药制造业创新效率相对较低，单位 R&D 经费支出对应有效发明专利数与高技术产业平均水平还有一定差距。2015 年，中国医药制造业单位 R&D 经费支出对应有效发明专利数为 66.10 项/亿元，同期高技术产业单位 R&D 经费支出对应有效发明专利数则为 89.98 项/亿元。其中，中成药生产单位 R&D 经费支出对应有效发明专利数达 106.52 项/亿元，高于高技术产业平均水平；而化学药品制造和生物药品制造单位 R&D 经费支出对应有效发明专利数则分别为 59.69 项/亿元和 51.11 项/亿元，远低于高技术产业平均水平。

与发达国家相比，中国医药制造业的创新活力仍显不足。WIPO 统计显示，2016 年，中国在医药领域（Pharmaceuticals）的 PCT 专利申请量为 226 件，仅为同期美国（1150 件）的 19.65%，但与日本申请量基本持平（237 件）。此外，与德国、法国、瑞士、英国等发达国家相比，中国医药制造业 PCT 专利申请量则有一定优势，同年德国、法国、瑞士、英国在医药领域专利申请量分别为 129 件、107 件、101 件和 93 件，仅为中国的 40%～60%。

综合考察技术投入、比较优势和创新活力，可以认为，中国医药制造业竞争潜力较弱，与发达国家相比，虽然在劳动力成本、产业规模和市场规模等方面存在比较优势，但技术投入偏低，创新活力相对不足，一定程度上将影响产业未来发展。

四、中国医药制造业竞争环境

竞争环境主要体现在政治经济环境、贸易和技术环境、相关产业发展环境和产业政策环境等方面。总体而言，中国医药制造业面临的竞争环境呈现以下四个特点。

一是发达国家主导的国际竞争格局短期内难以改变。在医药制造领域，少数跨国公司一方面，凭借高强度的研发投入推动产业技术快速创新；另一方面，依靠新药专利壁垒控制产业关键核心和前沿技术，牢牢占据全球医药产业链和价值链高端，发达国家主导的局面短期难以改变。2016 年，世界研发投入 2500 强中有 369 家医药企业，其中，美国入选 195 家企业，占入选医药企业总量的 52.8%；日本入选 29 家企业，占入选医药企业总量的 7.9%；英国入选 19 家企业，占入选医药企业总量的 5.1%；

瑞士、韩国、印度、德国和丹麦分别有 10 家医药企业入选；以上国家占据 2016 年世界研发投入 2500 强中医药企业的 3/4。从 PCT 申请量来看，2016 年全球制药领域共申请 PCT 专利 8215 件，其中，美国为 3343 件，占世界医药 PCT 申请量的 40.69%，日本、德国、瑞士分别为 679 件、339 件和 321 件，分别占世界医药 PCT 申请量的 8.27%、4.13%和 3.91%。凭借高强度的研发投入和新药专利，跨国公司占据世界药品销售市场的绝大部分份额，短期内发达国家主导的医药产业竞争格局难以改变。从全球医药销售情况来看，2016 年，全球药品销售收入高达 2.64 万亿美元，销售收入排名前 16 的医药企业，其销售收入占全球药品销售收入的 3/4；这 16 家医药企业中，美国有 7 家企业，德国、瑞士和英国分别有 2 家企业，法国、日本和以色列分别有 1 家企业[6]。

　　二是先进技术推动医药产业变革中快速发展。大数据、人工智能等先进技术的高速发展和广泛应用，带来医药产业的颠覆性发展。大数据和人工智能技术的应用，加速了药物构效关系的分析进程，并通过模拟药物进入体内的吸收、分布、代谢和排泄规律，检测给药剂量-浓度-效应关系，推动药物研发进入快车道。医疗大数据、系统生物学和高通量数据生产技术、人工智能颠覆了传统医药的研发模式，通过对组学大数据和海量临床数据的深度挖掘，结合高通量药物筛选，能够快速识别疾病发生、预后或治疗效果的生物标志物，更为深刻地理解病因和疾病发生机制，从而加速药物筛选过程，推动分子诊断和靶点药物的快速发展。以基因组为代表的组学大数据与临床医学深度融合，催生了精准医学的快速发展，改变了医疗健康的基本内涵，从以诊断治疗为主向健康预防转变，带动分子诊断、基因测序等相关产业的发展。

　　三是世界主要国家将医药产业作为未来发展战略重点。世界主要国家都将基因测序和精准医疗等医药产业作为未来发展的战略重点。例如，美国于 2015 年 1 月宣布实施 2.5 亿美元的精准医疗计划，包括资助国家卫生研究院启动"百万人基因组计划"，资助美国 FDA 建立项目数据库的监管机制，资助国家癌症研究所研究癌症形成机制及其治疗药物，进一步推动医药领域公私合作等。英国政府早在 2012 年 12 月，宣布启动针对癌症和罕见病的 10 万人基因组计划，旨在提升相关疾病的诊断和治疗水平，从而实现英国在该领域的国际领先地位。2016 年 6 月，法国政府宣布投资 6.7 亿欧元，启动名为"法国基因组医疗 2025"的基因组和个性医疗计划，将在法国建立 12 个基因测序平台和 2 个国家数据中心，推动法国成为世界基因组领先国家。2013 年韩国政府宣布未来 8 年投资 5 亿美元开展人类、农业和医药基因组计划，2015 年 11 月韩国政府又宣布启动万人基因组计划，以推动基因组领域的快速发展。此外，为降低新药研发成本和周期，美国设置了 4 种新药加快审批途径，其中突破性疗法作为最新的新药审批途径得到广泛认可，2013～2015 年采用该途径获批的肿瘤新药共 12

种，获批时间比美国 FDA 承诺时间提前 2.9 个月。为推动生物制药产业发展，印度于 2016 年发布新一轮《国家生物技术发展战略（2015—2020）》，提出建设 5 个新生物技术园区和 40 个企业孵化器，到 2025 年生物技术产业产值达 1000 亿美元，将印度打造成为世界级的生物制造中心。

四是五大发展理念引领中国医药制造业跨越发展。中国"十三五"规划提出创新、协调、绿色、开放、共享的发展理念，强调创新是引领发展的第一动力，强调促进新型工业化、信息化、城镇化、农业现代化的同步发展，强调在发展的同时注重节约资源和保护环境，为我国医药制造业的转型升级和创新发展指明了方向。在五大发展理念指导下，国家发改委出台了《"十三五"生物产业发展规划》，提出抓住基因技术和细胞工程等先进技术发展带来的历史性机遇，依托高通量测序、基因组编辑、微流控芯片等先进技术，促进转化医学发展，在肿瘤、重大传染性疾病、神经精神疾病、慢性病及罕见病等领域实现药物原始创新，到 2020 年实现医药工业销售收入 4.5 万亿元，增加值占全国工业增加值的 3.6％。2015 年中央政府出台了《国务院关于改革药品医疗器械审评审批制度的意见》，首次提出开展药品上市许可持有人制度试点，并出台加快创新药审评审批、推进仿制药质量一致性评价等一系列改革任务，优化了中国医药制造业的创新发展环境，对创新药物开发有着重要的促进作用。可以预见，伴随发展环境的进一步优化，中国医药制造业将通过自主创新进一步提升新药研发水平，强化产业核心竞争能力，实现创新驱动下的跨越发展。

五、中国医药制造业竞争态势

竞争态势反映产业竞争力演进的趋势和方向，主要体现在资源转化能力、市场竞争能力、技术创新能力和比较优势四个方面的发展上。中国医药制造业国际竞争力不仅取决于竞争实力、竞争潜力和竞争环境，还受到产业竞争态势的影响。

1. 资源转化能力变化指数

资源转化能力竞争态势反映全员劳动生产率和产值利润率的变化趋势，是把握资源转化能力发展趋势的重要前提。

中国医药制造业资源转化能力呈上升态势，人均主营业务收入快速增加，但利润率有所下降。2010～2015 年，中国医药制造业人均总产值从 65.93 万元/（人·年）增加到 115.41 万元/（人·年），年均增幅达 11.85％；同期，高技术产业人均总产值从 68.19 万元/（人·年）增加到 103.35 万元/（人·年），年均增幅为 8.67％。中国医药制造业利润率从 2010 年的 11.66％ 震荡下降到 2015 年的 10.56％，年均降幅为

—1.96%；同期，高技术产业产值利税率从 6.55% 震荡下降到 6.42%，年均降幅仅为—0.04%（表3）。

表3 中国医药制造业主要经济指标（2010～2015 年）

	项目	2010 年	2011 年	2012 年	2013 年	2014 年	2015 年
人均主营业务收入〔万元/（人·年）〕	制造业	72.26	90.55	95.97	105.58	113.12	116.51
	高技术产业合计	68.19	76.32	80.62	89.70	96.12	103.35
	医药制造业	65.93	81.10	88.16	98.22	108.13	115.41
	化学药品制造	71.05	85.52	93.79	102.32	113.27	120.33
	中成药生产	56.12	68.61	73.94	84.84	93.23	99.69
	生物药品制造	79.70	99.33	111.60	123.03	130.39	137.30
利润率/%	制造业	7.02	6.56	6.03	6.09	5.82	5.84
	高技术产业合计	6.55	5.99	6.05	6.23	6.36	6.42
	医药制造业	11.66	11.09	10.76	10.41	10.20	10.56
	化学药品制造	11.29	10.21	10.09	9.92	10.12	10.49
	中成药生产	12.12	12.12	11.47	11.20	10.77	11.10
	生物药品制造	15.81	14.71	13.82	12.32	11.90	12.35

资料来源：国家统计局，国家发展和改革委员会，科学技术部．2016 中国高技术产业统计年鉴．北京：中国统计出版社，2016

2. 市场竞争能力变化指数

市场竞争能力变化指数主要反映产品目标市场份额和贸易竞争指数的变化趋势。

在全球目标市场，中国医药制造业市场竞争能力总体呈下降态势。虽然中国医药制造业国际贸易总体呈快速增长态势，但贸易逆差持续扩大。2010～2015 年，中国医药制造业出口额从 107.21 亿美元快速增加到 134.52 亿美元，年均增幅为 4.09%；进口额从 79.45 亿美元持续增加到 203.21 亿美元，年均增幅高达 18.30%。同期，中国医药制造业从 2010 年 27.77 亿美元的贸易顺差变化为 2016 年 81.48 亿美元的贸易逆差。从贸易竞争指数来看，中国医药制造业贸易竞争指数从 2010 年的 0.149 持续下降到 2016 年的—0.203，表明我国医药制造业在国际市场的竞争能力持续下降（表4）。

在美国、德国、日本、英国、法国和瑞士市场，中国医药制造业整体上竞争力较弱并呈下降态势。数据显示，2010～2016 年，在美国和日本市场，中国医药制造业的市场竞争能力呈下降态势，从相对具有一定竞争优势逐步转变为竞争劣势，贸易竞争指数分别从 0.211 和 0.038 震荡下降到—0.172 和—0.255；在德国和法国市场，中国医药制造业竞争劣势明显且呈快速下降态势，贸易竞争指数分别从—0.163 和—0.014 持续快速下降到—0.811 和—0.720；中国医药制造业在英国市场的国际贸易总量呈上升态势，但贸易竞争力较弱且略有下降，贸易竞争指数从—0.476 下降到—0.532；在瑞士市场，中国医药制造业虽缺乏竞争能力，但贸易竞争指数略有上升，从 2010 年的-0.736震荡增加到2016年的-0.701（表4）。

　　中国医药制造业在印度市场表现出较强的竞争优势，且竞争能力呈上升态势，贸易竞争指数从2010年的0.889震荡上升到2016年的0.912。但值得指出的是，中国对印度医药产品国际贸易总量呈下降态势，进口额、出口额和贸易顺差均有不同程度的下降（表4）。

表4　中国医药制造业国际贸易情况（2010～2016年）

市场	指标	2010年	2011年	2012年	2013年	2014年	2015年	2016年
全球市场	出口/亿美元	107.21	118.75	119.78	123.70	133.94	135.30	134.52
	进口/亿美元	79.45	111.69	137.17	159.56	188.15	200.33	203.21
	贸易逆差/亿美元	27.77	7.07	-17.39	-35.86	-54.20	-65.03	-81.48
	贸易竞争指数	0.149	0.031	-0.068	-0.127	-0.168	-0.194	-0.203
美国市场	出口/亿美元	18.135	18.699	18.279	18.452	20.246	21.731	22.175
	进口/亿美元	11.810	17.889	19.147	22.905	24.657	32.328	31.404
	贸易逆差/亿美元	6.325	0.811	-0.867	-4.453	-4.412	-10.597	-9.229
	贸易竞争指数	0.211	0.022	-0.023	-0.108	-0.098	-0.196	-0.172
德国市场	出口/亿美元	9.233	8.696	6.981	7.028	6.769	5.699	5.836
	进口/亿美元	12.826	17.311	22.737	30.762	37.822	44.967	55.950
	贸易逆差/亿美元	-3.592	-8.615	-15.756	-23.734	-31.053	-39.269	-50.114
	贸易竞争指数	-0.163	-0.331	-0.530	-0.628	-0.696	-0.775	-0.811
印度市场	出口/亿美元	14.164	13.426	12.287	12.825	14.335	13.888	13.275
	进口/亿美元	0.830	0.845	0.747	0.557	0.695	0.698	0.613
	贸易逆差/亿美元	13.334	12.581	11.540	12.269	13.640	13.190	12.662
	贸易竞争指数	0.889	0.882	0.885	0.917	0.907	0.904	0.912
日本市场	出口/亿美元	5.024	5.560	5.896	5.120	5.243	5.326	5.262
	进口/亿美元	4.659	5.487	6.376	7.177	8.544	8.453	8.866
	贸易逆差/亿美元	0.364	0.073	-0.480	-2.056	-3.301	-3.127	-3.604
	贸易竞争指数	0.038	0.007	-0.039	-0.167	-0.239	-0.227	-0.255
英国市场	出口/亿美元	1.511	1.961	2.178	2.443	2.961	3.245	3.206
	进口/亿美元	4.254	7.320	8.464	10.051	10.607	11.197	10.503
	贸易逆差/亿美元	-2.742	-5.359	-6.286	-7.608	-7.646	-7.952	-7.297
	贸易竞争指数	-0.476	-0.577	-0.591	-0.609	-0.564	-0.551	-0.532
法国市场	出口/亿美元	5.896	4.259	4.261	3.762	3.249	3.566	2.907
	进口/亿美元	6.059	9.223	12.354	12.170	14.342	16.370	17.895
	贸易逆差/亿美元	-0.163	-4.963	-8.093	-8.408	-11.093	-12.804	-14.988
	贸易竞争指数	-0.014	-0.368	-0.487	-0.528	-0.631	-0.642	-0.720
瑞士市场	出口/亿美元	1.045	1.407	1.251	1.100	0.981	1.086	2.445
	进口/亿美元	6.884	9.945	11.123	13.478	15.928	11.726	13.912
	贸易逆差/亿美元	-5.839	-8.538	-9.872	-12.378	-14.947	-10.640	-11.467
	贸易竞争指数	-0.736	-0.752	-0.798	-0.849	-0.884	-0.830	-0.701

资料来源：OECD. OECD Stats. http：//stats.oecd.org［2017-06-06］

3. 技术能力变化指数

技术能力变化指数主要反映产业技术投入、产业技术能力和创新活力等指数的变化情况。

中国医药制造业技术能力总体呈上升态势，但普遍低于高技术产业平均水平。2010~2015年，中国医药制造业R&D人员比例从3.19%震荡增加到4.15%，但仍低于高技术产业平均水平（4.36%）。同期，中国医药制造业R&D经费强度从1.07%震荡上升到1.27%，但与高技术产业R&D经费强度1.59%相比仍有不少差距。中国医药制造业新产品销售率、有效发明专利数和单位主营业务收入对应的有效发明专利数分别从14.68%、5672项和0.50项/亿元震荡增加到15.32%、21563项和0.84项/亿元，年均增幅分别为0.86%、30.62%和11.03%，但是与高技术产业平均水平相比，在总量和增速上都有一定差距（表5）。

表5 中国医药制造业技术能力指标（2010~2015年）

项目		2010年	2011年	2012年	2013年	2014年	2015年
R&D人员 比例/%	制造业	1.52	1.84	2.04	2.16	2.23	2.22
	高技术产业合计	3.65	3.72	4.14	4.32	4.32	4.36
	医药制造业	3.19	3.85	4.16	4.51	4.65	4.15
	化学药品制造	4.48	5.28	5.45	5.82	6.22	5.64
	中成药生产	2.33	2.84	3.40	3.76	3.74	3.14
	生物药品制造	3.79	4.09	4.93	4.97	4.99	4.82
R&D经费 强度/%	制造业	0.62	0.65	0.70	0.70	0.71	0.75
	高技术产业合计	1.30	1.41	1.46	1.49	1.51	1.59
	医药制造业	1.07	1.08	1.24	1.26	1.24	1.27
	化学药品制造	1.38	1.41	1.56	1.62	1.61	1.68
	中成药生产	0.82	0.77	0.95	1.03	0.96	0.91
	生物药品制造	1.18	1.14	1.43	1.37	1.44	1.45
新产品 销售率/%	制造业	11.93	12.02	12.03	12.23	12.54	12.90
	高技术产业合计	21.97	23.29	23.23	25.01	25.79	27.23
	医药制造业	14.68	12.60	14.13	14.60	15.53	15.32
	化学药品制造	19.37	15.23	17.74	18.91	19.81	19.53
	中成药生产	11.68	10.31	12.47	12.88	14.86	14.65
	生物药品制造	12.29	13.43	9.05	9.67	11.01	11.62
有效发明 专利数/项	制造业	109 732	143 397	199 128	238 501	303 855	391 732
	高技术产业合计	50 166	67 428	97 878	115 884	147 927	199 728
	医药制造业	5 672	6 527	10 073	12 795	16 161	21 563
	化学药品制造	2 598	3 306	5 141	6 302	7 973	11 448
	中成药生产	2 270	2 346	3 442	4 661	5 513	6 114
	生物药品制造	402	533	835	1 197	1 746	2 342

续表

项目		2010 年	2011 年	2012 年	2013 年	2014 年	2015 年
单位产值对应的有效发明专利数/（项/亿元）	制造业	0.18	0.20	0.25	0.26	0.31	0.39
	高技术产业合计	0.67	0.77	0.96	1.00	1.16	1.43
	医药制造业	0.50	0.45	0.58	0.62	0.69	0.84
	化学药品制造	0.44	0.46	0.62	0.67	0.76	1.00
	中成药生产	0.90	0.70	0.84	0.93	0.96	0.97
	生物药品制造	0.36	0.35	0.42	0.50	0.62	0.74

资料来源：国家统计局，国家发展和改革委员会，科学技术部，中国高技术产业统计年鉴. 北京：中国统计出版社，2016

与发达国家相比，中国医药制造业 PCT 专利还有较大差距，但发展态势整体向好，差距呈不断缩小态势。2010～2016 年，中国医药领域 PCT 专利申请从 248 项快速增长到 693 项，年均增幅高达 18.68％。同期，仅美国和印度医药领域 PCT 专利申请量呈上升态势，分别从 3145 件和 250 件震荡增加到 3343 件和 277 件。德国、法国、日本、瑞士和英国医药领域 PCT 专利申请量均有不同程度的下降，分别从 467 件、366 件、716 件、333 件和 314 件下降到 339 件、288 件、679 件、321 件和 287 件。年均降幅分别为 −5.20％、−3.92％、−0.88％、−0.61％和 −1.49％（表 6）。

表 6　医药领域 PCT 专利申请（2010～2016 年）

国家	2010 年	2011 年	2012 年	2013 年	2014 年	2015 年	2016 年
中国	248	321	409	408	479	494	693
法国	366	342	312	302	353	296	288
德国	467	453	481	452	387	348	339
印度	250	255	295	261	293	260	277
日本	716	686	657	586	644	673	679
瑞士	333	302	343	340	353	317	321
英国	314	275	260	235	240	250	287
美国	3 145	3 086	3 083	3 111	3 692	3 122	3 343

资料来源：WIPO. WIPO statistics database. http：//www3. wipo. int/ipstats ［2017-06-06］

4. 比较优势变化指数

比较优势变化指数反映中国劳动力低成本优势和中国医药制造业产业规模等的变化趋势。与发达国家相比，中国医药制造业比较优势显著且呈良性上升态势。

（1）中国医药制造业劳动力成本呈上升态势，但与发达国家相比低成本优势仍然显著。2010～2015 年，中国制造业从业人员工资从 3.09 万元/年增加到 5.53 万元/年，年均增幅达 12.34％。虽然与德国、法国、意大利等发达国家相比，中国劳动力成本有较快增长，但仅为发达国家的 12％～20％。

（2）从产业规模来看，中国医药制造业产业规模呈快速扩大趋势，比较优势明显。2006～2011年，中国医药制造业主营业务收入从11 417.3亿元快速增加到25 729.5亿元，年均增幅高达17.65%，同期，法国和意大利等发达国家医药制造业产值规模则有不同程度的下降，分别从7736.00亿元和6572.85亿元下降到6357.41亿元和5166.69亿元，德国医药制造业产值规模则基本稳定在14 852.51亿元左右。与发达国家相比，中国医药制造业产业规模优势显著（表7）。

表7 部分国家化学与医药制造业比较优势指标（2010～2015年）

指标	国家	2010年	2011年	2012年	2013年	2014年	2015年
从业人员工资/万元	德国	42.30	44.77	41.61	43.32	43.80	
	法国	46.00	47.80	43.16	44.69	44.63	
	意大利	34.24	35.36	32.35	33.28	33.51	28.98
	中国	3.09	3.67	4.17	4.64	5.14	5.53
产值/万元	德国	14 693.67	15 875.73	14 239.7	14 880.26	14 852.51	
	法国	7 736.00	8 367.66	7 486.18	7 525.16	7 430.66	6 357.41
	意大利	6 572.85	6 936.72	6 244.99	6 337.16	6 081.43	5 166.69
	中国	11 417.3	14 484.4	17 337.7	20 484.2	23 350.3	25 729.5

注：中国为制造业从业人员工资和主营业务收入

资料来源：OECD. OECD Stat. http://stats.oecd.org [2017-06-06]

综合考察资源转化能力变化指数、市场竞争能力变化指数、技术创新能力变化指数和比较优势变化指数，可以认为，中国医药制造业国际竞争力略有提升，主要表现在四个方面：①资源转化能力呈上升态势，人均主营业务收入快速增加，但产业利润率有所下降；②贸易逆差持续扩大，在国际市场的竞争能力持续下降；③技术能力总体呈上升态势，但普遍低于高技术产业平均水平；④比较优势显著且呈良性上升态势，产业规模快速扩大，劳动力成本虽有所上升但与发达国家相比优势依然显著。

六、主要研究结论

综合分析中国医药制造业的竞争实力、竞争潜力、竞争环境和竞争态势，可以得出以下四点结论。

（1）产业竞争实力总体较弱，与发达国家有较大差距。中国医药制造业的资源转化能力、市场竞争能力和产业技术能力均相对较弱，虽然通过创新发展在部分技术领域实现一定的突破，但新产品开发能力不足，产品主要销往国内市场；此外，与发达国家相比，中国医药制造业在劳动生产率、产业盈利能力和产业技术能力等方面仍有较大差距。

（2）产业竞争潜力相对不高，但比较优势较为明显。中国医药制造业在劳动力成本和产业规模等方面与发达国家相比优势显著，能够为未来发展提供广阔空间。但是，中国医药制造业技术投入和创新活力不足，R&D经费强度、R&D人员比例和单位R&D经费支出对应有效发明专利数低于高技术产业平均水平，且与发达国家相比仍有较大差距。

（3）产业竞争环境总体向好，发展机遇中蕴含挑战。大数据、人工智能等先进技术的高速发展和广泛应用，带来医药产业的颠覆性发展，推动分子诊断、基因测序等相关产业的发展。中国政府提出创新、协调、绿色、开放、共享的发展理念，为中国医药制造业的转型升级和创新发展指明了方向。同时，凭借高强度的研发投入和新药专利，跨国公司占据世界药品销售市场的绝大部分份额，短期内发达国家主导的医药产业竞争格局难以改变。此外，世界主要国家将基因测序和精准医疗等医药产业作为未来发展的战略重点，进一步加剧了医药制造业的国际竞争，要求中国医药制造业必须加快自主创新能力建设，实现创新驱动发展。

（4）产业国际竞争力逐渐增强，与发达国家差距有所缩小。总体上，中国医药制造业国际竞争力略有提升，资源转化能力和产业技术能力总体呈上升态势，但技术投入指标和新产品销售指标低于高技术产业平均水平；比较优势显著且呈良性上升态势，与发达国家相比优势显著。但是，中国医药制造业的贸易逆差持续扩大，产品在国际市场竞争能力持续下降。

参考文献

［1］穆荣平．中国高技术产业国际竞争力评价．2000高技术发展报告．北京：科学出版社，2007.

［2］穆荣平．高技术产业国际竞争力评价方法初步研究．科研管理，2000，21（1）：50-57.

［3］王泽锋，姜泓冰．我国专家设计出新型肿瘤靶向治疗策略和抗体药物．人民网，http：//scitech. people. com. cn/n1/2017/0407/c1007-29196106. html［2017-04-27］.

［4］Brown A. EP Vantage 2017 Preview. http：//www. epvantage. com/default. aspx［2016-12-12］.

［5］WHO. Global Health Observatory Data Repository. http：//apps. who. int/ghodata/? vid＝6400&theme＝country［2017-05-20］.

［6］Pharmacompass. Product Sales Data From Annual Reports of Major Pharmaceutical Companies. https：//www. pharmacompass. com/data-compilation/product-sales-data-from-annual-reports-of-major-pharmaceutical-companies-2016［2017-06-22］.

International Competitiveness
of Chinese Pharmaceutical Industry

Qu Wan[1,2], *Lin Jie*[1,2]

(1. Institutes of Science and Development, CAS;

2. School of Public Policy and Management, UCAS)

The paper analyzes the international competitiveness of Chinesepharmaceutical industry from four aspects, including competitive strength, competitive potential, competitive environment, and competitive tendency. On the basis of statistical data and systematic analysis, four conclusions are drawn as follows.

First of all, the competitive strength of Chinese pharmaceutical industryis relatively weak with great gap compared to developed countries. The resource transformation capacity, the market competitiveness and industrial technology capacity are weak. Although there are some breakthrough in certain technology areas driven by innovation, the capacity of new products development is insufficient, and the domestic market is the major market for product sale. Besides, compared to developed countries, there are still great gap in the aspects of productivity, industry profitability and industrial technology capacity.

Secondly, the competitive potential of Chinese pharmaceutical industry is not high, but the comparative advantage is obvious. In terms of labor costs and industrial scale, there are huge advantages of Chinese pharmaceutical industry compared with the developed countries, which provide a broad space for future development. However, the technology input and innovation capacity of Chinese pharmaceutical industry is greatly insufficient, eg. The R&D intensity, the ration of R&D personnel, and the ration of R&D expenditure to the patents in force are lower than the average level of Chinese High-tech industries with a huge gap compared to developed countries.

Thirdly, the competitive environment of the Chinese pharmaceutical industry is full of opportunities and challenges. First of all, the fast development and deep application of advanced technologies such as big data and artificial intelligence brings disruptive development of pharmaceutical industry, and promote the radical development of related industries such as molecular diagnostics and gene sequencing. Secondly, central government put forward five development concepts of innovation, coordination, green development, opening up, and sharing, which provide guidelines for the upgrading and innovative development of the Chinese pharmaceutical industry. Thirdly, the multinational companies occupy the vast majority of the world's drug sales market share by high-intensity R&D investment and new drug patents, which means in the short-term the domination of developed countries in the pharmaceutical industry is difficult to change. Besides, the major countries in the world consider the pharmaceutical industry such as gene sequencing and precision care as the strategic focus in the future, which intensify the international competition, and request the Chinese pharmaceutical industry to accelerate the innovation capacity building and innovative development.

Fourthly, the industry gradually increased international competitiveness and narrowed the gap with the developed countries. Generally, the resource transformation capacity and the industrial technology capacity of Chinese pharmaceutical industryhave been strengthened, but the technology input and new product sales are lower than the average level of Chinese high-tech industries. The comparative advantage is significant and shows a healthy upward trend compared with the developed countries. However, the trade deficit of Chinese pharmaceuticalproducts continues to expand, and the international competitiveness of pharmaceutical products keeps dropping.

4.2 中国医药制造业创新能力评价

王孝炯

（中国科学院科技战略咨询研究院）

"十二五"期间，中国医药制造业研发投入快速增长，2015 年全行业研发经费内部支出约为 326.21 亿元，比"十二五"初期增长了约 1.1 倍。全行业涌现出一批创新成果，如"埃克替尼、阿帕替尼、西达本胺、康柏西普等 15 个一类创新药获批生产，210 个创新药获批开展临床研究，110 多个新化学仿制药上市，中药质量控制与安全性技术水平提升"[1]。

总体来看，从"十二五"到"十三五"，是中国医药制造业实现由大到强的关键时期，对产业创新能力进行深入分析，总结突出问题并形成政策建议，对增强中国医药制造业竞争力具有重要意义。本文在《2009 中国创新发展报告》的基础上，构建了产业创新能力测度指标体系，从创新实力和创新效力两个维度系统评估中国医药制造业的创新能力及创新发展环境，并提出了未来促进医药制造业创新发展的政策建议。

一、中国医药制造业创新能力测度指标体系

医药制造业主要包括化学药品制造、中成药生产和生物药品制造等三部分。医药制造业创新能力是指医药制造业在一定发展环境和条件下，从事技术发明、技术扩散、技术成果商业化等活动，获取经济收益的能力，简而言之就是产业整合创新资源并将其转化为财富的能力。医药制造业创新能力是提升医药制造业竞争力的关键，决定着中国医药制造业在全球产业创新价值链中的位置。

本文在制造业创新能力评价指标体系的基础上[2]，综合考虑数据的可获得性和产业基本特征，建立了医药制造业创新能力测度指标体系，从创新实力和创新效力两个方面表征创新能力。医药制造业创新实力主要反映制造业创新活动规模，涉及创新投入实力、创新产出实力和创新绩效实力等三类八个总量指标。医药制造业创新效力主要反映创新活动效率和效益，涉及创新投入效力、创新产出效力和创新绩效效力等三类九个相对量指标（表 1）。

表 1   医药制造业创新能力测度指标体系

一级指标	权重	二级指标	权重	三级指标	权重
创新实力指数	0.5	创新投入实力指数	0.25	R&D 人员全时当量	0.3
				R&D 经费内部支出	0.3
				引进技术消化吸收经费支出	0.25
				企业办研发机构数	0.15
		创新产出实力指数	0.35	有效发明专利数	0.4
				发明专利申请数	0.6
		创新绩效实力指数	0.4	利润总额	0.5
				新产品销售收入	0.5
创新效力指数	0.5	创新投入效力指数	0.25	R&D 人员占从业人员的比例	0.3
				R&D 经费内部支出占主营业务收入的比例	0.3
				消化吸收经费与技术引进经费的比例	0.25
				设立研发机构的企业占全部企业的比例	0.15
		创新产出效力指数	0.35	平均每个企业拥有发明专利数	0.4
				平均每万个 R&D 人员的发明专利申请数	0.3
				单位 R&D 经费的发明专利申请数	0.3
		创新绩效效力指数	0.4	利润总额占主营业务收入的比例	0.5
				新产品销售收入占主营业务收入的比例	0.5

本文数据来源于 2012～2016 年《中国高技术产业统计年鉴》，覆盖 2011～2015 年整个"十二五"时期。为方便对医药制造业各项指标进行纵向比较，本文采用极值法对每项指标的原始数据进行了标准化处理。此后，本文按照创新能力测度指标体系，采用加权求和方法，对标准化后的数据进行加权汇总，得出医药制造业创新能力指数。上述方法旨在对医药制造业创新能力的历史变化趋势做一个整体评判，历年指数数值的大小仅供进行相对趋势判断时使用，数值差距并无绝对意义。

二、中国医药制造业创新能力

2011～2015 年，中国医药制造业创新能力指数整体呈上升趋势，2015 年创新能力指数是 2011 年的 3 倍以上。2011～2014 年创新能力指数快速上升，2014 年达到最高值 72.52，是 2011 年的 3.6 倍；2015 年，随着中国经济增速放缓、医保控费的全面开展，相比 2014 年医药制造业创新能力指数略有下降，如图 1 所示。

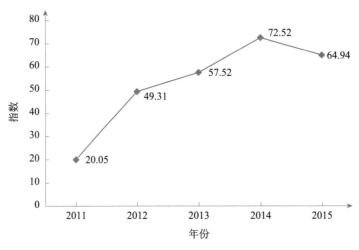

图 1　中国医药制造业创新能力指数

（一）创新实力

创新实力采用创新投入实力、创新产出实力和创新绩效实力三个方面八个总量指标表征。自 2011 年以来，中国医药制造业创新实力指数呈快速增长态势，由 2011 年的 11.45 增长到 2014 年的 79.59，2015 年与 2014 年基本持平，如图 2 所示。

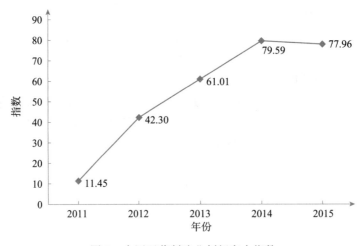

图 2　中国医药制造业创新实力指数

1. 创新投入实力

创新投入实力采用研发人员全时当量、研发经费内部支出、引进技术消化吸收经费支出、企业办研发机构数四个指标表征。2011～2015 年，中国医药制造业创新投入实力指数总体呈现先升后降趋势，2011～2014 年实现快速上升，2014 年登顶达到 84.6，2015 年则下降到 65.25，如图 3 所示。

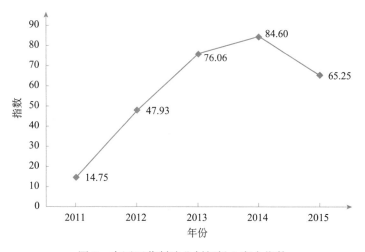

图 3　中国医药制造业创新投入实力指数

2015 年，中国医药制造业研发经费内部支出达到 326.21 亿元，是 2011 年的 2.1 倍，2011～2015 年，中国医药制造业研发经费内部支出年平均增速达到了 20.2%。其中，化学药品研发经费内部支出占比最高，2015 年达到 191.79 亿元，占全行业研发经费内部支出的 58.8%，但平均年增长速度比全行业低 2.6 个百分点；中成药研发经费内部支出年平均增速比全行业高 2.1 个百分点；生物药品研发经费内部支出虽然只占全行业研发经费内部支出的 14.5%，但是年均增长率为 27.3%，超过全行业 7.1 个百分点，如图 4 所示。

2011～2015 年，中国医药制造业研发人员全时当量呈现先增后减的趋势，年平均增速达到了 7.7%。2014 年，全行业研发人员全时当量达到 100 381 人年的峰值，是 2011 年的约 1.5 倍，2015 年则比 2014 年减少了 7967 人年。其中，化学药品研发人员全时当量占比最高，2015 年约占全行业的 57.9%；中成药研发人员全时当量占比约为 21.4%，年平均增速比全行业高 1.6 个百分点；生物药品研发人员全时当量占比最少，但是年均增速为 15.3%，是全行业年均增速的 2 倍，如图 5 所示。

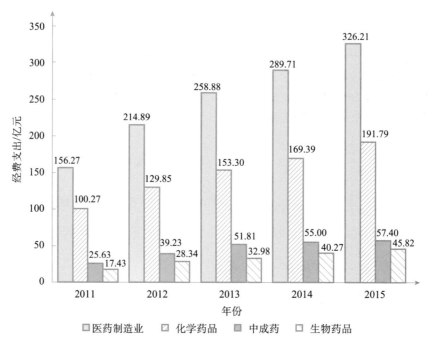

图 4　中国医药制造业研发经费支出

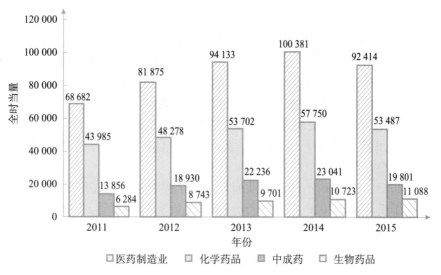

图 5　中国医药制造业研发人员全时当量

中国医药制造业研发机构数量呈稳步增长态势，2015 年研发机构数量比 2011 年增加了 399 家，达到 1326 家。其中，化学药品制造企业研发机构数量总体呈现增长态势，除 2014 年研发机构数量减少 9 家外，其他年份均实现增长；同期，中成药制造企业研发机构数量除 2014 年减少了 9 家，其他年份出现增长趋势；生物药品制造企业研发机构数量出现爆炸式增长，2015 年约是 2011 年的 2 倍，年均增速达到 18.1%，比行业平均增速高出 8.7 个百分点，如图 6 所示。

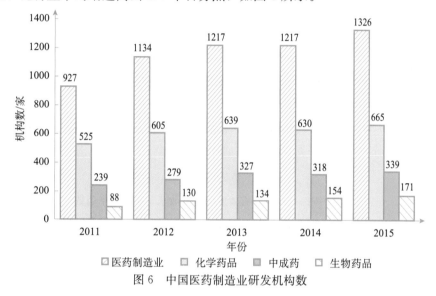

图 6　中国医药制造业研发机构数

2. 创新产出实力

创新产出实力采用发明专利申请数和有效发明专利数两个指标表征。2011～2015 年，中国医药制造业创新产出实力指数总体呈先升后降趋势，2011～2014 年实现快速上升，2014 年登顶达到 80.07，2015 年则下降到 71.47，如图 7 所示。

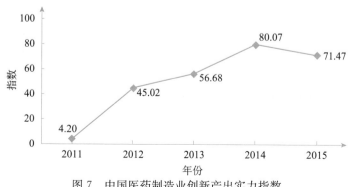

图 7　中国医药制造业创新产出实力指数

2015 年中国医药制造业有效发明专利数达到 21 563 件，是 2011 年的 3.3 倍，增长迅速。2011～2014 年，专利申请数经历高速增长，2014 年是 2011 年的 1.8 倍，但是 2015 年却大幅下降，同比下降约两成，如图 8 所示。

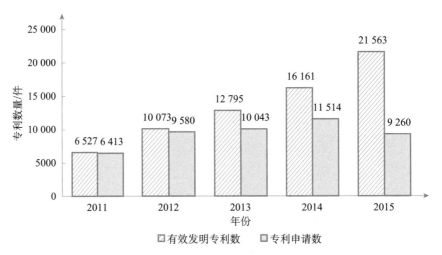

图 8　中国医药制造业有效发明专利数和发明专利申请数

2015 年，化学药品有效发明专利数达到 11 448 件，是 2011 年的 3.5 倍；中成药有效发明专利数达 6114 件，是 2011 年的 2.6 倍；生物药品专利增长最快，2015 年是 2011 年的 4.4 倍，如图 9 所示。

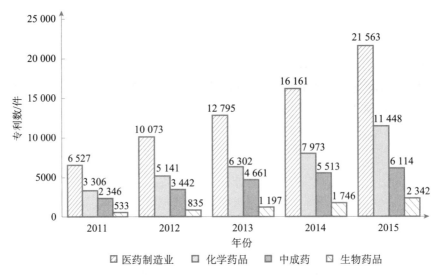

图 9　中国医药制造业分行业有效发明专利数

3. 创新绩效实力

创新绩效实力采用利润总额和新产品销售收入两个指标表征。2011～2015 年，医药制造业创新绩效实力指数呈直线上升，从 2011 年的 15.73 增长到 2015 年的 91.59，如图 10 所示。

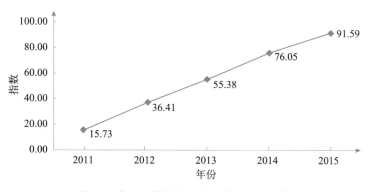

图 10　中国医药制造业创新绩效实力指数

2011 年以来，中国医药制造业的利润总额呈现快速增长态势，年均增长率达到 14.1%，2015 年利润总额达到 2717.35 亿元，是 2011 年的 1.7 倍。分行业看，2011～2015 年化学药品利润总额年均增长率为 13.3%，2015 年达到 1197.33 亿元，比 2011 年增长了 64.7%。中成药利润总额年均增长率为 14.5%，2015 年比 2011 年增长了 71.9%。生物药品利润总额年均增长率最高，2011～2015 年为 14.8%，比行业平均水平高出 0.7 个百分点，如图 11 所示。

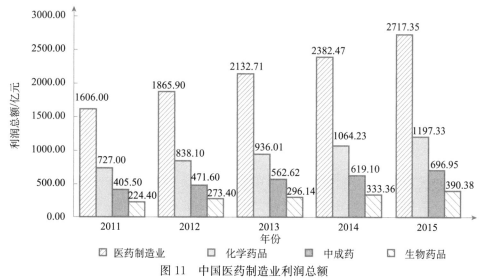

图 11　中国医药制造业利润总额

2011～2015 年，医药制造业的新产品销售收入呈现高速增长态势，年均增长率约为 21.2%，2015 年新产品销售收入达到 3940.76 亿元，是 2011 年的 2.2 倍。其中，中成药的新产品销售收入增速最快，年均增长率约为 27.8%，比行业平均水平高出 6.6 个百分点，2015 年是 2011 年的 2.7 倍。化学药品新产品销售收入占比最高，2015 年达到 2229.62 亿元，占全行业的 56.6%。生物药品新产品销售收入年均增速最低，仅为 15.7%，比行业平均增速低 5.5 个百分点，如图 12 所示。

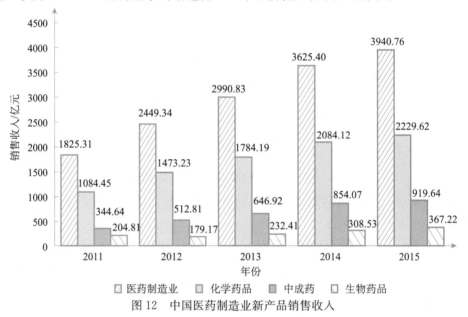

图 12　中国医药制造业新产品销售收入

（二）创新效力

创新效力采用创新投入效力、创新产出效力和创新绩效效力三个方面九个相对量指标表征。2011～2015 年，我国医药制造业创新效力指数呈现出震荡上升态势，2010～2014年，基本处于上升趋势，2014 年达到最高值 65.45，2015 年出现较大下降，降低到 51.92，如图 13 所示。

1. 创新投入效力

创新投入效力指数采用研发人员占从业人员比例、研发经费内部支出占主营业务收入比例、消化吸收经费与技术引进经费比例、设立研发机构的企业占全部企业的比例 4 个指标表征。与创新效力走势相似，中国医药制造业创新投入效力指数整体呈现先升后降的走势，2014 年达到 77.63 的最高值，2015 年下降到 63.46，如图 14 所示。

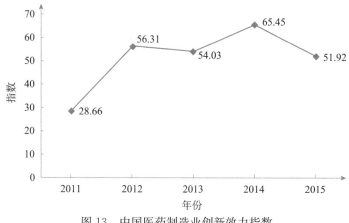

图 13　中国医药制造业创新效力指数

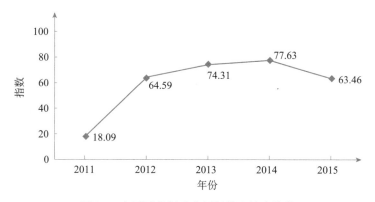

图 14　中国医药制造业创新投入效力指数

2011～2015 年，医药制造业研发人员占从业人员比例逐年上升，从 2010 的 3.5%上升到 2015 年的 4.2%，上升了 0.7 个百分点。研发经费内部支出占主营业务收入基本持平，保持在 1.1%～1.3%。同期，医药制造业中设立研发机构的企业占全部企业的比例略有上升，从 15.6%上升到 17.9%。同期，消化吸收经费与技术引进经费的比例波动较大，2010～2014 年始终处于上升状态，2014 年达到最高的 167.5%，而 2015 年剧降到 57.4%，如图 15 所示。

2. 创新产出效力

创新产出效力采用平均每个企业拥有发明专利数、平均每万名研发人员的发明专利申请数、单位研发经费的发明专利申请数 3 个指标表征。2011 年以来，中国医药制造业创新产出效力指数总体呈现波动上升态势，2012、2014 年实现上升，2013、2015

年则出现下降,如图 16 所示。

2011~2015 年,平均每个企业拥有发明专利数快速增长,从 2011 年的 1.1 件上升到 2015 年的 2.92 件,增长了约 1.7 倍。平均每万名研发人员的发明专利申请数呈现先升后降的态势,从 2011 年 1033.97 件上升到 2014 年 1291.44 件,2015 年则快速下降到 996.08 件,比 2014 年下降 22.9%。2011~2015 年,由于研发经费增速远高于专利申请数增速,单位研发经费的专利申请数出现较快下降,从 2011 年的 41.04 件下降到 2015 年的 28.39 件,下降了 30.8%。

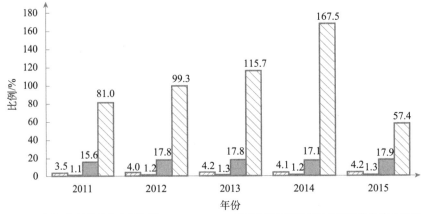

图 15　中国医药制造业创新投入效力指标比较

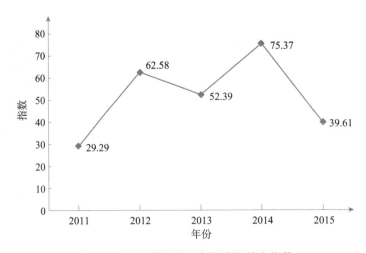

图 16　中国医药制造业创新产出效力指数

3. 创新绩效效力

创新绩效效力指数主要采用利润总额占主营业务收入的比例和新产品销售收入占主营业务收入的比例两项指标来表征。除 2013 年略有下降外，2011～2015 年创新绩效效力指数总体呈现稳步增长态势，从 2011 年的 34.72 上升到 2015 年的 55.48，如图 17 所示。

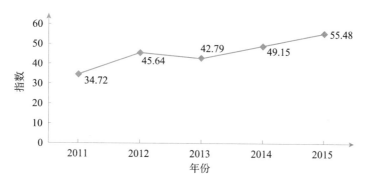

图 17　中国医药制造业创新绩效效力指数

2011～2015 年，中国医药制造业利润总额占主营业务收入的比例基本保持不变，在 10.2%～11.1% 范围内波动，2015 年比 2011 年下降了 0.5 个百分点。分行业看，2015 年化学药品制造比 2011 年略有上升，2015 年中成药生产比 2011 年下降了 1 个百分点，生物药品制造下降较快，2015 年比 2011 年下降了 2.2 个百分点，如图 18 所示。

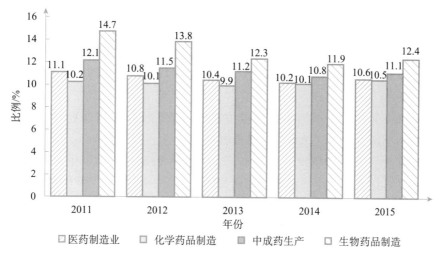

图 18　中国医药制造业利润总额占主营业务收入的比例

中国医药制造业新产品销售收入占主营业务收入的比例在 2011～2015 年基本呈现上升态势，2015 年比 2011 年上升了 2.7 个百分点。同期，化学药品基本处于上升趋势，2015 年比 2011 年上升了 4.3 个百分点。中成药表现同样抢眼，2015 年比 2011 年上升了 4.4 个百分点。生物药品则走出相反态势，2012 年比 2011 年下降了 4.3 个百分点，之后略有回升，但是 2015 年仍然比 2011 年下降了 1.8 个百分点，如图 19 所示。

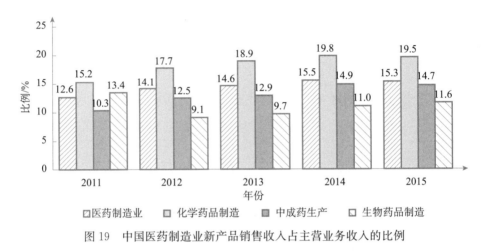

图 19　中国医药制造业新产品销售收入占主营业务收入的比例

三、中国医药制造业创新发展的环境分析

（一）国际新药研发进入快速变革、深度演化的新时代

转化医学、精准医疗推动新药研发模式发生巨大转变。转化医学是将基础医学研究和临床治疗连接起来的一种新思维方式，转化医学的兴起为基于临床需求的新药研发开辟出一条具有革命性意义的新途径，大大加快基础研究向新药研发的转变过程。2015 年，美国总统奥巴马在国情咨文演讲中启动"精准医疗计划"[3]，受到全球广泛关注。精准医疗的核心是根据个体携带的遗传信息个性化定制药物，提高药物有效性，这导致新药研发方式和速度发生革命性变化。

多学科融合发展推动研发技术与新药品种持续创新。当前，生命科学、信息科学、材料科学、化学等多个学科与新药研发深度融合，新技术、新方法、新品种不断涌现。例如，大数据技术使得"生物过程和药物的预测模型更加专业"[4]，3D 打印技术有望开发出用于药物测试的生物组织，肿瘤免疫治疗、干细胞治疗等新技术转化步伐加快，基于新靶点、新机制和突破性技术的创新药不断出现，多学科交叉为新药研发带来各种划时代的解决方案。

（二）旺盛的中国需求刺激医药制造业持续创新发展

中国消费升级对医药制造业发展产生明显的促进作用。伴随中国经济的中高速增长，居民可支配收入持续增加，中国居民消费处于由商品消费向服务消费转变的上升期。其中，医药支出表现抢眼，2016 年全国中西药品零售总额达到 8460 亿元，是 2011 年的 2.3 倍。相关的医疗保健支出成长为居民消费的重要组成部分，2016 年全国居民人均医疗保健支出占消费支出的比例达到 7.6%[6]，超过衣着和生活用品支出。消费升级的持续深化不仅为医药制造业的规模扩大带来了持续动力，也对医药的品种和制造工艺提出更高的要求，成为医药制造业创新的主要动力源。

人口老龄化对医药制造业发展带来新增需求。近年来，中国人口老龄化趋势加速，《2015 年全国 1‰人口抽样调查主要数据公报》[7] 显示 60 岁及以上人口为 22 182 万人，占 16.15%，65 岁及以上人口为 14 374 万人，占 10.47%，与 2010 年相比，60 岁及以上人口比重上升 2.89 个百分点，65 岁及以上人口比重上升 1.60 个百分点。由于老龄人口相对青壮年人口患各类疾病概率较高，中国老龄化将驱动全社会医药需求量的增加。此外，除常见疾病外，老龄化还将带来对老年病药物、复杂慢性病药物等新型药品需求的持续扩大，为医药制造业创新发展带来新的市场机遇。

（三）政策支持为中国医药制造业创新发展奠定良好基础

（1）产业和科技政策高度重视重大新药和前沿技术布局。①产业政策方面，创新医药品种、提升产业创新能力被列入各类产业政策要点。《"健康中国 2030"规划纲要》第二十章明确提出从加强医药技术创新和提升产业发展水平两个方面促进医药产业发展。《关于加快培育和发展战略性新兴产业的决定》将生物医药产业列入战略性新兴产业，并将发展创新药物作为产业支持重点。《中国制造 2025》明确提出发展"包括新机制和新靶点化学药、抗体药物、抗体偶联药物、全新结构蛋白及多肽药物、新型疫苗、临床优势突出的创新中药及个性化治疗药物"[8]。《医药工业发展规划指南》将增强产业创新能力作为首要任务，并制定了创新能力提升工程。《中医药发展战略规划纲要（2016—2030 年）》从健全中医药协同创新体系、加强中医药科学研究、完善中医药科研评价体系三个方面提出如何推进中医药创新。②科技政策方面，从"十二五"到"十三五"，医药创新的技术布局持续得到支持。《"十二五"生物技术发展规划》明确了"十二五"生物医药技术的发展重点，《"十二五"医学科技发展规划》提出了医学的五大前沿技术，为新药研发提供了基础。

《"十三五"科技创新规划》提出大力发展新型生物医药技术、中医药现代化技术，并实施"重大新药创制"国家科技重大专项。《"十三五"生物技术创新专项规划》明确重点突破新型疫苗、抗体制备、免疫治疗等关键技术。

（2）市场准入和市场监管政策逐步形成医药创新的倒逼机制。药品审评审批制度改革全面实施，发布《化学药品注册分类改革工作方案》，实现化学药品注册分类调整，化学药品注册标准提高，提升创新能力成为药企发展的必然选择。印发《关于改革药品医疗器械审评审批制度的意见》，新药审评审批速度加快，开展药品上市许可持有人制度试点，进一步激发新药研发动力。开展仿制药质量和疗效一致性评价，加强药品研发和生产的全过程质量监管，有力地促进了药企采用技术创新、工艺创新提升产品质量。

四、主要结论及建议

（一）主要结论

综合医药制造业创新能力评价和创新发展环境分析，可以得出以下结论。

一是中国医药制造业创新能力呈现震荡上升趋势。2011～2014年创新能力实现快速提升，创新实力处于快速上升中，创新效力处于稳步上升态势，相关指标全面提升。2015年创新能力出现小幅下降，创新实力基本保持不变，但创新效力出现大幅下降。创新效力下降突出表现在三个指标：一是由于2015年全行业消化吸收经费比2014年下降了52.4%，导致2015年消化吸收经费与技术引进经费的比例大幅下降，"大钱搞引进，小钱搞改革，没钱搞消化"的局面并未得到根本改变[9]；二是由于2015年全行业专利申请数同比上年下降了19.6%，同时研发人员数量和研发经费内部支出小幅增长，导致平均每万名研发人员的专利申请数、单位研发经费的专利申请数两个指标出现大幅下降。

二是化学药品制造呈现出创新产出不断提速的发展态势。化学药品是医药制造业创新的主力，2015年化学药品的研发人员、研发经费分别占医药制造业的57.9%和58.8%，有效发明专利和新产品销售收入分别占全行业的53.1%和56.6%。由于规模较大，化学药品的研发人员、研发经费、研发机构数等创新投入指标增速相比中成药、生物药品较低。但是，部分创新产出指标的增速相对领先，如2011～2015年有效发明专利数量增速高于中成药9.4个百分点，同期新产品销售收入增速高于生物药品4个百分点。

　　三是中成药创新呈现出"专利增长慢、新产品销售多"的倒挂局面。从规模上看，中成药位居医药制造业第二，研发人员、研发经费、研发机构数等创新投入指标均位居行业第二。但创新产出指标却表现出不同的特点，由于知识产权保护体系不完善，2011～2015 年中成药的有效发明专利增速位于行业末位，专利申请数甚至出现下降。虽然 2011～2015 年中成药新产品销售以 27.8％的增速高居全行业之首，但是知识产权保护不到位，新产品销售是否能保持高速增长令人担忧。

　　四是生物药品创新投入和创新产出均呈现高速发展态势。在医药制造业中，生物药品创新最为活跃、创新投入指标增速最高，如 2011～2015 年生物药品研发人员增速高于行业平均增速 7.6 个百分点，研发经费增速高于行业平均增速 7.1 个百分点。相应地，部分创新产出指标增速远高于行业平均水平，如 2011～2015 年生物药品有效发明专利数增速和专利申请数增速达到 44.8％和 26.4％，分别高于同期全行业 10 个百分点和 16.8 个百分点。但是，生物药品创新也存在研发水平较低，创新药品较少的问题，表现为 2011～2015 年生物药品新产品销售收入增速仅为 15.7％，低于行业平均水平 5.5 个百分点。

　　五是中国医药制造业创新面临突破性发展的战略机遇。当前，全球新药研发的重心正逐步从小分子化学药转向生物药，世界生物药品制造业尚处于成长期，尚未形成少数跨国企业垄断的格局。因此，无论是转化医学、精准医学等最新的研发理念，还是肿瘤免疫治疗、干细胞治疗等突破性的技术，都为中国生物药在局部实现突破提供了历史机遇。此外，中成药研发具有中医药理论方法的原创优势和丰富的民间药物基础，伴随生产工艺、流程的标准化、现代化，中成药创新正在成为提升中国医药制造业创新能力的重要力量。化学药方面，由于中国消费升级和人口老龄化的影响，高质量的仿制药将是中国化学药制造业发展的重要方向，对恶性肿瘤、心脑血管疾病、糖尿病等疾病的新药需求也为化学药创新提供了重要动力。

　　六是中国医药制造业创新仍然面临诸多挑战。虽然中国医药制造业取得长足进步，但是仍然面临着巨大挑战，主要表现为以下几方面：欧美发达国家依靠技术变革正在生物医药领域形成新的竞争优势，中国生物医药亟待追赶；印度等新兴市场国家已在仿制药的国际竞争中赢得先机，中国仿制药的质量和工艺已经落后；中国医药监管标准较低、知识产权保护机制不健全，医药制造业整体创新动力不足；中国医药制造业整体研发投入较低，2015 年全行业研发投入（326 亿元）不及辉瑞公司的研发投入（76.78 亿美元），新药研发能力薄弱；新药审批难、进入医保目录时间长等制约医药创新的政策障碍仍然存在。

（二）政策建议

为进一步提升中国医药制造业创新能力，提出以下政策建议。

一是强化财政资金对医药制造产业重点领域的支持。紧跟国际医药创新形势，立足我国当前社会发展需要，集中财政资金，采用财政补贴、政府采购等多种形式，在若干重点基础领域支持医药创新和转型升级。在化学药领域重点支持治疗恶性肿瘤、心脑血管疾病、糖尿病、精神性疾病、耐药菌感染等疾病的创新药物；在中成药领域重点支持治疗心脑血管疾病、自身免疫性疾病、妇儿科疾病、消化科疾病的中药新药；在生物药领域重点开发针对肿瘤、免疫系统疾病、心血管疾病和感染性疾病的抗体药物。

二是充分利用市场机制创新医药制造业融资方式。加大间接融资对医药制造业创新的支持力度，鼓励银行发展科技支行，采用投贷联动等模式，扩大医药制造业信贷规模；大力发展直接融资工具，鼓励发展医药创业投资基金，支持符合条件的企业在境内外上市融资，支持医药制造企业利用专利质押、专利证券化等新型金融工具融资。

三是加强医药制造产业创新的政策支持。完善市场准入制度，提高行业准入标准，从源头上抑制低水平重复建设，提高审批效率，为新产品加快进入市场提供便利。加强知识产权保护和价格行为监管，破除地方保护和市场分割，加大对制假售假、虚假宣传等违法违规行为的打击力度。根据医保基金承受能力，将符合条件的创新药按规定纳入医保目录，提高企业创新积极性。

四是针对不同行业创新短板加大支持力度。针对化学药品创新，积极鼓励企业增加消化吸收经费支出，通过政府贴息、风险补偿等方式，为企业消化吸收再创新提供必要的支持。针对中成药创新，加强对企业专利申请的引导和培训，强化中成药知识产权保护环境，提高中成药企业专利申请的积极性。针对生物药品创新，建议强化对生物医药产业共性技术平台的支持力度，开辟生物新药申请进入医保目录的绿色通道，提高生物制药企业将专利转化为新产品的效率。

参考文献

［1］工业和信息化部．医药工业发展规划指南．http://www.miit.gov.cn/n1146290/n4388791/c5343514/content.html[2017-06-30].

［2］中国科学院创新发展研究中心．2009中国创新发展报告．北京：科学出版社，2009.

［3］徐鹏辉．美国启动精准医疗计划．世界复合医学，2015，（1）：44-46.

［4］陈凯先．创新药物研发进入革命性变化时代．中国战略新兴产业，2016，（25）：96.

［5］国家统计局．2016年12月份社会消费品零售总额增长10.9%.http://www.stats.gov.cn/tjsj/zxfb/201701/t20170120_1455968.html[2017-06-30].

［6］国家统计局．中华人民共和国2016年国民经济和社会发展统计公报．http://www.stats.gov.cn/tjsj/zxfb/.201702/t20170228_1467424.html[2017-06-30].

［7］国家统计局 . 2015 年全国 1% 人口抽样调查主要数据公报 . http://www. stats. gov. cn/tjsj/zxfb/201604/t20160420_1346151. html［2017-06-30］.

［8］国务院 . 中国制造 2025. http://www. gov. cn/zhengce/content/2015-05/19/content_9784. htm［2017-06-30］.

［9］赵定涛,邓闫闫,袁伟 . 技术引进与消化吸收经费比例失衡研究 . 中国国情国力,2015,(5):23-24.

Innovation Capacity of Chinese Pharmaceutical Industry

Wang Xiaojiong

(Institutes of Science and Development，CAS)

The paper analyzes the innovation capacity of the pharmaceutical industry (PI) in China with the analysis framework which consists of innovation strength and innovation effectiveness. The innovation strength and the innovation effectiveness are both described from three aspects，namely：innovation input，innovation output and innovation performance. PI comprises chemical medicine，Chinese traditional patent medicine and biological medicine. On the basis of statistical data and systematic analysis，the paper generates the following points.

Firstly，innovation capacity of PI in China obviously strengthened from 2011 to 2014 owing to the increase of innovation strength and innovation effectiveness. However，because of the great drop of innovation effectiveness，innovation capacity of PI decreased in 2015. Secondly，the innovation output of chemical medicine increase quickly. For example，the growth of patent and the growth of new products sales in chemical medicine are above the growth of PI. Thirdly，in Chinese traditional patent medicine，the growth of patent is blow the growth of PI，but the growth of new products sales is higher than the growth of PI. Fourthly，the innovation output and innovation input in biological medicine grow with high speed.

In order to enhance the innovation capacity of PI，four suggestions are proposed as followed：①to strengthen the support of key areas with financial funds；②to use market mechanism to finance；③to strengthen policy coordination；④to strengthen the policy support for different industries.

第五章

高技术与社会

High Technology and Society

5.1 精准医学的未来审视

王国豫[1,2]，李 磊[2]

（1. 复旦大学；2. 大连理工大学）

20 世纪中叶以来，随着分子生物学的发展，特别是基因检测技术的日渐成熟和临床应用，医学科技取得了许多新的重大突破，但是增强疾病诊断与防治效果仍然是医学界不断努力的方向。为此，2015 年 1 月 20 日，美国总统奥巴马在国情咨文中首次提出将启动"精准医学计划"（The Precision Medicine Initiative，PMI）[1]，该计划能够"让我们更加接近治愈癌症、糖尿病等疾病的目标，并给所有人提供让自己和家人更加健康的个体化医疗信息"[2]。1 月 30 日，奥巴马宣布启动该计划，并计划投入 2.15 亿美元资助相关研究[3]。精准医学一时间成为热点领域，由于其议题的公众性和切身性，精准医学也在我国的政府、科学界、医学界、产业界和公众之间引起了广泛的关注和讨论。

一、精准医学的兴起

目前，学术界对精准医学并没有一个明确、统一的定义。在很多情况下，精准医学与个体化医学（personalized medicine）、分层医学（stratified medicine）、P4 医学（predictive，preventive，personalized and participatory medicine）或个体化医疗保健（personalized healthcare）等一样，用来指向一种未来的医疗卫生保健模式[4]。一般认为，精准医学概念的提出始于 2011 年美国国家科学研究委员会（National Research Council）《迈向精准医学》（*Toward Precision Medicine*）的研究报告。该报告提出，精准医学通过整合每个病人的分子研究和临床数据发展一种更加精确的分子疾病分类学的知识网络，以此提升诊断和治疗水平，根据每个病人的个体差异为其量身定制更好的卫生保健[5]。鉴于精准医学提供的巨大潜力，2015 年美国版的"精准医学计划"充满了精准医学将引领我们走向医学新时代的美好愿景，其中心思想依然是"为每个人量身定制的医疗保健"（it's health care tailored to you）[6]。

很显然，精准医学以个体化医学为目标。美国精准医学计划事务委员会（Precision Medicine Initiative Working Group）认为，精准医学是一种试图通过考虑基因、环境和生活方式的个体差异来最大限度地提高疾病预防和治疗的有效性的方法。这种对分子、环境和行为等影响疾病和健康的因素的更精准测量，将有助于我们深入理解疾病的发生、发展、治疗反应和效果等，以此促进更准确的诊断、更理性的疾病预防策略、更好的治疗选择和新的治疗方法的发展。尽管个体化医学并不是一个全新的概念或理念，但是，新的生物医学研究、医疗技术和工具的应用，以及卫生保健的社会政治语境的改变，给精准医学赋予了新的内涵，特别是基因组学和基因测序技术的发展给医学实践带来了极大的影响，开启了一种新的医学研究和临床治疗的范式。

这一新的医学研究的范式也引起了我国政府、科学界、医学界和公众的广泛兴趣和热议，并且催生了中国的精准医学研究计划。2015 年 3 月，科技部召开了首次精准医学战略专家会议，决定至 2030 年前政府将在精准医学领域投入 600 亿元[7]。2015年 3 月 27 日，国家卫生和计划生育委员会发布了第一批肿瘤诊断与治疗项目高通量基因测序技术临床试点单位名单，进一步表明了我国推动精准医学发展的决心。2015年 6 月 18 日，我国首家"肺癌精准医学研究中心"在上海交通大学附属胸科医院揭牌，该项目以推进我国精准医学建设为核心，聚焦我国肺癌诊治的发展。至此，一个雄心勃勃的精准医学计划在我国一步步地向前推进。

二、精准医学的目标与前景

精准医学是以"为每个人量身定制的医疗保健"为目标，并且随着基因组测序技术快速发展，以及生物信息与大数据科学的交叉应用而发展起来的新型医学概念与医疗模式（图 1）。因此，为了保证精准医学目标的实现，美国的精准医学计划主要包括两部分：一是建立 100 万名志愿者规模的全国研究队列，收集相关医疗数据，包括遗传和代谢图谱、病历，以及环境和生活方式等信息，建立数据库共享机制，从而为疾病的分类、诊断和治疗等精准医学研究奠定基础；二是在此基础上，开展肿瘤基因组学研究，并将相关知识应用于开发更加有效的预防和治疗癌症的技术和药品。最终实现在恰当的时间用恰当的治疗方法和恰当的剂量给恰当的病人以最好的治疗的理想。

在经验医学和循证医学时代，医生主要是通过仔细检查一系列症状，列出不同的诊断假设，然后通过试验或检测排除一些假设并优化其诊断。也就是说，疾病是通过它们对人的身体的影响（即症状）被分类的。精准医学提出了一种新的医学模式或方法。疾病将不是通过其症状而是通过分子的功能进行分类、诊断和治疗的。例如，病人不是直接被诊断为 II 型糖尿病，而是通过是否有 β 细胞（分泌胰岛素）死亡或者不工作，或者不能结合的胰岛素受体蛋白（即胰岛素抵抗）等进行诊断[8]。也就是说，疾病的分类和诊断将建立在对其生物信息的综合分析和诊断基础上。此外，精准医学将利用大数据和基因分析技术发现同一种疾病将怎样以不同的方式影响不同的病人，

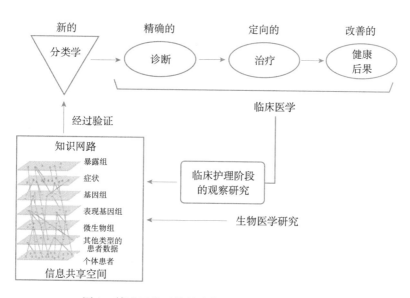

图1　精准医学时代的生物医学研究与临床医学

资料来源：National Research Council. Toward precision medicine：building a knowledge network for biomedical research and a new taxonomy of disease. Washington，DC：National Academies Press，2011：2

谁具有哪种风险和为什么疾病在不同个体身上会有不同的表现。比如一些Ⅱ型糖尿病患者可能会有截肢的风险而其他人可能不会。因此，精准医学计划能够推进对疾病的发生发展机制的理解，从而为疾病的诊断、预防和治疗提供新的方法。

精准医学计划目标有近期和远期两种。近期目标主要集中在肿瘤预防和治疗方面，如肺癌、乳腺癌、直肠癌，以及黑色素瘤和白血病等。在精准医学看来，推进预防和治疗疾病的最可靠路径是对影响每个患者健康和疾病的因素进行全面详细的了解。生命医学研究在对疾病的细化分类和确定致病因素方面不断取得进展，同时对新的预防和治疗策略的安全性和有效性的严格评估，能够降低发病率和死亡率。例如，基于肿瘤患者的基因检测结果，筛选可引起强烈免疫反应的新抗原并进行针对性的细胞免疫治疗。随着精准细胞免疫治疗各项配套技术的日趋成熟，它将在恶性肿瘤治疗中发挥越来越重要的作用[9]；随着近年来个体化诊断及治疗手段的发展，乳腺癌治疗决策已步入了精准医学的新时代[10]。远期目标是，通过对潜在因素（例如，通过基因测序技术进行的分子测量、环境因素及日益普及的移动设备捕获的其他信息）的更精确的测量和分析来重新定义我们对疾病的发生和进展、治疗反应和健康结果的理解；通过对影响健康和疾病的分子、环境、行为及其他因素的精准描述，使诊断更准确、疾病预防策略更合理、治疗选择更好，同时促进新疗法的开发。

迄今，我们在为每个病人确定最佳的治疗方法方面一直没有突破性的进展，这主要是因为对造成每个人疾病的因果关系和对治疗的反应变量的因素了解不全面。另外，有效预防疾病需要具有识别个人发病的高风险因素及对后续发展实施干预的能力。精准医学的发展在这些方面还面临诸多挑战，比如到目前为止，对阿尔茨海默病和Ⅱ型糖尿病还没有具体的预测标记物。可以说，人类基因组测序技术、生物医学分析工具和大数据的力量孕育了精准医学的新时代。随着生物医学研究与新技术的深度融合，未来的精准医学将朝更加精准地为每个病人量身定制卫生保健的方向前进。我们也可以在前沿技术的进展中看到精准医学的未来。例如，目前在大数据背景之下的深度学习，已经越来越多地应用在基因组分析和精准医学中，从而能够预测基因变体对疾病发展的影响[11]。

三、对精准医学的伦理学反思

借助于基因测序技术、生物医学分析工具和大数据的力量，精准医学希望通过考虑每个人在基因、环境和生活方式上的个体差异，为每个人量身定制卫生保健。这将在医学研究和临床实践中引发革命性的变化。一方面，我们不得不面临医学研究范式的新转变和临床实践的新模式，医学研究范式的新转变主要体现在基于大规模人口的数据挖掘和分析对于医学研究和临床的重要性的不断增长方面。另一方面，在精准医学时代，个人是生命医学研究和临床实践的重要参与者和合作者，而不再仅仅作为医疗的对象或客体。在生命医学研究和临床实践中存在着自上而下和自下而上两种进路，个人在这两种进路中都起着重要作用。从上到下进路主要表现在公共和私人机构通过收集个人的相关医疗数据，包括遗传和代谢图谱、病历，以及环境和生活方式等信息建立起规模巨大的生物医学数据库共享机制；自下而上的进路主要表现在临床实践中，如在个体化癌症医学中，个人如何参与到临床实践中并在其中产生怎样的影响。随着个人参与程度的提高，精准医学可能带来的伦理、法律和社会问题也越来越复杂。正如欧洲医学肿瘤学会（European Society of Medical Oncology）在其报告中指出的，"个体化癌症医学的新时代将影响癌症治疗的方方面面——从病人咨询到肿瘤分类、癌症诊断、治疗和结果——这需要研究人员、癌症专家、患者和其他利益相关者之间的高水平的深入交流与合作"[12]。研究机构与临床医生、病人，研究参与者和消费者，公共和商业研究部门、诊断和治疗部门之间的传统边界将变得不再清晰，在这样的背景下，如何在保护个人利益的同时，增进集体和群体的福利也变得尤为重要。

1. 隐私保护与信息共享

在精准医学时代，个人的隐私和信息安全问题将越来越突出。精准医学是信息集中的（information intensive），个人健康信息的实质性增长也是关于精准医学的伦理、法律和社会问题的一个主要来源[13]。精准医学的首要任务是建立起生物医学数据库共享机制，从而为疾病的分类、诊断和治疗等奠定基础，在此过程中个人是必不可少的参与者。临床生物样本和人群的健康信息、医疗数据，包括遗传和代谢图谱、病历，以及环境和生活方式等信息都涉及个人的隐私。这些信息在收集、存储、分析和使用的过程中可能都会触及或打破个人隐私和信息安全的边界。例如，将个人的基因和组织样本、临床健康数据、实验室和扫描测试，以及生活方式监控（如卡路里的消耗和支出，环境因素，睡眠情况——研究者可以通过你的运动追踪设备挖掘你所有的数据）等信息提供给医学研究机构，这些信息在通过移动设备和无线传播来收集、存储、分析、使用和再使用的过程中增加了侵犯隐私的机会。一方面，在基于大规模人口的数据收集和研究背景下，个人利益和公共利益之间的紧张关系及个人基因组信息的常规可用性[14]，也使个人隐私和信息安全的保护面临诸多挑战。另一方面，通常的信息保护措施，如去身份化，撤销同意，严格限制信息的接触、存储和使用，极有可能阻碍这些数据和样本的最优使用及医学研究的进步。因此，精准医学带来的首要伦理问题在于，如何解决个人的隐私保护和信息共享之间的价值冲突。这一问题的解决将关系到精准医学的成功与否。因为没有信息的共享，精准医学几乎无从谈起；但如果不解决隐私保护的问题，精准医学也会失去公众的支持。

2. 知情同意问题

尊重个人的知情同意权是生命伦理学中的一项重要原则，也是医学研究和临床实践中的通用做法，它有助于保护个体免受伤害，有助于参与者在了解相关信息的基础上做出自愿选择，从而保护参与者的权利和福利。然而，越来越多的学者指出，在为研究获得知情同意的经典互动中，研究者向潜在参与者呈现关于新的治疗、诊断或预防性干预的信息，然后要求参与者阅读和签署详细的书面同意文件，这个传统的知情同意模式正在变得过时[15]。尤其，在精准医学时代，如果知情同意旨在以参与者为中心，并为其提供可以用来做出决定的必要信息，而不仅仅是签署一个法律文件，那么，对于研究者和临床医生来说如何获得个人的知情同意将是一个巨大的挑战。比如在对肿瘤的精准化治疗过程中，由于每个患者肿瘤的异质性，它的分子进化机制及其与药物反应和抗药性的关系异常复杂，很多肿瘤病人很难理解药物基因组学测试的目的和复杂性。如果想要获得病人的知情同意，大量的信息需要传达给患者。在这里与病人的沟通变得非常重要。这方面，无论是从方法上来看，还是在时间和内容方面，都对医务人员提出了挑战。如果详细沟通和讨论每一个细节，往往会使信息超载，病人在短时间内很难消化，从而潜在地影响病人的理解和决策。另一类特别的挑战还包括，对肿瘤的未知变异、偶然发现及其社会心理意义的解释在病人的知情同意过程中的未知影响[16]。此外，随着基因测序技术的普及，保持对遗传信息的不知情也是一种权利，因为这种知识可能改变我们对整个未来生活的预期。如果基于个人的基因测序成为一种常规性的卫生保健流程，保持不知变得不再可能，那么知识在这里给我们带来的将不是更多的自主[17]。

精准医学知识网络的形成离不开公共和私人机构通过收集个人的相关医疗数据，包括遗传和代谢图谱、病历，以及环境和生活方式等信息建立起规模巨大的生物医学数据库共享机制，在此过程中，个人健康信息主动或被动地收集、存储、分析和使用，这不仅涉及个人隐私和信息安全的问题，同时涉及对个人知情同意权的保护问题。一方面，与传统的干预性临床研究的风险不同，一般认为在精准医学的新研究范式下，参与者的风险水平较低，且通常认为主要是信息的[18]。因此，有人认为，涉及大数据集的挖掘或对去身份的生物样本的分析，知情同意可能是不必要的。另一方面，对于精准医学研究中其他新兴的临床研究范式，如基于应用程序的移动健康研究和去身份的集群临床数据研究等，我们也需要寻找知情同意的适当的方法，实现知情同意方法的现代化转变和改进。知情同意的伦理目标和考虑研究背景的重要性应该指导我们将信息技术吸收到研究和知情同意过程，并开发基于证据的创造性和有效性的知情同意实践。

3. 自主决策与责任问题

随着基因组测序技术和知识的普及以及成本的大幅降低，过度"责任化"和"消费化"的问题也越来越突出。在精准医学或个体化医学的时代，个人被赋予了更多的对自己的卫生保健方面的责任，个人常常被鼓励更加积极地参与到自己的医疗保健中去。一方面，私人机构为个人提供的医疗保健服务增加了个人的选择和消费机会，甚至公立医疗保健服务也越来越以用户为导向（user focused）；另一方面，商业公司抓住了医疗保健中的消费主义倾向和新技术提供的可能性，开始在医疗保健体系中占有一席之地[19]。例如，个人基因组学产业已经成为个体化医学的一个商业分支，直接面向消费者的可获得的癌症遗传易感性测试已经出现[20]。然而，个人与医疗专家之间的信息和知识鸿沟，病人本身所处的不稳定状态及对"最后机会"疗法的盲目，往往使患者自身认识不到癌症治疗的目标（治愈、延长寿命，减轻症状等）和对治疗的期望之间的本质区别。在此背景之下，个人的自主决策在多大程度上可以被采纳？个人的自主决策是否指向最优方案？个人的自主决策能否承担所有医疗后果的责任？此外，我们还必须注意到，多数时候个体化医学的支持者们倾向于个人责任（individual responsibility）和患者授权（patient empowerment）的话语，这种话语是否会进一步增加病人的负担？医务人员的责任边界又在哪里？由于病人对新的医疗技术的过高期望，在诊疗的过程中把每一步的决定权都交给病人是否就是对病人权益的尊重？如果不是，那么病人自主决策的界限又在哪里？因此，在精准医学时代，如何让个人做出符合自身利益和需求的决策还需要更多的保障措施和安排。

4. 公正问题

精准医学也提出了公共卫生服务的公平性的问题。精准医学会进一步增加或减少健康差异吗？一种高科技的个体化治疗方法只提供给那些具有高端医疗保险计划的人吗？具有某些疾病的基因亚型会增加或减少对这种疾病的歧视吗？世界上越来越多的人获得了全基因组测序，并且发现每个人都有多样的基因突变导致的个体差异，在这种情况下，谁将决定什么被治疗，根据什么决定治疗？以及何种程度上的生理特征会被认作是健康的、正常的或可期待的？[21]这些问题都不同程度地涉及宏观或微观层面的公正问题。

目前，虽然新的癌症靶向治疗方法提供了最好的治疗选择，但是这些靶向药物可能非常昂贵，从而导致是否接受治疗取决于病人的经济状况。另外，个体化疾病治疗的预测性检测由于医疗系统的成本控制、国家或地区间的贫富差距等，对世界大多数人口来说是不太可能的。因此，医疗保健政策是否应该主要以经济考量为主？当个人患有癌症时，要求接受社会资助的靶向治疗是否是一个合理的请求？我们是否需要进行卫生保健配给和优先权设置？这些问题引发的关于医疗资源公正分配的伦理担忧促使我们反思和寻找更加智慧和公平的方法。

在临床实践中，医疗决策也嵌入着关于公平的伦理考量。虽然将基因预测和诊断整合进医疗保健系统可以促进对每个病人更好的治疗，但是，在医疗保健过程中个人基因组信息的使用应该作为一个必须考虑的理由吗？使用这种信息是否会导致个人的社会心理压力，或者侮辱和歧视的风险？基于基因信息的排除是否会导致个人接受不公平的治疗？[22]另外，许多癌症风险预测模型往往是基于特定人群的发病概率。比如，乳腺癌在非裔美国人、西班牙裔和亚裔中的发病风险是不同的，医疗机构根据风险评估分数做出的医疗决策能否使这些种群的人们获得最优的治疗？[23]

癌症很大程度上是一种老年性疾病。对所有这类致命的医学问题，我们都要同等地投入同样多的资金和努力来寻找相对有效的生命延长干预措施，还是将资金投入到能够改善大多数人的健康水平的领域？为了控制对癌症治疗的社会投入，是否应该限制精准治疗药物用于 75 周岁以上的老年人？这是否是一个在伦理上得到辩护的选择？这听起来显然在伦理上是极端危险的，但依从现状选择在伦理上往往更成问题：具有完善医疗保险的个人能够低成本地获得精准医学药物，而那些拥有便宜的并且自付率较高的医疗保险的个人根本不可能支付得起这些药物，这意味着"支付能力"（ability to pay）将决定谁可以获得这些药物。尽管对这些药物研发的公共投入包含所有纳税人的贡献。这种结果是伦理上可接受的吗？在这里，没有一个问题能够简单作答，所有这些问题都涉及公正在临床实践中的模糊性，忽视精准医学带来的伦理模糊性，可能让我们没有道德理由拥抱精准医学[24]。

四、结　语

精准医学致力于通过考虑每个人在基因、环境和生活方式上的个体差异，为病人提供最优的治疗来满足个体化的需求。在此意义上，精准医学无疑可以改变人类对抗疾病的历史。精准医学带来的革命性变化，不仅在于基于药物基因组学的个体化药物治疗，它可能导致全新的个体化医学的未来模式。然而，在疾病的分类、预测、诊断和治疗过程中，基于个人基因组信息的治疗决策的复杂性及个人的深度参与，可能导致不确定的伦理后果和影响。目前，与精准医学相关的伦理问题主要发生在生命医学研究、临床实践和政策制定、规范与监管的语境中。我们也看到，经典生命伦理学的有利、不伤害、尊重和公正的原则虽然继续有效，但在精准医学相关的实践语境中，已经很难很好地为生命医学研究和临床实践提供坚实的、无争议的辩护。因此，在精准医学研究和临床实践中，一方面我们要秉持"参与者第一"（participant first）的原则，以适当的和道德的方式，满足各利益相关者的需求[25]；另一方面我们也应该意识到，伦理学不应该是一个禁止性的工具，而应该成为一个具有批判性同时提供建设性的工具。就此而言，精准医学不仅带来了医学研究范式和临床实践模式的转换，也对生命伦理学提出了新的挑战。面对精准医学的伦理和社会问题，我们急需在伦理学的理论和应用策略方面有所创新，只有这样，伦理学才能与科学同行。

参考文献

[1] The White House, Office of the Press Secretary. Remarks by the President in State of the Union Address. https://www. whitehouse. gov/the-press-office/2015/01/20/remarks-president-stateunion-address-january-20-2015[2015-01-20].

[2] Precision Medicine Initiative Working Group. The Precision Medicine Initiative Cohort Program-Building a Research Foundation for 21st Century Medicine . 2015-09-17, 1.

[3] The White House, Office of the Press Secretary. Fact Sheet: President Obama's Precision Medicine

Initiative. https：//www. whitehouse. gov/the-press-office/2015/01/30/fact-sheet-president-obamas-precision-medicine-initiative［2015-01-30］.

［4］ The Foundation for Genomics and Population Health. Many Names for One Concept or Many Conceptsin One Name? http：//www. phgfoundation. org/file/13380［2016-03-01］.

［5］ National Research Council. Toward Precision Medicine：Building a Knowledge Network for Biomedical Research and a New Taxonomy of Disease. Washington，D. C. ：National Academies Press，2011：7.

［6］ The White House. The Precision Medicine Initiative. https：//www. whitehouse. gov/precision-medicine［2016-02-27］.

［7］ 徐书贤. 精准医学的喧嚣前行. 中国医院院长，2016，(1)：36-37.

［8］ Klugman C. Precision Medicine Has Imprecise Ethics. http：//www. bioethics. net/2015/02/precision-medicine-has-imprecise-ethics［2015-02-18］.

［9］ 钱其军，吴孟超. 肿瘤精准细胞免疫治疗：梦想照进现实. 中国肿瘤生物治疗杂志，2015，22(2)：151-157.

［10］ 江泽飞. 乳腺癌治疗决策：从个体化治疗到精准医学. 中国实用外科杂志，2015，35(7)：697-700.

［11］ Rusk N. Deep learning. Nature Methods，2016，13(1)：35.

［12］ Ciardiello F，Arnold D，Casali P G ，et al. Delivering precision medicine in oncology today and in future——the promise and challenges of personalized cancer medicine：a position paper by the European Society for Medical Oncology (ESMO). Annals of Oncology，2014，25(9)：1673-1678.

［13］ Brothers K B, Rothstein M A. Ethical, legal and social implications of incorporating personalized medicine into healthcare. Personalized Medicine,2015，12(1)：43-51.

［14］ Lunshof J E. Personalized medicine：new perspectives——new ethics? Personalized Medicine，2006，3(2)：187-194.

［15］ Grady C，Cummings S R，Rowbotham M C，et al. Informed consent. The New England Journal of Medicine，2017，376(9)：856-867.

［16］ Egalite N，GroismanI J，Godard B. Personalized medicine in oncology：ethical implications for the delivery of healthcare. Personalized Medicine，2014，11(7)：659-668.

［17］ Chadwick R. The ethics of personalized medicine：aphilosopher's perspective. Personalized Medicine，2014，11(1)：5-6.

［18］ Pullman D，Etchegary H，Gallagher K，et al. Personal privacy, public benefits, and biobanks：A conjoint analysis of policy priorities and public perceptions. Genetics in Medicine，2012，(14)：229-235.

［19］ Nuffield Council on Bioethics. Medical Profiling and Online Medicine：The Ethics of 'Personalised Healthcare' in a Consumer Age. http：//nuffieldbioethics. org/project/personalised-healthcare-0.［2016-03-02］.

［20］ M Arribas-Ayllon. Personalized medicine and promissory science// Callahan D, Singer P, Chadwick R, et al Encyclopedia of Applied Ethics (second edition). Oxford：Elsevier，2012：422-430.

[21] Fitzgerald K. The challenges of precision medicine. Health Progress, September-October, 2015, 96(5):74-76.

[22] McClellan K A, Avard D, Simard J, et al. Personalized medicine and access to health care: potential for inequitable access?. European Journal of Human Genetics, 2013, 21(2): 143-147.

[23] Kurian A W. BRCA1 and BRCA2 mutations across race and ethnicity: distribution and clinical implications. Current Opinion in Obstetrics & Gynecology, 2010, 22(1): 72-78.

[24] Fleck L. Precision medicine/ambiguous Ethics? http://msubioethics.com/2015/02/19/precision-medicine-ambiguous-ethics[2016-02-27].

[25] Nicol D, Bubela T, Chalmers D, et al. Precision medicine: drowning in a regulatory soup?. Journal of Law and the Biosciences, 2016, 3(3): 1-23.

Reflections on the Future of Precision Medicine

Wang Guoyu[1,2], *Li Lei*[2]

(1. University of Fudan;

2. Dalian University of Technology)

After US President Obama put forward the "Precision Medicine Initiative" in the State of the Union in 2015, governments, the medical profession, academia, industry and the public have paid much attention on precision medicine, and consider the new medical age is coming. In the era of precision medicine, medical research and clinical practice have become more and more individualized, and it is committed to provide optimal plans for prevention, diagnosis and treatmentfor each person by considering individual differences in genes, environment and lifestyle, etc. In this sense, precision medicine can undoubtedly change the history of human fighting against disease. However, with the development of human genome sequencing technology, biomedical analysis tools and biomedical big data, the complexity of clinical decisions based on individual genomic information in the process of classification, prediction, diagnosis and treatment of diseases, as well as individual in-depth participation, may lead to unknown ethical dilemmas. Although the goal of precision medicine is precise prevention, diagnosis and treatment of diseases, the scientific research, clinical practice, and ethical consequences associated with precision medicine can be fraught with uncertainty.

In the face of the ethical, legal and social issues raised by the new medical research paradigm and the in-depth personal involvement in the era of precision medicine, we need innovative tools, strategies and frameworks.

5.2　基因编辑的伦理争议

范月蕾　王慧媛　于建荣

（中国科学院上海生命科学信息中心）

基因编辑技术并不是一项新技术，这种通过在基因组水平上对 DNA 序列进行改造来改变遗传性状的操作技术在生命科学领域已经发展了很多年。2012 年，CRISPR/Cas9（clustered regularly interspaced short palindromic repeats/CRISPR-associated 9）技术的出现，令人们看到了其无限的可能性，使其一跃成为全球生命科学研究的焦点。CRISPR/Cas9 被称为第三代基因编辑技术，与 ZFN、TALEN 这前两代基因编辑技术相比，呈现出廉价、便捷、精确、通用等多方面的优势，大大提升了基因编辑的潜能。2013 年，CRISPR/Cas9 被 *Science* 期刊评为生物学十大突破之一。2015 年，CRISPR/Cas9 基因编辑技术又再次被 *Science* 期刊评为年度十大科技突破之首[1]。

在技术发展得如火如荼的同时，基因编辑蕴藏的伦理风险也逐渐显现，这些负面影响使人们对其飞速发展过程中可能的研究"失控"表示担忧。2015 年 3 月，我国科学家黄军就在 *Protein & Cell* 期刊刊发的人类受精卵基因编辑的论文所带出的不受伦理约束的人类胚胎基因编辑研究问题将基因编辑的伦理争议推向高潮。自此，基因编辑技术受到越来越多的伦理与道德质疑，有关基因编辑的伦理监管问题在全球范围内引发了激烈的讨论。2017 年 2 月，人类基因编辑研究委员会正式发布《人类基因编辑的科学技术、伦理与监管》报告，提出了人类基因编辑的基本原则，各国政府与国际机构也纷纷召开讨论会，出台相关规范与法律，积极探索并不断完善基因编辑技术的科学监管，共同推动基因编辑研究的有序发展。

因此，本文在回顾基因编辑技术发展过程中引起重大争议的研究事件的基础上，着力探讨基因编辑技术可能引发的伦理问题，通过对比国际社会对基因编辑伦理问题的应对措施与监管规则，以及我国在基因编辑领域的伦理监管现状，为我国基因编辑的伦理建设提供发展建议。

一、基因编辑技术发展引发伦理争议

基因编辑技术的大热触发了基因编辑领域的研发热潮，随着利用 CRISPR/Cas9 方法操控细胞和组织的研究不断增加，研究者们开始尝试在人类卵细胞、精子甚至胚胎上试验这一技术，基因编辑领域的伦理问题不断凸显。2013 年年初，关于这项技术可被用于编辑人类干细胞基因和改造整个生物体（斑马鱼）的几篇文章，成为争议的开端。2014 年 2 月，研究者利用 CRISPR/Cas9 精确改变了食蟹猴胚胎基因组，意味着人工的遗传改变可以在食蟹猴的后代中传递[2]。2015 年 4 月，中山大学生命科学学院的"80 后副教授"黄军就在 *Protein & Cell* 期刊发表了编辑人类胚胎相关的论文[3]。该论文报道了黄军就团队成功修改了人类胚胎的 DNA，为治疗一种在中国南方儿童中常见的遗传病——地中海贫血症提供了可能。这是 CRISPR/Cas9 技术首次应用于人类胚胎编辑，由此引发基因组编辑技术伦理和监管问题的巨大争议。黄军就也因此入选了 *Nature* "2015 年度十大人物"。关于这项研究，*Nature*、*Science*、*Cell* 等国际顶级期刊都肯定了其潜在的科学价值，但考虑到其复杂的伦理和安全争议问题而先后拒稿，其顾虑在于这类成果的高调亮相是否会产生强烈的示范效应，导致误用，乃至滥用，后果不堪设想。随后，学界围绕在没有充分进行伦理讨论、没有出台伦理准则和审查程序，以及监管不到位的前提下，是否应该暂缓基因编辑技术研究的问题上争论不休。同时，基因编辑技术可能带来的国家安全问题也吸引了各方的关注。2016 年的《美国情报界年度全球威胁评估报告》将"基因编辑"列入了"大规模杀伤性与扩散性武器"威胁清单[4]，该报告认为这种有双向用途的技术分布广泛、成本较低、发展迅速，任何蓄意或无意的误用，都可能引发国家安全问题或严重的经济问题。基因编辑注定成为最受关注的生物技术之一，无论是在科技领域、资本市场还是更为敏感的政经领域。

基因编辑所可能引发的伦理风险是多层面的，由于技术本身的不确定性及作用对象的复杂性，在健康、环境、经济及社会等方面均存在许多不确定性及非预期效应。

1. 技术本身对人体健康带来的影响

CRISPR/Cas9 技术的"魔力"很大层面来自于其在疾病治疗领域体现出的无线潜力，包括构建衰老模型[5]、编辑艾滋病病毒[6]、剪切乙型肝炎病毒[7]等，尤其是成功编辑 T 细胞，为与自身免疫疾病、艾滋病、乙型肝炎等多发性疾病或者遗传性缺陷提供了新的治疗途径。在"第一杀手"癌症的研究领域中，CRISPR 技术更是大放异彩。研究人员已成功利用 CRISPR 技术鉴别和筛选癌症相关基因[8]、精准控制基因表达[9]、构建癌症模型[10]、模拟癌症基因的效应。2016 年 6 月，美国国立卫生研究院（NIH）下属的重组 DNA 咨询委员会分析了 CRISPR 技术的潜力、安全性，以及潜在的伦理问题后，一致批准它应用于人体。这意味着美国正式批准 CRISPR 技术用于人体基因编辑。基因编辑作为一项新技术为疾病治疗带来机遇的同时，其技术本身还有许多不稳定与不成熟的地方。

首先面临的一个问题是被修复的细胞如何有效存活。疾病需要在活着的人体内矫正基因，因为如果细胞首先被移除、修复然后再放回去，很少有细胞能存活下来。在体内治疗细胞的需求意味着，基因编辑和基因转移一样，在运送细胞上面临着很多相同的挑战。

其次是脱靶带来的癌症风险。被期望剪下特定 DNA 序列的 Cas9 酶可能会继续删减基因组的其他部分，而这会带来增加突变患癌的风险。迄今为止，研究人员通常只能利用病毒载体将针对 Cas9 的 DNA 运送到细胞中，从而使其在体内的组织中发挥作用。这导致即便是针对性很强的 Cas9 也会继续进行脱靶剪切，而身体也将增加对这种酶的免疫反应。

另外，被修饰细胞的数量很难控制，这是由胚胎细胞的特殊性所决定的，胚胎细胞会不断分裂，利用 CRISPR/Cas9 技术将致病基因剪切之前，细胞可能就开始分裂，导致一些胚胎细胞得到了修饰，另一些胚胎细胞却得不到修饰。

2. 从生命深处干预生命机制的方式对生命体生命完整性的影响

基因编辑技术为了达到定向修饰的目的，删除、插入、替换、激活或者关闭生物体内的目标基因，从一定程度上损害了"基因完整性"和"物种完整性"。但是如果基因编辑是出于治疗的目的，在伦理学上是可以接受的，如辛格的"动物解放论"、雷根的"动物权利论"和泰勒的"生物中心论"都持有类似的观点。"基因敲除狗"和"抗疟疾斯氏按蚊"都是损害物种完整性的典型例子。虽然基因编辑研究的出发点一般是好的，但是被用于增强型编辑的可能性仍在伦理学家中广受诟病。增强型编辑的可能性主要分为两种：一种是刻意地对基因进行增强，这在目前一般不被认可；另一种是为治病的治疗，然而，治疗疾病和增强功能之间的边界往往很模糊。例如，研究人员表明 GRIN2B 基因与自闭症谱系障碍有关，因此体内 GRIN2B 蛋白突变量的增加与认知能力的提高有关，修饰该基因可以防止自闭症的发生，也可能使受助者的能力强于一般人群[11]。

3. 个体基因信息的泄露可能对个人隐私造成侵犯

基因编辑技术还存在侵犯个人隐私的可能性，包括因个体差异带来的"基因歧视"。基因编辑技术的发展需要大量试验项目的支撑，基因组数据的共享虽然有助于技术的传播与推进，但也涉及大量的隐私问题。因为人的基因信息不只属于个人，也属于与他有血缘关系的后代和亲属。如果数据的公开未经所有相关人士的同意，在一定程度上就是侵犯了他们的个人隐私。与基因相关的隐私会带来许多社会问题，比如"基因歧视"。未来，学校可能会拒绝遗传背景不够好的学生入学，雇主可能会不雇佣存在遗传风险的求职者，保险公司可能拒绝卖重大疾病保险给高风险人群等。然而，从本质上看，个体相貌、性格、能力等不仅受到基因的影响，与个体的生长环境和生活环境等后天因素有着更为直接的关系。因此，"以基因论高低"与种族优劣论同样，是种偏颇的社会歧视心理。

4. 基因编辑的发展可能加剧社会不公

基因编辑问题可能引发的社会不公存在于两个层面：一个是以治疗为目的的医疗不公。基因编辑技术为很多疾病的治疗带来了新的可能性，而它的医疗价格也是非常昂贵的。基因编辑技术的发展可能会使由社会贫富差距造成的医疗资源分配不公的情况更为凸显。另一个是通过对人体胚胎基因编辑实现人体增强的行为，也就是利用基因编辑技术"优化"婴儿。基因编辑是可以遗传的，对特定人群进行永久性的基因"强化"所导致的社会不公会引发严重的社会问题，是目前国际社会坚决抵制的。

5. 基因编辑技术给国家生物安全带来挑战

由于基因编辑技术具有便捷、简单、高效等特点，若被误用，乃至滥用，如生物骇客可能会利用基因编辑技术来发明有害的病毒或细菌，恐怖分子将其用以制造生物武器、反人类试验等恐怖活动，对于人类而言会是毁灭性的灾难。基因编辑技术 CRISPR/Cas9 是一种人为地创造新物种的有效手段或方法，从理论上来说，它可以在较短的时间内创造新的物种，包括新的病毒、新的支原体、新的细菌、新的真菌、新的植物、新的动物甚至新的人类，因此不能否认若疏于监管，基因编辑被滥用的可能性是存在的。此外，即使是出于积极的目的，对基因编辑的"副作用"人类也知之甚少。

二、国际社会积极应对基因编辑技术带来的伦理挑战

黄军就的工作发表不久，国际社会便针对基因组编辑的伦理问题做出了积极反应。2015 年 5 月 18 日，美国国家科学院（NAS）和美国国家医学院（NAM）宣布开展"人类基因编辑行动计划"（Human Gene-Editing Intiative），成立人类基因编辑研究委员会，为人类基因编辑制定指导准则并于 2015 年 12 月举办了国际人类基因编辑

峰会，中国科学院也参与其中。与会专家就人类胚胎基因编辑发布联合声明，表示现阶段可在适当的法律法规、伦理准则的监管下开展相关基础研究和临床前研究，也可开展针对体细胞的临床研究与临床治疗。鉴于目前基因编辑的安全性和有效性问题尚未解决，且未达到临床应用标准，现阶段应禁止对人类胚胎和生殖细胞进行基因编辑。但是，随着科研和社会认知的发展，其临床应用可重新进行评估。

与美国的谨慎态度不同，2015 年 9 月 2 日，包括威康信托基金会、医学研究委员会等在内的 5 个英国研究组织发表声明，称支持继续使用 CRISPR/Cas9 进行研究，当道德和法律允许时，也可用于人类胚胎。2015 年 9 月 18 日，英国伦敦 Francis Crick 研究所的研究人员 Kathy Niakan 向人类胚胎管理局（Human Fertilisation and Embryology Authority，HFEA）申请利用基于 CRISPR/Cas9 系统的技术对人类胚胎进行编辑，从而研究人类的早期发展。该申请已于 2016 年 2 月正式通过。这是国家级监管机构首次对基于 CRISPR 技术进行人类胚胎编辑放行。

此外，2016 年 4 月，日本生命伦理专门调查委员会宣布：允许日本相关机构在基础研究中"编辑"人类受精卵的基因，但出于安全和伦理方面的考虑，不允许将该技术应用到临床和辅助生殖中。

经过长达 14 个月的工作，2017 年 2 月 15 日，人类基因编辑研究委员会在美国华盛顿正式就人类基因编辑的科学技术、伦理与监管向全世界发布研究报告，并从基础研究、体细胞、生殖细胞/胚胎基因编辑三方面提出相关原则[12]。报告指出，基础研究可"在现有的管理条例的框架下进行，包括在实验室对体细胞、干细胞系、人类胚胎的基因组编辑来进行基础科学研究试验"；对体细胞基因编辑可利用现有的监管体系来管理，要把临床试验与治疗限制在疾病与残疾的诊疗与预防范围内，在应用前要广泛征求大众意见；在生殖（可遗传）基因编辑方面，开展临床研究试验要有令人信服的治疗或者预防严重疾病、严重残疾的目标，"并在严格监管体系下使其应用局限于特殊规范内"。同时报告强调，任何可遗传生殖基因组编辑"应该在充分的持续反复评估和公众参与条件下进行"。为此，委员会特别提出了 10 条规范标准，在美国的限制措施过期之前，或在没有法律禁止进行此类研究的国家，符合以下标准的情况下，可以开展可遗传生殖系统基因编辑。这些标准主要包括如下几个方面。

（1）缺乏其他合理可行的替代疗法。

（2）仅限于预防某种严重的疾病。

（3）仅限于编辑已经被证实会致病或强烈影响疾病的基因。

（4）仅限于将此类基因转入人群中普遍存在的基因版本，并已知与健康相关，且没有或者很少不良反应。

（5）提供可信的临床前和临床数据表明研究过程中的风险和潜在的健康益处。

（6）在试验过程中，对研究参与者的健康和安全持续进行严格监督。

（7）长期、多代跟踪研究的综合性计划，并保证对个体自主性的尊重。

（8）在保护患者隐私的前提下保证最大透明度。

（9）利用广泛的公众参与和投入，进行持续的健康及社会福利和风险评估。

（10）建立可靠的监督机制，防止延期使用，防止严重的疾病或情况发生。

三、国内基因编辑技术迅速发展， 伦理监管亟待加强

随着基因组编辑技术的快速发展，我国对基因组编辑技术的重视和资助也日益增加。2014 年，国家自然科学基金共资助了 31 个 CRISPR 技术相关项目，总获批金额1300 万元左右。2015 年，国家自然科学基金共资助 57 项 CRISPR 技术相关项目，较2014 年明显上升；获批总金额超过了 3100 万元，是 2014 年的两倍多。中国科学院上海生命科学研究院李劲松研究员的项目"孤雄单倍体胚胎干细胞携带 CRISPR/Cas9文库用于筛选胚胎发育关键因子的研究"获资助金额达 278 万元，位于所有项目之首。在 2016 年 6 月发布的《"十三五"国家科技创新规划》中，多章节内容与生物医药相关，涉及免疫治疗、基因治疗、细胞治疗、基因编辑技术、精准医疗等多个热门领域。其中，在构建具有国际竞争力的现代产业技术体系中，规划规定发展先进高效生物技术，基因编辑技术是重点部署的前沿共性生物技术之一。

在国家的大力支持下，我国在基因组编辑技术领域不断取得突破，在 CRISPR 技术应用于疾病治疗的研究方面走在全球前列。2016 年，我国四川大学华西医院卢铀教授团队宣布开启全球首个 CRISPR 技术的人体应用，用于肺癌治疗。这项临床试验的招募对象是患有非小细胞肺癌，且癌症已经发生扩散，化疗、放疗及其他治疗手段均已无效的患者。按计划，卢铀教授的团队从招募的患者体内分离出 T 细胞，并利用CRISPR 技术对这些细胞进行基因编辑，敲除这些细胞中抑制免疫功能的 PD-1 基因，并在体外进行细胞扩增。当细胞达到一定量后，输回患者体内，对肿瘤进行杀伤。这项临床试验在 2016 年 10 月正式启动，10 月 28 日，首名患者接受了这些经 CRISPR技术改造的 T 细胞的治疗。Nature 期刊 11 月对该试验进行跟踪报道[13]，研究团队表示试验进展非常顺利。

我国科学家在基因编辑技术领域取得了诸多成绩，国内外非常重视中国在此技术领域的贡献。在基因编辑的研究和应用方面，我国极有可能成为国际同行的并行者甚至是领跑者。而在国际竞争领域中，伦理责任已经成为新一轮科技竞争的重要方面。这意味着，我国应当在基因编辑领域承担相应的伦理责任，参与相关国际管理政策的制定，掌握科技发展话语权，积极主动地应对基因编辑伦理问题所带来的挑战，这样

才能在技术发展浪潮中，真正立于不败之地。

与科技发达国家相比较，我国在新兴技术的伦理问题研究及风险管理方面仍然滞后，这种滞后局面与我国生命科学的发展阶段不相适应，并且可能成为我国生命科学发展的一大掣肘。我国没有专门针对基因编辑相关伦理问题管理的法律法规，对基因编辑的研究和临床应用的指导和规范，参考关于人体胚胎干细胞管理规范的《人胚胎干细胞伦理指导原则》，以及对基因治疗技术进行监管的《医疗临床应用管理办法》等；在基础科研领域，国内相应的伦理管控并不严格，科研项目在申报和立项过程中，甚至没有伦理审查；国内在新兴技术的伦理问题上已经有着血的教训，如几年前我国干细胞临床治疗的乱象，在打乱国内干细胞研究正常秩序的同时，也破坏了我国的科学形象；国内学界为了占领科技竞争制高点，不顾伦理争议、认为科学家不必为伦理负责的现象也较为普遍；这些都显示着我国在新兴技术的伦理问题上的意识淡薄。而随着器官移植、干细胞治疗、辅助生殖等高新生命技术的出现与发展，随之而来的是更多的伦理学挑战，同样需要科学与伦理的理性对话。因此，我国迫切需要对基因编辑的伦理问题展开研究，使其伦理风险管理及相关战略研究方面跟上科学技术发展的步伐，为科学技术的健康发展保驾护航。

在 2014 年 5 月 10～12 日举办的香山科学会议上，相关专家便以"基因组编辑前沿技术：应用、生物安全与伦理"为题对基因组编辑技术涉及的相关问题进行了讨论。专家普遍认为，规范新一代基因组编辑技术的应用势在必行。基因组编辑不可避免地会带来生物安全与社会伦理等诸多关系到国计民生的问题，为抢占先机，建议国家有关部门尽快制定相关政策，按照不同应用领域的具体情况，制定相应的行业使用规范与指南，以促进该技术在应用领域的良性发展。例如，在农作物和家禽家畜育种方面，应明确该项技术与转基因技术的异同，将两者区别对待，分别管理。可以考虑将监管的重点放在最终的产品上，如果在最终产品中并没有引入外源基因，而只是造成了内源基因在序列上的小范围改变，或者只是模拟了自然界本来就存在的某种突变，或者是通过自然杂交或诱变育种的方式可以获得的突变，可以考虑将基于这一技术制造的生物材料进行登记管理，作为常规育种材料对待。在具体操作层面上，也可以学习美国的方式，即转基因管理机构拒绝对这类材料进行管制，从而自然实现这类材料的常规化应用。

2016 年 6 月举办的香山科学会议，再次以"基因组编辑的研究和应用"为主题，重点针对基因编辑技术的研发及其在生命科学基础研究、农业畜牧业育种及基因治疗等医学领域的应用，防范基因编辑研究可能带来的生物安全风险和伦理争议，推动我国在基因编辑技术应用和监管方面的政策规范制定，对提升我国在基因编辑相关科学前沿、重大应用及下游产业化等领域的国际竞争力等议题进行讨论。专家普遍认为，基因组编辑技术本身的迅速发展令人称快，但中国基因编辑研究处于相对无序的状态，在系统科学布局，以及相关伦理学、管理和法律法规方面相对薄弱，亟待加强布局。与会专家建议，应尽快部署基因编辑技术的监管和伦理学研究，对可能带来巨大伦理和社会问题的基因编辑工作应设定严格的边界，禁止临床试验和应用。此外，专家也呼吁应对基因编辑技术的原始创新和专利保护给予高度重视，为我国在基因编辑的临床转化和市场化应用方面争取主动权和话语权。

为了进一步深入研究基因编辑技术带来的伦理问题，为我国应对基因编辑技术的伦理挑战提供咨询参考。2016 年 10 月，中国科学院学部科学道德委员会批准设立由许智宏院士主持的研究项目"基因编辑的伦理问题研究"。该项目力求围绕基因编辑技术的发展，全面系统地梳理我国基因编辑技术所带来的伦理问题，并揭示产生问题的原因，从而厘清基因编辑伦理管理的重点难点；基于重点难点，梳理相关技术领域的管理规范，厘清哪些规范为现成可用，哪些规范可以更新或完善后用，同时提出哪些方面需要制定新规范，以期为政府、行业制定新规范提出可操作的建议和意见。与此同时，期望通过项目搭建一个会聚自然科学家和人文科学家的平台，率先尝试以基因编辑技术发展为先例，打破自然科学和人文科学之间长期割裂的现状，一定程度形成我国促进多学科交叉发展的先例，同时形成对基因编辑技术伦理研究的共识/宣言，并在一定程度上向国际争取我国在基因编辑技术发展方面的话语权，并尝试在基因编辑领域搭建向公众传播的渠道。

四、引领与超越：我国基因编辑伦理建设的发展建议

虽然基因编辑存在着诸多伦理风险，但其也拥有着广阔的应用前景，是欧美等发达国家和地区重点投入的科技领域。因此，如何在大力推动该领域研究及应用的同时，及时制定严格有效的监管措施和伦理规范，是中国政府和科学界应重点考虑的问题。

1. 把握基因编辑创新机遇，占据全球基因编辑研发高地

我国对基因编辑一直高度重视，取得了一系列具有国际影响力的成果。例如，我国科学家率先利用被称为"基因剪刀"的 CRISPR 技术建立大鼠、猪等重要模式和经济动物的基因修饰模型；中山大学黄军就博士和广州医科大学范勇博士的两个团队首次将 CRISPR 技术应用于人类胚胎的基因编辑，探索疾病的基因治疗途径；应该说，我国科学家在推动全球基因编辑发展方面起着重要的作用，得到了国际社会的高度认同。

基因编辑作为一项新兴技术，是我国和发达国家同步，甚至引领全球技术发展的重要领域。我国应把握基因编辑的创新机遇，持续投入，占据全球基因编辑的研发高地。

从科研角度，首先，我国应加强基因编辑技术的原始创新和专利保护。基因编辑技术在靶向修饰的精度与效率、降低脱靶效应等方面仍有很大改进与完善的空间，在将其真正用于疾病治疗等应用前，还有很多问题需要解决。我国应抓住这个契机，鼓励、支持科研人员开展源头技术探索，创建原创性、具有自主知识产权的基因编辑技术。

其次，我国应尽快制定有利于基因编辑研究成果转化的相关政策，加速推动基因编辑技术用于重大疾病治疗的研究。例如，针对基因编辑技术的专利审批建立快速通道，同时借鉴干细胞治疗的临床管理办法等，制定适合中国国情的基因治疗管理办法，促进和保障基因编辑技术临床转化工作的顺利开展。

2. 完善监管与科研审批体系，尽快填补基因编辑的监管和伦理空白

从中国的基因编辑监管现状可以看到，中国基因编辑技术的研究和应用在系统科学布局，以及相关的伦理学、监督管理和法律法规方面相对薄弱，亟待加强。基因编辑技术使得快速改造人类、动植物和微生物基因成为可能，其中一些特定的遗传改变可能会给人口和生态环境安全带来威胁。同时，基因编辑作为一项关键技术，下游应用涉及众多领域，我国在监管上还存在很大空白。

因此，亟待中国的主管部门和科学家群体能够共同拟订基因编辑的发展规划和管理措施，尽快制定我国基因编辑等颠覆性技术应用的伦理指导原则，明确我国基因编辑技术的使用范围和禁止对象，支持在安全有序的基础上进行临床前研究和临床实验；对于可能带来巨大伦理和社会问题的基因编辑工作，应设定严格的研究边界，明确什么能做，什么不能做。鼓励科学家在相关领域创新的同时，规避生物安全风险、规避生命伦理风险，避免引发社会争议。

3. 积极参与国际伦理问题讨论，提升中国在基因编辑问题上的国际话语权

中国基因编辑领域的伦理与监管应紧跟国际的步伐，避免"黄军就事件"的再次发生，在国际规则内进行科研创新，才能真正提升中国的科研实力与国际地位。摒弃"做了再说"的理念及其做法，随着基于"负责任"理念而建立的有利于规避风险的管理体系的形成，将有利于提升中国与其他国家间的信任关系，赢得国际社会的信任与承认。此外，中国应积极在国际伦理规则领域发出"中国的声音"。中国应成为化

解科学技术与人文社会间的对立情绪的参与方，明确在相关事件中应采取的立场及态度，争做国际伦理规则的制定者。

参考文献

［1］2015 Breakthrough Prize Ceremony. https：//breakthroughprize. org/？ controller＝Page＆action＝ceremonies＆ceremony_id＝3［2015-05-20］.

［2］Niu Y，Shen B，Cui Y，et al. Generation of gene-modified cynomolgus monkey via Cas9/RNA-mediated gene targeting in one-cell embryos. Cell，2014，156(4)：836-843.

［3］Puping L，Yanwen X，Xiya Z，et al. CRISPR/Cas9-mediated gene editing in human tripronuclear zygotes. Protein ＆ Cell,2015,5(6)：363-372.

［4］Clapper，J R. World Wide Threat Assessment of the US Intelligence Community 2016. https：//www. dni. gov/files/documents/SASC_Unclassified_2016_ATA_SFR_FINAL. pdf［2016-10-16］.

［5］Itamar H，Berenice A B，Ben M，et al. A Platform for Rapid Exploration of Aging and Diseases in a Naturally Short-Lived Vertebrate. Cell，2015,160(5)：1013-1026.

［6］Liao H K，Gu Y，Diaz A. Use of the CRISPR/Cas9 system as an intracellular defense against HIV-1 infection in human cells . Nature Communication，2015，6：6413.

［7］Ramanan V，Shlomai A，Cox D B T，et al. CRISPR/Cas9 cleavage of viral DNA efficiently suppresses hepatitis B virus. Scientific Reports,2015,5：10833.

［8］Tagliabracci V S，Wiley S E，Guo X，et al. A single kinase generates the majority of the secreted phosphoproteome . Cell，2015,161(7)：1619-1632.

［9］Hart T，Chandrashekhar M，Aregger M，et al. High-resolution CRISPR screens reveal fitness genes and genotype-specific cancer liabilities . Cell. 2015，163(6)：1515-1526.

［10］Chen S，Sanjana N E，Zheng K，et al. Genome-wide CRISPR screen in a mouse model of tumor growth and metastasis. Cell，2015，160(6)：1246-1260.

［11］Talkowski M E，Rosenfeld J A，Blumenthal I，et al. Sequencing chromosomal abnormalities reveals neurodevelopmental loci that confer risk across diagnostic boundaries. Cell，2012，149(3)：525-537.

［12］Committee on Human Gene Editing：Scientific，Medical，and Ethical Consideration. Human Genome Editing：Science Ethics and Governance. http://nationalacademies. org/gene-editing/index. htm［2015-05-21］.

［13］Cyranoski D. CRISPR gene-editing tested in a person for the first time. Nature，2016，539：479.

The Ethical Issues of Gene Editing Technology

Fan Yuelei，*Wang Huiyuan*，*Yu Jianrong*

(Shanghai Information Center for Life Sciences，CAS)

With the development of CRISPR / Cas9 technology，gene editing has become one of the fastest-growing areas which also attract most attention. Gene editing technology has great potential in medicine，agriculture and industry. However，the ethical risk is emerging at the same time. The impact of gene editing technology on human health and the integrity of life，the personal privacy violation caused by the leakage of individual genetic information and the social injustice and national security issuesresulted fromthe development of genetic editing have sparked a heated discussion of the international community. In response to the ethical challenges posed by gene editing，the National Academy of Sciences and the National Academy of Medicine set up Human Genetic Editorial Research Committee and published the basic principles of human gene editing in 2017. Meanwhile，developed countries have introduced regulations to regulate their gene editing researches. Compared with developed countries，although the domestic gene editing technology is developing rapidly，China is still lagging behind in the risk management of emerging technologies，lacking laws and regulations specifically for the management of ethical issues related to gene editing. Therefore，China needs to improve the supervision and scientific research approval system for gene editing，and actively participate in the discussion of international ethical issues，as well as improve the R&D innovation，to show Chinese responsibility in the genetic editing issues and enhance Chinese global competition in the field of gene editing.

5.3 公共视野中的科学同行争议

杜 鹏[1] 王孜丹[2] 曹 芹[3]

（1. 中国科学院科技战略咨询研究院；
2. 中国科学院大学；3. 中国生物技术发展中心）

从 20 世纪 60 年代的西方环境保护运动以来，科学争议开始进入公众的视野，如反对核电、转基因食品，怀疑气候变化的科学结论等。在社会学家内尔金看来，伴随着科技进步，对科学技术威胁社会、道德或宗教内涵的担忧，对环境价值和技术发展之间矛盾的不安，对新兴技术健康危害的担心，以及公众对科学家和公共机构信任度的下降导致了公共领域的大量科学争议[1]。从具体的内容来看，公众关注的焦点主要体现在科学技术对社会的影响上，这些影响与公众的利益密切相关。

科学争议是各类角色针对某一科学技术问题，或者科学技术相关的现象、事件表达不同观点，进行讨论或批判。这里的科学争议是一个泛化的概念，表达了科技争议、科学争论、科学争端等相关词汇在一般意义上的内涵。由于科学技术日益呈现出高度专业化的特征，围绕科学技术问题本身的争议，也就是同行之间的争议，一般在科学共同体内部进行，公众因为缺少相应的专业素养很难参与，也由于与自身利益没有直接的关系而很少关注。近年来，如何评价屠呦呦在发现青蒿素中的贡献、"韩春雨事件"等一些原本停留在科学界内部的争议引起了公众的极大兴趣，甚至成为社会热点问题。为此，本文试图通过回顾"韩春雨事件"，揭示公共视野中的科学同行争议的复杂性特征，进而探讨社会语境下科学同行争议的内涵，提出现代社会如何应对此类公共事件的基本思路。

一、 "韩春雨事件" 回顾

2016 年 5 月 2 日，河北科技大学的韩春雨团队在国际顶级期刊 *Nature Biotechnology* 上发表了一篇研究论文，称发明了一种新的基因编辑技术——NgAgo-gDNA，即格氏嗜盐碱杆菌中的蛋白质 NgAgo 具有核酸内切酶活性，能够被应用到基因编辑中，成为一种 DNA 引导的基因组编辑工具[2]。2016 年 5 月 8 日，"知识分子"微信公众号发文介绍了 NgAgo-gDNA 基因编辑技术的学术贡献和意义后，引发巨大反响。文章发表仅一天，通过"知识分子"在微信、微博、今日头条、知乎上的传播渠道，就获得超过 320 万阅读量，近 2600 条评论。国内外生命科学界学者纷纷就这项技术的突破性意义发表评论，各方读者也就韩春雨的"另类出身"在网络上展开评论[3]。随后国内几十家主流新闻媒体跟进报道韩春雨及 NgAgo 基因编辑技术，该技术被多家媒体描述为"诺奖级"。

2016 年 5 月下旬，九三学社中央委员会副主席丛斌、中央统战部副部长陈喜庆等领导先后会见韩春雨，并给予高度评价。5 月 27 日，《人民日报》发文称，"正是因为韩春雨副教授十年如一日的默默坚守，才有了如今诺奖级的科学发现"[4]。与此同时，各大媒体对韩春雨的赞誉之词也纷至沓来。

文章刊发不久，该论文内容就陷入争论：有人提出韩春雨的实验无法重复，也有人说可以重复，彼此争论不休、难有定论。2016 年 6 月 30 日，方舟子公开发文质疑河北科技大学韩春雨"诺贝尔奖级"实验成果存在"不可重复复制操作"的问题，暗指韩春雨科研成果的真实性，并批评韩春雨对质疑的回应态度[5]，使得科学同行之间的争议逐渐进入公众视野。

2016 年 8 月 8 日，*Nature* 就三个月来持续发酵的"韩春雨事件"给出回应，详细记述了多国科学家对韩春雨的 NgAgo 基因编辑技术的争论。文章指出，来自澳大利亚、西班牙等国的科研人员表示实验不可重复，另有一些科学家表示曾重复出韩春雨的部分实验，但还需进一步确认[6]。

2016 年 10 月 10 日，中国 13 位知名研究学者实名公开了他们"重复"韩春雨实验方法无法成功的结果。这些学者的一致观点是："不能再拖了，必须要发声，要让国际科学界看到基因编辑中国科学家的态度。"10 月 14 日，河北科技大学向媒体提供一份题为"关于舆论质疑韩春雨成果情况的回应"的书面材料，就韩春雨实验结果受质疑做出书面回应称：已有独立于我校之外的机构运用韩春雨团队的 NgAgo 技术实现了基因编辑，并正在洽谈与韩春雨团队合作。具体信息会适时向社会公布，恳请社会各界提供和谐宽松的舆论环境和文化氛围，给予他们多一点支持、多一点时间、多一点耐心，这样才更有利于科技进步和科技工作者成长。就河北科技大学在学者实名质疑后的首度回应，实名发声质疑的部分学者在接受记者采访时表示，回应仍没有太多实质内容，不能意味着实验已重复成功。[7]

2016 年 11 月 15 日，国内外 20 名学者联名撰写的一篇名为"有关 NgAgo 的问题"的学术论文在 *Protein & Cell* 期刊上发表。这是专门针对无法重复韩春雨 NgAgo 实验一事首次公开发表的学术论文。这篇论文的 20 名作者包括此前曾实名发声无法重复实验的 13 名中国学者。根据论文，实验由不同实验室研究人员独立操作，但实验结果均未证明 NgAgo 具有基因编辑功能。此外，论文还对韩春雨此前声明的论文结果重现需要"卓越的实验技能"，以及重复实验未果，可能因为 NgAgo 的活性对培养物中的支原体或细菌非常敏感等言论提出质疑[8]。

2016 年 11 月 28 日，*Nature Biotechnology* 发表了美国、德国、韩国三个团队针对韩春雨课题组的 NgAgo 基因编辑技术的评论通信文章，表示利用 NgAgo 技术未能检测到 DNA 引导的基因组编辑。与此同时，期刊还发表了一篇《编辑部关注》，用来提醒读者对原论文结果的可重复性存有担忧。此外，期刊还表示将继续与原论文的作者保持联系，并为他们提供机会，在 2017 年 1 月底之前完成调查，届时，将会向公众公布最新进展[9]。2017 年 1 月 19 日，*Nature Biotechnology* 发布声明，"*Nature Biotechnology* 仍然致力于尽可能仔细和负责任地探究围绕韩春雨等人论文的担忧。自 2016 年 11 月 28 日发布 Cathomen 等的通信文章和编辑部关注以来，期刊获得了与 NgAgo 系统可重复性相关的新数据，在决定是否采取进一步行动之前，我们需要调查研究这些数据"[10]。截至 2017 年 6 月，相关调查结果还没有公布。

二、科学同行争议的社会蕴涵

毋庸置疑，"韩春雨事件"争议的核心是可重复性问题（这里不讨论事件中是否存在学术不端问题）。由于关于事件反映的技术问题在媒体及学术期刊被广为讨论，本文在此不做赘述，本文讨论的重点在于科学同行争议是如何走进公众视野的，希望能在更深层次来理解"韩春雨"事件。

1. 可重复性问题的社会含义

Pinch T 在《社会和行为科学大百科全书》撰写的"科学争议"词条[11]中指出，优先权争议和科学研究前沿争议是两种最主要同行之间的科学争议，而可重复性问题是后者的核心问题之一。对于现代科学而言，科学研究的可重复性已经被当作检验科学结论是否可信的核心标准，是科学家们普遍认可的一条准则，同时也是许多传统科学哲学家们认为理所当然的。正如波普尔在《科学发现的逻辑》里指出的，"只有当某些事件能按照定律或规律性重复发生时，像在可重复的实验里的情况那样，我们的观察在原则上才可能被任何人检验。只有根据这些重复，我们才确信我们处理的并不仅是一个孤立的'巧合'，而是原则上可以在主体间相互检验的事件，因为它们有规律性和可重复性。"[12]原创性（original）是科学研究的关键目标，因此重复研究或者验证性的研究，在思想、方法上都不会有太多原创性，这也注定了重复研究不是科学家或学术期刊喜欢的选题。或许正是因为如此，可重复性问题在近代科学诞生以来并没有成为问题。只是在科学史上个别案例使得部分科学家认为，不可重复的研究成果不代表学术造假，也是有价值的。

　　这种观念在 20 世纪 70 年代的科学知识社会学学者心中发生了巨大变化。他们认为，对于希望用可重复性实验来判定科学知识确定性的人来说却是一个佯谬。无论是科学知识社会学的代表人物柯林斯（Harry Collins）还是夏平（Steven Shapin）都认为，打破这个佯谬的唯一办法只能是引入社会磋商机制，只不过柯林斯强调的是科学家核心利益群的磋商，而夏平则突出了社会惯例在科学家做出判决时起的重要作用。尽管他们的观点有些偏激，但也具有一定的合理性。科学哲学家认为，可重复性的原则并非自明的，这是因为它依赖于自然规律是普遍和永恒的假定，科学实验及其成果也具有地方性的语境，应该区分不同情境来讨论实验的可重复性[13]。随着近年来一系列的重复实验的失败，科学研究的可重复性问题逐渐呈现出来。

　　2012 年，生物技术巨头安进公司（Amgen）曾对 53 篇具有"里程碑"意义的论文进行重复性验证，结果只有 6 篇文章可以重复。2013 年，癌症生物学领域重现性项目发现该领域中一些高影响力癌症研究文章可重复性非常差。其中，第一阶段的 5 篇备受瞩目的癌症研究文章，在严格按照原始研究的实验 Protocol 下进行重复性验证后，发现只有两篇能重复出来，2 篇结果存在质疑，1 篇则完全不能重复出来[14]。2016 年，*Nature* 在线调查了 1576 名研究人员后，发现其中超过 70％的研究人员曾试图复制其他科学家的实验并以失败告终，而超过一半的研究人员竟无法重复自己的实验。换句话说，科学研究正在经历一场可重复性危机，如图 1 所示[15]。

共1576名科研人员参与调查

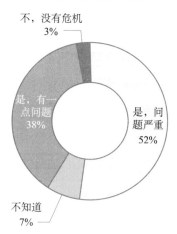

不，没有危机
3%

是，有一点问题
38%

是，问题严重
52%

不知道
7%

图 1　*Nature* 关于"科学研究是否遭遇可重复性危机"的调查结果

资料来源：Baker M. Is there a reproducibility crisis. Nature，2016，533（7604）：452-454

　　应该说，影响研究可重复性的因素实在太多。调查发现，超过 60％的被调查者认为，论文发表的压力及选择性报道是科研实验无法重复的重要原因，详见图2。而究其根本，对项目申请和职位的激烈竞争才是科研实验重复性差的最根本原因，同时，越来越多的行政事务也逐渐挤占了科研人员大量的科研时间，这也使得实验的情况越来越糟糕。这既是后学院科学的一个典型特征，也是科学职业化的必然结果。科学共同体的自治在当前并不能有效解决相应的问题，这也对相关的监管和职业规范履行提出了更高的要求。同时，目前发表的研究报告中，实验方法描述不够充分，而越来越多的证据显示，方法描述欠佳往往伴有实验结果夸大其词，也有证据显示研究设计欠佳可以导致错误结论。尤其是随机法与盲法使用不当可以导致偏差，使得研究结果无法准确检测命题。当然，虽然没有证据表明不可重复性问题的原因是学术不端，但学术不端应该是其中的一个影响因素。

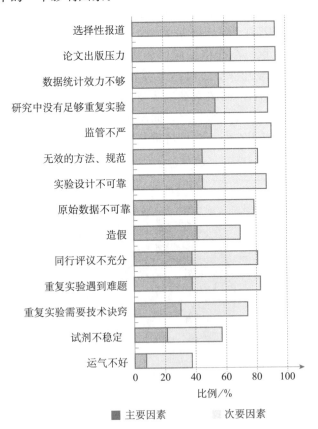

图 2 *Nature* 关于"导致实验不可重复的因素有哪些"的调查结果[15]

资料来源：Baker M. Is there a reproducibility crisis? . Nature，2016，533（7604）：452-454

需要注意的是，还有两种客观因素不容忽视。一是在微观层面，尽管人们可以相对严谨地控制实验变量，但是"误差"总是不可避免地客观存在。实验中每个环节（环境温度、试剂的品牌、实验人员的操作方法）所产生的微小差异在不断积累后，就可能会形成足以影响实验结果的大问题。这与知识的地方性密切相关。二是目前的可重复性危机主要发生在生物学、心理学与医学等领域，而在物理、化学等领域的情况却好得多，呈现出一幅精确的图景。或许我们可以认为物理世界存在普遍和永恒的规律，实验在任何空间和时间中呈现出相同的现象，而生命世界则复杂得多，人类对生命世界的理解刚刚开始，一些具备良好科研规范但不可重复的研究成果可能正在启迪一个个新的研究方向或研究范式的产生。

2. 为什么科学同行争议会被社会所关注

科学同行争议长期以来停留在科学共同体的范围之内，直到近年来才走向公众的视野。究其原因，大体有以下三个方面的原因。

首先，科学技术成为支撑、引领经济社会发展的主导力量，也就是说科学的有用性促进了科学同行争议进入公众视野。科学技术发展到现在，科学既是人类智慧的最高贵成果，又是最有希望的物质福利的源泉，它的实际活动构成了社会进步的主要基础。当前，科学理论不仅走在技术和生产的前面，而且为技术和生产的发展开辟了各种可能的途径，并且科学技术向应用转化速度不断加快，科技成果产业化周期大大缩短。生命科学、人类基因组、超导、纳米材料等本属于基础研究的成果，在研发之初就申请了专利，有些甚至迅速转化为产品走进人们的生活。尽管科学研究的不可重复性并不是一个新问题，但当前的可重复性危机为公众所知却与科学技术迅速渗透到人们的生活直接相关，如前文提到的癌症药物临床实验。

其次，互联网技术的发展，特别是自媒体技术的发展，促进了科学家的讨论在很大程度上进入公众领域。自媒体带来了"传播个人主义"的兴起，它最大限度地凸显了个体的力量，使得普通人分享了原来由垄断信息传播权的编辑与记者牢牢掌控的"第四权力"，这种赋权使科学家可以自己创办媒体平台，也使得科学研究过程在一定程度上公开化。特别是"知识分子""赛先生"等一批有科学家主导的微信公众平台的推出，有力地推动了科学话题的深入理性讨论。这种深入浅出的传播，使科学家与公众之间的信息鸿沟大大缩小，使得科学同行争议进入公众视野成为可能。

最后，并不是所有的科学同行争议都会被社会关注，而社会关注的科学同行争议往往负载着其他的价值，有其特有的语境。"韩春雨事件"属于经典的"小人物逆袭成功"的故事原型，其成果冲击了现有 CRISPR 基因编辑技术的主导地位，而备受科研界的广泛关注。在报道中，一方面反复强调韩的独立研究、甘于寂寞、持续探索的精神，另一方面其过程因该实验技术重复性差的问题遭受到科研者普遍质疑，因而具有强烈的戏剧性，容易引起社会的关注，这是新闻机构所乐于报道的话题。同时，"韩春雨事件"也牵涉到学术成果的社会评价问题，使得事件更为复杂，引发科技体制、科技评价等领域更为深入的讨论。

三、如何应对公众视野中的科学同行争议

科学同行争议作为具有其特定内在结构的科学历史实在，是与近代科学的发端与发展同步的，发挥着重要的功能。从科学史来看，科学同行争议既是科学创造力的激发过程，强化了人们发现新事实、提出新假说、完善新理论的可能性，也在不断推动相应社会结构的完善和进步。尽管如此，进入公众视野的科学同行争议却与传统意义上的科学同行争议的效果有所不同，一方面折射出学院科学在向后学院科学转型时的矛盾与冲突，另一方面也直接影响了公众对科学的信任度及科学的社会基础。对此，需要从两个方面加以重视。

1. 正视科学同行争议反映的深层次问题，从根本上努力加以解决

或许可重复性危机的真实情况并不像调查结果那么严重，但是科学界已经高度重视。正如美国国立卫生研究院（NIH）副院长 Lawrence Tablak 认为的，无法重现同行评审的研究结果会阻碍科学前进的步伐。"我们只有在以往研究结果的坚实基础上，才能进一步推动研究进展"，"这一原则适用于所有科学领域，不仅仅限于 NIH 的科研范畴"。[16]为此，NIH 于 2014 年 1 月宣布了新倡议。新倡议包括对实验设计与清单执行进行培训，以确保经费申请人对随机法、盲法及恰当的统计方法进行充分阐述，提高实验结果的重复性和透明度。同时，NIH 正在开发一个"数据获取索引"（Data Discovery Index），为未发表的主要数据提供访问入口。通过该访问入口，研究人员可以检查不可重复性是否有数据分析错误或分析方法使用不当造成。另外，一个名为"生物医学数据共享"（Public Commons）的试点项目将为研究人员提供一个开放论坛，讨论生物医学数据搜索引擎（PubMed）收录的文章。

更为深层次的问题是学术激励制度，为此，NIH 采取了种种措施试图改进。例如，考虑修改其简历格式，要求基金申请人对研究的具体贡献进行描述，并分析这些贡献在申请项目中的作用，并且 NIH 还在考虑调整经费资助模式和周期，以给学者提供更稳定的研究支持，减轻经费申请的竞争压力，鼓励进行更大灵活性、更长周期的研究项目。另外，目前的项目申请所有申请人的信息都暴露无遗，这可能会导致一些偏见，NIH 正在尝试采用匿名评审以克服这些影响[17]。

显然，研究结果可重复性不仅是 NIH 一个机构的问题，也涉及公众、科学出版者、大学、企业、职业团体、专利宣传组织等。尤其是学术期刊，就应该鼓励发表阴性结果和对过去研究纠正的研究。总体来看，单纯依靠 NIH 不可能完全改善目前的状况，特别是科研环境的塑造方面，需要社会各界的共同参与和协同治理。

2. 发挥科学共同体的主导效应，建立科学与社会之间互信的和谐关系

一般在公众眼里，科学是精确的、确定性的。科学同行争议进入公众视野后将会改变甚至颠覆公众对科学的认知。一旦解决不好，将会直接影响公众对科学的信任度和理解。与此同时，科学同行争议的解决是依赖科学共同体逻辑，也就是需要科学方法、理性思维，以及相应实验证据、严格控制条件等，当科学同行争议进入公众视野后，不免会受到社会诸因素的影响，在解决过程中将会渗入社会逻辑，可能造成问题的扭曲。因此，如何在公众视野中有效、妥善地解决相关的科学同行争议是一个非常重要的问题。

"韩春雨事件"充分地暴露了科学共同体缺位或越位的问题。例如，在该事件成为公众热点后长达一年的时间，争议的主体依然局限在科学家个体范围内，而无论是同行的科学共同体组织还是当事人所在机构表现都是存疑的，前者缺位，后者并没有按照科学共同体的逻辑从证据出发寻找问题的真相，而是在事实未定之际公开替韩辩护。也正因为如此，媒体在事件的报道中发挥着重要影响，甚至是判决的作用，无疑这是令人遗憾的。

科学的真相是需要进行时间验证的，需要通过规范的科学程序进行解决的。更重要的是，需要发挥科学共同体的主导效应，这就要求从制度、政策等方面强化科学共同体的自主性，进一步加强同行评议的有效性、权威性与公正性。在中国科学高速发展的今天，如何让中国的科学更严谨、更规范、更好地建立科学与社会之间互信的和谐关系，探寻相应的发展路径是当下重要的议题，这也应该是我们需要从该事件中学习和反思的。

参考文献

[1] Nelkin D. Science controversies: the dynamics of public disputes in the United States// Jasanoff S, Markle G E, Petersen J C, et al. Handbook of Science and Technology Studies(First Edition). Thousand Oaks, CA: Sage Publications, 1995: 444-456.

[2] Gao F, Shen X Z, Jiang F, et al. DNA-guided genome editing using the Natronobacteriumgregory-iArgonaute . Nature Biotechnology, 2016, (34): 768-773.

[3] 海内外学者、读者热议"韩春雨"现象 . "知识分子"微信公众号 . 2016-05-10. https://zhuanlan. zhihu. com/p/20877235？ refer=zhishifenzi[2017-01-03].

［4］张顺亮．学术是一场"寂寞的长跑"．人民日报，2016-05-27，第四版．

［5］网易科技．方舟子发文质疑韩春雨"诺奖级"实验成果．http://tech.163.com/16/0702/21/BR0HLUGL00097U7V.html［2017-01-13］．

［6］Cyranoski D，Zhuang S J. CRISPR alternative doubted. Nature，2016，(536)：136-137.

［7］信娜．韩春雨所在高校声称有机构重复实验成功．新京报，2016-10-15，A14版．

［8］Burgess S，Cheng L Z，Gu F，et al. Questions about NgAgo. Protein & Cell. 2016，7(12)：913-915.

［9］王盈颖．三国际团队重复韩春雨实验失败，《自然》明年1月结束调查．澎湃新闻．2016-11-29。http://www.thepaper.cn/newsDetail_forward_1570011［2017-02-13］．

［10］王盈颖．韩春雨提交新数据《自然—生物技术》发表相关声明．澎湃新闻［2017-01-19］http://news.sciencenet.cn/htmlnews/2017/1/366422.shtm［2017-02-13］．

［11］Pinch T. Scientific Controversies// Wright J D. International Encyclopedia of Social and Behavioral Sciences(2nd Edition). Oxford：Elsevier，2015：281-286.

［12］卡尔·波普尔．科学发现的逻辑．查汝强，邱仁宗，万木春译．杭州：中国美术学院出版社，2008：21-22.

［13］何华青，吴彤．实验的可重复性研究．自然辩证法通讯，2008，(4)：42-48.

［14］Baker M，Dolgin E. Reproducibility project yields muddy results. Nature，2017，(541)：269-270.

［15］Baker M. Is there a reproducibility crisis？. Nature，2016，(533)：452-454.

［16］Charles W. Schmidt. Research wranglers：Initiatives to improve reproducibility of study findings. Environmental Health Perspectives，2014，122(7)：A188-A191.

［17］Collins F S，Tabak L A. NIH plans to enhancereproducibility. Nature，2014，(505)：612-613.

Controversy between Fellow Scientists in Public View

Du Peng[1] *Wang Zidan*[2] *Cao Qin*[3]

(1. Institutes of Science and Development，CAS；

2. University of Chinese Academy of Sciences；

3. China National Center for Biotechnology Development)

As science and technology increasingly show a high degree of professional characteristics, the controversy surrounding the scientific and technological problems itself, that is, controversy between fellow scientists , is generally carried out within the scientific community. The public is not involved because of the lack of corresponding professional accomplishment，and the controversy between fellow scientists is of little concern also because there is no direct relationship with the public interest. In recent years，how to evaluate the contribution of TuYouyou in the discovery of artemisinin，how to evaluate "Han Chunyu incident" and a series of controversy originally stayed in the scientific community，have caused great public interest，and even become a hot topic of society. These problems directly affect the public's trust in science and the social basis of science. Therefore，this article attempts to review the "Han Chunyu incident" to reveal the complexity of the scientific peer reviews in the public vision，and explore the content of scientific peer reviews in the social context，and then put forward some basic ideas to deal with such public events in modern society.

5.4　人工智能——"以人为本"的设计和创造

李真真[1]　齐昆鹏[2]

（1. 中国科学院科技战略咨询研究院；2. 中国科学院大学）

　　近年来，随着智能技术的快速发展及应用，人工智能再次成为国际社会关注的话题。社会对人工智能的关注程度持续升温，并表现出了两个方向的延伸：一方面是对使人类的身体及其功能得以延伸的惊喜；另一方面是对其可能给人类的生存带来威胁的恐惧。这种对人工智能的跨越现实与想象两个世界的刻画，不断建构着人工智能的新图景。

　　基于当前人工智能的发展态势，有学者指出"人机关系已经从技术关系提升到了伦理关系"[1]。这意味着，人机伦理关系已是当今人工智能发展一个绕不过去的话题，一个我们今天必须直面的话题。正是在这样的情境下，国际人工智能领域对未来智能机器人的伦理关切与日俱增。

一、人机关系的历史回顾

　　人类文明史中，自动装置和机器使人类的身体功能得到延伸与增强，在不断提升新的生产力的同时也开拓着人类的未来视界。机器在展现其现实力量的同时也建构了人对未来世界的新预期。可以说，在人类文明的历史中，人机关系呈现出了"共生"而又"紧张"的交织状态。

在人类早期发展的很长一段时间里，人类将自动装置和机器看作一种超自然的力量。这种基于当时人类知识所无法解释的"反常现象"，引发对机器的敬畏，人类以其惊喜和恐惧交织的复杂心态看待机器。

近代科学的诞生，尤其牛顿力学的建立，为很多"超自然"现象提供了科学的解释。但是，随着工业技术的发展，工业革命推动了人类社会的快速发展。但是，机器在工业生产中的大规模使用不仅带来了高利润，也使人机关系处于紧张状态。大机器使用带来的就业问题引发工人们对机器的破坏行为，他们开展了一系列的反抗运动。20世纪中叶，日益严重的全球环境问题进一步引发了对工业文明的深刻反思，以及对单一技术孕育方式和仅适应于工业经济这样一种经济形态的技术发展逻辑的批判。

20世纪50年代诞生的人工智能从一开始即引发了人类强烈的情感反应。早在人工智能的初级阶段，阿西莫夫就提出著名的"机器人三定律"。这是首个有关机器人的伦理要求，包括机器人不得伤害人类个体或看到人类个体遭受威胁而不管，机器人必须服从人的命令（以该命令不违反第一定律为前提），以及机器人在不违反前两个定律情况下要尽可能地保护自己。

21世纪以来，计算机技术的发展促进了智能机器人的发展。随着机器智能化的与日俱增，人类对人工智能的情感反应也日益激烈。人工智能作为一项前瞻性科学研究，拓展了人类无限的想象空间。随着智能科学，以及大数据、云计算、移动互联网等新一代信息技术同机器人技术相互融合步伐的加快，人类与人工智能体之间的渗透促使人类重新思考人机关系。

二、人机新型关系及挑战

当智能机器从操作性人工智能体发展到功能性人工智能体，意味着智能机器具有了对其行为进行自主评估和决策的能力。由此引申的一个备受社会关注的问题是，智能机器能否发展成为一个新种群？如果成为一个新种群，意味着它是一个自主的道德主体，那么就应当享有与人类同等的权利，包括自主、尊严等。尽管目前智能机器还远未成为道德主体，而且它能否成为道德主体仍然存在着分歧和质疑，但是，一个不争的事实是，人类工程师和科学家们正在通过一套编程语言赋予智能机器以道德表达，以使智能机器具备一定的道德判断能力。由此，"如何编写人工智能的道德代码"就成为人类当前面对的最现实、最紧迫的核心问题。

　　"无人驾驶汽车"概念的提出及无人驾驶技术的应用吸引着世人的眼球，更重要的是，它将智能机器的安全性问题迅速地推向了前台。人们提出这样的追问：当无人驾驶汽车面对无法回避的碰撞时，它将如何选择？这被称为"无人车难题"或"电车难题"。

　　"电车难题"最早是哲学家提出的一个涉及两难情境的思想实验，之后引申出了多个变异或变种的版本。"电车难题"讲述了电车司机面对这样的两难选择：假设有五个人被一个疯子绑在了电车轨道上，这时一辆电车高速驶来，幸运的是，电车司机可以拉动拉杆让电车驶向另一条轨道，但不幸的是，另一条轨道上也被绑了一个人。人类社会的伦理规则给了电车司机一种可测算判断方式——受益与损害的权衡。依据受益最大化伦理原则，五个人的生命与一个人的生命相比，选择挽救五个人显然更容易获得认同。例如，一项针对"电车难题"的大规模调查显示，89％的被调查者认为，牺牲一个挽救五个是可以被允许的[2]。

　　但是，如果我们把这个思想实验设计得再复杂些，增加诸如年龄、性别，甚或亲情等差异性因素。这些现实中通常会遇到的情境，无疑会使人的选择变得复杂和困难，甚至无法破解。当然，人的本能通常会起到化解的作用。本能是一种自然反应，而且我们的文化对出于本能的行为具有一定的宽容度。但无人车不具备这种本能，其行为取决于我们如何编写人工智能体的道德代码。

　　实际上，随着人工智能技术的发展与应用，我们面对的已不仅仅是"无人车难题"。现在机器的智能化已经使得机器有能力在没有人类干预或较少干预的情况下工作。而当智能机器人独立或部分独立地承担起照顾老人、患者的任务或为残障人提供服务，或者承担灾难救援等工作，就意味着智能机器人将越来越多地与人类发生交往。由此，智能机器人面对伦理挑战能否进行评估和做出怎样的决策的问题，必将影响甚至决定性地影响到人类对智能机器人的态度。这一切表明，人机关系已经从技术关系提升到伦理关系。

　　人机关系的变迁意味着人工智能技术进入了一个新的发展阶段。人工智能系统已不仅仅是完成人类交办的某项工作任务，当智能机器人作为人类的生活陪伴而存在，就需要具备与人类接近的思维与处事方式。由此，如何使其与人类的价值和规范相一致、相兼容，就成为当前人工智能的设计者和制造者不得不认真面对的新问题和新挑战。

三、智能机器的道德编码

　　不可否认，国际人工智能界一直存在着 AI 和 IA 两种观点的对立，前者以模拟生物智能为目标，后者则以人类用户为出发点。同时，机器替代人类还是增强人类的针锋相对，通过各种媒介的传播和科幻作品的放大，引发了人们有关人类与机器人关系及其地位变迁的无尽遐想。现在，两种观点的冲突依然存在，但一个不容忽视的现实是，计算机技术的发展正在迅速地消解 AI 和 IA 的边界，计算机技术的应用正在迅速地提升机器的自主能力。尽管我们需要将具备自主性机器与具有自我意识的机器相区分，但是当智能机器人进入人类的生活，成为人类生活的一部分时，机器自主的发展态势足以使我们不能忽视人类与智能机器的关系问题。

智能机器是人类的创造物，人类与未来智能机器的关系或相处方式取决于人类的创造。因此，当计算机软件工程师运用一套编程语言赋予智能机器以话语表达能力，并使其具备了一定的与人类交往的功能时，如何将人类社会的伦理和法律要求嵌入人工智能系统就成为一个关键的科学问题，无疑也是一个重要的社会问题。所以，智能机器的道德编码问题成为一个当今人类无法回避和必须直面的现实问题，并引发了国际人工智能界的高度重视与积极行动。

现在，国际人工智能和机器人领域的科学家的一系列行动表达了他们对智能机器及自主系统的伦理关切。他们共同商议人工智能及自主系统的未来走向，推动制定相关规范。例如，2016 年，电气电子工程师协会（IEEE）发布关于人工智能及自主系统的伦理考虑的全球倡议；2017 年，生命未来研究所牵头制定的"阿西洛马人工智能 23 条伦理原则"面向全球发布。

其中，IEEE 制定的《以伦理为基准的设计》，直指"如何将人类规范和价值观嵌入 AI 系统"这一核心伦理问题，并明确了三步走的行动策略：第一步识别特定的规范和价值；第二步将其写入 AI 系统；第三步评估是否与我们现在人类的规范和价值观相一致、相兼容。并针对每一步骤中的可能问题提出了一系列有待达成基本共识的重要议题，以期通过广泛的讨论形成智能机器人的 IEEE 标准。比如，第一步涉及的议题包括：应该写入什么，如何确定多重规范和价值观的优先级，技术如何能够及时反映价值位阶的变化，以及数据和算法能否及时发现可能的错误？等等[3]。

由此不难看出，将人类规范和价值观嵌入人工智能系统是一个既紧迫而又复杂的行动。而要将人类现在的伦理和法律要求内置于人工智能及自主系统，就不仅需要技术创新，更需要使人工智能技术与伦理和法律方面的研究高度融合。正由于此，IEEE 的《以伦理为基准的设计》将伦理和法律作为其中的重要内容加以探讨。它强调伦理研究的重要性，因为只有"系统设计方法符合伦理，才能确保人工智能在追求商业上的经济效益和社会中的社会效益之间达到均衡"；强调法律研究的意义，指出，人工智能及自主系统引发了很多复杂的伦理问题，进而转化为具体的法律挑战，并引发一系列了困难的法律问题，这需要"律师们深思熟虑地为未来付出努力"[4]。

四、人类与智能机器的沟通与理解

人类创造智能机器的目的是使机器服务于人类。现在，智能机器的工业使用大大提高了企业的生产效率，但它的步伐远未停止。人类赋予机器意识及与人类相近的思维，智能机器得以超越劳动和工作的层面，在精神的层面成为人类的陪伴，从而融入人类的生活。由此，人类对智能机器的伦理关切，已不仅仅是就业岗位是否会被机器人所替代的问题，还包括人与机器人如何沟通与理解这样一些更深层次的问题。正是这样一种深度交往的可能性，引发了人们对机器是否会成为未来世界的主宰，或者人类是否会被机器人奴役的忧虑。尽管这个情境还只存在于人们的想象中，尽管对人工智能体是否能够进化为一个具有自我意识的主体的问题存在着分歧、质疑和争议，人工智能发展到今天，我们已经无法回避人类与机器人如何相处这样一个非常现实的问题。

这实际上是一个人类与智能机器人的交往问题。一般讲，人与人的交往行为是通过语言来体现的，具有与人类思维相近似的智能机器人的交往行为显然也不能例外。由于智能机器的话语表达是由计算机软件工程师运用一套编程语言赋予的，智能机器的交往行为首先掌握在这些工程师和科学家的手中，他们自然也就掌握了对机器人的行为施加某种限制的权利。

所以，无论未来机器人与人类的关系如何——是人类的奴隶、伙伴还是主宰，或者三者的混合体？人类作为智能机器的创造者，将决定着智能机器的能力及未来走向。随着人工智能技术及应用的"爆炸式"发展，当智能机器人已经成为我们人类生活的一部分时，未来机器人与人类间的社会交往，也即通过对话、协商达成相互理解和理性共识的技术条件，就成为了一个绕不过去的话题，或者成为人工智能系统的技术建构必须加以探讨的重要课题。

按照哈贝马斯的观点，交往行为是通过语言间达成的相互理解。交往行为的合理化在于对话的语言的恰当性。由此，未来智能机器人的交往行为，取决于人类赋予智能机器人的话语表达。在这里，智能机器人交往行为合理化的关键条件，是使智能机器人能够承认人类的价值观和遵守人类的社会规范。否则，要么人类拒绝、阻挡人工智能系统进入或侵入人类生活，要么人类改变自己的生活世界。

人类智慧的数字化促进了人工智能系统的不断进化。当智能机器人拥有了与人类相近的思维、情感和梦想时，人类该与机器人如何相处将是我们今天必须加以考量和研究的重要课题。机器服务于人类的理想需要在机器的智能化过程中，将人类的价值和规范嵌入人工智能系统。而要将人类现在的伦理和法律要求内置于人工智能系统，就不仅需要技术创新，更需要使人工智能技术与伦理和法律方面的研究高度融合。

五、跨学科的融合研究

人工智能的技术应用在使人类身体的功能得到增强与延伸的同时，也带来了摆脱人类控制，甚至成为人类的对立面的可能和完全去除人类存在的风险。这种风险意识引发了人类的焦虑与忧思。尤其当人工智能作为一种对人类的生活方式具有决定性影响的商品形式的存在时，在一个以商品形式占有支配地位的社会中，如何规避可能的危机与风险，无疑是人类面临的严峻挑战。正如卢卡奇所说："商品在多大程度上是一个社会进行物质代谢的支配形式的问题，不能——按照在占有支配地位的商品形式影响下的已经被物化的现代思维习惯——简单地作为量的问题来对待，更确切地说，一个商品形式占有支配地位并对所有生活形式都有决定性影响的社会和一个商品形式只是短暂出现的社会之间的区别是一种质的区别。"[5]

人工智能的未来取决于我们的创造及其规则的构建与实践。这里的关键问题是，人类能否对自己的创造物具有足够的控制力，以避免所谓"超级智能机器人"对人类的生存构成威胁。这一忧思无疑一再引发了当代人的伦理责任问题。对此，约翰·马尔可夫明确提出，"解决 AI 和 IA 之间内在矛盾的答案，就隐藏在人类工程师和科学家的决策中。"[6]马尔可夫的答案强调了，在发展人工智能的道路上，计算机软件工程师和科学家的首要责任与地位。

2017 年 1 月，844 名人工智能和机器人领域的专家聚集在美国加利福尼亚州的阿西洛马，在这里举行的 Beneficial AI 会议上，共同签署了"阿西洛马人工智能 23 条原则"，并呼吁全世界在发展人工智能的同时严格遵守这些原则，以保障人类未来的伦理、利益和安全。这一激动人心的事件，再次彰显了科学家履行社会责任的意识与自觉行动。该原则涉及科研问题、伦理和价值、更长期的问题等三个方面。AI 伦理原则明确了人工智能的研究目标，"应该是创造有益（于人类）而不是不受（人类）控制的智能"。强调在一般情况下，"超智只应服务于广泛共享的伦理理想的发展，并服务于全人类利益而不是一个国家或组织的利益"[7]。

"人工智能阿西洛马会议"很容易使人联想到 20 世纪 70 年代初的"基因技术阿西洛马会议"。尽管是两个不同的技术领域，但同样以伦理为主题，反映了科学家们对"两用技术"的忧思。"人工智能阿西洛马会议"给了我们这样的启示，伦理已经成为新兴科学和技术发展，以及人工智能社会应用的内生变量。但是，伦理、法律及社会学家的缺席也凸显了学科领域间的隔阂。

如何将伦理和法律内置于人工智能系统是一个复杂的科学问题，仅依靠单一学科是远远不够的。要实现国际 AI 伦理原则框架下的以伦理为基准的设计和创造，首先需要实现人工智能技术、伦理和法律等相关领域间的高度融合。但是，随着专业化程度的提高，传统科学中形成的越来越多的亚文化，以及不同的研究语言、研究方法等，无疑造成了跨学科合作的障碍。所以，实现跨学科的研究合作与知识融合，首先需要在异质性参与者间建立起共同的基本价值观。"阿西洛马 AI 伦理原则"的意义就在于，为人工智能的跨学科研究提供了成功合作的基本条件。

跨学科合作是当前应对和解决复杂问题的主要方式或途径，共同的价值观为跨学科的合作提供了必要条件，但要实现跨学科的知识融合，不仅需要来自不同学科的研究者的协作，更重要的是，能否在来自不同学科的异质性参加者间形成"共享语言"[8]。只有实现学科间的更深层次的融合，才能在解决复杂的科学问题中充分利用不同学科的知识和经验。

六、共同的行动

在 2013 年的亚特兰大人形机器人大会上，佐治亚理工学院的机器人专家罗纳德·阿金向观众们做了一次充满激情的演讲，在谈到智能技术被用到武器制造上的问题时，提出了这样一个伦理问题："如果我们的机器人具有道德，而对方的机器人没有，会发生什么呢？"[6]现在，人工智能技术不仅是一个国家经济发展的新增长点，而且是国际科技竞争的新"高地"。在这个背景下，全球人工智能界是否能够协调一致，这的确是一个不容忽视的伦理问题。

赋予人工智能以人性的光辉应当成为全人类的共同行动。但是，现代社会的以经济关系为基础的制度，也使得我们不得不面对由此引发的"制度性"风险[9]。我们是否有能力协调和化解以市场为主导的"冒险取向的制度"与以社会为主导的"安全取向的制度"间的矛盾，将成为能否走向共同行动的关键。所以说，这种"制度性"风险的存在将是对人类文明的更大考验！

参考文献

[1] 柳渝. Beneficial AI—Responsibility of AI Platform. 2017 人工智能技术、伦理与法律研讨会. 北京, 2017-04-13.

[2] Hauser M, Cushman F, Young L, et al. A dissociation between moral judgments and justifica-

tions. Mind & language, 2007, 22(1): 1-21.

[3] 中国信息通信研究院与腾讯研究院院 AI 联合课题组. 信任、公正与责任: IEEE 人工智能合伦理设计指南解读. 互联网前沿, 2016(4): 31-36.

[4] IEEE 中国.《以伦理为基准的设计》——在人工智能及自主系统中将人类福祉摆在优先地位的愿景. 第一版. http://cn. ieee. org/EAD-ChineseVersion. html [2017-07-07].

[5] 卢卡拉奇. 历史与阶段意识. 杜章智等译. 北京: 人民出版社, 1979: 174.

[6] 约翰·马尔科夫. 与机器人共舞——人工智能时代的大未来. 郭雪译. 杭州: 浙江人民出版社, 2015: 328-330, 338.

[7] 阿西洛马人工智能原则——马斯克、戴米斯·哈萨比斯等确认的 23 个原则, 将使 AI 更安全和道德. 智能机器人, 2017, (2): 20, 21.

[8] Jenkins L D. The evolution of a trading zone: a case study of the turtle excluder device. Studies in History and Philosophy of Science, 2010, 41(1): 75-85.

[9] 乌尔里希·贝克. 风险社会. 何傅闻译. 南京: 译林出版社, 2008.

Artificial Intelligence—Design and Creation Based on "People-Oriented"

Li Zhenzhen[1], *Qi Kunpeng*[2]

(1. Institutes of Science and Development, CAS;

2. University of Chinese Academy of Sciences)

With the rapid development and application of intelligent technology, artificial intelligence (AI) system has not only completed some kind of task assigned by humans, butmade machines have the ability to work with less human intervention or even without it. When the intelligent robots exist as human life companion, they need have a way of thinking and doing things close to humans. Therefore, how to make them consistent and compatible with human values and norms has become a new problem and challenge that the current designers and manufacturers of AI have to face seriously. How to integrate ethics and laws into AI systems is a complex scientific problem that the keys of which are to realize a high degree of integration between technology, ethics and laws of AI and to establish common basic values among the heterogeneous participants.

5.5　虚拟现实技术的社会伦理问题与应对

段伟文

（中国社会科学院哲学研究所，上海社会科学院）

一、虚拟现实技术的概念及其产业化发展的态势

虚拟现实（virtual reality，VR）技术是通过计算机和知觉传感等技术模拟现实世界，以及人与现实世界的交互作用的仿真系统生成技术。它可以生成三维的虚拟环境，借助必要的感知设备与虚拟环境中的物体发生交互作用，使用户产生逼真的视觉、听觉、触觉等一体化的感觉，从而获得身临其境的感受和体验。与虚拟现实相关的技术包括：①增强现实（augmented reality，AR），即使真实的环境和虚拟的环境实时地叠加到同一个画面或空间，使其同时存在，如谷歌眼镜；②混合现实（mix reality，MR）即合并现实和虚拟世界而产生的新的可视化环境。

虚拟现实具有"3I"特性，即沉浸性（immersion）、交互性（interaction）和构想性（imagination）。在虚拟环境中，虚拟现实的用户不仅具有身临其境的现场感，还有随心所欲的可操纵感；与现实生活相比，人们在虚拟现实中更容易获得以满足主观意愿为目的的超现实的感受与体验。由于具有这些特征，虚拟现实技术实质上是世界和人的感知与行为的数据化模拟和仿真，其虚拟现实感建立在以假乱真的主观感觉之上。

虚拟现实的构想最早出现在科幻小说中，美国国家航空航天局（NASA）于1985年率先推出世界上第一台虚拟现实设备，主要用于训练宇航员的临场感。1990年，美国的VPL Research公司推出了世界上第一台民用的虚拟现实设备。该公司创始人杰伦·拉尼尔（Jaron Lanier）创造了"VR"一词，将其定义为用立体眼镜和传感手套等一系列传感辅助设施来实现的一种三维现实。在此后的近20年中，虚拟现实设备逐渐成为电子游戏等消费类电子领域的概念性的产品，虽曾在20世纪90年代的"数字化"浪潮中一度得到关注，但由于概念超前、用户体验不佳或设备成本过高而未进入产业化发展阶段。

直到2011年，Oculus VR公司通过众筹开发虚拟现实头盔，虚拟现实才重新进入大众视野。2014年年初，Oculus VR公司制造的虚拟现实头盔在国际消费类电子产

品展览会（CES）上获得最佳产品奖。同年 3 月，Facebook 创始人扎克伯格宣布，以 20 亿美元的价格收购 Oculus VR 公司，由此开启了虚拟现实设备的产业化发展阶段。尽管对其产业化前景存在着一定争议，业界一般认为，VR 头盔经过多年改进提高，技术趋于成熟，已可进入商业化开发阶段。随着 Oculus、三星、索尼、谷歌、HTC 等头盔巨头发布第一代消费级产品，VR 的消费级市场逼近爆发临界点。尽管最近爆出廉价低质虚拟现实头盔等问题，但从游乐设施、影视拍摄、网络地图、在线购物到在线教育、医疗卫生（手术、培训及康复），虚拟现实技术均出现了迅猛发展的态势。在我国互联网领域占据绝对强势地位的 BAT——百度、阿里、腾讯也开始进军虚拟现实领域。

在经济形态层面，虚拟现实技术的产业化发展将带来一系列影响。一般认为，虚拟现实技术以视觉传感器为核心交互方式，符合人们以视觉为行动前提的自然行为模式，有望成为继移动互联网之后的下一代计算平台和消费类电子产品的市场主流。近年来，产业界与投资人普遍看好 VR 的前景，分别将 2015 年和 2016 年称为虚拟现实元年和消费级虚拟现实年。信息产业当前的主流是移动互联、视频和动画、随着用户体验的优化，虚拟现实有望在 5～10 年后成为主流。扎克伯格认为，互联网连通、人工智能和虚拟现实是信息产业创新未来十年要解决的根本问题。花旗银行认为，近期受到市场重点关注的 VR 及 AR 技术，其作用意义可与互联网的诞生匹敌，将产生取代智能手机的巨大市场，终端设备及周边产业市场空间高达 6740 亿美元。据估算，网民中潜在 VR 消费人群约为 3.44 亿人。消费者类型分为深入了解型、保持关注型、有所耳闻型，三类消费者占比分别为 4.6%、23.8%、71.6%，潜在消费金额分别为 2392 万元、9647 万元、2.23 亿元。

可以预见，虚拟现实技术将会影响到文化娱乐、教育培训、医疗卫生等产业发展，也可能为社交和电子商务领域带来创新机遇。主要领域包括：①文化娱乐产业方面，包括虚拟现实游戏、虚拟现实电影、虚拟现实直播类视频（如体育比赛和演唱会）、虚拟现实旅游类视频等；②教育培训方面，包括虚拟现实教育培训、虚拟现实模拟训练；③医疗卫生方面，包括虚拟现实远程医疗、虚拟现实和增强现实治疗、虚拟现实身体康复与心理治疗等；④社交网络和电子商务方面，包括虚拟现实社交、虚拟现实电子交易等。这些领域能成为产业发展的主流主要取决于相关技术的进步和用户的体验的提升。

二、虚拟现实技术在社会伦理和安全层面的挑战

随着虚拟现实技术的产业化特别是商业化应用的发展，虚拟环境的逼真性、现场

感和可操纵感将给使用者带来全新的体验，虚拟现实会对人们产生极大的吸引力，基于虚拟现实的虚拟生活将成为一种日益重要的社会生活方式。不难想象，以虚拟现实场景、虚拟现实游戏、虚拟现实影视、虚拟现实等为切入点，在虚拟现实基础上将出现比基于互联网和移动互联网的游戏和社交媒介更具有沉浸性的虚拟生活形态。可以说，这种更加远离现实物理世界的虚拟生活会变得与基于物理世界的现实生活同样重要，而且其重要性并不仅仅是就两者的权重而言的，更表现为两者的不可分离性乃至相当程度的等同替代性。

值得指出的是，现实与虚拟现实的不可分离性和等同替代性是由人特定的感知觉所决定的。尽管虚拟现实技术本质上属于建立在对人的感知觉及感知觉对象与环境的技术仿真之上的虚拟错觉，但这种虚拟错觉本身表明，人对自身的物理感觉、生理感知和心理感受实际上是模糊不清和边界含混的，这使得人在物理、生理和心理的感知觉层面难以区分现实和虚拟现实。同时，我们也要看到，人的这种虚实不分的感知觉特征可能容易使人沉浸于虚拟现实，在虚拟现实中获得等同于现实的感受，但也难免导致虚实难辨、过度沉溺或沉湎于虚拟现实等问题。

随着虚拟现实技术的发展，现实生活将可能越发依赖基于网络和虚拟现实技术的虚拟生活，甚至在相当程度上为后者所替代，虚拟生活正在成为一种重要的社会生活方式或社会生活须臾不离的方面，人与人之间的关系也会因此得到重塑。首先，虚拟现实技术的应用将构建起人类工作、学习、娱乐和交流方式的全新平台。通过虚拟现实技术的运用，使人们的行动能够在一定程度上超越物理空间的约束，这将大大提高工作和学习的效率，使人们的娱乐和交流方式更加丰富多彩。其次，虚拟现实技术将使虚拟生活这种新的生活方式日常化。继互联网应用之后，虚拟现实技术的应用将使人们的物理身体与虚拟化身、真实生活和虚拟生活进一步分离，虚拟现实将逐渐发展为与真实世界既平行又彼此交叠的社会生活环境，虚拟现实中的社会生活可能成为人们一种日常性的生活方式。不论是从美国的"第二人生"等二维虚拟社会的发展，还是从我国"90后""二次元"文化的巨大影响来看，虚拟现实技术的商业化都将使虚拟社会和虚拟生活成为社会生活不可忽视的重要方面，甚至会在青少年等特定人群中出现沉浸于虚拟现实（特别是相关影视和游戏）的平均时间大于真实环境的情况。

作为新兴科技的虚拟现实技术方兴未艾，将与之相关的社会生活和日常生活卷入一系列新的社会伦理试验之中，出现了很多值得关注的伦理问题，主要包括如下几个方面。①虚拟生活对真实生活的过度替代。特定群体沉浸于虚拟的社会生活而逃避真实世界的社会生活，可能出现的情况包括："宅男"现象会更加严重，贫困人群等弱势群体以虚拟现实中的体验（如虚拟游戏、虚拟旅游）替代真实世界中的感受，但这些行为并不能从根源上克服这些社会问题。②对个人数据隐私的侵犯。虚拟现实系统对人的知情同意过程的数据采集使人的行为成为数据分析的对象，如果不对相关数据和分析加以适当的规制，将使个人的隐私和意志受到不应有的披露和干预。③虚拟沉迷和成瘾。尤为强烈的现场感和逼真的角色体验可能使虚拟现实比网络和电子游戏更容易让人上瘾，特别是对于青少年对虚拟影视、虚拟游戏的成瘾问题，应该优先展开对策研究，虚拟赌博的沉迷与成瘾也应及早防范。④虚拟现实的色情传播问题。由于虚拟色情内容更具诱惑力和吸引力，特别是虚拟现实技术所营造的沉浸感有着让用户身临其境的感受，利用虚拟现实技术制作的色情内容在视觉冲击力上比普通视频更强，对未成年人的影响不容忽视，而且这种新型色情传播方式往往呈现去中心化的特征，监管难度极大。⑤虚拟现实在感官控制和意识控制上的滥用。虚拟现实技术比文字、影视等更易于影响和塑造人的主观意识和对事物的认知，具有较强的洗脑效果，出于传销、虚假宣传等不良目的的"虚拟现实洗脑"技术具有极大的危害性。⑥基于虚拟现实技术的虚拟生活所带来的新的伦理冲突，其中涉及虚拟性爱、借助虚拟现实伤害他人身心、虚拟生活与现实生活的冲突与协调等。

同时，由于虚拟现实技术能够对现实世界进行仿真，对社会安全乃至国家安全具有潜在的巨大影响。对此，值得预先考量的问题包括如下三个方面。①具有国家安全意义的数据安全问题。鉴于"虚拟现实技术的实质是世界和人的感知与行为的数据化模拟和仿真"，从国家安全的角度来看，对我国具有国家安全意义的重要数据的采集、存储和使用必须建立其相应的数据安全制度，这些数据包括重要的国土地理信息、军事、政治敏感区域的物理空间数据等。②人的深层次心理、生理及行为精确数据的安全问题。虚拟现实技术可以采集用户的个人心理、生理和行为反应等数据，其中一些深层次的数据可能涉及对个人行为和意识的调控，有些数据的不良使用可能对社会和国家安全造成潜在威胁。因此，应将其中涉及个人自主行为能力控制的深层次精确数据纳入国家安全管理的范围，制定相应的数据安全法规，引入数据安全管控机制。③对虚拟现实的军事，以及其他超强体能和脑力训练的安全管控。虚拟现实技术使得武器、航空器等军事训练更加简单易行，也使得一些特殊超强体能和脑力训练的效率大为提升，由于这些能力的掌握可能对社会和国家安全造成潜在威胁，故应对相关应用加以必要的安全规制，引入相应的安全准入和规范管理机制。

三、虚拟现实技术对人的心智和行为的深层效应

面对虚拟现实在社会伦理和安全层面可能带来的复杂影响，为尽可能克服其对个人和社会的负面效应，应该构建相应的规制体系。一般而言，针对科技应用和研究的完整的规制体系主要包括技术标准、伦理规范和法律规定三个层面。但鉴于虚拟现实

属于新兴科技，客观上具有技术超前和法律滞后的特征，这使得伦理规范成为规制体系的关键环节——一方面追赶技术发展，使伦理规范嵌入技术标准并与之相互整合，以实现负责任的研究与创新；另一方面，为后续法律规定划定价值底线与权益边界。

虚拟现实技术既是科技领域的研究实践，也是社会伦理层面的探索性试验。因此，虚拟现实技术伦理规范的确立，不应该简单地套用一般的道德理论和伦理规范，而应该像科学试验那样，从把握相关事实出发。具体而言，鉴于虚拟现实的研究与应用可能影响到相关主体的价值与权利，对其展开伦理考量的前提是廓清虚拟现实技术对相关主体的权益影响，以及可能给个人和社会带来的风险等事实。那么，问题的关键就成了对虚拟现实对相关主体可能的影响究竟是什么这一事实的澄清。

值得指出的是，这里所说的影响，除了主体权益，主要涉及对主体的身心的影响。其中，虚拟现实技术对主体权益的影响可以通过一些外在关系加以分析，对主体身心的影响则在于虚拟现实技术所具有的特殊性。前文曾论及，虚拟现实实质上基于感知觉技术仿真的虚拟错觉，也就是说虚拟现实技术的出发点就是对人的感知觉的操控，以及在此之上的虚拟沉浸和虚拟行为，正是这一特殊性，使得虚拟现实在此过程中对主体身心可能造成的影响（尤其是负面影响）成为判断虚拟现实技术后果好坏的特定事实。在此，对虚拟现实技术的伦理考量所依据的关键事实，不是虚拟现实在本体论上会不会替代现实，也不是其在认识论上是否会使人像"缸中之脑"那样将虚拟世界混同于真实世界，而是在价值论上探究其所竭力制造的感知觉错觉、虚拟沉浸和虚拟行为本身对人的身心会不会造成深层次的作用。在这些影响中，一类属于比较显见的不适应症候群，主要包括虚拟现实使用者各种身心不适的症状；另一类则属于一些潜在的、复杂的、长期的深层次效应，主要涉及对人的心智和行为可能形成的无意识的影响。对于第一类影响，一般可以通过查阅医疗记录，以及对使用者的不适症状的问卷调查、访谈等经验研究方法加以探究。对第二类影响，则需要通过实验心理学开展研究，比对第一类影响的研究困难，但也更为重要。

虚拟现实对人的心智和行为的深层次的影响主要包括人的心智在虚拟环境中的可塑性、对人的行为与身份认同的深度操控，以及虚拟沉浸和虚拟化身对主体的长期性影响等三个方面。

首先，人的心智在虚拟环境中的可塑性。现代实验心理学的研究表明，外界因素会显著影响人的行为但人自身往往并无察觉，人的心智和行为很容易随着环境的不断变化而一再改变。也就是说，人的心智和行为具有情境敏感性，包括技术和他人在内的环境因素可能会对其造成无意识的影响。例如，有实验表明，在大学休息室里，给咖啡饮料付费的现金投放盒上方贴上一双眼睛的图案后，收集到的现金是没有贴此图案前的三倍。这表明，人们对"真实"的认知不仅仅取决于对象的功能，还与对象所呈现或提示的社会生活经验相关，与对象在社会认知层面所具有的共识及其符号与象征意义相关。也就是说，虚拟现实技术所造成的现象层面的真实在很大程度上是由文化环境与社会认知所造成的，而不单是主体的个体认知。值得指出的是，目前的科学尚不能排除，人长期脱离现实世界而沉浸于虚拟环境会不会带来较心理上的改变更为基本的影响，即是否会在生物学层面造成深远的影响。

其次，对人的行为和身份认同的深度操控。由于人的现实社会生活环境具有相对的稳定性，现实社会中的人在人格和身份认同上一般可以保持想对的稳定性和一致性。在更深的层次上，这很可能与人在生物学层面上的基因的相对稳定性相关；或者说，迄今为止，人的环境的变化性与基因的稳定性、人的适应性改变与基因的变异性之间尚能达成某种微妙的相对平衡。在虚拟现实所造成的虚拟社会幻象（social hallu-cinations）、人的虚拟化身（avatar），以及由计算机程序驱动的虚拟代理（agents）等的逼真的虚拟世界中，很容易通过即时地改变虚拟环境影响参与者的行为。对此，除了人的自主性和尊严等个体价值与权益，在社会管理和安全层面上，人们更关心的是，这种操控一旦用于商业、政治、宗教和暴力犯罪等方面的目的会造成巨大的负面影响。而这种担忧是因为人们担心虚拟现实技术可能为操控人所具有的统一的身份认同（unit of identification）带来全新的可能性，特别是当人的感知觉、人所沉浸的环境、人的行为、他人的形象乃至自己的形象等都可以任意虚拟和改变时，有目的地改变和控制人对自我的相对统一的认同很可能变成现实。

更为重要的是，虚拟现实对人的自我认同的影响不仅停留在意识层面，而且还能形成对身体和器官的幻象——具身幻象，也就是所谓的虚拟自体感受效应。研究表明，通过虚拟现实技术，可以使受试者将虚拟的橡胶手臂当作自己的手臂：当受试者只能看到虚拟手臂而看不到真实手臂时，如果让虚拟的橡胶手臂跟真实的手臂一起挥舞，受试者会产生虚拟手臂是其真实手臂的幻觉。最近的研究甚至指出，只要在真实手臂的同样位置上设置一个虚拟手臂，就足以产生虚拟手臂就是真实手臂的幻觉。值得关注的是，虚拟的自体感受效应可以用于对人的感知觉的控制。早在 20 世纪 60 年代，纽约州立大学石溪分校的斯图尔特·瓦兰就做过一个干预自体感受的试验。在此研究中，研究者让男性受试者观看《花花公子》上的模特插页，并同时播放与受试者的心跳相对应的"哗"声，然后让受试者给模特的吸引力打分，结果发现"哗"声所反映的受试者看插页时的心跳频率比正常的心跳频率快或慢时，吸引力的评分一般较高。根据这一相关性，在受试者观看某一插页时，即便心跳正常，研究者有意地调快或调慢了"哗"声的频率，结果这一"伪造"出来的心跳变化让受试者误以为心跳变化的原因是模特有吸引力，这使受试者根据其对此自体感受的观察而反过来推断自己喜欢该插页。试想，如果运用更精细的虚拟现实技术来改变人的自体改变，再与未来可能的记忆移植结合起来，对人的完全操控在技术上并非不可能。

其三，虚拟沉浸与虚拟化身对主体的意识、身份，以及心理与行为模式的长期性影响。对此有两个方面的问题值得展开深入的实证研究。一方面，虚拟感知觉和虚拟环境在使人获得特定的逼真感受时，在主体明知其属虚拟的情况下，依然难以抑制地产生一些较为强烈的情绪反应。例如，在虚拟现实实验室最为常见的"虚拟坑"实验中，来访者带上虚拟现实头盔后就仿佛进入了一个虚拟房间，突然间一块地板看起来快速地落下去了，在房间的地面留下了一个貌似深不见底的坑，当访客从坑边往下看时会感到焦虑；然后，坑上出现了一块横跨的窄木板，并要求访客像走平衡木一样从上面走过去，访客顿时倍感恐惧。这类实验表明：①人很难同时拥有两种意识，如"虚拟坑"中的访客在面对虚拟坑时很难清晰地兼具基于单纯知识的内心意识"坑是虚拟的"和基于感知觉的意识"感觉到有一个坑"；②人的即时的感知觉所形成的意识比基于知识的单纯的内心意识的权重往往更大。也就是说人沉浸于虚拟现实环境之中时，包括虚拟的身体的具身性感知在内的人的虚拟的感知觉对人的意识的即时影响是难以克服的[1]。

这就引出了另一个需要进行实证研究的问题，即当人沉浸于虚拟环境，特别是当人作为虚拟化身沉浸于其中时，会不会在人的心理和行为模式上留下某种印记并产生长期的影响。麻省理工学院的文化与技术学者特克（Sherry Turkle）在其名著《屏幕生活》（*Screen Life*）曾讨论过在虚拟社群中的多重身份问题，指出人有可能像希腊神话中的海神那样在虚拟生活中频繁地更换其虚拟化身。这种多重身份的转换被称为海神效应（proteus effect）。研究表明，在虚拟现实中，虽然虚拟化身使人得以与其固有身份相分离，通过角色扮演寻求各种不同的身份，但这种角色扮演依然有一定之规。尼克·伊（Nick Yee）等对海神效应进行了一系列研究，他们发现不仅虚拟化身的在线行为会带来相应后果，进而影响到化身背后的人的人格、心智与行为模式，而且这些模式上的改变还会在真实世界中延续，甚至形成长期影响。其中，一项研究让受试者以不同身高的虚拟化身展开谈判，结果发现具有更高身高的化身不仅在虚拟谈判中表现得充满信心，而且还会将这种自信心带到现实生活中。另一项研究让参与者驾驶直升机或像超人一样飞越虚拟城市，结果发现那些被赋予超能量的参与者在此后表现出利他精神的可能性更大[1]。

上述研究表明，虚拟现实技术对人的心智和行为的确具有深层次影响，而这些影响为虚拟现实技术的伦理考量提供了前提与基础。但需要指出的是，目前的研究还很不深入。一方面，作为主导性方法的人的行为心理学研究方法也不太严谨，如有的实验竟然用喝朱古力还是辣汁来鉴别人在扮演英雄和恶棍之后的人格影响；另一方面，目前的科学尚不能排除，人长期脱离现实世界而沉浸于虚拟环境会不会带来较心理上改变更基本的影响，即是否会在生物学层面造成深远的影响。

四、应用与研究场景中虚拟现实技术的伦理构建

不论是虚拟现实技术在社会伦理和安全层面的挑战，还是其对人的心智与行为所可能造成的深层效应，都表明我们应对此展开审慎的价值考量和面向实践的伦理构建。

首先，我们要看到虚拟现实技术及其伦理构建的未完成性。一方面，虚拟现实技术是一种开放性的新兴技术，不论是在技术路线上还是在使用方式上都是开放的或未完全确定的；另一方面，主体基于虚拟现实技术的活动是一种新的生活形式，人们对此新的生活形式的伦理反省来自其由新的生活体验获得的经验与教训，其伦理反省与实践又会反过来影响技术的设计与应用，使其发展方向不断受到人们的价值选择的调节。因此，作为新兴技术的虚拟现实技术不单在技术上是未完成的，在伦理上也是未完成的——其相关价值负荷与伦理意涵始终有待进一步澄清，故虚拟现实技术的伦理构建可称为未完成的伦理构建。

其次，应该在认识到虚拟现实技术在技术与伦理上的未完成性的基础上，引入一套动态的伦理构建策略。为此，应该结合虚拟现实技术作为新兴的信息科技的特征展开探索，从科技伦理的论证模式者探寻虚拟现实技术的伦理框架，由新兴信息技术的实践场景寻求具体的伦理调适之道。

在科技伦理论证中，常见的论证模式有自上而下模式、中层原则模式、自下而上模式和建构论模式等[2]。自上而下的模式又称理论应用模式，即从某种抽象的伦理理论或一套核心价值出发，辨析、反思和回应具体的科技伦理问题。这一相对固化的模式适用于已经融入日常生活的科技活动，显著的开放性和未完成性的虚拟现实技术的伦理构建难以完全参照这一模式。中层原则模式又称原则主义，主要从若干源自各种伦理理论的具有一定抽象性的中层的伦理原则或基本价值诉求出发，以此透视科技的价值内涵，形成相应的伦理规范。此模式适用于高度专业化的科学研究和具有一定的开放性与未完成性的科技活动，如著名的生命伦理学的四原则就是中层原则在生命科技的伦理构建中起了重要的作用。类似地，同样具有开放性和未完成性的虚拟现实技术可将此作为其伦理论证模式之一。自下而上的模式多采用基于案例的决疑术，即从案例出发，先确定案例中伦理上可接受或不可接受的行为，并接受背后隐含的伦理原则，通过对各种案例的分析比较，将类似的案例和行为纳入各类范式中进行伦理分析与评判。这一模式中的价值诉求和伦理原则是在具体的伦理实践层面不断呈现出来的，无疑有助于对虚拟现实技术所带来的各种新的伦理问题的归类与应对。建构论的

模式又称情境论模式，主张科技伦理论证应以相关群体的利益与权力关系分析为基础，深入剖析不同主体的价值诉求，通过发挥主体的能动性，在具体的情境中构建伦理规范机制。这一模式对于涉及多种利益主体的虚拟现实技术的伦理调适提供了重要的切入点，有助于相关群体从利弊权衡和收益风险分配的角度主动地展开价值反思和伦理调节。概言之，中层原则、自下而上模式及建构论模式等较适合虚拟现实技术的伦理构建，因为它们更容易由实践场景切入，有助于聚焦具体的价值冲突，有利于发挥相关群体和个体在价值反思和伦理构建中的能动性和创造性。

由此，我们可以大致确立虚拟现实技术的动态伦理构建策略。其一，聚焦具体的实践场景中的全新伦理抉择：将虚拟现实技术视为一种全新的伦理试验，重点关注由此所引发或可能导致的全新的道德冲突与伦理抉择，以此揭示其中涌现出的各种伦理问题的实质，以及其复杂性与开放性，追问引入相应的伦理规范的必要性、可能性及其限度。其二，提出基本伦理原则：立足各种道德哲学与伦理理论，在廓清基本价值取向的基础上，将信息技术伦理及其他应用伦理领域的伦理原则与虚拟现实技术实践相结合，尝试性地提出若干适用于虚拟现实技术实践的基本伦理原则，引入一些禁止性的规范，以此设定虚拟现实技术的相关主体行为的伦理底线。其三，基于场景细化和拓展的可持续修正：面向虚拟现实技术的具体的和开放性伦理实践，在进一步具体化和不断拓展的新场景中展开持续的伦理反思，从实践细节和适用范围等维度细化、拓展和修正对相关问题的认识。通过这三个方面的持续构建和反复迭代，可以使我们更有效地推进虚拟现实技术所带来的未完成的伦理构建。

在有关虚拟现实技术的伦理研究中，大致可分为非场景化的伦理构建和场景化的伦理构建两类。从形式上看，前者多基于对可能的伦理冲突的前瞻性探究，关注一般性伦理原则或行为准则的构想；后者则是更多地聚焦于虚拟现实技术在实践场景中所出现的全新的伦理悖论和冲突，并由此赋予伦理原则或行为准则以场景敏感性。从发展过程来看，前者多属试验原型阶段的理论化的推演，后者则是更多地基于具体场景与细节的情境化推理。

随着虚拟现实技术的发展，虚拟现实技术运用的伦理原则的确立逐渐成为实践层面亟待应对的问题。鉴于虚拟现实技术涉及具体场景且具有开放性，基于中层原则论证模式的原则规范体系往往难以发挥作用。在阿西莫夫的机器人三定律的启示下，德国汉堡大学的人机交互研究组的斯坦因尼克（Frank Steinicke）为其实验室建立了虚拟现实实验运用的三个简单规则：①人（包括动物）一定不能因为虚拟现实技术的运用受到严重伤害；②虚拟化身一定不能受到严重伤害，除非有悖规则①；③沉浸一定不能对使用者隐瞒[3]。其中，规则①是不言而喻的，但具体的实施要建立在对相关伤害的事实调研和原因分析的基础之上；规则②的合理性基于个人沉浸于虚拟现实中的行为对其身心和行为倾向的影响，包括虚拟身体的拥有感、多重虚拟身份的认同等；规则③实际上是从一般的研究伦理中的知情同意权衍生出的，即受试者或参与者必须知道自己是否沉浸于虚拟现实，并且可以随时根据自己的意愿决定是否退出沉浸。毋庸置疑，这三个规则为虚拟现实技术划定了伦理底线，可以视为基本伦理原则。但在具体的场景中，它们又可能陷入似是而非和模棱两可的境地。以沉浸为例，虚拟现实技术的固有悖论是：对虚拟的现实感本身是一种认知错觉，没有这种错觉不可能感知到虚拟现实并形成沉浸感，但这种对虚拟现实的感知和沉浸反过来会对人对真实世界的现实感产生影响，甚至使其发生改变。因此，问题已经不再是使用者是否知道自己处于沉浸状态或有权决定沉浸与否，而转化为沉浸对人的现实感影响是否是可接受的，这显然需要结合具体的场景才能做出适切的判断。

为了克服一般性的原则和规范难以用于具体场景和开放性实践的问题，虚拟现实技术的伦理构建的基本进路应该将中层原则模式、自下而上模式和建构论模式结合起来，使伦理原则和行为准则更具功能可供性和场景敏感性。马戴（Michael Madary）和梅森格（Thomas K. Metzinger）分别就虚拟现实技术在研究与公众应用两个场景中突出的问题进行了讨论。研究场景中的问题包括：试验环境的局限性、对虚拟现实的长期心理效应的知情同意、虚拟现实的临床应用的相关风险、虚拟现实的研究结果的双重使用、虚拟现实的联网研究及相关研究伦理原则的局限性等。应用场景中的问题涉及：虚拟沉浸的长期效应、对自身身体及物理环境的忽视、有风险的内容及隐私。在此基础上，他们分别对研究与公众两个运用场景提出了一套建议性的伦理行为准则，将它们作为依据具体场景持续细化的出发点，构筑起面向未来的讨论平台[4]。

他们提出的伦理行为准则较充分地体现了对应用场景的敏感性。他们建议的虚拟现实技术研究的伦理行为准则包括不伤害、知情同意、透明度和媒体伦理、双重使用、互联网研究、行为准则的局限性等六部分。其中既包括一般性的伦理原则，也涉及具体应用场景和伦理，还指出了行为准则自身的局限性。同时，每个部分又根据可能出现的场景提出了具体的行为准则建议。例如，不伤害包括两方面的行为准则：一方面，实验不可运用那些可以预见到会产生非自愿的痛苦、严重或持续伤害的虚拟现实技术；另一方面，应将那些理性的、基于证据的，以及面向未来风险最小的技术纳入研究。知情同意包括虚拟现实实验的知情同意书应该指明迄今未知的风险，如沉浸式虚拟现实可能对受试者的行为产生持久影响，不得对无知情同意能力的受试者进行实验的虚拟现实研究。知情同意包括虚拟现实实验的知情同意书应该指明迄今未知的风险，如沉浸式虚拟现实可能对受试者的行为产生持久影响，不得对无知情同意能力的受试者进行实验的虚拟现实研究。透明度和媒体伦理部分对新的临床应用实验、科学家和媒体面向公众清晰而诚实地介绍科学成就，以及科学家与媒体和公众的积极互动与沟通等提出了行为尊重。双重使用对虚拟现实、增强现实及替代现实（SR，sub-stitutional reality）的潜在军事应用、虚拟环境中的酷刑等提出了建议性的伦理行为准则。互联网研究涉及科学共同体应避免知情同意的滥用以维护公众的信任，提出了在 VR、AR 和 SR 之间切换的情况下确保受试知情同意的行为准则。行为准则的局限性则强调伦理准则无法替代道德推理和伦理论证，这种推理和论证应对特定情境和实验范式的实施细节保持敏感，以弥补一般性的伦理行为准则所无法把握的伦理内涵。

类似地，他们还提出了公众使用虚拟现实的行为准则，探讨了长期沉浸、社会交互虚拟化的不断加强、有风险的内容及隐私等方面的问题。长期沉浸部分提出应加强对长期沉浸的心理影响的研究，必须要让用户意识到这类研究应受严格的伦理制约，特别应该避免最易受到伤害者参与相关研究。社会交互虚拟化的不断加强部分指出，必须让用户注意到虚拟的社会交互方式的发展可能导致的负面影响。有风险的内容部分强调，必须让用户知晓全沉浸的虚拟环境可能使用户遭受心理创伤，虚拟现实技术具有创造巨大的社会幻觉的潜力，由此可能实施人格改变、自我意识操纵等意识操控；同时，监管机构应该考虑虚拟化身的所有权问题，力求在虚拟化身的使用权和个人创意自由等关切之间寻找合理的平衡点。隐私部分指出，应该让用户意识到虚拟现实技术等具身体验广告对人的行为可能造成强大的无意识的影响，还应让用户具有数据保护意识，看到对人的虚拟化身的"运动意图"或"运动指纹"的读取会涉及被监控等新的风险。

透过上述讨论可以看到，面向虚拟现实技术的未完成的伦理构建的基本方法是引入凸显实践情境和具有场景敏感性的行为准则。值得深思的是，虚拟现实这一开放性新兴技术及由此所绽开的新的生活形式的伦理锚点何在？从形式上讲，应该是价值反思、伦理论证和道德推理而不仅仅是作为它们的暂时结论的伦理原则和行为准则。而实质上的伦理锚点无疑是人的尊严和权利，缺失了这一人类行为的基准，公正与责任无以奠基，大道与歧路无法分别，应该与必须难以彰显。

参考文献

［1］吉姆·布拉斯科维奇,杰里米·拜伦森.虚拟现实:从阿凡达到永生.辛江译.北京:科学出版社,2015.

［2］段伟文.可接受的科学:当代科学基础的哲学反思.北京:中国科学技术出版社,2014:208-211.

［3］Steinicke F. Being Really Virtual: Immersive Natives and the Future of Virtual Reality. Cham: Springer,2016.

［4］Madary M, Metzinger T K. Real virtuality: a code of ethical conduct. recommendations for good scientific practice and the consumers of VR-technology. Frontiers in Robotics and AI,2016,(3):1-23.

Social and Ethical Issues of VR-Technology and Response

Duan Weiwen

(Institute of Philosophy, Chinese Academy of Social Sciences;
Shanghai Academy of Social Sciences)

Virtual Reality Technology and its commercial application not only affect culture, entertainment, education, medical, social and business development, but also bring a series of challenges to social ethics and security. With the application of virtual reality technology, our social life and daily life are involved in a series of new social and ethical experiments. As a result, there are lots of noteworthy ethical issues, such as indulgence and addiction in virtual reality, virtual reality pornography, sensory control and awareness control, excessive substitution of virtual life on the real life, protection of personal data and privacy. More importantly, human mind and behavior can be deeply influenced by virtual reality, including plasticity of human mind in virtual environment, deeply manipulation on human behavior and identity, lasting effect of virtual immersion and virtual avatar, etc. In order to deal with these problems, the ethical construction of virtual reality technology should see its incompleteness and scene sensitivity. Firstly, we should focus on the new ethical paradox and conflict in the concrete application scene of virtual reality technology. Then we need understand the limitation of general and simple ethical principle and try to propose a set of recommended ethical codes of conduct for the research and public scene and context, which will act as starting points for the continuous refinement in concrete circumstance as well as on-limits platforms for the future discussions.

5.6 负责任的产业创新——
以中国智慧养老产业为例 *

廖 苗[1,2] 赵延东[2]

(1. 南开大学经济与社会发展研究院；2. 中国科学技术发展战略研究院)

一、负责任研究与创新理念的兴起

"负责任研究与创新"（responsible research and innovation，RRI）是近年来欧美学术界和政策圈开始广泛讨论的一个概念，这一概念尚无一致认同的确切定义，常与一些相近的概念，如"负责任创新"（responsible innovation）、"负责任发展"（responsible development）和"负责任研发"（responsible research and development）并提混用。不少研究者尝试对 RRI 概念下定义，如 Schomberg 提出："负责任研究与创新是一个透明互动的过程，在这一过程中，社会行动者和创新者相互反馈，充分考虑创新过程及其市场产品的（伦理）可接受性、可持续性和社会可取性（desirability），让科技发展适当地嵌入我们的社会中。"[1]而欧盟委员会在"地平线 2020"计划中则将RRI 定义为一种进路，该进路对研究和创新的潜在意涵和社会期望进行预期和评估，目的是帮助设计包容和可持续的研究和创新[2]。

作为政策话语的 RRI 诞生于欧盟最主要的科研资助计划——"框架计划"，该计划在 1984～2013 年共执行了 7 期。在 2002～2006 年的第六期框架计划中，设立了"科学与社会"专项，拨款 8000 万欧元用于促进研究和产业界对诸多与科研相关的社会问题的认识，并将这些问题作为重要的政策议题。在 2007～2013 年的第七期框架计划中，"科学与社会"专项的经费增长到 3.3 亿欧元并更名为"社会中的科学"，继续探讨科技创新系统中的各利益相关者的态度、立场和相互关系，深化了对科学与社会的互动关系的认识。历时十多年的科学与社会关系的研究，让人们逐步认识到：①要让新技术为社会所接受，不能仅仅寄希望于市场营销的效果；②想要研究和创新具有更大的创造力和更好的结果就必须在研究和创新中有多样化的方式；③创新的适当性和可接受性的关键在于让社会及早地并持续地与研究和创新互动交流[3]。于是，自 2010 年

---

* 本研究受欧盟"地平线 2020"计划（EU GRANT 709637）项目资助。

以来，在"社会中的科学"的研讨中产生了"负责任研究与创新"这一理念，指的是社会行动者（科研人员、公民、政策制定者、商人、第三方组织，等等）在研究和创新的整个过程中共同作用（work together）以便更好地根据社会的价值、需求和期望来调整创新的过程和产出。第七期框架计划资助了一批从治理框架和在不同层面的实施方式来研究"负责任研究与创新"的项目。在随后的"地平线2020"计划中，负责任研究与创新就成为重要的政策议题，包括以下5个方面：①让社会更广泛地参与研究和创新活动；②使更多的人有渠道获取科学研究成果；③在研究过程和研究内容中保证性别平等；④考虑伦理维度；⑤提升正式和非正式的科学教育[4]。"地平线2020"计划中的"协同社会的科学、为了社会的科学"（science with and for society，SWAFS）专项正是"科学与社会"和"社会中的科学"专项的延续和扩展，总预算为4.6亿欧元，用于建设科学与社会有效合作的能力，提升科学对年轻人的吸引力，增加社会对创新的需求，以及促进研究和创新活动的进一步开放。除了通过在专项中开展研究来推行负责任研究与创新，"地平线2020"计划还将"负责任研究与创新"作为贯穿整个计划的议题（cross-cutting issue），即在计划的多个目标——科学上的卓越、产业上的领先、应对社会挑战、扩大公众参与——中都体现负责任研究与创新，在各项研究中都要考虑负责任研究与创新的某个或多个方面。

RRI作为欧盟的科技政策理念，对欧盟各国的科研和创新活动有着重大的影响力。所有"地平线2020"计划资助的研究项目都需要将RRI的理念贯穿其中。由于"地平线2020"计划不仅仅是支持基础科研的框架计划的延续，还整合了欧盟层面的产业技术研发、中小企业创新等方面的资助项目，RRI的影响力不局限于基础研究这一"上游"阶段，也覆盖到技术开发与创新的"中下游"。从这个意义上说，企业构成了负责任研究与创新的重要主体，它们在推动负责任研究与创新方面扮演着不可或缺的角色。

二、企业是负责任研究与创新的重要行动者

1. 企业是技术创新的主体

根据熊彼特的定义，创新就是把一种新的生产要素和生产条件的新组合引入生产体系的过程，而实现这种创新的主体就是企业家[5]。这一论断充分显示了企业在技术创新中的重要作用。党的十八届三中全会决定中特别指出，要强化企业在技术创新中的主体地位。当前，企业已成为我国技术创新的最重要力量。据统计，2013年，企业的研发支出占全国总研发支出的76.6%，远远超过了政府研究机构（15%）和大学

（7.2％）所占的比重[6]（图1）。近年来，我国企业不仅日益重视创新，而且更加关注企业的社会责任（corporate social responsibility），这为我国进一步推进负责任的研究与创新提供了重要动力。

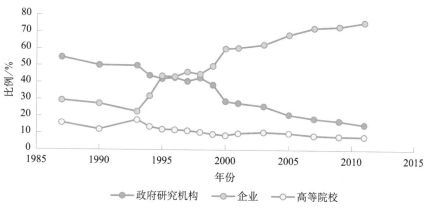

图1　我国1987～2013年各部门研发经费

资料来源：中华人民共和国科学技术部. 中国科学技术指标（1988～2012）. 北京：科学技术文献出版社

2. 企业社会责任

中国企业对企业社会责任（corporate social responsibility，CSR）的认识经历了一个逐步发展的过程。在计划经济时代，国有企业主要按照国家计划和行政指令进行生产，同时还需担负企业职工的一切生活保障，形成典型的"企业办社会"模式。企业承担了过多的社会职能，影响了其作为基本经济单位的运营能力。自改革开放到20世纪90年代，急欲从传统计划体制中摆脱出来的企业将利润最大化作为唯一追求，这一时期企业大多只注重股东责任，忽视甚至逃避政府责任、社会责任和环境责任等[7]。自20世纪90年代以来，国内市场经济秩序日趋完善，并逐渐与国际市场接轨。"企业社会责任"的理念和实践开始由跨国公司产业链管理环节逐步传递引入。越来越多的企业开始发布社会责任报告，中国企业发布的社会责任报告由2000年的一两份，发展到2006年的30份左右，到2013年更增加到近2000份[8]。根据中国科学技术发展战略研究院课题组于2010年进行的一项企业调查显示，有49.2％的受访企业已经把履行社会责任纳入企业发展战略，另外33.1％的受访企业准备纳入。有31.1％的受访企业已经制定了有关企业社会责任的规章制度，另有35.7％的受访企业准备制定[8]。可见，中国企业目前已经具有一定的面对社会的责任主体意识。

企业社会责任也被纳入一系列政策与法律文件中。2006年1月1日正式实施的《中华人民共和国公司法（修订案）》明确提出"公司从事经营活动，必须遵守法律、行政法规，遵守社会公德、商业道德，诚实守信，接受政府和公众的监督，承担社会责任"。2015 年 6 月，国家质检总局、国家标准委联合发布了《社会责任指南》（GB/T 36000—2015）、《社会责任报告编写指南》（GB/T 36001—2015）、《社会责任绩效分类指引》（GB/T 36002—2015）等三项社会责任国家标准，并于 2016 年 1 月 1 日实施。企业社会责任已经逐步实现了政策化、法律化和标准化。

3. 从企业社会责任到负责任研究与创新

企业社会责任与负责任的研究与创新的理念之间存在很强的亲和性，企业社会责任中所强调的关注社会和环境、透明和合乎道德的行为、利益相关者的参与及规范的视角，都与 RRI 的理念内涵高度重合，这些都为在中国企业界倡导和实践 RRI 提供了基础条件。相关调查也显示，中国企业实现 RRI 有很好的基础，在企业工作的科技工作者对研究与创新的社会责任有着清醒的认识[9]。随着企业社会责任意识的增强，企业将成为我国推行负责任研究与创新的一支生力军。

CSR 可以成为在产业界推行 RRI 理念和实践的可行工具。作为新的政策理念，RRI 若要应用于产业界，除了可以采用政府层面的政策工具，更重要的是采用既有的、以企业自身为主导的相关工具和方法，与企业自身的市场行为和诉求相结合，而非增加过多的外部强制的监管措施。CSR 在全球范围的各行各业的企业中已经获得较为广泛的认可和接受，也发展出了许多实践的方式，借用这些成熟的方式来推行 RRI，应该是一个较为切实可行的切入口。有学者在考虑了与 RRI 的相关性的基础上，遴选了一批具有国际影响力和跨行业的工具，包括：标准（ISO9001，ISO14001，EMAS，ISO 50001，OHSAS 18001，SA 8000，ISO/IEC 27001，ISO 26000）、全球倡议（Global Reporting Initiative，Global Compact，The OECD Guidelines for MNE，UN Guiding Principles on Business and Human Rights，ILO MNE Declaration）和原则（Business Principles for Countering Bribery，Caux RoundTable Principles，CERES Roadmap for Sustainability，ETI Base Code，Business Social Compliance Initiative）[10]。这些标准、倡议和原则在许多行业的管理部门都已经广为人知或得到了广泛的执行。与之结合来倡导 RRI 理念，通过这些工具来落实 RRI 理念，将会使得 RRI 在产业界更为人们所熟悉和接受。

CSR 作为 RRI 的工具也有其局限性。以 ISO 26000 标准为例——我国也于 2015 年发布了相对应的 GB/T 36000 - 2015 系列标准——其关注点偏重于生产过程、人员管理、盈利流向等方面。许多企业的 CSR 部门致力于慈善救济行动，以经济回报实现社会价值，履行社会责任。RRI 与企业社会责任理念的突出区别在于特别关注"创新的责任"，即企业在研发阶段更多考虑"实现社会价值"的责任问题，以产品、业务本身的社会效益（而非经济效益）来履行责任。因此，在既有的 CSR 工具之外，一些新的方法可以被用于在产业界进一步推行 RRI 理念，如价值敏感设计（value sensitive design，VSD）和策略性利基管理（strategic niche management，SNM）。

价值敏感设计起源于 20 世纪 90 年代，美国华盛顿大学的弗里德曼等学者提出要在计算机信息系统的设计中考虑到各种伦理道德和社会价值观，进而发展出一套理论和方法，在设计的过程中通过原则性的和系统性的方式来考量人类价值。其核心是分析所设计产品的直接和间接的利益相关者；辨别出设计者的价值取向、相关技术明确支持的价值取向及利益相关者的价值取向；在个体、团体和社会层面来进行分析；从观念、技术和经验方面进行反复的综合的研究，并且致力于改进（而非完美）[11]。这套方法成为 RRI 的经验来源之一，并被推广到了更广泛的地区和研发领域[12]。

策略性利基管理通过制造技术利基来使得创新过程更为可持续。所谓技术利基，即保护的空间，让技术、用户、监管结构在其中进行共同进化的试验。新技术在投放到市场之前先在这样的保护空间中缓冲过渡，这就使得技术和社会在一个很小的范围内能够通过互动反馈来改进自身、相互适应[13]。

这两种新的工具侧重于研发和创新的过程，与既有的 CSR 工具互相补充，有助于更好地在产业界推行 RRI 理念，倡导负责任的产业创新。以下我们将以我国智慧养老产业为例，具体分析负责任的产业创新在我国发展的基本情况和面临挑战。

三、智慧养老产业的负责任创新

1. 老龄化社会带来的挑战和机遇

人口老龄化给我国带来巨大的社会挑战。1999 年，我国 60 岁以上的人口占到了总人口的 10%，65 岁以上人口比例达到了 7%，这意味着我国正式步入老龄化社会。截至 2013 年年底，我国 60 岁以上的老年人口达到 2.02 亿，占总人口比例的 14.9%。预计到 2035 年，年龄在 15～64 岁的劳动人口将达到 8.1 亿，而 65 岁以上的老龄人口将达到 2.94 亿。除去在校学生、失业人口及达不到纳税起征额的低收入人口，我国将面临不足两个纳税人供养一个养老金领取者的局面，这被称为"老龄化社会危机时点"。预计我国老龄人口的峰值将出现在 2054 年，达到 4.87 亿。我国人口老龄化的特征主要有四个方面：规模大、速度快、健康水平低、地区差异大。人口老龄化情况及其特征将会给我国经济社会发展带来深刻的影响，包括：①未富先老——目前我国人均 GDP 的世界排名是 104 位，属于中等收入水平国家，2010 年的人类发展指数（HDI）为 0.663，排在世界第 89 位，远落后于发达国家；②经济发展负担加重——

生产型人口减少，消费型人口增加；③社会结构调整——社会阶层结构、资源分配结构和利益格局都会随着老龄化人口比重的增加而变化；④家庭功能弱化——将会面临最为严峻的"4-2-1"家庭代际结构模式，即一对夫妇照顾4位老人并抚养1个未成年儿童，家庭养老人力资源不足，代际冲突加剧；⑤发展与民生矛盾凸显——用于保障和改善老年人民生资源的增加，会导致用于发展的资源投入减少[14]。

另外，人口老龄化也为我国老龄产业的发展带来巨大的机遇。急速增长的老龄人口，带来了很多新的生产、服务和消费需求。预计在2014～2050年，我国老龄人口的消费能力将从4万亿元增长到106万亿元，占GDP的比例从8%增长到33%。中央和地方政府都在增加针对老龄人口的公共服务的投入。越来越多的企业和组织进入老龄服务业领域。养老地产、老龄金融、科技养老等新概念不断涌现，资本空前活跃，行业前景看好。然而，这一巨大的市场面临着供给严重不足、发展不平衡的问题。据统计，我国养老护理员潜在需求在1000万人以上，而一线护理人员仅100多万人，其中取得职业资格的不到10万人。养老护理员，尤其是专业化、高水平的护理人员严重短缺。科技创新可以提高老龄人口服务质量，通过技术替代人力来缓解劳动力资源的不足，还有可能进一步满足老龄人口在医疗服务、住房、社交和消费等方面的特殊需求[14]。

2. 中国智慧养老产业的发展状况

智慧养老产业正是在应对老龄化社会带来的机遇和挑战，并基于科技进步，尤其是信息通信技术的迅速发展而诞生的。智慧养老又称智能养老，是指运用智能控制技术提供养老服务的过程。智慧养老产业是指运用信息通信、人工智能等新一代技术和产品，提供信息化、智能化养老服务和产品的各相关产业形态的总称。我国智慧养老产业发展历程可大致分为三个阶段。①起步阶段。20世纪80年代末出现了基于电话呼叫的服务体系"一键通"，老人可以通过呼叫器上的按键连接社区服务中心，获得紧急救助和居家上门服务；②探索阶段。世纪之交互联网普及，基于互联网的服务体系即"虚拟养老院"出现，搭建了为老年人提供医疗保健和家政服务的信息平台；③发展阶段。近年来随着我国智慧城市、智慧社区的建设推进，养老产业发展出了基于物联网的服务体系，许多机构通过物联网设备和信息管理系统为老年人提供个性化的远程医疗、健康管理、亲情沟通等服务[15]。

目前我国智慧养老产业基本上涵盖了住区、家政、健康、家居、文化、教育等诸多方面。随着技术革新及随之而来的商业模式创新，智慧养老产业的重点发展方向将主要集中在医养结合、互联网＋。

我国智慧养老产业的发展具有很好的政策环境。智慧养老成为创新和社会发展的重点之一，从国家创新政策、部委政策到地方政策都给予推动和支持。

国务院2014年9月发布了《国务院关于加快发展养老服务业的若干意见》，提到要"大力发展居家养老服务网络"；"发展居家网络信息服务；地方政府要支持企业和机构运用互联网、物联网等技术手段创新居家养老服务模式，发展老年电子商务，建设居家服务网络平台，提供紧急呼叫、家政预约、健康咨询、物品代购、服务缴费等适合老年人的服务项目"。国务院2015年7月发布的《关于积极推进"互联网＋"行动的指导意见》中，提到要促进智慧健康养老产业发展；支持智能健康产品创新和应用，推广全面量化健康生活新方式；鼓励健康服务机构利用云计算、大数据等技术搭建公共信息平台，提供长期跟踪、预测预警的个性化健康管理服务；发展第三方健康在线市场调查、咨询评价、预防管理等应用服务，提升规范化和专业化运营水平；依托现有互联网资源和社会力量，以社区为基础，搭建养老信息网络服务平台，提供护理看护、健康管理、康复照料等居家养老服务；鼓励养老服务机构利用基于移动互联网的便携式体检、紧急呼叫监控等设备，提高养老服务水平。

科技部在《国家"十二五"科学和技术发展规划》中，将"数字化老年人医疗健康和养老服务"作为现代服务业科技行动的一个典型。

民政部办公厅2014年6月发布了《关于开展国家智能养老物联网应用示范工程的通知》，提出要"依托养老机构对集中照料人员开展智能化服务，研究探索养老机构对周边社区老人开展社会化服务新模式，建立健全技术应用标准体系，形成一批技术应用成果，促进智能养老物联网相关产业健康发展"。

民政部办公厅和国家发改委办公厅在2013年12月发布的《关于开展养老服务业综合改革试点工作的通知》中提出要"试点地区应着力推动服务观念、方式、技术创新，重点推动医养融合发展，促进养老与家政、保险、教育、健身、旅游等相关领域互动发展；运用互联网、物联网等技术手段，提高管理和服务信息化水平"。

3. 智慧养老产业中的创新责任问题

负责任的产业创新倡导以科技创新来履行社会责任，而此种责任应有两个方面：一方面是应对社会挑战、满足社会需求、实现社会价值；另一方面还要关注在创新的过程中所引发的新的社会问题。

首先，在互联网＋医养结合的智慧养老服务行业中，对个人健康数据的获取提出了新的需求，要通过收集大量的数据来提供个性化的、定制化的、针对性的高质量养老服务。基于技术创新满足了用户的需求和社会需求，以此方式获取利润实现企业价值，这是产业实现社会价值的责任。

但与此同时，很多技术创新在社会中的应用，都有可能带来新的社会问题。例如，智慧养老企业在提供服务中的过程中，有可能伴生数据伦理问题，涉及用户的隐私、权益、安全等。因此，在智慧养老领域中的产业创新，也有责任关注新技术应用过程中所伴生的社会问题。

有鉴于此，欧盟第七框架协议资助课题"负责任的产业创新"课题组提出了在智慧养老产业中推行负责任创新的原则性建议，包括反思研究与创新活动的伦理与社会责任、在整个价值链中保持研究创新活动与老人及社会需求的一致性、保证不同利益相关者参与到研究创新过程之中、在创新过程中充分考虑科技创新与社会关系的不同方面等[16]。

在中国，一些智慧养老企业已经有意识地在创新过程中加入了对上述创新社会责任的考量。在中国科技发展战略研究院课题组进行的案例研究中，发现某企业健康管理平台通过整合小型社区老年服务机构，以满足老年人情感需求来提升用户黏性，以用户黏性和可穿戴设备收集健康数据，以慢性病管理作为消费刚需，以数据资源作为赢利方向。在这个案例中，该企业以新技术（数据采集和大规模数据分析）和新商业模式（基于大规模数据分析的个性化健康管理服务和数据的其他商业价值）来改造原有的不盈利的社区服务和短视的药品推销，一方面满足了老年人的健康和情感需求，另一方面满足了政府养老和医疗服务需求，此外，还满足治理不良商业形式的社会需求。借助技术创新将社会需求转化为商业价值，是企业履行其积极社会责任的可持续的方式。

我国企业对于创新可能带来的各种伦理风险尤其是数据伦风险也有所认识。据2016年中国信息通信研究院所进行的"我国大数据产业链调查"结果显示，企业对建立法律法规、标准规范存在迫切需求：80.4%的企业都认为国家应该提供法律保障，67.4%的企业期待制定产品技术标准来规范数据的流通[17]。解决此类创新责任问题有几种可能的路径，如通过技术设计来保障用户的信息安全，制定相应的技术标准来规范数据的使用，完善相关政策法规和监管制度来规范数据的采集、流通和开发等环节。这几种路径中，企业都可以发挥积极的作用。

参考文献

[1] Schomberg R V. Prospects for technology assessment in a framework of responsible research and innovation// Dusseldorp M, Beecroft R. Technikfolgen Abschätzen Lehren: Bildungspotenziale Transdisziplinärer Methoden. Wiesbaden VS Verlag, 2012: 39-61.

[2] European Commission. Responsible Research & Innovation. http://ec.europa.eu/programmes/

horizon2020/en/h2020-section/responsible-research-innovation［2016-11-17］.

［3］European Commission. Responsible Research and Innovation：A Cross-Cutting Issue. http：//ec. europa. eu/research/swafs/pdf/presentation_Galiay. pdf［2017-06-20］.

［4］European Commission. Science with and for Society. http://ec. europa. eu/programmes/horizon2020/en/h2020-section/science-and-society［2017-06-20］.

［5］约瑟夫·熊彼特. 经济发展理论. 何畏译. 北京：商务印书馆,1990.

［6］国家统计局,科学技术部,财政部. 2013 年全国科技经费投入统计公报. http://www. stats. gov. cn/tjsj/tjgb/rdpcgb/qgkjjftrtjgb/201410/t20141023_628330. html［2015-12-08］.

［7］黎友焕. 中国企业社会责任研究. 广州：中山大学出版社，2015.

［8］中国企业社会责任发展报告编写组. 中国企业社会责任发展报告（2006-2013）. 北京：企业管理出版社，2014.

［9］全国科技工作者状况调查课题组. 第二次全国科技工作状况调查报告. 北京：中国科学技术出版社，2010.

［10］Iatridis K,Schroeder D. Responsible Research and Innovation in Industry：The Case for Corporate Responsibility Tools. Springer，2016.

［11］Friedman B. Hendry D. Valuesensitivedesign Research Lab. http://vsdesign. org［2017-06-20］.

［12］The Netherlands Organisation for Scientific Research. Value-Sensitive Design on the North Sea. https://www. nwo. nl/en/research-and-results/cases/value-sensitive-design-on-the-north-sea. html［2017-06-20］.

［13］Schot J, Geels F W. Strategic niche management and sustainable innovation journeys：theory, findings，research agenda，and policy. Technology Analysis & Strategic Management，2008,20（5）：537-554.

［14］朱勇. 智能养老. 北京：社会科学文献出版社,2014.

［15］朱勇,庞涛. 中国智能养老产业发展报告（2015）. 北京：社会科学文献出版社,2015.

［16］Porcari A, Borsella E, Mantovani E,et al. Responsible-Industry：A Framework for Implementing Responsible Research and Innovation in ICT for an Ageing Society. http：//www. responsible-industry. eu［2017-06-20］.

［17］数据中心联盟.《我国数据流通市场调查报告》和《数据流通行业自律公约》在京发布. http://www. dca. org. cn/content/100760. html［2017-06-20］.

Responsible Research and Innovation in Industry:
A Case Study of Smart Elderly Care Industry in China

Liao Miao[1,2], *Zhao Yandong*[2]

(1. College of Economic and Social Devleopment, Nankai Univerisy;

2. Chinese Academy of Science and Technology for Development)

Responsible research and innovation is a new concept in the field of science and technology policy in Europe and the United States, advocating that more consideration should be given to social needs, public acceptance and ethical influenceof science and technology in the process of innovation, and to obtain more robust scientific and technological innovations through more anticipatory, reflective and inclusive research and development processes. As the main body of technological innovation, enterprises play an important role in responsible research and innovation. Through the Corporate Social Responsibility, Value-Sensitive Design, Strategic Niche Management and other tools can help enterprises tointegrate their social responsibility into the process of research and development. Through the analysis of the two types of responsibility of smart elderly care industry in China, this paper wants to show that the responsible industrial innovation is to integrate the technological innovation, the wealth creation and the social responsibility better.

第六章

专家论坛

Expert Forum

6.1　深化全面创新改革，推进高新区转型发展

穆荣平　冯海红

（中国科学院科技战略咨询研究院）

在 20 世纪 80 年代改革开放、迎接新科技革命、深化科技体制改革和学习借鉴主要发达国家科技园区建设经验背景下，中国科技智力最密集的北京中关村兴起了一股科技创业热潮，涌现了"两通两海"（指四通公司、信通公司、京海公司、科海公司）、联想集团、北大方正集团等科技型创业企业，引发决策者对于中关村"电子一条街"的关注，直接导致国家批准设立北京市新技术产业开发试验区，由此拉开了国家高新技术产业开发区（简称高新区）建设的序幕。多年来，高新区在促进科技与经济结合、引领区域经济高速增长和创造就业等方面发挥了重要作用。但是，全国高新区发展不自主、不协调、不和谐、不可持续问题日益凸显，迫切需要全面分析高新区发展面临的机遇与挑战，从把握科技革命新机遇需求出发，按照创新、协调、绿色、开放、共享五大发展理念的新要求，进一步深化全面创新改革，推进高新区转型升级发展。

一、国家高新区已成为引领中国经济持续快速发展的重要力量

1. 高新区已成为区域经济发展重要引擎

20 多年来，高新区努力实现从要素驱动向创新驱动的发展模式转变，从主要依靠优惠政策向注重培育内生动力发展模式转变，从推动产业全面发展向注重发展特色产业和主导产业转变，从注重硬环境建设向注重软环境建设转变，从注重国内市场为主向注重开拓国际市场转变。国家高新区设立以来，经济规模始终保持高速增长，在引领区域经济增长方面发挥着重要引擎作用。20 世纪 90 年代，国家高新区主要经济指标年均增幅达 60% 以上；21 世纪前 10 年主要经济指标年均增幅约为 27%[①]，远高于

[①]　数据为作者根据历年《中国火炬统计年鉴》测算得出。

同期全国经济增速。科技部火炬中心统计数据显示，2015 年 146 家国家高新区园区生产总值占当年全国国内生产总值比重达 11.9%，其中 42 家国家高新区园区生产总值占所在城市 GDP 比重达到 20% 以上，显示出国家高新区在国家经济发展格局中的重要地位。2015 年国家高新区劳动生产率达到全国平均水平的 3.9 倍[1]，一定程度上说明国家高新区的经济发展质量和效益领先于全国平均水平。

2. 高新区已成为战略性新兴产业聚集区

高新区建设是促进科技成果转移转化、发展高新技术产业创新集群、培育新兴产业和辐射带动区域经济发展的有效途径。20 多年来，高新区着力扶持科技孵化器发展，推进创新创业（育苗造林）和全球化协同创新的产业组织变革，在集聚创新资源、提升创新能力和发展战略性新兴产业方面发挥了重要作用，涌现了联想、四通、华为、中兴、腾讯、阿里巴巴、百度、小米、曙光等新兴技术企业，引领着移动互联网、大数据及云计算、物联网、人工智能等新兴产业发展方向，形成了中关村的下一代互联网、上海张江的集成电路、武汉东湖的光通信、深圳高新区的通信设备等具有国际竞争力的产业创新集群。2015 年 146 家国家高新区内高新技术企业共有 31 160 家，占全国上报统计数据高新技术企业数量的 40.9%[1]，区内高新技术企业实现营业收入、净利润分别为 100 688.7 亿元和 7 836.6 亿元，分别占全国高新技术企业总量的 45.3% 和 52.6%[2]，已经成为国家高新技术产业和战略性新兴产业聚集区。

3. 高新区已成为国家创新体系重要支撑

国家高新区聚集了大量的高等院校、研究院所和新型研发机构等创新载体，形成了覆盖基础研究、应用研究、试验开发和产业化，以及产业孵化功能的全频谱创新体系，成为国家创新体系的重要支撑。全国 146 家国家高新区内共集聚 753 所高等院校和 2415 家研究院所（其中国家或行业归口的研究院所 604 家），国家重点实验室 318 家，国家工程技术研究中心 217 家，企业技术中心 9557 家（国家企业技术中心及分中心 506 家），各类产业技术创新战略联盟 961 家（其中国家级 82 家），技术转移示范机构 788 家（其中国家技术转移示范机构 235 家），科技企业孵化器 1354 家、众创空间 1021 家[1]。创新产出呈现持续快速增长态势，国家高新区内企业发明专利授权量占全国总量的 19.8%，每万名从业人员拥有发明专利数是全国平均水平的 8.5 倍[1]。与此同时，国家高新区创新创业生态环境不断改善，形成了有利于创新要素聚集、创新成果转化和创新创业的运行机制和可持续发展能力。

二、国家高新区引领中国创新驱动转型发展面临的机遇与挑战

1. 高新区功能定位必须适应经济新常态

20多年来，我国高新区实现了持续高速增长，面对以"速度变化、结构优化、动力转换"为基本特征的经济发展新常态，高新区发展面临一系列新问题、新挑战。因此，国家高新区功能定位必须适应新常态、引领新常态。当前，我国高新区功能定位必须从注重规模速度型粗放增长转向注重质量效率型集约增长，从注重扩充园区规模和产业规模为主转向注重"深耕细作存量"与择优发展新兴产业并举，从注重要素和投资驱动转向注重创新驱动与投资驱动联动，从注重经济发展为主转向注重经济社会和环境协调发展，从注重园区产业功能建设转向注重统筹园区产业功能与城市服务功能建设，推进以人为本的新型城镇化。高新区功能定位在适应和引领新常态的前提下，还需要充分考虑区域经济发展的差异性，遵循经济发展规律，注重发挥市场配置资源的决定性作用，培育壮大经济发展新动能，拓展经济发展新空间，保持稳增长和调结构之间平衡，持续提高发展质量和效益。

2. 高新区发展模式必须符合新发展理念

20多年来，我国高新区已经成为区域经济发展重要引擎，但是高新区发展不自主、不协调、不和谐、不集约、不可持续问题日趋严峻，同时在更高水平上开放发展缺乏成功经验。因此，国家高新区发展模式必须符合新发展理念。"创新、协调、绿色、开放、共享"五大发展理念指明了破解我国经济社会发展难题、增强经济社会发展动力和厚植长期发展优势的总体思路和基本着力点。高新区发展模式必须体现以创新为第一动力和创新发展为第一发展理念，加快实现发展动能转换；高新区发展模式必须充分体现协调发展，注重经济与社会发展协调，注重城市与乡村发展协调，注重东部地区与中西部地区发展协调，注重发展方式与发展阶段协调；高新区发展模式必须体现绿色发展理念，按照建设生态文明社会的基本要求，推行资源节约与环境友好的生产和生活方式，走生产发展、生活富裕、生态良好的可持续高新区发展模式；高新区发展模式必须体现开放发展理念，用"平等合作互惠共赢"价值观构建更加广泛的命运共同体，拓展发展新空间；高新区发展模式必须体现共享发展理念，更加注重医疗、教育、公共安全、社会保障、公共交通等公共服务水平的提高，更加注重生产

和生活环境的改善，更加注重推进以人民为中心的新型城镇化发展。

3. 高新区发展重点必须体现新科技革命

20 多年来，国家高新区已成为战略性新兴产业集聚区和国家创新体系重要支撑，但是至今没有形成引领型产业和引领型跨国企业，总体上仍然处于跟跑和并跑发展阶段。要支撑国家进入创新型国家行列（2020 年）、进入创新型国家前列（2030 年）和建成世界科技创新强国（2050 年）三步走战略，国家高新区发展必须充分认识和把握新科技革命机遇，着力培育引领型新兴产业体系和自主发展能力，把握新一轮国际产业分工主动权。

当前，新一轮科技和产业革命正孕育兴起。能源科技向绿色低碳、智能、高效、多元方向发展；材料技术向结构功能一体化、功能材料智能化、制备应用绿色化方向发展，材料技术、制造技术与信息技术交叉融合将引领绿色智能制造技术发展方向；信息技术发展特别是移动互联网、物联网、大数据等重大技术创新将深刻改变人类的生产生活方式，信息科学技术与生命科学技术、纳米技术、认知科学融合汇聚将加速新一代人工智能技术发展，将引发从宏观到微观各领域的智能化新需求，进而带动经济结构和社会结构产生重大变革；健康医学发展将深刻改变传统医学模式，生命科学研究向定量、精确、可视化发展，治疗性疫苗发展将深刻改变人类健康状况；海洋科学技术将聚焦"全球变化"和"深海开发"两大问题，为海洋开发事业提供技术支撑；生态与环境科学技术交叉融合发展，将带动大尺度生态系统观测与研究网络发展以及相关制造业发展。近年来，世界主要经济体纷纷调整战略和政策，聚焦绿色、智能、健康等新兴产业发展重点，加大新兴技术和产业创新发展投入，力图把握新兴产业发展先机和全球产业分工调整与转型升级主动权。

4. 高新区发展规划必须集约、智慧、可持续

20 多年来，我国高新区经济规模快速扩张，在很大程度上有赖于优惠政策如廉价土地和劳动力等资源充足供给，以及扭曲的低环境成本和低水平公共服务供给，增区扩园直接导致园区规模快速膨胀，园区实际管辖面积约为国家核准面积的 7～8 倍[①]；园区经济发展功能单一以及经济优先政绩观直接导致园区社会发展严重滞后和环境问

---

① 作者对 2009 年以前批复的 57 家国家高新区面积数据进行了整理，国家核准面积总数为 1319.22 平方千米，而根据各高新区管委会网站资料，截至 2016 年 7 月，57 家国家高新区实际管辖面积达到 10 503 平方千米。其中，中关村核准面积取自 2012 年 10 月国务院《关于同意调整中关村国家自主创新示范区空间规模和布局的批复》，其他高新区核准面积数据取自《中国开发区审核公告目录》（2006 年版），广州高新区实际管辖面积取自其十二五规制中各园区面积总和。

题日益突出，至今难以实现从粗放型向集约型和智慧型园区发展模式转变。因此，国家高新区发展必须坚持集约发展、智慧发展、可持续发展原则。坚持集约发展，就是要严控园区土地资源集约利用效率；坚持智慧发展，就是要充分利用信息技术为主的新技术，推进两化融合、四化同步，构建低成本、高质量、广覆盖的公共服务体系，进一步强化国家高新区的城市社会公共服务功能；坚持可持续发展，就是要按照生态文明和资源节约型、环境友好型社会建设要求，调整和完善园区生产和生活方式。

三、国家高新区全面创新改革发展思路与建议

国家高新区要借鉴全面创新改革试验经验，进一步解放思想，深化体制机制改革，从落实五大发展理念、引领经济发展新常态和实现建设世界科技强国目标出发，调整功能定位、发展模式和发展重点，着力加强高新区分类和精准指导，培育区域创新发展新引擎；着力推进高新区创新创业生态体系建设，激发区域创新发展新活力；着力推进园区四化同步和两化融合，促进经济与社会协调发展；着力推进高新区建设开放合作体系，支撑服务国家区域发展战略；着力推进高新区多规合一，促进集约和可持续发展。

1. 加强分类定位和精准指导，培育区域创新发展新引擎

高新区定位必须符合国家区域发展战略总体布局和自身发展阶段。一是结合国家自主创新示范区建设，支持中关村、武汉东湖、上海张江、天津滨海、深圳、杭州、合肥、成都、西安、长沙等国家高新区建设世界一流科技园区，培育引领型产业，带动区域创新发展；二是支持珠三角、苏南、杭州湾、山东半岛、沈大、福厦泉、长株潭、郑洛新、合芜蚌等国家自主创新示范区建设，探索跨行政区划的国家高新区集群发展新体制新机制，打造区域创新发展新引擎；三是支持一批高新区建设创新型特色园区，支撑区域创新发展。

2. 建设创新和创业生态体系，激发区域创新发展新活力

高新区创新和创业生态体系建设必须服务于自身定位、发展模式和发展重点。一是进一步深化和落实知识产权保护、科技成果转化、金融创新、人才激励、开放创新、科技管理、军民融合等体制机制改革，优化区域创新和创业环境，集聚全球创新

和创业主体；二是加强创新创业基础设施和条件平台建设，支持孵化器、众创空间和新型研发机构等创新创业服务机构发展，提高服务效率和质量，降低创业成本和风险，激发创新创业活力；三是优化市场公平竞争环境，打通创新链、产业链、资金链、政策链，促进政产学研用协同创新，做大做强产业创新主体，提升区域创新发展能力；四是支持创新型企业国际化发展，建立或者进入全球创新和制造网络，增强企业国际竞争力。

3. 推进四化同步和两化融合，促进经济与社会协调发展

高新区发展必须遵循协调发展、共享发展理念，统筹推进新型工业化、信息化、城镇化、农业现代化和工业化与信息化融合，更加注重经济与社会协调发展。一是深化国家高新区管理体制机制改革，强化高新区社会管理和服务职能；二是加大智慧园区建设投入，推进信息网络宽带化、政务管理高效化、基础设施智能化、公共服务便捷化、产业发展现代化、社会治理精细化、信息管理安全化，实现社会生产力的跨越式发展；三是充分利用信息、网络等技术，构建低成本、高质量、广覆盖的公共服务体系，解决社会公众普遍关注的优质医疗卫生、教育资源均等化问题；四是加大公共安全、公共交通与社会保障服务投入，建设更安全、更便捷、更放心社区，全面提升园区人民群众生活幸福感受。

4. 开展高新区多规合一试点，促进绿色低碳与集约发展

开展国家高新区多规合一试点是强化政府空间管控能力，实现国土空间集约、高效、可持续利用[3]，促进高新区绿色低碳与集约发展的必由之路。一是扩大国家高新区规划权限，按照主体功能定位，统筹区域内经济社会发展规划、城乡规划、土地利用规划、生态环境保护规划等，综合运用规划控制、市场机制、智慧管理等多种方式加强土地集约利用；二是大力推进产城融合发展，按照资源环境承载能力，合理规划引导人口、产业、公共服务、基础设施、生态环境、社会管理等发展方向与布局重点，建设智慧高新区；三是要划定并严守生态保护红线，形成合理的产业布局和生态空间布局，实施产业绿色化、增长低碳化和园区生态化政策，建设绿色高新区；四是建立绿色交通、绿色建筑和资源循环利用等保障体系，倡导绿色生活理念并推行绿色、低碳生活方式，构建生态宜居新城。

5. 发展新技术新产业新业态，夯实高新区创新发展基础

发展新技术、新产业和新业态是国家高新区实现创新驱动发展的基础和前提条件，直接决定国家高新区的未来和前途。一是牢牢把握新科技革命战略机遇，着力在人工智能、物联网、生命健康、空天海洋领域培育若干引领型新兴产业和创新型行业领军企业；二是聚焦新一代信息技术、高端装备、新材料、生物医药、新能源汽车、新能源、节能环保、数字创意等战略性新兴产业，多元化社会投资，培育一批创新型企业；三是培育以知识、技术、信息、数据等新生产要素为支撑的新产业新业态，集聚一大批"瞪羚企业"、"独角兽企业"和平台型企业，形成以数字化、网络化、智能化为特征的新型产业体系；四是发展壮大生产性服务业和促进融合创新与产业跨界发展的战略性创新创业平台。

参考文献

[1] 程凌华,李享,谷潇磊,等.2015年国家高新区综合发展与数据分析报告(上).中国高新区,2016,
  (10):11-20.
[2] 科学技术部火炬高技术产业开发中心.2016中国火炬统计年鉴.北京:中国统计出版社,2016.
[3] 国家发展改革委,国土资源部,环境保护部,住房和城乡建设部.关于开展市县"多规合一"试点工
  作的通知.发改规划[2014]1971号.2014-08-26.

To Promote Transformation of High-Tech Industrial Development Zone by Deepening the Comprehensive Innovation and Reform

Mu Rongping，*Feng Haihong*

(Institutes of Science and Development，CAS)

National High-tech Industrial Development Zone (NHIDZ) has played an important role in promoting the integration of science and technology and economy, leading the rapid growth of regional social and economic development. However, NHIDZ is facing increasingly prominent challenges related to development pattern and capacity for innovation. Therefore, it is necessary to identify the opportunities for NHIDZ's future development and find ways to further deepen the comprehensive reform and innovation so as to promote NHIDZ's transformation. This paper consists of three parts.

Firstly, it analyses the NHIDZ's role in leading regional economic development, in promoting the development of strategic emerging industry, and in building national innovation system.

Secondly, it points out that NHIDZ should change its functional orientation so as to be adapted to the New Economic Normal, change its development mode so as to conform to the concept related to innovation, coordinating, green, opening and sharing development, change its development priority so as to grasp the new opportunities resulted from the revolutionary progress in science and technology, and change its development planning so as to realize intensive, smart and sustainable development.

Thirdly, its points out five recommendations for deepening the innovation and reform, including: ①to provides precise guidance according to the classification of NHIDZ's positioning so as to foster new engines of regional innovation development; ②to build innovation and entrepreneurship ecosystem so as to stimulate the new vitality of regional innovation development; ③to promote the synchronous development of new industrialization, new urbanization, informatization and agricultural modernization, and the integration of new industrialization, informatization so as to realize the coordinated development of economy and society; ④to carry out the pilot project of "integrating multi-planning into one" in NHIDZ so as to promote the green, low-carbon and intensive development; ⑤to develop new technologies, new industries, new business model so as to consolidate the foundation for NHIDZ innovation development.

6.2 推动军民融合创新体制机制改革的思路与对策

游光荣 赵林榜 廉振宇 赵 旭

（北京系统工程研究所）

从"十二五"规划首次从国家战略层面对经济建设和国防建设进行全面统筹，到党的十八大将坚持走中国特色军民融合式发展路子写入党的纲领性文件，再到党的十八届三中全会将推动军民融合深度发展作为深化国防和军队改革的重大任务之一，军民融合已经上升为国家战略，并成为我国全面深化改革总体布局的重要组成部分。而军民融合体制机制建设，是军民融合发展的一项基础性工程，也是推动军民深度融合发展的关键所在。

一、我国军民科技融合发展的现实基础

国防科技创新体系是 2003 年以来伴随国家创新体系研究出现的一个具有中国特色的专用术语，后来在《国家中长期科学和技术发展规划纲要（2006—2020 年)》等文件和领导讲话中被采用，通常用于指代国家创新体系中的国防科技创新部分。按照国家创新体系延伸，国防科技创新体系是指高等院校、国防科研院所、军工企业、其他民用科研生产单位及政府管理机构等在生产、传播和创造性应用国防科学技术过程中相互作用而形成的网络结构体系，其基本任务是从事军事技术开发、军事装备研制生产，以及国防设施或军事设施设计、建造等方面的科技创新活动。民用科技创新体系则是非国防科技创新对应的部分。

国防科技和民用科技虽然具有通用性，但是两者的市场目标不同，军品强调性能最佳下成本合理化，民品追求质量最佳下成本最小化。因此，其管理机制不尽相同。一方面，在我国民用科技创新体系中，市场机制越来越起主导作用。另一方面，在我国国防科技创新体系中，计划手段却仍然起主导作用，可以说是"计划经济最后的堡垒"。管理机制的不同引发了一系列问题，表现为在推动军工产业发展、推广军用技术过程中，仍以计划经济模式为主，部分企业还沿用原军品研制管理模式，采用军工技术开发系列民用产品时，所面临的市场环境远复杂于传统军工产品。此外，在资源分配方式、调控手段、技术标准、法规体系等方面也都没有实现"合二为一"。

总之，当前国防科技创新体系与民用科技创新体系二元分离的格局仍没有发生实

质性改变，国防工业生产基础和国家民用工业基础也没有实现真正的融合。本文认为，军民融合深度发展最根本的标志应该是建立统一的国家科学技术基础、统一的国家工业生产能力，也就是说原本相对分离的国防科技基础必须植根于国家科技基础之中，国防工业生产能力必须植根于国家工业生产能力之中[1]。

二、我国军民科技融合发展体制机制存在的主要问题

尽管我国国防科技创新体系正由军民分离逐步走向军民融合，但是我国还没有真正建立起与社会主义市场经济体制相适应的科技体制，国家宏观科技管理体制还不顺畅，国家科技计划和国防科技计划的制订部门之间还缺乏协调，促进科技创新的政策协同机制也尚未有效运转。从国家层次看，在军队和政府之间、政府部门之间形成了新的隔阂和封闭，成为制约军民科技融合发展的瓶颈。主要体现在以下五个方面。

（一）国家层面军民科技融合的统筹领导和决策尚需加强

推进军民科技融合发展，涉及政府、军队等诸多部门，以及军地管理理念、管理方式、国家法律政策、管理体制和运行机制等多个方面，需要国家加强顶层设计和统筹协调。目前，国家军民科技融合主要有国务院中央军委专门委员会和国家科教领导小组两大协调机构。由于多种因素的影响，1998 年以来国务院中央军委专门委员会所起作用有限；国家科教领导小组并没有吸纳军队装备主管部门作为成员，也无法有效发挥对国防科技资源的统筹效用，这严重影响了国家军民科技统筹战略职能的发挥。2017 年 1 月，中央军民融合发展委员会成立，作为中央层面军民融合发展重大问题的决策和议事协调机构，统一领导军民融合深度发展，军民科技融合领导体制有望在此基础上出现重大突破。

（二）军民分割，国防科技"孤岛"化发展

新中国成立以来，我国虽然设立了国防科技工业主管部门，但是国家一直未把国防科技发展纳入国家经济社会发展总体计划之中，从全局角度协调军民共同发展。尤其是 1998 年国防科工委成立后，军民计划分割管理的局面开始定型，国防工业领域成为国家科技发展中的"孤岛"，其计划管理与其他民口计划分开。2008 年，国防科工委被撤销后，国防科技工业的军民分割问题进一步加剧。例如，国防科工局管军不管民、工业和信息化部的军民结合推进司负责"提出军民两用技术双向转移、军民通用标准体系建设等军民结合发展规划，拟定相关政策并组织实施，推进相关体制改革"，但没有经费资源支持；国家发改委管理民品规划和产业政策，军委装备发展部

（原总装备部）负责装备需求和采购计划，军委科技委负责协调推进科技领域军民融合发展，相互之间缺乏制度化协调机制，重大项目建设中军民分割问题严重，存在重复建设、分散建设现象。

（三）军民结合政出多门

虽然党中央对军民结合、寓军于民和军民融合越来越重视，各有关部门也积极响应党中央的号召，但由于出发点和立足点不同，存在政出多门、管理不统一等现象。①两用技术发展和转移方面。军民两用技术发展军地各自规划，研发力量分离，存在军地不协调、技术转移难的情况。在民用技术转军用方面，缺少必要的沟通和适宜的转移机制，许多民口完成的高新技术不能在军事领域得到及时应用。②产业发展和军工能力调整方面。军内科研机构和军队工厂、军工核心能力、军民结合产业基地建设等工作由不同部门负责，现有部际协调力度远远不能满足我国新形势下军民科技深度融合发展的要求。在政策法规方面，往往是各部门分别制定，缺乏统筹，导致政出多门，政策不协调、不一致的现象时有发生。

（四）国防科技工业管理缺乏集中统一领导

国防科技工业是军民科技融合的龙头，事关国家安全大局，必须集中统一管理。1998年，国防工业两次大的体制改革，在实践中显现出一定的优势，但国家对军工科研生产的管理任务分别交由不同部门，国家缺乏对国防科技工业的集中统一领导，管理权限过度分散，多层、多头管理，相关部门各管一摊，形成了"多龙治水"的局面，削弱了国家统筹领导和管理军工科研生产的能力。

（五）军民科技融合发展的机制不完善

党的十八届三中全会在军民融合机制建设上，提出了要建立统一领导、军地协调、需求对接、资源共享的机制。这些机制都是当前制约军民科技融合发展的重大现实问题。从国防科技创新系统的特殊性看，还存在以下突出问题。

（1）装备需求生成机制不健全，牵引不足。国家需求主导是国防科技创新区别于民口科技创新的一个显著特点。但是，装备需求对国防科技创新的牵引作用和调控作用不明显，这在一定程度上扼杀了体制外单位参与的机会。

（2）装备采购竞争机制不健全。竞争是促进军民融合的有效手段。近年来，为适应市场经济和装备发展要求，军队各级装备采购部门把推进竞争作为深化装备采购制度改革的重要抓手，取得了明显成效；但是竞争性装备采购仍处于初级阶段，有效推进竞争的方法手段还不多，实施竞争所需的组织体系和规章制度不够健全，竞争性装备采购的范围比较窄、比例比较低、效益还十分有限，与发达国家相比还有很大差距（目前美军竞争性采购项目经费占总采购费的60%左右）。

（3）评价监督机制尚未完善。评价组织不健全，缺少第三方评价机构，专业化评价力量不足；评价制度不完善，规划计划绩效评价缺失，投资的整体效益难以把握；项目立项、实施评价的科学性公正性不够，影响了"民参军"的积极性；成果转移中技术状态评价不充分，难以有效支撑型号研制科学立项。监督问责方面，监督机构不健全，现有纪律监察和审计部门开展的监督工作，难以全面满足推动军民科技深度融合发展的监督需求；监管机制缺失，科研诚信制度不健全，没有建立起基于个人的较完善的科研诚信制度；问责机制缺失，对管理不善、合同违约、诚信缺失甚至违法违纪行为，惩戒力度不够。

（4）国防科研项目管理模式僵化、军民科技融合管理成本高。项目管理制度是装备采办制度的微观基础。目前，我国国防科研项目管理仍然沿袭计划经济体制下多头分散的管理模式——审批流程多，责任主体缺少，管理成本过高，已成为军民科技融合发展的一大壁垒。

三、国外军民科技融合发展的体制机制经验

军民科技融合发展是世界发达国家/地区的共同战略选择，但各国/地区所用模式不同，大致有军民一体化（美国和欧盟为代表）、军民并重（俄罗斯为代表）、以军带民（以色列为代表）和以民掩军（日本为代表）[2]。归纳起来，其体制机制建设有以下五个方面的共同特点。

（一）强化集中统管是军民科技融合发展的前提

军民科技融合发展的根本落脚点是提高武器装备建设的效率，从世界主要国家/地区的经验来看，只有实现了武器装备建设的全寿命管理和分阶段决策，才能有效缩短装备研制周期、节约装备建设费用、控制装备建设风险、提高装备管理效率。经过多年的改革和调整，世界主要国家/地区对国防科技和武器装备建设采用了涵盖预研、研制、生产、使用维修保障的全寿命过程管理方式，将武器装备采办程序划分为若干阶段，并在某些阶段设置里程碑决策点，根据设定的放行条件，决定项目是否进入下一阶段，实行阶段审查和决策制度。同时，还采用了项目基线法、计划评审技术、渐进式采办、基于仿真的采办、价值分析和过程分析等现代管理方法和手段，密切掌握研制过程中有关质量、成本、进度等各方面准确的信息，加强武器装备的风险评估、监视、控制和管理，避免了拖、降、涨等问题。为适应信息化发展和推进军事转型的

需要，近年来，世界主要国家/地区都采取了进一步加强国防部集中统管、弱化军兵种分散管理的改革举措。

从美国国防科技管理演变历程看，加强集中统管始终是一条不变的主线。20 世纪 60 年代，麦克纳马拉（原为福特公司总经理）转任国防部长。面对历任国防部长挟 1958 年国防改革组法授予统管三军之令箭却无从下手的混乱状况，按照集中指导与分散实施相结合的原则，抓住资源配置这个关键，引入规划计划与预算系统（PPBS），改变了三军各自为政分配资源的现状，任职 8 年，共节约 430 亿美元，相当于 20 世纪 50 年代美国一年的军费。2001 年，拉姆斯菲尔德出任国防部长，从美国军事变革和军事战略转型要求出发，提出"需求革命"，将运行 10 多年的"需求生成系统"（RGS）改为"联合能力一体化与开发系统"（JCIDS），彻底改变了联合需求委员会成立以来无法严格按照联合作战要求审查军兵种装备需求的被动局面，将军种由需求生成的规则制定者降低为规则执行者，同时推出了将运行近 40 年的 PPBS 改革为"规划计划与预算执行系统"（PPBES）等重大举措，以进一步加强顶层决策和统筹调控的力度[3]。

（二）国家顶层统筹是军民科技融合发展的关键

从世界主要国家的情况看，军民科技融合发展是国家行为和国家意志的反映，不是社会的自发行为和市场经济的自然产物，也不是国防部门或民用部门单方面的行为，需要依靠国家政策进行引导，国家高层统筹协调，政府和军队管理部门共同组织管理和协调推动。例如，美国的总统科学与科技政策办公室，俄罗斯总理担任主席的跨部门科技政策协调委员会，均行使推动国防科技工业军民融合发展的协调职责。这不是一种偶然的巧合，而是由其特殊地位决定的。国防科技工业军民融合发展的一个重要方面是利用整个国家的科技资源、社会资源为武器装备科研生产服务，只有由协助国家最高决策层的议事协调机构，才能有足够权威协调统筹国家科技资源、社会资源，真正把军队的需求落实到政府的行政管理中，调度好民口资源为军队服务。

（三）建立协商机制是军民科技融合发展的基础

世界各国在军民科技融合发展过程中，注重在执行层次建立跨部门的协调机构，保证军民科技发展项目实施过程中的相互协调。在美国，部门层次军民科技协调工作主要由国防技术与工业基础委员会总体负责。该委员会成员主要有国防部部长、能源部部长、商务部部长、劳工部部长，在特定情况下也包括总统指定的其他政府官员，主席由国防部部长担任。国防技术与工业基础委员会是美国有关军民科技发展的最重要、最核心的部门协调机构。此机构的主要任务是通过保证联邦政府各部门进行有效的协调与合作，来提高国家科技工业基础满足国家安全目标的能力，实现国家安全目标的各种科技计划，不断改进对国家科技工业基础的采办政策。在英国，国防部参加涉及科研、技术、装备和工业等政府其他部门的小组或工作委员会，以及政府部际的首席科学顾问委员会，以加强基础性研究的交流与合作。此外，英国国防部和工程与自然科学研究委员会（EPSRC）、粒子物理与天文学研究委员会（PPARC）、医学研究委员会等基础研究机构建立正式的交流及合作机制。在俄罗斯，国防工业部门设有专门的科技协会，负责收集民用部门科研技术人员提出的与军工有关的科研方面的建议，在制订与军事有关的科研规划时，由军事工业委员会协调国家科学技术委员会与军工部门之间的关系，保证军民科技发展中的相互支持。

（四）法律、法规是推动军民科技融合发展的保障

为了促进军民融合发展，世界主要国家纷纷出台了各类法律、法规，从国家层面推动军民融合的顺利实施。美国推行军民融合的法律、法规体系主要分为三个层次：第一层是国会通过与颁布的法律或法令；第二层是行政机构或政府部局颁布的法规；第三层是军种部和国防后勤局制定的补充条例。其中，法律层面的主要有《联邦采办改革法》《国防部授权法》《国防采办队伍加强法》《2009 年武器系统采办改革法》《小企业投资改进法》等，这些法律规范了军地双方的权利和义务，以及推行竞争的程序等内容[4]。

（五）以竞争为核心的产业政策是军民科技融合发展的基本政策工具

世界主要国家/地区为了激励军事技术创新，推动军民技术的相互转移，保持武器装备的先进性，降低装备采购费用，控制装备采购成本，都不同程度地采取了以维护竞争为核心的产业政策。①在装备采购方面，各国/地区都不约而同地在装备采购过程中采取竞争策略。2010 年，美国国防部《年度工业能力报告》指出，保持健康而有效的竞争，对向国防部提供高质量的、经济上可承受的并具有创新性的产品至关重要。欧盟认为，竞争可以使市场资源配置更加有效，提高生产率和促进创新。法国提出除核武器以外，要在欧洲范围开展充分竞争，以便购买最有价值的产品。②在产业组织政策方面，美国和欧盟因各自在全球军品采购市场实力不同而对于大型军工集团的竞争态度不同。欧盟倾向整合内部大型军工企业和美国竞争。美国在默许主承包商结构重组的同时，始终把保持国防市场的竞争环境作为产业组织政策的基本定位，以确保美国国防工业基础的稳定和健康发展。2009 年，美国国防部工业政策办公室审核了 42 项国防工业合并与重组交易，通过了其中 40 项，未通过的 2 项中，一项由反垄

断机构介入调查，另一项需要企业提供协议书以保证持续的竞争态势。此外，世界主要国家在产业组织政策上都扶持中小企业发展，认为中小企业是国防科技与武器装备创新发展的重要动力。美国国防部要求支付给总承包商的每一美元的 2/3 到 3/4 应流向供应链上的小分包商。法国国防部建立了与中小企业的联系机制，及时向它们通报军品发展计划，提供参与机会，并为其保留一定比例的研究计划。日本政府也出台了许多优惠政策，对中小企业研究开发和试验经费免税 6%，鼓励中小企业参与竞争，如三菱重工生产的 F-15J 战斗机有 1036 家企业参与，其中中小企业占 54%[5]。

四、我国军民科技融合体制机制改革构想

（一）我国军民科技融合体制机制建设的总体思路

1. 改革目标

（1）通过统筹创新资源、实行集中统管，建立资源统筹、顶层协调的国防科技集中统管的新体制。

（2）完善军方主导、市场运作、军民融合的国防科技开放竞争格局；建立规范运行、有序竞争、全程监管的监督评价体系，最终构建起以军民融合为基础、以协同创新为特征的国防科技创新体系，使国防科技发展能够凝聚全社会的创新力量，极大地释放创新活力，有力支撑军事装备的自主创新发展，有力支撑"能打仗、打胜仗"强军目标的实现。

2. 基本原则

总结历史经验，借鉴国外做法，坚持下列基本原则。

一是坚持国防工业集中领导的原则。主要是解决在国家层面军民政策和管理"两张皮"，在重大武器装备建设项目、国防科研生产能力调整、国防工业布局、军民两用重大科技工程、装备经费统管等重大问题方面实行集中决策、统一领导。

二是坚持适度竞争的原则。竞争是市场经济的原动力，是保持国防工业创新活力的源泉。要打破军工部门界限、行业界限、所有制界限，培育竞争主体，营造公开、公平、公正的竞争环境，扩大竞争基础，扩大军品市场的准入范围。

三是坚持信息主导。坚持全系统全寿命管理，适应信息化战争和信息化装备建设的特点与要求，强化体系化、网络化建设职能，加强顶层设计和体系策划能力建设，促进承研承制单位由平台供应商向跨专业化领域系统集成商转变。

四是坚持国家主导与市场运作相结合的原则。国防工业是军队现代化发展的基石，是国家的战略产业，在国家安全与发展中具有特殊的使命。国防工业体系改革应当坚定不移地贯彻"以国家行为为主导，服务于国家安全利益"的发展宗旨，把军事效益和社会效益作为自己的优先发展目标，坚持军品优先、军品第一的发展原则，自身经济利益最大化目标服从于国家利益最大化目标。同时，要遵循市场经济发展规律，自觉运用经济手段、法律手段引导和鼓励各类承研承制单位参与国防科研生产，更多利用市场经济的方式落实任务、提高能力，尽量少用计划经济的方式和手段实施调控与管理。

（二）改革的主要内容

1. 完善顶层协调机制，实现国家科技和国防科技统筹

（1）建立军队装备主管机关、国防科技创新主管机关与国家科技主管部门对接协调制度。这是军民科技顶层协调机制的基石。在此基础上，有两条途径可供选择：一是将上述机制扩展为国家科技计划统筹的部际联席会议制度，即科技部、教育部、中国科学院、国家自然科学基金委员会等部门参加，建立信息通报制度，协调重大问题，加强各类军民科技计划间的衔接与协调，借助国家科技力量推动国防科技创新发展。二是充实现有国家科教领导小组，吸纳军队装备主管机关、科技创新主管机关作为成员单位参加，从国家治理层面统筹好民用科技和国防科技发展，促进国防科技发展深深植根于国家科技发展体系之中。上述机制仍不能解决的重大问题，提交中央军民融合发展委员会研究决定。

（2）建立军民科技信息和科技资源共享机制。加强新建军民共用重大科研试验基础设施的统筹规划，在项目选址建设和使用管理过程中，科学合理布局，兼顾军民需求，促进共享共用；广泛吸纳军民两方面的优势资源，共建一批军民结合的国家（重点）实验室、工程技术研究中心等技术创新平台，加快推进军民两用先进技术的双向转化及应用。促进军民科研设施的开放共享与双向服务，研究出台促进科研设施共享的法规制度，制定科研设施共享开放与使用计费办法和考核标准，加强硬件设备、软件工具、试验数据等科研设施和信息的共享共用；促进国家（重点）实验室、国家工程（实验）中心、国防科技重点实验室等技术创新平台的相互开放和互认。

2. 调整领导管理体制，实现国防科技集中统管

党的十八届五中全会要求，深化国防科技工业体制改革。现实的考虑是，将国家国防科技工业局由国务院部委管理的国家局调整为工业和信息化部的内部司局，在工业和信息化部直接领导下负责对国防工业领域的行政管理，其地位与工业和信息化部

的其他司局相同，实现国防科技工业军品和民用工业行业管理职能的统一。从长远看，可以将 1998 年军队装备管理体制改革和 1982 年国防科技工业管理体制改革的优点结合在一起，成立国务院、中央军委双重领导的国防科技与装备管理部门[6]。

3. 改革装备采购组织体制，优化管理流程

遵循装备全寿命管理规律，按照扁平化组织管理要求，改组国防科技和武器装备管理组织体系，精简管理层级，建立起决策、执行、监督相互制衡的组织体系。推行项目经理负责制度，由"项目办"负责重大装备全寿命管理，消除现行项目管理中各部门共同管理、权责不清的弊病。以利于国防科技创新为需求，运用电子政务等信息化手段，对国防科技规划计划、项目管理、财务管理等相关流程进行重新设计，最大可能地减少审批、备案等行政干预，降低民用科技资源为军服务的管理成本。

4. 建立和完善装备需求生成机制，提高军民科技融合发展起点

军队要建立军事需求审查机制，成立军事需求审查机构，依据军队使命任务，提出未来军队核心军事能力需求及其对军队武器装备体系建设的总体需求，并对各军兵种和工业部门提交的军事需求论证内容进行审查和确认，以确保军事需求的科学合理。要合理划分需求管理部门之间的职能分工，明确不同层面需求管理主体的职能。

5. 把竞争作为配置国防科技资源的基本手段

一是简化准入审批。近期，修订武器装备科研生产许可目录，对目录内产品实行装备承制单位资格和武器装备科研生产许可联合审查、同时发证；远期探索实施军品市场准入"四证"合一。二是搭建军地信息互动的交流平台。在总结前两届军民融合高技术成果展暨高层论坛经验的基础上，建立军委装备主管机关、军兵种层级信息发布机构，加快实现军地信息互动的制度化。三是大力推行竞争性采购。实行非竞争项目审查制度，推进分类、分层次、分阶段竞争，明确分包产品竞争比例，使各类机构都可以平等地参与竞争。四是建立竞争保护机制。健全装备采购质疑、投诉和举报制度，实行竞争失利补偿，防范恶性竞争，培育公平竞争环境。

6. 建立公正独立的科技评价体系

一是建立绩效评估制度。定期对国防科技政策实施效果、投资综合效益、组织管理情况、军民融合程度、自主创新能力等方面进行绩效评估，形成专题评估结论，作为后续规划计划和政策制定的依据，为党中央、国务院、中央军委的战略决策提供支撑。

二是建立技术评价制度。依托专业评价机构，对项目筛选、立项、实施、验收全过程进行技术评价，对承研单位进行风险评估和信用评价，建立"黑名单"制度和退出机制，严格过程管理，为规划计划科学实施、调整优化提供技术支撑。

参考文献

[1] 全国人大财经委员会. 军民融合发展战略研究. 北京:中国财政经济出版社,2010.

[2] 吕彬,李晓松,姬鹏宏. 西方国家军民融合发展道路研究. 北京:国防工业出版社,2015:21-22.

[3] 大卫·S. 索伦森. 国防采办的过程与政治. 陈波,王沙骋译. 北京:经济科学出版社,2013:27-63.

[4] 闻晓歌. 美国军民融合法规建设研究. 军事经济研究,2014,(2):51-54.

[5] 雅克·甘斯勒. 国防预算缩减时代如何满足国家安全需求:推动创新,军民融合与促进竞争. 孟斌斌译. 装备学院学报,2014(2):1-3.

[6] 谢光. 当代中国的国防科技事业(上). 北京:当代中国出版社,1992:161.

The Development Plan and Strategy for Promoting the System and Mechanism Reform of Civil-Military Integration in China

You Guangrong, *Zhao Linbang*, *Lian Zhenyu*, *Zhao Xu*

(Beijing Institute of Systems Engineering)

As the basic work of civil-military integration (CMI), the construction of system and mechanism is the key to promote the CMI in China. In the field of science and technology of CMI, the current system and mechanism have some urgent problems. Firstly, on the basis of comparing the similarities and differences of innovation system between the defense and civil R&D sectors, this paper analyzes the problems of the current CMI system and mechanism. Secondly, experience from main countries is summarized. Finally, some suggestions of development plan and strategy for improving the management system mechanism of CMI in China are proposed.

6.3 我国高技术产业开放发展现状、问题与建议

顾学明

（商务部国际贸易经济合作研究院）

当前，我国高技术产业开放发展已取得较大成就，在全球价值链、创新链、产业链的地位明显提升，但也面临着诸多亟待破解的问题，迫切需要高效利用全球资源提升高技术产业发展能力，推动高技术产业真正成为促进我国经济社会发展的强大动力。

一、高技术产业开放发展总体情况

近年来，在全球高新技术产品出口增长乏力、高技术产业发展普遍不景气的环境下，我国坚持走开放式的新型工业化道路，以开放推进产业结构调整，加快转变经济发展方式，大力发展高技术产业。当前，我国高技术产业呈现出良好的开放发展势头，全球影响力与日俱增。

（一）我国高技术产业参与全球价值链程度日益加深

近年来，我国高技术产业通过顺应甚至引领部分国际产业转移，充分发挥比较优势，贸易规模持续扩大，利用外资增幅明显，对外投资质量效益不断提高，参与全球价值链程度日益加深，为我国高技术产业向全球价值链高端跃升打下了基础。

一是我国高技术产品贸易规模快速提升。从 2007 年开始，我国高技术产品进出口总额跃居全球第一，此后连续多年保持全球第一大高技术产品进口国和出口国地位。尤其在 2015 年和 2016 年我国外贸发展面临严峻形势的情况下，部分高技术产品对外贸易实现了正增长甚至较快增长。这不仅是我国外贸发展的亮点，更已成为支撑我国外贸发展的重要力量。从出口来看，2016 年高技术产品出口占出口总额的比重已达 28.79%，计算机集成制造技术、材料技术、生命科学技术领域出口实现正增长，增幅分别为 6.1% 和 1.0% 和 0.7%。从进口来看，2016 年高技术产品进口占进口总额的比重已达 32.99%，生物技术、生命科学技术、计算机集成制造技术进口增幅分别为 14.2%、6.0%、1.2%，高于同期外贸进口增长速度。

二是我国高技术产品贸易价值增值能力得到提升。近年来，我国高技术产品贸易

中，加工贸易占我国高技术产品贸易额的比重呈现显著下降态势。2016年前三季度，加工贸易方式的高技术产品贸易仅占高技术产品贸易额的50.76%，而2010年以前，我国高技术产品进出口中加工贸易比重在80%以上。加工贸易比重的下降，表明了我国高技术产品价值链和附加值获得了明显提升。

三是我国高技术制造业吸收外资规模保持快速增长，成为我国吸收外资的新热点，在利用外资提质增效中起了重要作用。2016年，我国高技术制造业成为引资新热点，对促进吸收外资提质增效起了重要作用。从引资规模上看，高技术制造业占全国吸收外资整体规模的7.4%；从引资增幅看，高技术制造业引资增幅达到2.5%；从引资质量看，投资总额和增资总额超过1亿美元的大型外商投资企业已覆盖高技术产业的所有领域，且深度和广度不断拓展。

四是我国高技术产业通过加快"走出去"步伐提高竞争能力，自主构建全球及区域价值链网络。我国企业海外并购开始关注医疗健康、环保等技术和知识产权密集的行业，在20项最大并购交易中，超过1/3属于科技行业。从对外投资的单笔规模来看，中国化工以430亿美元收购全球最大的农药生产商先正达（Syngenta），成为目前为止规模最大的中国企业海外并购交易[1]。

（二）我国高技术产业融入全球创新链格局逐步形成

当前，正在孕育兴起的新一轮科技革命和产业变革不断深化，与我国新常态下推进供给侧结构性改革、加快转变经济发展方式形成历史性交汇，在此背景下，我国高技术产业的原始创新、集成创新、引进消化吸收再创新的水平获得较大程度提升，不仅对国内外技术资源的整合能力得到加强，而且实现了我国自有技术的输出，逐步构建起我国高技术产业的全球创新格局。

一是我国高技术产业以开放集聚全球创新资源，吸纳和整合全球科技知识的能力有所提高。我国按照供给侧结构性改革的总体要求，从进一步扩大开放、完善管理制度、创造公平环境等角度，支持外资企业加大研发投资，加速吸引外资企业在华创新布局。目前，外资研发总部和区域研发中心加速在我国落地，以诺华、陶氏化学、思科等为代表的外资研发机构投资均超过1亿美元，通用电气、杜邦、联合利华等30余家跨国公司研发机构均为区域性或全球性研发中心[2]。

二是我国高技术产业以开放推动自主创新发展，研发设备物资进出口实现最大便利。我国积极探索简化研发设备跨国调配程序，探索建立研发二手设备、生物制剂等各类研发物资的进出口分类管理机制，畅通在全球范围内合理配置研发资源、跨国调配研发设备的绿色通道，满足企业研发活动的实际需求。例如，北京打造了特殊物品和动植物源性生物材料"一站式"进出境检验检疫公共服务平台，解决了高风险特殊研发物品入境难题，为生物技术产业的发展提供了有力保障。

三是我国高技术产业以开放推动技术标准输出，开始出现了由技术跟随向技术主导转变的态势。随着我国高技术产业的快速发展，我国在全球创新网络中扮演着越来越重要的角色，多项"中国制造"技术获国际市场认可，部分技术领域标准成为国际标准。其中，在移动通信领域，由中国主导推动的 Polar 码（极化码）被国际移动通信标准化组织（3GPP）采纳为增强移动宽带（5GeMBB）场景的信道编码技术方案，这意味全世界的 5G 技术标准将由中国制定。

（三）我国高技术产业布局全球产业链进程开始提速

目前，我国经济发展进入新常态，比较优势发生重大变化，高技术产业在资金供给、技术创新、信息网络等方面的实力显著增强，开展国际经济合作的基础更加坚实，开始在更大范围、更高层次上参与国际分工与合作，推动整合全球产业链。

尤其是随着"一带一路"倡议的提出及各项配套措施的出台，我国高技术产业因势而谋、顺势而为、乘势而上，顺应沿线国家产业转型升级的大趋势，主动认识并引领国际投资和产业布局的新趋势，加快向"一带一路"沿线国家和地区布局，带动全产业链加快落地[3]。在高铁走出去项目中，印尼雅加达—万隆高铁已启动先导段建设，标志着中国第一条全系统、全产业链对外输出的高铁项目正式落地；俄罗斯莫斯科—喀山高铁签署谅解备忘录及勘察设计合同；并确定了工作路线图和时间表；伊朗德黑兰—马什哈德铁路高速改造项目签署商务合同；印度德里—金奈高速铁路可研工作稳步推进。在核电走出去项目中，2016 年，中国广核集团有限公司正式将"华龙一号"推向英国市场，加快推动自主先进核电技术走向海外。

二、高技术产业开放发展存在的问题

我国高技术产业适应国际国内形势变化，按照国家战略部署，贯彻国家开放发展的基本理念和总体要求，在开放发展方面取得了明显成效。但从目前来看，高技术产业在开放发展的战略衔接、路径设计、创新能力等方面，仍面临诸多迫切需要解决的问题，具体包括如下几个方面。

（一）开放发展的战略衔接有待加强

当前，我国正在通过协议开放与自主开放双轮驱动，推动三大类对外开放战略实践：一是在协议开放项下的双边国际合作产业园；二是在自主开放项下的自贸试验区；三是自主开放项下的服务业扩大开放综合试点。但目前高技术产业的开放发展与这三类对外开放战略实践缺乏有效对接。这些对外开放战略实践各有侧重，但缺乏对高技术产业开放发展诉求的深度挖掘，对其开放发展过程中遇到的体制机制障碍缺乏充分关注，尚无针对高技术产业开放发展的系统性试验任务；高技术产业的开放发展，也缺乏对如何利用这类开放平台和载体的顶层设计，尚无明确推动高技术产业开放发展的有效平台和载体。未来，高技术产业的开放发展，迫切需要明确不同自贸协定项下高技术产业的国际合作重点，迫切需要明确如何通过制度创新破解高技术产业开放发展的体制约束，迫切需要明确如何通过服务业扩大开放，促进高技术产业领域的制造业与服务业融合发展。

（二）开放发展的路径设计有待完善

近年来，国家出台了一系列促进高技术产业发展的顶层设计文件，在发展方向、人才和资金等方面起了积极引导作用。但是我国对高技术产业开放发展的顶层设计仍不完善，尤其是未能精准定位高技术产业开放发展的重点领域和关键环节，缺乏有针对性的开放设计。

高技术产业开放涉及很多敏感领域，这些领域的开放，不仅仅是放开外资准入的问题，更涉及产业安全、产业培育等方面的很多问题，需要精准把握这些领域的扩大开放方式。以飞机维修为例，北京服务业扩大开放综合试点取消了对外资控股的限制，目前设立的外资控股的飞机维修合资公司，促进了世界知名航空维修企业与我国本土企业的合作意愿，有利于促进我国民航维修服务技术和管理能力的提升。但是，其业务与北京飞机维修工程有限公司（Ameco）业务具有雷同性，面临过度竞争的风险，而且我国在中控、电子等部分高端领域仍是空白，缺乏构建航空维修完整产业链的总体考虑，对关键环节的把握不准，尚难以形成完善的航空维修产业体系。此外，对于哪些高技术产品应该采取边境措施促进其发展、哪些需要限制其重复建设，尚缺乏通盘考量。

（三）开放发展的创新能级有待提升

尽管我国高技术产业增加值、出口额、出口增加值均实现了对美国等发达国家的追赶和超越，也越来越深入地参与了全球价值链。但是，与美国等发达国家相比，高技术产业开放发展存在部分领域核心技术受制于人、产业配套薄弱、应用转化能力弱等问题，模仿创新多、原始创新少，一般性创新多、核心性创新少，一般性技术强、关键性技术弱，高技术制造强、高技术服务滞后，整体创新水平亟待提升。

一是从近年我国高技术产业的技术获取情况来看，技术引进经费支出往往是购买国内技术经费支出和消化吸收经费支出的 3～5 倍，充分反映出我国高技术产业大而不强，许多重要技术对外依存度高，核心部件和重要设备严重依赖进口的现实情况。二是部分高技术产业的相关企业仅覆盖产业价值链的加工"片段"，呈现"飞地型"的国际生产形态，参与国际价值链环节的完整性不够，生产之外的诸多环节过多依赖于外资企业，产业国内配套薄弱问题严重。例如，我国物联网领域生态碎片化，难以形成有竞争力的产业生态体系，移动互联网领域围绕生态主导权的国际话语权不强。三是多数前沿技术领域的产业化与商业化程度不高，很多发明专利仍在实验室中，未能有效转化成为高技术产业的现实竞争优势。

三、高技术产业开放发展的对策建议

按照我国新一轮对外开放、创新驱动发展等国家战略需求，围绕国家对高技术产业发展的有关要求，强化高技术产业发展现有优势，努力破解开放发展过程中遇到的各种难题，高效利用全球资源提升高技术产业发展能力，推动高技术产业真正成为促进我国经济社会发展的强大动力。

（一）加强高技术产业开放的顶层设计

一是制订国别行动计划。着眼于从国家战略层面，加强顶层设计和统筹考虑，推动产业链全球布局，聚焦高端装备、新一代信息技术、新能源等重点领域，实施差异化的国别策略，针对重点国别地区确定不同的建设重点、推进方式和实施路径，推动产业链资源优化整合。

二是积极建立高技术产业国际合作机制。从国家层面提供制度保障，通过签署各类合作协议，保障和推动高技术产业国际合作。聚焦高技术产业重点领域或关键环节，推动签署政府间新兴产业合作、科技合作或创新合作协议，推动签署政府间人员资质、产品标准和认证认可结果等方面的相互认可协议，参与国际多边合作互认机制，提高国外政府和机构对我国相关资质和检测认证结果的采信[4]。

三是探索产业分类施策机制。从产业属性角度，对于"战略性产业"，应更加突出对产业发展的底线要求，要着重体现"集中力量办大事"的制度优势；对"新兴性产业"，要着力完善竞争制度，鼓励企业创新和试错，实现行业健康发展。从技术属性角度，对成熟技术强化监管力度，加强事前审批，提高市场准入门槛；对于新技术应适当降低门槛，利用试点开展小范围应用，并加强事中事后监管。

四是探索高技术产业定制化的贸易监管模式。特别是针对科技、文化、教育、医疗等服务业不同领域的不同特点，实施适应不同产业特色的贸易监管方式，探索形成产业定制化的贸易监管模式。

（二）强化高技术产业与开放战略衔接

一是建设国际合作产业园区。在国外，以发达国家和"一带一路"沿线国家和地区为重点，结合双边产业发展现状和实际需求，在高技术产业领域建设双边特色产业国际合作园区，引导龙头企业到海外建设境外合作园区。在国内，创新合作方式，采取"两国双园"等模式，加强自贸区等双边/区域合作框架下的产业园区建设，积极争取国家政策支持，开展产业开放及改革试点，提升重点领域开放合作水平。

二是充分利用自贸试验区打造高技术产业特色园。在积极推动自由贸易试验区落实试验任务、进行系统性制度改革、促进高水平对外开放的同时，指导各地结合当地产业特色，建设高技术产业园。

三是借鉴服务业扩大开放综合试点经验，探索推进高技术产业扩大开放综合试点，建设若干各具特色的高技术产业扩大开放综合试点城市。

（三）构建高技术产业的全球创新网络

一是加强全球创新网络服务机构建设。设立协调推进机构和服务机构，搭建各类国际经济技术交流与合作平台。加强驻外机构服务能力，提升其对高技术产业国际化发展的指导和服务能力。充分发挥有关行业协会和商会作用，鼓励商会、协会等第三方机构充分发挥各自优势，着眼于重点领域和关键环节，大力推进国际经济技术交流与合作。

二是开创国际产能和产业合作新局面。坚持企业主体、政府推动、市场导向、商业原则、国际惯例，完善促进国际产能合作的政策支持和综合服务体系。鼓励国有大企业加强国际合作，率先走向国际市场，并带动一批中小配套企业"走出去"，构建全产业链"走出去"战略联盟。与此同时，将"走出去"获得的优质资产、技术、管理经验"反哺"国内，形成综合竞争优势[5]。

三是构建高效协同的国际化合作网络。强调引导社会资本设立一批高技术产业跨国投资基金，组织一批城市对接高技术产业国际合作，建设一批国际合作创新中心，建设一批海外研发中心，形成政府、企业、投资机构、科研机构、法律机构、中介机构高效协同的国际化合作网络。

四是实施精准招商。通过放宽投资准入限制、改革外商投资管理模式等多种方式，为外商投资高技术产业提供良好环境，积极引导外商投资方向，鼓励外商投资高技术产业的关键领域和重点环节。

（四）培育高技术产业开放合作新优势

一是培育产学研贸集成新优势。深化科技管理体制、人才激励机制、成果转化机制、金融支持机制等方面的改革，通过设立政府引导基金、鼓励社会资本进入产业等方式，集中资源进行关键技术和重点领域的研发攻关和转化应用，将产学研贸集成合力转化为高技术产业的国际竞争力。

二是培育线上线下融合新优势。顺应"互联网＋"时代经贸合作和生产模式转换的新趋势，抢占市场先机，着重在规则、标准、支付、物流、通关等方面加强国际协调，推动国内海关、检验检疫、外汇、税收等各环节的制度创新，适应个性化、时尚化消费趋势，增强线上服务能力，发展一批处于价值链高端的云计算、大数据和互联网资源等线上服务提供商，适应和引领智能化、定制化、小批量、多批次的生产模式变革，促进高技术产业商业模式和贸易方式创新。

三是培育制造与服务互动新优势。加强境外营销网络体系建设，完善售后服务，加大品牌推广力度，带动我国产品出口；提升企业价值链、供应链管理水平，鼓励企业从输出产品向输出"产品＋服务、技术、品牌、标准"输出转型；大力发展服务贸易，提升高技术服务的发展水平。

（五）提升高技术产业国际规则话语权

一是强化规则建设。主动适应国际经贸合作规则的新形势，以推进中欧、中美投资协定谈判及国际服务贸易（TISA）谈判为契机，及早研究多边双边投资新规则，及时评估适应新规则的能力、效果和风险。逐步从适应规则向主导规则、引领规则转变，为高技术产业开放发展提供规则性保障。

二是参与全球治理。推动金砖国家合作机制等全球治理新平台加快发展，积极参与G20多边对话机制，争取增加在世界银行和国际货币基金组织中的份额和投票权，办好亚投行，积极争取在全球金融稳定理事会、全球税收论坛、巴塞尔委员会、世界知识产权组织等机构中的发言权，为高技术产业开放发展提供具有话语权和主导权的国际平台。

三是倡导"互联网＋"时代的协同共享理念。不断创新合作方式，赋予"对等开放"新内涵，构建发展过程与世界协同、发展成果与世界共享的国际经贸合作新模式，逐步在国际金融、贸易投资和产业分工等领域的制度和政策形成中争取更大的影响力和决策权，为高技术产业开放发展营造良好环境。

参考文献

[1] 顾学明,崔卫杰. 深耕"一带一路"拓展全球开放型经济发展新境界. 中国外资,2016,(4):28-31.
[2] 顾学明 崔卫杰. 国际创新合作：提升新兴产业要素供给质量和水平. 中国战略新兴产业,2017,(1):54-56.
[3] 崔卫杰. 以"中国智造"助力外贸优化升级. 经济日报,2016-05-23.
[4] 李政,张丹,崔卫杰. 中国战略性新兴产业的国际化发展与前景. 国际经济合作,2016,(9):24-27.
[5] 董超."中国制造"面临的国际挑战和对策. 国际贸易,2015,(4):15-19.

Present Status，Problems and Suggestions of High-Tech Industry in China

Gu Xueming

(Chinese Academy of International Trade and Economic Coorperation)

After years of development，a good momentum has shown in China's high-tech industry. It has increasing influence on the global value chain，innovation chain，and industry chain. However，in strategic convergence，path design，innovation capacity of opening upand development，it is also faced with many problems that need urgent solution. In the future，we should take promoting the high-tech industry's rapid growth as the goal. In accordance with the national strategic demand of China's new round of opening up，innovation-driven development，according to the related national requirements for the high-tech industry，we should make efforts to solve the various problems in the development of the high-tech industry，to accelerate the formation of the new advantages of cooperation and competition in the high-tech industry's opening up and development.

6.4　努力将我国发展成为生物经济强国

王昌林　韩　祺

（中国宏观经济研究院）

生物产业是 21 世纪创新最为活跃、革新最为明显、影响最为深远的新兴产业，是新一轮科技革命和产业变革的主要方向。经过多年来的培育和发展，我国生物产业已经具备较好的发展条件，为"十三五"时期我国生物产业迈向中高端水平、加速形成经济新动能打下了坚实基础。但也要清醒地看到，当前我国生物产业创新基础还比较薄弱，产业发展成果还不能满足人民群众对健康、生态等方面的迫切需求，产业生态系统依然存在制约行业创新发展的政策短板，我国要成为生物经济强国依然任重而道远。为此，必须进一步提升生物产业创新能力，改革完善行业监管规制，不断拓展应用新空间，为建设生物经济强国而努力。

一、　"十三五" 时期是我国加快生物产业发展、培育生物经济新动能的重要窗口期

随着现代生物技术的高速发展，在世界各国政府的大力培育下，生物产业有望在"十三五"时期实现突破，与我国全面建成小康社会形成历史性交汇。

1. 生物技术革命很有可能成为继信息技术革命后又一引领经济社会发展的新动能

近年来，生命科学和生物技术日新月异、突飞猛进，生物技术与信息、材料、能源等技术加速融合，高通量测序、基因组编辑、生物信息分析等现代生物技术突破，产业化实现快速演进。特别是，基因测序成本正以超过摩尔定律的速度下降，标志着生物经济正加速成为继信息经济后新的经济形态，正在引发新的科技革命，并有可能从根本上解决世界人口、粮食、环境、能源等影响人类生存与发展的重大问题，突出表现为医疗、农业、能源、制造业等四个领域的相关变革。

在医疗领域，以干细胞、基因测序、生物芯片等核心技术突破为基础，新兴生物技术在医学领域得到广泛应用，这不仅极大地改造了传统的医药产业，还使得医疗技术的核心从末端的疾病治疗，逐步走向前端的诊断和预防，打开了未来个性化医疗的大门。在农业领域，一场生物科技的"绿色革命"正在进行，现代种植业和养殖业正在出现翻天覆地的变化。在能源领域，越来越多国家努力寻找更加经济、高效、绿色的能源替代方案，生物乙醇、生物柴油、生物发电、生物氢等生物质能在全球能源生产消费中的比重越来越大。即使在传统制造业领域，也同样存在被生物科技革命的可能性，工业生物技术的突破，使传统化工、造纸、食品等领域的制造工艺发生质的变化，不仅提高了生产效率，还降低了污染物排放。

有预测认为，除了上述已经被生物技术改变的四大领域，在 2025 年之后，当人类跨入生物经济成熟期，生物技术将对那些现在看起来似乎与生物学没有关联的产业起作用，并最终对整个人类经济社会发展产生重大影响。

2. 发达经济体纷纷加快在生物产业领域的谋篇布局

近年来，美欧等发达经济体纷纷聚焦生物经济，在促进可持续发展的同时，进一步巩固其领先地位。美国政府在《国家生物经济蓝图》中，明确将"支持研究以奠定21 世纪生物经济基础"作为科技预算的优先重点。欧盟在《持续增长的创新：欧洲生物经济》中，将生物经济作为实施"欧洲 2020 战略"、实现智慧发展和绿色发展的关

键要素。德国在《国家生物经济政策战略》中提出，通过大力发展生物经济、实现经济社会转型、增加就业机会，增强德国在经济和科研领域的全球竞争力。在美欧等国政府的引导下，全球资本市场越来越青睐生物领域，风险投资、上市融资、并购重组金额屡创新高。依托科研机构和人才密集的优势，波士顿基因城、莱茵河畔生物谷等一批现代生物产业集群，业已成为全球生物产业创新发展的策源地。

3. 我国生物产业发展业已取得长足进步

"十二五"以来，生物产业被列为我国重点培育发展的七大战略性新兴产业领域之一，各级政府陆续出台实施了一系列财税、价格、金融等优惠政策，《改革药品医疗器械审评审批制度的意见》等一系列重要改革措施陆续出台，为促进生物产业发展创造了良好条件。

据统计，我国"十二五"时期生物产业复合增长率达到15%以上，2015年产业规模超过3.5万亿元，在部分领域与发达国家水平相当，甚至具备一定优势。比如，埃克替尼、康柏西普、重组人戊型肝炎疫苗等国产创新药物成功上市；青蒿素获得我国第一个自然科学领域的诺贝尔奖；出口药品已从原料药向技术含量更高的制剂拓展；一批新专利到期药成功实现了国产化，磁共振、PET-CT等大型医疗设备，以及人工耳蜗、植入式脑起搏器等高性能植介入产品成功填补了国产空白，使部分进口产品的价格大幅下降；基因检测服务能力全球领先；超级稻亩产突破1000公斤；生物发酵产业产品总量居世界第一，乙醇汽油已在全国11个省区推广使用。

总体看来，北京、上海、天津、广东、江苏、山东、湖北、吉林等一批高水平、有特色的生物产业集群已经形成，我国生物产业已经形成良好的发展格局。

4. 生物产业很有希望成为"新常态"下我国经济增长的新动力、增强人民获得感的新手段

当前，随着我国经济发展步入新常态，原有发展动力不断减弱，增长速度从高速转向中高速，培育新的增长动力迫在眉睫。此外，我国还要应对人口持续增长和人口加速老龄化的巨大挑战，受到资源能源和环保压力不断加大的约束，食品安全、医疗养老、节能环保等新需求层出不穷。由此可见，我国生物产业正面临着重大历史机遇，"十三五"及未来一段时期，我国无疑是全球最大的生物医药、生物农业、生物制造和生物能源市场，发展潜力巨大。

综合判断，"十三五"时期是世界生物科技不断取得重大突破、产业化进一步加快的时期，也是全球生物经济格局快速形成的时期，为我国加速生物经济发展、努力抢占制高点提供了重大机遇。同时也要看到，当前我国生物产业发展还面临一些突出

问题：一是创新能力不强，全国生物医药行业 R&D 投入占销售收入的 1% 左右，与发达国家 10% 以上的比例存在较大差距；二是生物技术企业规模普遍较小，具有创新能力和国际竞争力的大企业少；三是具有自主知识产权的重大产品缺乏，在一些领域与发达国家的差距拉大；四是现行监管体制不适应生物产业发展要求，支持扶持政策不足；等等。这些问题需要在今后一段时期着力解决。

二、"十三五"时期我国生物产业发展战略思路

面对新的机遇和挑战，必须牢牢把握生命科学纵深发展、生物技术广泛应用和融合创新的新趋势，按照深入推进供给侧结构性改革的要求，以"促改革、强基础、惠民生"为统领，促进生物产业迈向中高端水平，加速形成国民经济新支柱。

1. 注重以改革促发展

当前，全球生物产业的竞争本质上是制度的竞争。目前，我国生物产业发展环境还不适应产业创新发展的要求，这在很大程度上导致我国与发达经济体的差距被进一步拉大。为此，要充分贯彻落实党中央关于"使市场在资源配置中起决定性作用和更好发挥政府作用"的有关精神和国务院关于"进一步推进简政放权"的有关决定，从行业监管的各个环节，分别提出一揽子改革举措，持续激发产业创新创业活力。

2. 注重夯实产业发展基础

我国生物产业虽然具备了一定的发展规模，但创新发展的基础并不牢固，产业发展所需的创新基础平台、转化应用平台及检测服务平台还相当薄弱，制约了我国生物产业的技术转化、产业化和标准化，为进一步做强做大留下隐患。因此，要瞄准全球生物产业发展制高点，围绕当前产业发展最为紧缺的环节，重点部署若干创新基础平台体系，提升产业发展的质量和效益，推动我国生物产业更多依靠创新驱动发展。

3. 注重促进新兴技术惠民

今后一段时期，随着人民生活水平的不断提高，老百姓对"呼吸新鲜的空气，喝干净的水，吃更安全营养的食品，更准确地预测、诊断和治疗疾病"有了更高的期待。让老百姓分享到生物产业发展的最新成果，是供给侧结构性改革的重要内容，也是实现全面建成小康社会总体目标的重大举措。和其他行业相比，生物产业相关的产品和服务与人民生命健康联系最为紧密。"十三五"时期是我国全面建成小康社会的关键时期，生物产业将对改善民生起重要作用。为此，必须围绕建设"健康中国、美

丽中国"的重大需求，从人民群众需求最为迫切、技术相对成熟、受益面较广等角度出发，通过推广基因检测、细胞治疗、高性能影像设备、生物基材料、生物能源以及中药质量提升等新兴技术的应用，促进产业发展成果更多惠及民生。

三、加快把我国建设成为生物经济强国

"十三五"时期，要紧紧抓住百年一遇的战略机遇，以一批重点领域方向、一批重大改革举措和一批重大工程建设为抓手，努力将我国建设成为生物经济强国。

1. 推动重点领域突破发展

在生物医药领域，考虑到精准医学模式正推动药物研发革命的趋势性变化，以及基因技术和细胞工程等先进技术带来的革命性转变，应构建生物医药新体系，加速新药创制和产业化，加快发展精准医学新模式，推动医药产业转型升级。力争到2020年，实现医药工业销售收入4.5万亿元，增加值占全国工业增加值的3.6%。

在生物医学工程领域，考虑到医疗器械行业智能化、网络化、标准化的新趋势，应大力发展新型医疗器械，构建智能诊疗生态系统，提高高品质设备市场占有率，推动植（介）入产品创新发展，提升生物医学工程发展水平。力争到2020年，生物医学工程产业年产值达6000亿元，初步建立基于信息技术与生物技术深度融合的现代智能医疗器械产品及服务体系。

在生物农业领域，考虑到"产出高效、产品安全、资源节约、环境友好"的农业发展总体目标，应构建生物种业自主创新发展体系，推动农业生产绿色转型，开发动植物营养新产品，构建现代农业高效绿色发展新体系，加速生物农业产业化发展。力争到2020年，实现生物农业总产值1万亿元，两家以上领军企业进入全球种业前10强。

在生物制造领域，考虑到行业发展还受制于技术经济性不高的困境，应提高生物制造产业的创新发展能力，加快生物制造产业的创新体系建设，提高生物基产品的经济性和市场竞争力，推动生物制造工艺绿色化，生物基材料、生物基化学品、新型发酵产品等规模化生产与应用，以及绿色生物工艺在化工、医药、轻纺、食品等行业的示范应用。力争到2020年，现代生物制造产业产值超1万亿元，生物基产品在全部化学品产量中的比重达到25%，与传统路线相比，能量消耗和污染物排放降低30%。

在生物能源领域，考虑到未来能源生产与消费变革的大趋势和我国对大气污染治理的重大需求，应规模化发展生物质替代燃煤供热，促进集中式生物质燃气清洁惠农，推进先进生物液体燃料产业化，创新生物能源发展模式。力争到2020年，生物能源年替代化石能源量超过5800万吨标准煤，在发电、供气、供热、燃油等领域全面实现规模化应用，生物能源利用技术和核心装备技术达到世界先进水平，形成较成熟的商业化市场。

在生物环保领域，考虑到国家生态文明建设的迫切需求，应面向污染环境污染生物修复和废弃物资源化利用，创新生物技术治理水污染，发展污染土壤生物修复新技术，加速挥发性污染物生物转化，发展环境污染生物监测新技术，促进生物环保技术应用取得突破。力争到2020年，生物环保产业产值超过2000亿元。

在生物服务领域，考虑到生物产业对提高研发效率和资源利用率的内在需求，应构建专业性服务平台，提升专业化分工水平，培育生物服务新业态，更好满足生物产业对高品质专业化服务的需求。力争到2020年，培育出全球生物服务行业龙头企业，带动一大批我国原创性创新药和治疗方法在国内外上市。

2. 加快推动供需两侧改革

在供给侧，应着力推动市场准入环节改革；全面推进药品医疗器械审评审批制度改革，探索建立医疗机构之间检查检验结果互认机制，探索制定孤儿药专利独占制度；完善医药产品上市后的不良事件监测、召回、退出制度，加强药品生产质量动态监管；加强临床研究的规范性建设和监管，规范和促进我国人类遗传资源的保护和利用；加强生物遗传资源的保护和监管，规范生物遗传资源的获取、利用和惠益分享活动；进一步完善转基因产品行业准入管理，完善转基因农作物推广种植和上市审批制度；研究修订《农产品进口关税配额管理暂行办法》，取消国有贸易配额和非国有贸易配额双轨制等。

在需求侧，应强化药品价格、医保、采购政策衔接；加强对市场竞争不充分药品的价格监管，促进药品市场形成合理价格，积极稳妥推进医疗服务价格改革；及时、按规定程序修订医保支付目录；打破产品市场分割和地方保护，提高创新药品和医疗器械在政府采购中的比重；改革招标采购机制，逐步提高公立医疗机构国产设备配置水平；完善转基因产品的上市监管，进一步加强生物安全管理；加快修订《农作物种质资源管理办法》，支持我国优势种业国际化发展；加快落实可再生能源法，促进符合技术标准的生物质燃气、热力和燃料纳入燃气、热力和石油销售体系。

3. 组织实施一批重大工程建设

重大工程是体现国家意志、实施精准产业政策的重大抓手。"十三五"时期应主要考虑从我国生物产业创新链的薄弱环节进行支持。

在创新支撑体系方面，创新平台缺乏是当前阶段我国生物产业发展的最大短板，产业发展所需的创新基础平台、转化应用平台及监测服务平台还比较薄弱，制约了我国生物产业的技术成果转化和标准化。应瞄准全球生物产业发展制高点，围绕当前产业发展最为紧缺的环节，重点部署基因库、中药标准物质及质量信息库、高级别生物安全实验室体系、蛋白元件资源库、生物产业标准物质库等五个创新基础研究平台，抗体偶联药物一体化研发平台、医学影像信息库网络、农作物分子育种平台等三个转化应用研究平台，以及仿制药一致性评价检测平台、生物药质量及安全测试技术创新平台、农产品安全质量检测平台、生物质能检验检测及监测公共服务平台等市场化公共服务平台，提升产业发展的质量和效益，推动我国生物产业更多依靠创新驱动发展。

在推广应用环节，考虑到生物产业既对改善民生起重要作用，也是适度扩大产业需求的重要途径，可以推广基因检测、细胞治疗、高性能影像设备、生物基材料、生物能源及中药质量提升等六个新兴技术应用惠民工程，力争加快促进产业发展成果更多惠及民生，进一步拓宽应用市场，从需求端进一步促进产业做大做强。

To Build an Innovation-Driven Bio-Economic

Wang Changlin，*Han Qi*

(Chinese Academy of Macroeconomic Research)

The bio-industry, which is the most active innovation-driven emerging industry in the 21st century, will influence a large range of field. It is also one of the most important field of the new round of scientific and technological revolution. After years of cultivation and development，China's bio-industry has a better development conditions，and has laid a solid foundation for its going towards the high-end, new economic energy in the "thirteen-five" period in China. But it is noticed that，the current basis of China's bio-industry innovation is still relatively weak，industrial development results can't meet the people's health, ecological and other aspects of the urgent needs. Bio-industrial ecosystems in China are still restricting the industry innovation and development. China has a long way to become an innovation-driven bio-economic. To this end，we will further enhance the innovation ability of biological industry，reform and improve the industry regulation and regulation，and constantly expand the application of new space，to build an innovation-driven bio-economic.

6.5 加快发展我国精准医疗产业的政策思考

王甲一[1] 李 青[2]

（1. 四川大学华西口腔医学院；
2. 国家卫生计生委医药卫生科技发展研究中心）

国务院发布的《"十三五"国家战略性新兴产业发展规划》[1]，明确提出要"培育生物服务新业态。以专业化分工促进生物技术服务创新发展，构建新技术专业化服务模式，不断创造生物经济新增长点"。生物服务继"十二五"时期被列入国家发展生物产业的七大重点领域之一之后，再一次被列为国家战略性新兴产业发展的重要规划任务。精准医疗相关产业近年来发展迅速，成为生物服务业的支柱产业之一。

一、精准医疗产业发展现状

精准医学是指在大样本研究获得疾病分子机制的知识体系基础上，以生物医学特别是组学数据为依据，根据患者个体在基因型、表型、环境和生活方式等各方面的特异性，应用现代遗传学、分子影像学、生物信息学和临床医学等方法与手段，制订个性化精准预防、精准诊断和精准治疗方案[2]。

精准医学服务产业有科研服务和临床应用两大主要方向，涉及多个产业集群，包括基因检测试剂及设备供应商、第三方检测机构、生物医学信息数据分析公司、医疗机构、制药企业、保险行业等，是一个巨大的、高速发展的产业集群。产业链上游包括基因检测耗材及设备供应商等，产业链中游包括测序服务提供商、数据分析公司等，产业链下游包括科研院所、医院及药厂等[3]。

目前，精准医疗相关产业正处于高速发展阶段。以基因测序产业为例，来自 BBC research 的数据显示，全球基因测序市场总量从 2007 年的 794.1 万美元增长至 2013 年的 45 亿美元，预计未来几年全球市场仍将继续保持快速增长，2018 年将达到 117 亿美元。分子诊断是精准医疗的另一重要子行业，据 Markets and Markets 公司估测，2022 年的全球市场市值将达到 124.5 亿美元，2017～2022 年的复合年增长率为 20.5%。基于精准医学理念的个体化治疗市场规模日益扩大，2018 年前全球市场规模将达到 2238 亿美元。美国十大商业保险公司已将 50 余项疾病个体化诊疗分子检测项目列入医疗保险。巨大的市场空间吸引了众多医药公司开展研发，目前已有多种个体化诊疗产品上市。

我国科学家在精准医学相关医学科研领域进行了深入探索，并取得了一系列成果。①近二十年来，获得了大量慢病及肿瘤基因组相关信息数据；②依托国家临床医学研究中心和疾病协同研究网络，以及国家级转化医学中心平台建立了 30 余个重点疾病的大规模患者人群队列；③建设了 14 种疾病的规范化标本库、建立了多个前瞻性队列，达到数十万人群规模，并形成长期随访的自然人群核心队列[4]；④初步搭建了罕见病的三级疾病综合性诊疗网络和临床研究的硬件体系的平台，以及国家级疑难重症指导中心；⑤启动布局了生物医学大数据中心，以及一批超算和高性能计算中心，测序能力走在世界前列。

二、精准医疗产业面临的主要问题

在取得一系列成绩的同时，我们也需要清醒地认识到我国精准医学的发展还面临诸多考验。

1. 关键技术有待突破

（1）测序产业核心技术尚落后于人。我国的基因检测能力虽然很强，但基因检测设备和试剂生产的核心技术被国际公司垄断，这些公司通过多年的积累，形成了巨大的技术、资金及人才壁垒，赚取高额垄断利润。

（2）数据分析处理能力不足。精准医学是组学和大数据两大学科的交汇，随着技术的进步，基因测序成本逐年降低，测序速度不断提高，产生的数据呈指数级增加，精准医疗时代面临的挑战已经由测序能力逐渐转向向数据的分析与解读。精准医学大数据处理面临着计算量大、样本量小、有效事件频率低的挑战。在精准医学研究中，我国获取了基因组、转录组、蛋白质、代谢组等大量数据，但是赖以从数据中挖掘某些特征的样本却非常少，因此建立适合精准医学的理论分析模型和体系非常重要[5]。

（3）缺乏国家层面的生物医学数据基础平台支撑。精准医学实施的基础是数据的有效存储和利用，目前，美国国家生物技术信息中心（NCBI）、欧洲生物信息研究所（EBI）、日本 DNA 数据库（DDBJ）等生物数据中心。当前，国内尚未建成一个统一的高水平平台，满足日益增长的数据存储及利用需求[6]。

（4）临床应用缺乏有效证据支撑。精准治疗要求研发适合特定亚群患者的药物，并将药物基因组学的信息纳入越来越多已经或即将上市的新药中[7]。目前，CFDA 尚未要求新药上市的同时建立与之配套的基因型/基因表型检测体系（检测盒），已上市的药物尚未达到"个体化药物"的程度。就药物基因组群体遗传研究而言，我国相对比较落后，缺乏不同民族药物基因组相关基因及其变化的频率和分布数据，且各研究机构未能建立数据共享平台，不能有效地指导我国药物基因组学研究和临床个体化用药的实施[8]。就基因检测指导肿瘤化疗药物敏感性方面，我国缺乏多中心大规模的临床研究来确证在欧美人群中所发现的基因与药物敏感性的相关性，同时在临床应用方面缺乏规范化研究。

2. 相关政策滞后，市场有待规范

（1）生物医学数据标准不规范、共享和利用率低。精准医学数据标准不统一，不够规范，不同研究机构的数据形成了"信息孤岛"，无法有效整合和解读。以临床数据采集为例，我国医疗机构内部网络欠完善，各医疗机构间未建立临床资料数据共享网络。在肿瘤研究方面，尚缺乏针对中国人群特点的肿瘤规范化诊断、治疗和预后评估标准；肿瘤发病死亡数据搜集标准与项目尚不规范，数据质量得不到保证。近30年来，我国各地方积累了大量的地区肿瘤流行病研究数据，但这些数据仍只是掌握在少数几个研究单位手中，没有进行资源共享。这不仅不能有效地利用资源，而且也不便开展深入的大规模联合研究，导致重复性研究仍十分普遍。

（2）第三方检测服务机构良莠不齐，数据质量难以保障。精准医学研究中组学数据的准确性是后期数据分析、指导临床应用的基础。目前大部分的科研及临床检测任务都被市场上第三方检验机构承担。以基因测序市场为例，据不完全统计，仅2014～2016年成立的提供基因检测服务的机构就有200余家，这些公司在规模、技术水平、人员素质、管理能力等方面都存在较大差异。2017年4月11日，国家卫生和计划生育委员会临床检验中心下发了《全国肿瘤体细胞突变高通量测序检测第一次室间质量评价结果报告》。在此次测评中，共有来自18个省（直辖市、自治区）的102个实验室参加，其中92家实验室回报了结果，在这些按时回报结果的实验室中，室间质评合格率仅为52.3%（48/92）。原始数据的质量问题，不但造成大量浪费，还直接影响到后续科研和临床工作进行。

3. 专业人才缺乏

精准医学属于交叉学科，其研究和应用涉及基因组学、药学、分子生物学、影像学、临床医学等多个领域，需要工程师、基础科研工作者、数据分析专家及临床医生合作[9]。传统的教育和科研方式不能适应对本领域人才的要求，目前，我国生物信息学分析人才和遗传咨询人员紧缺，如目前承担基因结果解读的工作在国内多由临床医生承担，由于缺乏相关的教育和培训，全国能胜任这项工作的临床医生还不到5%。

三、加快推进精准医学产业发展政策建议

1. 集中资源,突破共性关键技术

精准医学是组学、生物信息学、材料学、药学、光学、医学等多个学科交叉的产物。精准医学的发展有赖于基础学科的进步,同时解决精准医学所面临的一系列问题的过程也推动着这些学科的发展。精准医学面临的不仅仅是一个个技术难题,在这些难题的背后隐藏着的是我国在制造业、信息产业、生物医学技术等领域与先进国家的差距。为缩小差距,需要突破一系列重大共性关键技术的瓶颈,解决这些技术难题投入时间周期长、风险高、投资金额巨大,单独一家企业或科研单位无法完成。建议针对行业内共性关键技术瓶颈,通过政府层面加大科研投入,组织优势团队,整合行业资源,攻克核心关键技术,打破国际垄断,为我国精准医学发展提供持续动力。

2. 建立有效制度,提高资源使用效率

(1) 建设高质量队列和样本库,提高标本利用率。对我国精准医学的研究,应立足于解决我国重大临床问题,建设高质量疾病队列和自然人群队列,防控和治疗严重危害我国人民健康、疾病负担重的疾病。在队列基础上探索建立生物资源样本库长期运行机制,在运行经费、机构设置、运营管理上进行统一考虑;在标本的采集、储存、运输和使用各环节,应建立严格的制度和标准保障样本的安全;探索有效机制,加强机构间合作,提高样本利用率,增加科研产出。

(2) 夯实数据基础,实现数据集约化管理和利用。准确、全面地进行数据记录和收集,是进行数据深入分析,进行疾病分子分型、制定诊疗规范的基础,是精准医学实施的关键。数据的记录应标准和规范,通过推行已制定的医学和生命科学数据国家标准,推动数据标准化建设进程。在数据标准化基础上,建设国家级的数据存储平台,开发数据分析工具,提高数据存储的效率和开发使用能力。探索有效的机制,鼓励数据交换和共享,提高数据使用效率。

3. 加大人才培养力度,开展相关资格认证

精准医学研究需要具有不同背景的科学家合作,同时需要培养具有多学科知识基础的科研工作者。我国目前的高等教育体系、继续教育及职称评定体系已滞后于时代的发展,需要进行改革。

一是推进高等教育精准医学课程的开设。目前，美国的一些大学已开设个体化医学专业。建议在我国高校医学、生物学相关领域开设精准医学相关课程，建立并培养纳入分子遗传数据的新的疾病诊疗知识体系，打破目前基础医学特别是分子医学研究的知识与临床诊断和治疗知识割裂的现状。二是增加毕业后教育内容。建议在住院医师规范化培训工作中，增加应用患者的基因组、家族史信息，以及药物遗传学知识进行精准诊疗的培训内容，培养具有医学、遗传学知识背景的复合型人才。三是加快相关从业资质认证工作。建议在行业协会及主管部门指导和监管下开展相关从业资格认证及培训，包括基因健康管理师、遗传咨询师等，培养合格的专业从业人员。四是改革职称评定体系。目前职称评定中片面强调论文"影响因子"，只认定第一作者单位等规定，不利于不同学科间科学家的合作。应鼓励医疗工作者和科学家打破学科间屏障，勇于尝试应用型创新和发明，形成医、学、研、企合作创新的新局面。

4. 加强行业监管，推进相关政策制定

精准医疗基因检测、诊疗等生物医学数据涉及伦理、隐私和人类遗传资源保护、国家生物安全等问题，医疗机构、基因检测机构开展诊断服务技术涉及管理、价格、质量监管等问题，因此需要建立相关的监管和政策法规体系与之配套。

一是完善相关伦理政策法规建设，保障患者权益。通过立法方式，维护那些遗传信息显示具有患病风险的个人的权利，反对歧视行为，提高公众进行遗传学检测的积极性，有助于及时发现疾病并采取预防、治疗措施。二是推进医疗保险改革，推动相关产品和服务的医保覆盖及报销。建议将针对患者信息的管理及临床检测费用的报销纳入医保，提高医疗机构及患者的使用积极性。三是推进行业准入和监管标准制定，提高服务水平。在基因检测、数据分析、遗传咨询服务、医疗服务等行业建立行业和国家标准，规范市场行为，提高整个行业的服务水平，通过有效监管，保障精准医疗行业健康、有序发展。四是研究制定有效的产业政策，培育一批创新能力强的企业。企业是创新行为的主体，也是行业健康发展的基石。建议结合行业国际发展水平和国内发展实际，在研发、产业化、税收、投融资等方面制定有效的产业政策，鼓励资本进入，引导企业进行研发投资，实现产品迭代和升级，从而使得一批创新能力强、有国际市场竞争力的企业成长壮大，通过供给侧结构改革，拉动投资和内需，促进经济增长。

参考文献

[1] 国务院. 国务院关于印发"十三五"国家战略性新兴产业发展规划的通知. http://www.gov.cn/zhengce/content/2016-12/19/content_5150090.htm[2016-12-19].

[2] Ashley E A. The precision medicine initiative. Jama，2015，313(21)：2119-2120.

[3] Jameson J L，Longo D L．Precision medicine—personalized，problematic，and promising．New England Journal of Medicine，2015，372(23)：2229-2234.

[4] 王笑峰，金力．大型人群队列研究．中国科学：生命科学，2016，46(4)：406-412.

[5] Vicini P，Fields O，Lai E，et al．Precision medicine in the age of big data：The present and future role of large-scale unbiased sequencing in drug discovery and development．Clinical Pharmacology & Therapeutics，2016，99(2)：198.

[6] 李艳明，杨亚东，张昭军，等．精准医学大数据的分析与共享．中国医学前沿杂志，2015，7(6)：4-10.

[7] Personalized Medicine Coalition．2015 progress report：personalized medicine at FDA．Washington，D. C.：PMC，2015.

[8] 刘昌孝．精准药学：从转化医学到精准医学探讨新药发展．药物评价研究，2016，39(1)：1-18.

[9] 付文华，钱海利，詹启敏．中国精准医学发展的需求和任务．中国生化药物杂志，2016，36(4)：1-4.

Some Thoughts on Promoting the Development of Precision Medical Industry in China

Wang Jiayi[1]，*Li Qing*[2]

(1. West China College of Stomato logy，Sichuan University；

2. Development Center for Medical Science and Technology，National Health and Family Planning Commission of the People's Republic of China)

The bio-service industry isone of China's emerging sectors of strategic importance and precise medicine is an important growth hotspot in the development of bio-service industry. Precision medicine is the application of modern genetic technology, molecular imaging technology, biological information technology combined with patient living environment and clinical data to achieve accurate treatment and diagnosis, develop a personalized disease prevention and treatment program. This paper briefly introduces the major international and domestic progress of precise medicine. It summarizes the major problems and obstacles, and coming up with some policy suggestions.